Grosser/Ortmann

Grundriß der Entwicklungsgeschichte des Menschen

Grundriß der Entwicklungsgeschichte des Menschen

von

Otto Grosser †

7. Auflage neu bearbeitet von

Rolf Ortmann

Mit 200 Abbildungen

Springer-Verlag Berlin · Heidelberg · New York 1970

Professor Dr. Rolf Ortmann
Direktor des Anatomischen Instituts der Universität Köln
5000 Köln-Lindenthal

ISBN-13: 978-3-642-86907-5   e-ISBN-13: 978-3-642-86906-8
DOI: 10.1007/978-3-642-86906-8

Titel-Nr. 0338

Vorwort zur siebenten Auflage

Auch die siebente Auflage sollte einerseits modernisiert und ergänzt, andererseits aber trotz neuer Bilder und gewisser Erweiterungen nicht nennenswert umfangreicher werden. Das war nur durch Kürzungen, sowie durch den Griff zu einer mehr exemplarischen Darstellung möglich. Es mußten einige unumgängliche Ergebnisse der Molekulargenetik und der Induktionsforschung berücksichtigt werden. Schon mit Rücksicht auf die Klinik waren bei der Organentwicklung die postnatalen Veränderungen und die histochemischen Differenzierungen in die Betrachtung einzubeziehen. Der Zwillingsbildung, den Herzmißbildungen und einer vergleichenden Betrachtung des Geburtszustandes mit den Querbeziehungen zwischen Placentation, Reifezustand und Hirnentwicklung (PORTMANN) wurden eigene Kapitel gewidmet.

Köln, im Januar 1970 ROLF ORTMANN

Vorwort zur sechsten Auflage

Bei gleicher Anordnung wurden wieder einige Kapitel umgearbeitet oder auf derzeitigen Stand gebracht (Geschlechtsbestimmung, Entwicklung der Situsverhältnisse, Venenentwicklung u. a.). Fast 50 neue Einzelbilder wurden eingefügt bzw. gegen ausgeschiedene eingetauscht. Spezielle Untersuchungstechniken werden an Beispielen demonstriert (Elektronenmikroskopie, Radioautographie, Histochemie). Die Hinweise zur Teratologie und entwicklungsgeschichtlich bedingten Variabilität wurden erweitert. Die großen, einschlägigen Forscherpersönlichkeiten sind nun durch einige Fußnoten für die Studierenden zeitgeschichtlich einzuordnen. Trotzdem sollte der Umfang nicht übermäßig zunehmen.

Allen Freunden und Helfern, die bei der Neufassung mit Rat und Tat zur Seite standen, sei an dieser Stelle herzlich gedankt.

Köln, im Oktober 1965 ROLF ORTMANN

Vorwort zur fünften Auflage

Nach dem Hinscheiden von GEORG POLITZER hat mir der Springer-Verlag die Bearbeitung der fünften Auflage des Grosserschen Grundrisses übertragen. Die Gesichtspunkte, unter denen die Neuauflage und Umarbeitung entstand, waren vor allem die Erhaltung und Vermehrung der vielen, schönen Originalabbildungen der bisherigen Herausgeber sowie eine annähernde Beibehaltung des überkommenen Umfanges. Auf farbige Abbildungen wurde mit Bedacht verzichtet. Leider mußten eine Reihe von Bildern, die noch von GROSSERs Hand stammten, aus technischen Gründen ausscheiden.

Einige Kapitel bedurften einer Erweiterung und Modernisierung (Placentation, Lunge, innersekretorische Drüsen, Geschlechtsbestimmung u. a.). Mit der Vermeidung eines allzu starren Keimblattschemas ergaben sich auch notwendige Veränderungen in der Anordnung der Organentwicklung. Ergebnisse, die mit neuen Methoden gewonnen wurden (Transformation, Röntgenbilder, Sexchromatinbestimmung, Histochemie) wurden beispielhaft eingebaut. Herrn O'RAHILLY, Detroit, sei herzlich gedankt für die Überlassung seiner schönen Originalbilder.

Frankfurt, im August 1958 ROLF ORTMANN

Inhaltsverzeichnis

Einleitung

Jedes mehrzellige Lebewesen beginnt sein Dasein als einfache Zelle; diese geht bei geschlechtlicher Fortpflanzung aus der Verschmelzung zweier Zellen, der *Geschlechtszellen*, hervor. Um aber zu einer neuen Einheit, der *befruchteten Eizelle*, verschmelzen zu können, müssen diese Zellen eine Vorbereitung durchmachen, die einmal die Vermeidung einer Verdopplung des Erbmaterials in den Chromosomen und andererseits die Übertragung der Erbeigenschaften beider Eltern garantieren soll. Die befruchtete Eizelle teilt sich, schafft durch fortgesetzte Teilungen zusammenhängende epithelartige Zellschichten, die als *Keimblätter*[1] bezeichnet werden, und aus diesen entstehen die ersten Anlagen der Organe, die *Primitivorgane*, in charakteristischer gegenseitiger Lage. Während die Primitivorgane nur aus einer einzigen Zellart bestehen und nur von *einem* Keimblatt gebildet werden, kommt es alsbald zu einer Differenzierung und gegenseitigen Durchdringung der Gewebe und Umwandlung der äußeren Form der Organe bis zur Erreichung des endgültigen Zustandes. So gelangt man zur Unterscheidung von drei Abschnitten der Entwicklung:

I. *Reifung* der Geschlechtszellen und *Befruchtung*.

II. Die *Frühentwicklung* umfaßt die Entwicklung der befruchteten Eizelle bis zur Ausprägung des allgemeinen Bauplanes der Wirbeltiere. Ihre Hauptabschnitte sind die *Furchung*, die *Keimblattbildung*, deren wichtigster Schritt die *Gastrulation* ist, und die Ausbildung der *Primitivorgane* (Zentralnervensystem, Chorda dorsalis, Darm, Ursegmente und Leibeshöhle), durch deren gegenseitige Lagerung der Bauplan des Wirbeltierkörpers bestimmt wird. Auch die Sonderung der *Eihäute* und die Ausbildung des besonderen Ernährungsorganes des Keimlings, der *Placenta*, wird hierher gerechnet.

III. Die *Organentwicklung* umfaßt die Ausbildung der einzelnen Organe. Sie läßt sich wieder unterteilen in die *Morphogenese* als Abgrenzung und Formbildung der einzelnen Organe und in die *Histogenese*, die Heranreifung der Gewebe.

Nur der erste dieser drei Hauptabschnitte ist verhältnismäßig scharf gegen den folgenden begrenzt; zwischen zweitem und drittem Abschnitt sind die Grenzen vielfach unbestimmt und für die einzelnen Körperabschnitte verschieden. Der Keimling ist anfangs der fertigen Form noch sehr unähnlich, und seine einzelnen Körperabschnitte weichen nach Gestalt und Größenverhältnis weit von der endgültigen Form ab; man bezeichnet ihn als *Embryo*. Im Laufe des zweiten Monats werden die menschlichen Außenformen mehr und mehr ausgebildet; der Keimling heißt dann auch *Fetus*. Die Entwicklung ist aber mit der Geburt nicht beendet; auf die fetale folgt die *postfetale* (postnatale) *Entwicklung*, an welche sich teils unmittelbar, teils nach einer Zeit voller Funktion eine Rückbildung, *Involution*, anschließt. Sie kann mit der Organreife zusammenhängen (Umstellung des fetalen Kreislaufes unmittelbar nach der Geburt, Ausfall der Milchzähne, Reduktion des Thymusorganes u. a.) oder in den Altersschwund, das *Senium*, übergehen.

---

[1] C. FRIEDR. WOLFF 1733—1794, Anatom in Petersburg.

Obwohl sich unsere Darstellung im wesentlichen an das umseitige Programm halten wird, muß hervorgehoben werden, daß der Rahmen der Embryologie weitere wichtige Forschungsgebiete einschließt. So ist der Vergleich der Entwicklungsschritte beim Menschen mit der von Tieren der verschiedenen Gruppen der Vertebraten und Avertebraten für ihr Verständnis von größter Bedeutung. Für manche Entwicklungsschritte sind wir auch bei der Deutung der Entwicklung des Menschen auf Beobachtungen an Affen angewiesen, da gerade die menschliche Frühentwicklung Spezialanpassungen zeigt, die nur im engsten Kreis verwandter Primaten Vergleichsmöglichkeiten finden. Diese Spezialanpassungen führen zu starken Abweichungen von dem im vorigen Jahrhundert entwickelten „*biogenetischen Grundgesetz*"[1] von der verkürzten Rekapitulation der Phylogenese in der Ontogenese. Waren die damaligen Schlüsse vornehmlich auf die Ähnlichkeit in der Entwicklungsweise verschiedener Tiere aufgebaut, so bieten heute gerade die Verschiedenheiten in den embryologischen Befunden bei verschiedenen Tieren interessante Fragestellungen, auch kausaler Art.

Mit der Feststellung der Vorgänge bei der normalen Entwicklung ist jedoch der Rahmen der Embryologie nicht ausgefüllt. Die Frage nach den inneren und äußeren Faktoren, die bei der Entwicklung mitspielen, die Wechselwirkung der einzelnen Zellen, bzw. Organanlagen aufeinander, und vieles andere gehört zur *Entwicklungsmechanik*[2] (auch *Entwicklungsphysiologie*), welche auf die Frage nach den Ursachen des Entwicklungsgeschehens antwortet. Sie wird deshalb auch als *kausale Entwicklungsgeschichte* bezeichnet. Sie bedient sich vielfach, wenn auch nicht ausschließlich des Experimentes.

Endlich gehört der Entwicklungsgeschichte die *Mißbildungslehre* oder *Teratologie* zu. Die Mißbildungen sind, wie wir heute wissen, auf die Ablenkung der Entwicklungskräfte durch einen abnormen Entwicklungsschritt während früher oder späterer Embryonalstadien zurückzuführen. Es wäre erwünscht, die eigenen Entwicklungswege für jede der meist typischen Mißbildungen zu kennen. Dies gelingt zum Teil mit entwicklungsmechanischen Methoden, weshalb diese Richtung der Entwicklungsmechanik auch als *experimentelle Teratologie* bezeichnet wurde.

Zur embryologischen Technik

Die in der Histologie gangbare Technik mag als bekannt vorausgesetzt werden. Die speziellen Fragestellungen der Embryologie erfordern besondere Methoden, deren wichtigste hier kurz erwähnt sein mögen.

Während wir uns in der Histologie mit wenigen Schnitten durch das zu untersuchende Organ begnügen können, so sind hier sämtliche Schnitte für die Untersuchung eines Embryo erforderlich. Man bezeichnet die Gesamtheit der Schnitte als *Embryonalserien* oder *-reihen*. Für diese erweist sich die Paraffin- bzw. Paraffin-Celloidintechnik der Celloidintechnik überlegen. Hierbei halte man sich vor Augen, daß ein in 7 μ dicke Schnitte zerlegter Embryo von 7 mm größter Länge 1000 Schnitte ergibt. Bei sehr großen Embryonen wird es sich aus Ersparungsgründen notwendig erweisen, nur jeden zweiten oder dritten Schnitt aufzulegen. Man bezeichnet solche Reihen als *fraktionierte* oder *gestufte Schnittserien*.

Um die Organisation des Embryonalkörpers besser kennenzulernen, sind *Methoden* der *Rekonstruktion* von Form und Lage der Organe notwendig. Wir unterscheiden eine *graphische* und *plastische* Wiedergabe. Eine der beliebtesten

---

[1] E. Haeckel 1834—1919.
[2] W. His 1831—1904, W. Roux 1850—1924.

Anwendungen der ersteren Methode ist die Rekonstruktion des Mediansagittalschnittes aus einer Querschnittsreihe. Die Abb. 1 zeigt als Teil einer solchen Mediansagittalschnittsrekonstruktion das Bild des Duodenums, der Leber- und

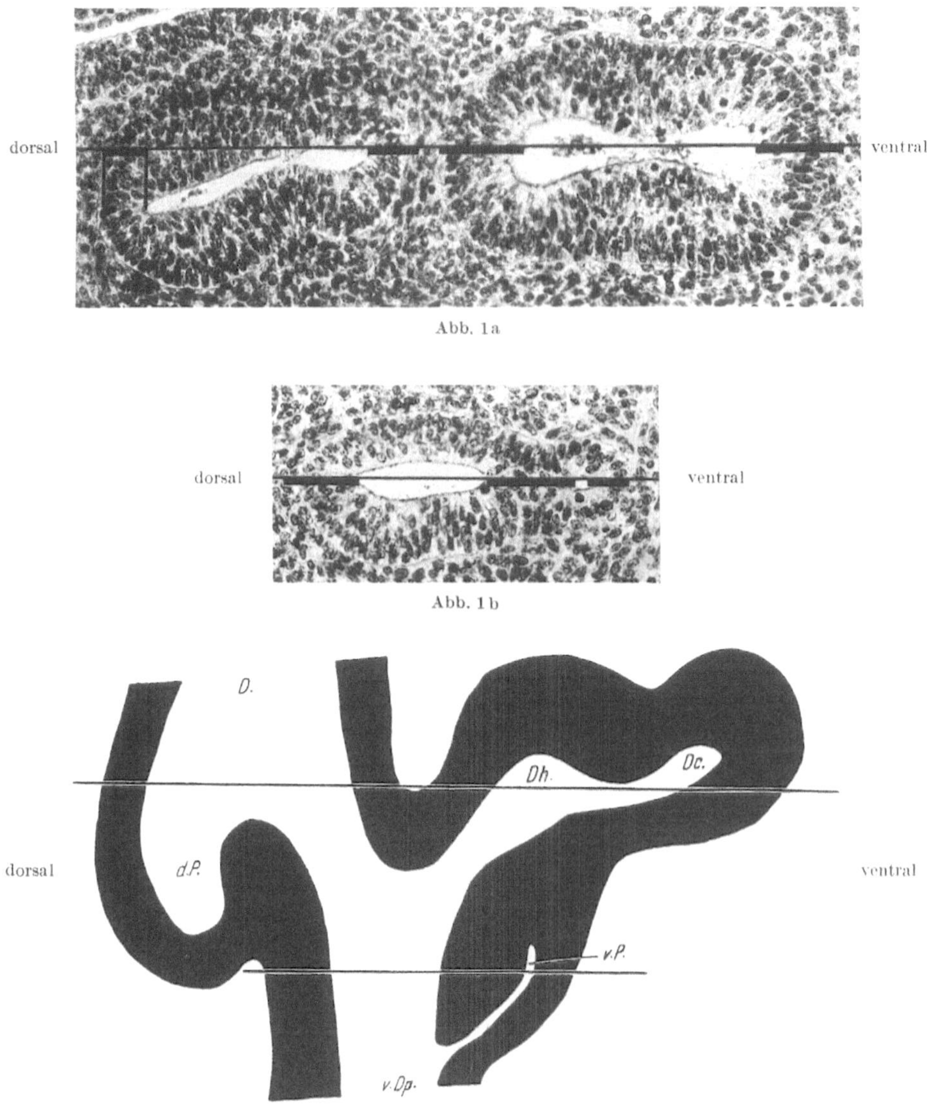

Abb. 1a—c. Zur Technik der graphischen Rekonstruktion. a Schnitt durch Duodenum, dorsales Pankreas, Leber- und Gallenblasenbucht. Epitheldicke auf median-sagittale Fläche durch quere Ordner projiziert. b Schnitt durch Duodenum und ventrales Pankreas, im übrigen wie a und c. Die schwarzen Linien in a und b ordnungsgemäß eingetragen und durch weitere ähnliche Projektionslinien durch die übrigen Schnitte dieser Gegend zu einer mediansagittalen Rekonstruktion vereinigt. *D* Duodenum, *Dc* Ductus cysticus, *Dh* Ductus hepaticus, *d. P.* dorsales Pankreas, *v. Dp.* vordere Darmpforte, *v. P.* ventrales Pankreas

Gallenblasenbucht und der ventralen und dorsalen Pankreasanlagen (Abb. 1c). Sie wurde in folgender Weise gewonnen: Man zeichnet jeden Querschnitt bei entsprechender Vergrößerung auf und bestimmt die Dicke der Epithelien und ihre

1*

Distanz in der Mediansagittalebene (Abb. 1 a—b). Dies wird an zwei Schnitten gezeigt (Abb. 1 a u. b). Indem nun Schnitt für Schnitt in gleicher Weise auf Millimeterpapier in richtiger Distanz untereinander eingetragen wird, erhält man durch Verbindung der aus den Einzelschnitten gewonnenen Punkte das Bild der Abb. 1 c. Die Aneinanderreihung der Schnitte erfordert allerdings eine Leitlinie, welche bei den Mediansagittalschnitten gewöhnlich durch die entsprechend vergrößerte photographisch oder zeichnerisch gewonnene Rückenlinie der Seitenansicht des Embryos geliefert wird.

Mit graphischen Verfahren räumlich anschauliche Ansichten herzustellen ist schwierig, dazu kann selbstverständlich in einem Arbeitsgang nur eine einzige Ansicht erhalten werden und jede andere muß gesondert rekonstruiert werden. Wesentlich anschaulicher sind die plastischen Rekonstruktionsmethoden, welche aus verschiedenem Material hergestellt werden. Sie vermitteln ein räumliches Bild der dargestellten Organe, wobei beliebig viele Ansichten gewonnen werden können. Das Modell entsteht derart, daß man aus jedem Schnitt die zu rekonstruierenden Teile bei der gewünschten Vergrößerung auf eine Platte entsprechender Dicke aus Wachs, Karton, wachsgetränktem Löschkarton, Holz oder Kunststoff überträgt, ausschneidet und dann Platte um Platte ortsgerecht aneinanderfügt. Die Oberfläche kann dann geglättet und die Modelle in geeigneten Farben angestrichen werden. Derartige Wachsplattenmodelle liegen zahlreichen Abbildungen dieses Buches zugrunde. Zur Demonstration *eines* Entwicklungsvorgangs bedarf es u. U. einer ganzen Reihe von Einzelmodellen verschiedener Entwicklungsstufen.

Die experimentelle Embryologie arbeitet mit *mikrochirurgischen Instrumenten*. Neben in der Augenheilkunde gebräuchlichen Messerchen wurden einfache Instrumente aus Glas herangezogen. Ein zu einer dünnen Spitze ausgezogener Glasstab dient als Messer, ein zu einer Spitze ausgezogenes Glasröhrchen, in das eine Haarschlinge eingezogen und mit Paraffin befestigt ist, als Pinzette. Ähnliche Pipetten haben sich gleichfalls bei der Transplantation kleiner runder Gewebsstücke als geeignet erwiesen. Zur Zerstörung kleiner Gewebspartien wurden früher eine heiße Nadel oder ein elektrolytisches Markierungsgerät verwendet; heute stehen uns U.V.-Licht-, Röntgen- oder Laserstrahlen zur Verfügung, um besonders kleine Nekrosen zu setzen und die Umgebung des Defektes möglichst wenig zu schädigen.

Besondere Bedeutung erlangte die Methode der *vitalen Markierung*[1]. Mit Hilfe kleiner, mit Neutralrot oder Nilblau gefärbter Agarstückchen werden Teile der Oberfläche der Keime rot bzw. blau angefärbt. Man kann nunmehr die während der Entwicklung stattfindenden Zellverschiebungen aus den Lageveränderungen der Farbmarken direkt beobachten. Die Farbstoffe werden heute durch radioaktive Stoffe ersetzt. In dieser Weise wurden jene Tatsachen festgestellt, auf Grund derer die Gastrulation der Amphibien und der Vögel geschildert werden wird.

Endlich sei erwähnt, daß *kinematographische* Aufnahmen, besonders in Verbindung mit *Zeitrafferverfahren*, in der Embryologie wertvolle Dienste geleistet haben.

Das *stereoskopische Präpariermikroskop*, welches aufrechte Bilder liefert und die Durchführung von mikrochirurgischen Operationen unter mikroskopischer Beobachtung erlaubt, ferner die Einstellapparate *(Mikromanipulatoren)*, durch welche man Instrumente bei mikrochirurgischen Operationen mit Stellschrauben bedienen kann, haben größere Feinheit der Arbeit ermöglicht. Soll die Entwicklungsgeschichte auch die Zell- und Organfunktionen in ihre Betrachtung ein-

---

[1] WALTER VOGT 1888—1941.

beziehen, so können das erste Auftreten oder das veränderliche Verhalten bestimmter Stoffe erfaßt werden, wozu histochemische und autoradiographische sowie biochemische Methoden dienlich sind (z. B. Abb. 187). Auch rein morphologische Fragen, wie das Schicksal der Keimzellen (s. S. 152) können so besser geklärt werden. Zunehmend tritt auch die Elektronenmikroskopie allmählich in den Dienst der Entwicklungsgeschichte (Abb. 69b).

I. Keimzellenbildung und Befruchtung
Die Geschlechtszellen

Die Geschlechtszellen treten in zwei Formen auf, als *Samen-* und *Eizellen*. Die letzteren nehmen Vorratsstoffe für die ersten Zeiten der Entwicklung auf und werden dadurch relativ groß und nicht aktiv beweglich; die Vorratsstoffe werden unter dem Namen *Dotter*, *Vitellus* (griechisch *Lekithos*) zusammengefaßt. Die Samenzellen sind befähigt, die Eizellen aufzusuchen, um sich mit ihnen zu vereinigen; sie sind dementsprechend klein und mit einem eigenen Bewegungsapparat ausgestattet. Daher müssen sie eine ziemlich weitgehende Abänderung ihrer ursprünglichen Zellgestalt erfahren. Bei der Eizelle führt die Speicherung des Dottermaterials aber zu einer Vergrößerung, welche die Eizelle unter allen Umständen zur größten Zelle des Körpers macht und bei manchen Ordnungen der Wirbeltiere zu erstaunlichen Dimensionen führt.

Die *Samenzelle* (Abb. 2a u. b) besteht aus *Kopf*, *Mittelstück* und *Schwanz*. Der Kopf erscheint in der Flächen-Ansicht elliptisch, in der Kantenansicht birnenförmig. Er besteht aus dem Zellkern, der nur von einer sehr dünnen Cytoplasmahülle umgeben ist. Sein Vorderende wird als *Perforatorium* bezeichnet, da es bei vielen Tieren spieß- oder hakenförmig gestaltet ist. Der Kopf mißt 3—4 μ in der Länge und 2—3 μ in der Breite. Der Feinbau der Samenzelle ergibt sich aus Abb. 2b. Die Gesamtlänge des menschlichen Samenfadens beträgt etwa 60 μ. Der lebhaften Beweglichkeit der Samenzelle entspricht ein auch unter aeroben Bedingungen vorwiegend glykolytischer Stoffwechsel, dessen normales Substrat die Fructose der Samenflüssigkeit darstellt.

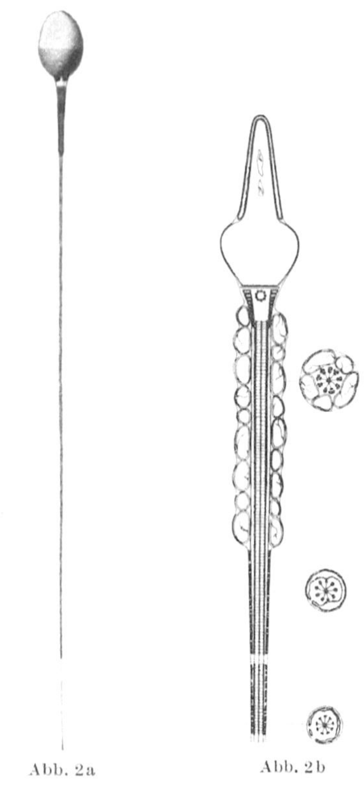

Abb. 2a   Abb. 2b

Abb. 2a. Samenzelle vom Menschen. Kopf von der Fläche. Aus FISCHEL

Abb. 2b. Halbschematische Darstellung der Struktur der menschlichen Samenzelle nach elektronenmikroskopischen Untersuchungen. Der Längsschnitt liegt senkrecht zum abgeplatteten Kopf, der unter der Zellmembran und dem Acrosom den Kern erkennen läßt. Der Hals beginnt mit der Basalplatte und zeigt trichterförmig aufeinandergesetzte Ringstrukturen, sowie das Centriol. Im Mittelstück (oberster Querschnitt) sind die dichtliegenden Mitochondrien unmittelbar unter der Zellmembran besonders auffällig. Mittelstück und Schwanz zeigen gemeinsame Längsstrukturen, nämlich kräftige Außenfibrillen (punktiert), die nicht ganz bis an das Ende des Schwanzes reichen, sowie die feineren Innenfibrillen (schwarz), beide in der Zahl von 9 Stück. Im Zentrum liegt noch eine doppelte Zentralfibrille. Unter der Zellmembran zeigt der Schwanz unregelmäßige zirkuläre Strukturen (nach ÅNGBERG 1957)

Bei der *Eizelle*[1] (*Ovum*, Abb. 3a u. b) sind die späteren Entwicklungsvorgänge weitgehend von der Größe der Zelle, die wiederum durch den Dotterreichtum bestimmt ist, abhängig. Der Vergrößerung der Eizelle kommt bei den letzten Teilungsschritten, den sog. Reifeteilungen, eine Abänderung des Teilungsmechanismus zugunsten nur *eines* Teilungsproduktes „der" Eizelle entgegen. Vergrößerung der Zelle bedingt Abänderungen verschiedener Entwicklungsprozesse, die erblich festgelegt werden, so daß sie auch dann noch nachwirken, wenn die Zellgröße im Laufe der Stammesgeschichte wieder zurückgeht — ein Fall, der sich in der Vorgeschichte der Säugetiere ereignet hat.

Man kann die Eizellen der Wirbeltiere nach der Größe und dem Dottergehalt in drei Klassen einteilen, in kleine oder *oligolecithale Eier* von etwa $^1/_{10}$—$^1/_4$ mm Durchmesser, wie sie z. B.

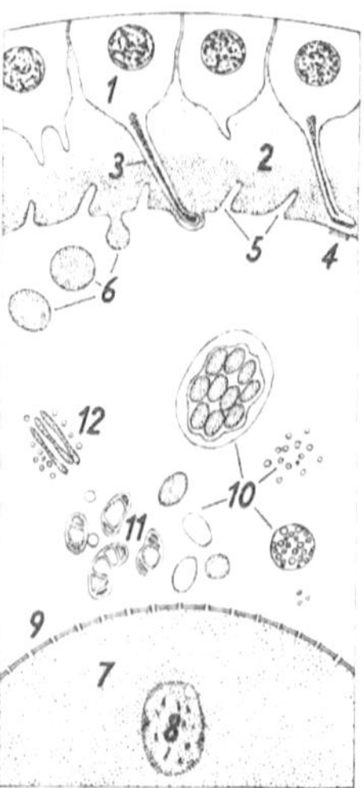

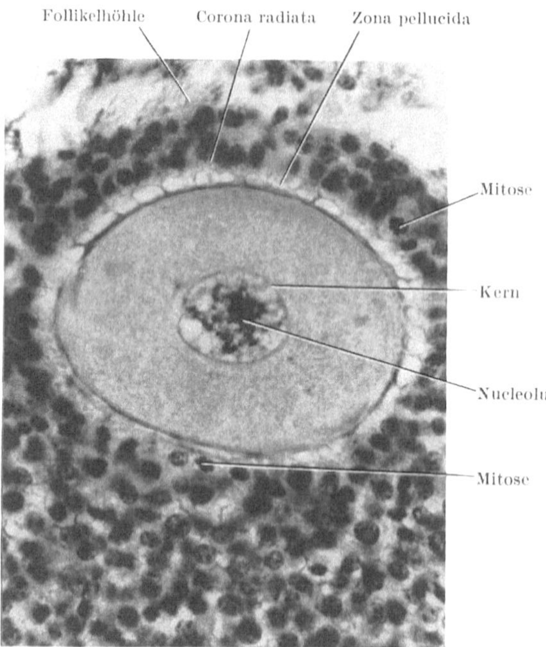

Abb. 3a. Eizelle des Menschen in der Zona pellucida und den Zellen der Corona radiata. Vergr. 1100fach

Abb. 3b. Schematische Darstellung eines Sektors aus einer menschlichen Eizelle mit Zona pellucida und angrenzenden Follikelzellen der Corona radiata. *1* Follikelzellen, *2* Zona pellucida mit einer dichteren und glykoproteidreichen Innenzone und einer lockeren Außenzone, in der saure Mucopolysaccharide nachzuweisen sind, *3* plasmatische Fortsätze der Follikelzellen, die ebenfalls saure Mucopolysaccharide enthalten, *4* Haftplatte (Desmosom), *5* Microvilli der Eizelle, *6* Vacuolen, die durch die Ähnlichkeit ihres Inhaltes mit der inneren Pellucidaschicht auf eine Beteiligung der Eizellen am Aufbau der Zona pellucida schließen lassen, *7* Kern, *8* Nucleolus, *9* Kernmembran mit sogenannten Poren, *10* Strukturen, die als Dottermaterial gedeutet werden können, *11* Mitochondrien, *12* Golgi-Material
(nach STEGNER u. WARTENBERG 1961)

dem Lanzettfisch und den Säugetieren zukommen, in mittlere *(mesolecithale)* von etwa 1—2 mm Durchmesser, bei den Amphibien (Frosch und Salamander) und den meisten Fischen, und große, *polylecithale* Eier, mit Durchmessern von etwa 1 cm aufwärts, bis fast 25 cm, bei Reptilien und Vögeln und, etwas abseits stehend, den Knorpelfischen oder Selachiern (Haien und Rochen). Der Durchmesser der reifen menschlichen Eizelle beträgt etwa 130—200 μ oder $^1/_5$—$^1/_6$ mm; ihr Volumen ist millionenmal größer als das der Samenzelle.

Die Dotterplättchen der Amphibien haben sich als Endprodukte eines Umwandlungsvorgangs von Zellorganellen (Mitochondrien) ausgewiesen, ein Prozeß, der zu Körpern mit kristalloider Innenstruktur führt. Derartige spezifische Struk-

---

[1] Beim Säugetier entdeckt 1827 von K. E. VON BAER 1792—1876, Anatom und Zoologe in Königsberg.

turen fehlen der Säugereizelle. Hier finden sich Lipoidverdichtungen, deren Menge bei verschiedenen Arten sehr variieren kann, sowie Speicherformen von Eiweißsubstanzen, die in ihrer Entwicklung sowohl zu Mitochondrien als auch zum endo-

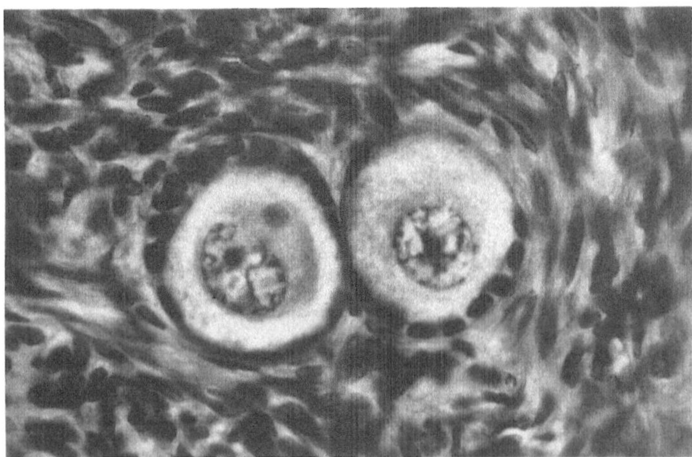

Abb. 3c. Zwei menschliche Primärfollikel. Die linke Eizelle zeigt im Plasma oben rechts einen deutlichen „Balbianischen Dotterkern". (650fach)

plasmatischen Reticulum enge Beziehungen haben. Sie verschwinden im Blastocystenstadium. Mit dem Aufbau solcher Reservesubstanz hängt der sog. Balbianische Dotterkern (Abb. 3c) zusammen, eine Plasmastruktur, an der sich nach elektronenmikroskopischen Untersuchungen verschiedene Zellorganellen, darunter der Golgiapparat und das Centrosom, beteiligen.

Sichergestellt ist, daß der Kern der Geschlechtszellen und in ihm die Chromosomen die Träger der nach den Mendelschen Regeln vererbbaren Eigenschaften

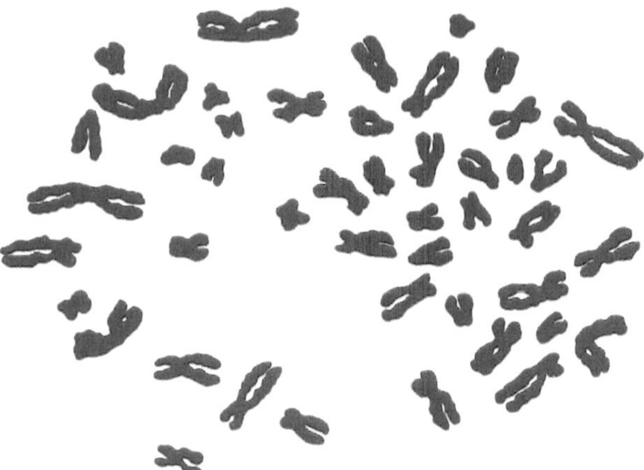

Abb. 4a. Frühe Metaphase eines menschlichen embryonalen Lungenfibroblasten aus der Gewebekultur (nach Colchicin) ungefähr 2000fach. Die längs gespaltenen Chromosomenfäden können sich unter der Colchicinwirkung nicht voneinander trennen. Die Mitose ist „gestoppt"

sind. Das sind teils Eigenschaften, die innerhalb der in einer Art (im systematischen Sinn) vorkommenden Schwankungsbreite als Rassenmerkmale variieren, teils Mechanismen, welche die normale Ausbildung der Körperteile gewährleisten, so daß ihre Störung zu erblichen Mißbildungen führt. Unklar ist, wie die Grundeigenschaften des Körperbaues, die Entstehung und gesetzmäßige Lagerung der Organe, der Bauplan der großen und kleineren Unterabteilungen des Systems der Lebewesen bis herunter zur systematischen Art in den Geschlechtszellen vertreten sind; denn die wichtigste Methode solcher Forschung, das Kreuzungsexperiment, ist hier nicht anwendbar, weil verschiedene Arten untereinander nicht fruchtbar gekreuzt werden können.

Die Chromosomen (Abb. 4a) werden am Beginn der Kernteilung sichtbar und treten immer wieder in konstanter, je nach der untersuchten Tierart wechselnder Zahl und auch in immer wiederkehrenden Formen auf, so daß der Schluß gerechtfertigt ist, daß sie auch im Ruhekern in verdeckter Form erhalten sind (*Konstanz* der Chromosomen) und daß sie je nach ihrer Form für die Vererbung verschiedene Bedeutung haben (*Individualität* der Chromosomen)[1]. Jedes typisch geformte Chromosom ist zweimal vertreten, so daß man die Gesamtzahl in zwei Reihen oder *Chromosomengarnituren* anordnen kann (diploider Zustand). Von diesen Reihen (Abb. 4b) rührt eine vom Vater, die andere von der Mutter des Individuums her. Beim Menschen wurden bisher 48 Chromosomen angenommen.

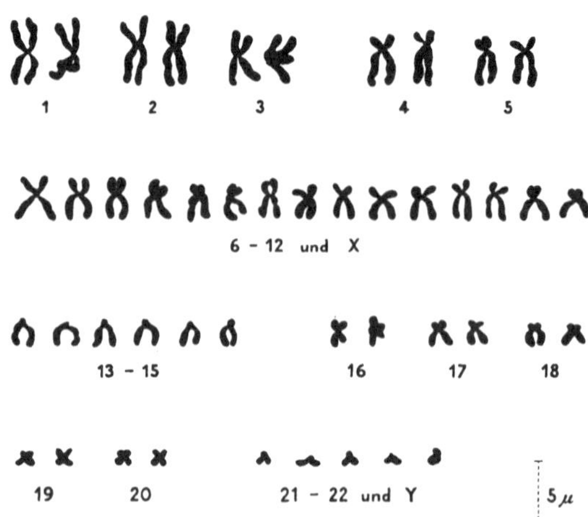

Abb. 4b. Halbschematische Darstellung des menschlichen Chromosomensatzes, nach internationaler Übereinkunft numeriert und in 7 Gruppen geordnet. Als Kennzeichen gelten: Größe, Form, Lage des Centromers, d. h. des Ansatzes der Spindelfaser (nach PÄTAU 1961). Colchicinwirkung wie in Abb. 4a

Neuere Untersuchungsmethoden beruhen auf der Züchtung von Zellkulturen des zu untersuchenden Individuums, Sistierung der anfallenden Mitosen mit Colchicin, sowie der Herstellung gefärbter Quetschpräparate vollständiger Chromosomenserien aus diesen Kulturen (Abb. 4a u. b). Sie haben die Bestimmung der Chromosomenzahl für den Menschen auf 46, d. h. 2×23 gesichert.

Sodann haben sich eine Reihe von angeborenen Erkrankungen auf Abweichungen von der normalen Chromosomenzahl (45, 47, 48) zurückführen lassen. Endlich ist die Identifizierung der einzelnen Chromosomenpaare nicht mehr allein auf Größen- und Formunterschiede sowie die Lage des Spindelfadenansatzes (Centromer oder Kinetochor) angewiesen. Durch das verschiedene Verhalten der einzelnen Chromosome während der Mitose in der Zellkultur gegenüber dem Angebot radioaktiver Nucleinsäurebestandteile ist sie wesentlich erleichtert und verfeinert. Nach internationaler Abmachung (Denver 1960) ist eine Standardordnung der 46 Chromosomen mit 7 Gruppen (Abb. 4b) aufgestellt worden. Die Zuordnung bestimmter Erbeigenschaften an die einzelnen Chromosomen ist beim X-Chromosom (s. S. 9) am weitesten vorangetrieben. In diesem sind beim Menschen etwa 60 verschiedene Erbanlagen zu lokalisieren. Die Aufstellung einer Chromosomenkarte, wie sie für Drosophila mit vielen Hunderten von Einzellokalisationen und auch für die Maus in geringerem Umfang bekannt ist, bleibt für den Menschen vorerst ein Wunschtraum der Zukunft.

---

[1] Beziehung von Chromosomen u. Erbgeschehen, entdeckt von TH. BOVERI 1862—1915.

Die Bedeutung des Chromosomenbestandes für die Normalentwicklung des Menschen erhellt auch daraus, daß ein Viertel aller Spontanaborte (als Abort wird eine Fehlgeburt mit einer Körperlänge weniger als 35 cm bezeichnet) Chromosomenaberrationen aufweist.

Bei jeder Zellteilung werden die Chromosomen der Länge nach gespalten (Abb. 4a); die Spalthälften werden auf die Tochterzellen aufgeteilt. Unter den Chromosomen haben gegenüber den Autochromosomen (2 × 22) die *Geschlechtschromosomen* (Heterochromosomen) eine besondere Stellung; sie sind die genetischen oder *chromosomalen Geschlechtsbestimmer*, und es ist anzunehmen, daß von ihnen die Bildung der spezifischen Geschlechtsstoffe (Geschlechtshormone) ausgelöst wird, die im Organismus die Ausbildung der Sexualmerkmale hervorrufen *(hormonale Geschlechtsbestimmung)* und bei mangelhafter Wirksamkeit zur Bildung von Zwischenstufen (Intersexen) führen. Von diesen Chromosomen sind bei Säugetieren beim Weibchen zwei gleiche ungefähr durchschnittlich große Stücke (X-Chromosomen) vorhanden, beim Männchen ein solches und ein kleines (X + Y); für den Menschen ist das gleiche der Fall. Die Chromosomenformel lautet für

$$\left.\begin{array}{l}\text{den Mann:}\ 2\,n + X + Y = 44 + XY \\ \text{die Frau:}\ \ \ 2\,n + X + X = 44 + XX\end{array}\right\} = 46.$$

Die chromosale Geschlechtsdetermination von Säugern und Mensch folgt, wie die beiliegende Zusammenstellung der Chromosomenbefunde normaler und abnormer Typen ausweist, trotz der äußerlichen Ähnlichkeit im Verhalten der Geschlechtschromosome nicht dem bei Drosophila abgeleiteten Schema. Bei Drosophila ist das Y-Chromosom für die Geschlechtsbestimmung gleichgültig; diese ergibt sich aus dem Verhältnis der Weiblichkeitsfaktoren in den X-Chromosomen zu den Männlichkeitsfaktoren in einem der Autosomenpaare. Trotzdem dürfte auch für Säuger und Mensch genau so wie für Drosophila gültig sein, daß die Geschlechtsdetermination nicht einer Entweder-Oder-Entscheidung entspricht, sondern jedes Individuum Faktoren für beide Geschlechter, allerdings in quantitativ verschiedenem Verhältnis besitzt. Die Weiblichkeitsfaktoren scheinen auch bei Säugern und Menschen im X-Chromosom (oder einem Autosom ?) lokalisiert zu sein, wobei allerdings eine abnorme Vermehrung von X-Chromosomen nicht wie bei Drosophila zu einer besonderen Betonung weiblicher Eigenschaften führt. Im Gegensatz zu Drosophila scheint bei Mensch und Säugern der Sitz der Männlichkeitsfaktoren im Y-Chromosom zu liegen. Seine Anwesenheit führt hier in jedem Fall zu einer Hodenanlage, sein Fehlen macht eine solche unmöglich. Einem Übermaß an X-Chromosomen (2×X, 3×X, 4×X) gegenüber kann das Y-Chromosom eine vollständige männliche Entwicklung nicht durchsetzen (Klinefelter-Syndrom mit 47 Chromosomen, XXY und sterilen Hoden). Auch ein doppeltes Y-Chromosom kann dieses Mißverhältnis nicht normalisieren. Andererseits ist auch ein X-Chromosom allein (X 0, bei insgesamt 45 Chromosomen) in der Regel nicht in der Lage, die Realisation eines normalen weiblichen Organismus zu garantieren (Turner-Syndrom, bei weiblichem Erscheinungsbild und im allgemeinen sterilen Keimdrüsen). Die Geschlechtsbestimmung bei Mensch und Säugern scheint weniger direkt dem quantitativen Verhältnis der Geschlechtschromosome zu folgen als bei Drosophila. Eher scheint es hier auf ein gewisses Mindestmaß an X-Chromosomen für Weiblichkeit, oder Y-Chromosomen für Männlichkeit bei der Geschlechtsbestimmung anzukommen (Tab. 1). Ein Beitrag der Autosomen zur Geschlechtsbestimmung wird beim Menschen noch nicht ernsthaft diskutiert. Zur Aufklärung gewisser (nicht aller!) Formen von Intersexualität (Klinefelter-Syndrom und Turner-Syndrom) hat die Chromosomenanalyse entscheidend beigetragen.

Tabelle 1. *Übersicht über das Verhalten der Geschlechtschromosomen bei Drosophila, Maus und Mensch in normalen und pathologischen Fällen*

Chromosomen	Drosophila	Maus	Mensch
xo	♂	♀ (fertil)	♀ steril (selten fertil), „Turner Syndrom", 45 Chromosomen, Sexchromatin-negativ (s. unten)
xx	♀	♀	♀
xxx	sog. Überweibchen	—	♀ norm. fertil evtl. dement
xxxx			♀ norm. fertil evtl. dement
xy	♂	♂	♂
xxy	♀	♂ steril	xxy ♂ sterile Hoden, Klinefelter-Syndrom, 47 Chromosomen, Sex-chromatin-positiv (s. unten)
xxxy			ähnlich wie xxy
xxxxy			„
xxyy			„
xyy	sog. Übermännchen	—	—

Auch eine Vermehrung einzelner Autosomen kann zu schweren Krankheitsbildern führen, wie z. B. beim Mongolismus oder bestimmten Formen von Schwachsinn. Beim Mongolismus ist das 21. oder 22. Chromosom der Standardgruppierung verdoppelt (Gesamtzahl 47!).

An vielen Körperzellen eines weiblichen Organismus kann man in allen Lebensstadien bestimmte Chromatinstrukturen im Arbeitskern beobachten, das sog.

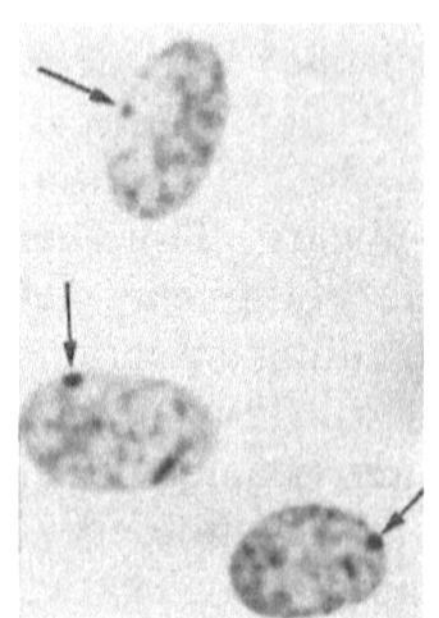

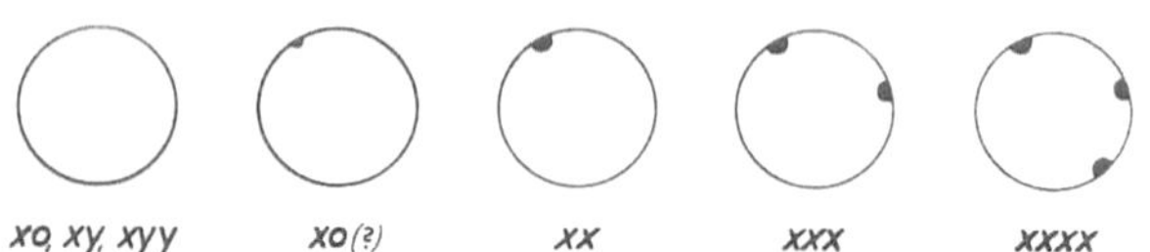

Abb. 6. Verhalten des Sexchromatin bei normalem und abnormem Chromosomenbestand

Abb. 5. Sexchromatin im Zellkern von drei Bindegewebszellen des Amnion einer Nachgeburt eines gesunden neugeborenen Mädchens. Das Sexchromatin ist durch Pfeile markiert. Häutchenpräparat in Feulgenfärbung etwa 1000-fach. (Originalpräparat und Photo von Prof. K. S. Ludwig, Basel)

Sexchromatin (Abb. 5). Sein Zusammenhang mit dem Bestand an X-Chromosomen gilt als gesichert. Hat der Organismus 1 X-Chromosom (männliches Geschlecht, Turner-Syndrom), so ist dieses nach Art des Euchromatins im Arbeitskern nicht deutlich sichtbar. Sind mehrere X-Chromosome vorhanden, so verhält sich eines nach Art des Euchromatins, die übrigen erscheinen als verdichtete Chromatinbrocken, insbesondere an der Kernmembran nach Art des Heterochromatins. Die Zahl der Sexchromatinstrukturen entspricht n − 1 der vorhandenen X-Chromosomen (Abb. 6). Der normale weibliche Organismus zeigt somit im größten Teil der Zellen 1 Sexchromatin.

Das genetisch festgelegte Geschlecht eines Individuums kann somit ungeachtet seiner Geschlechtsmerkmale und deren pathologischen Veränderungen nach dem histologischen Charakter zahlreicher Somazellen bestimmt werden.

Die Reifung der Geschlechtszellen

Die Reifung ist die Vorbereitung der Geschlechtszellen auf ihre Verschmelzung. Ursprünglich sah man in der Reifung in erster Reihe nur die Aufgabe, die Zahl der Chromosomen auf die Hälfte herabzusetzen, um eine Verdopplung bei der Befruchtung zu vermeiden; heute ist die erbbiologische Bedeutung an die erste

Stelle gerückt. Denn bei der Vererbung werden nicht Mittelwerte elterlicher Eigenschaften, sondern, nach den Mendelschen Regeln, entweder väterliche oder mütterliche Erbeigenschaften übertragen.

Die wichtigsten Veränderungen während der Reifung vollziehen sich an der chromatischen Substanz. Am Beginn der Geschlechtszellenbildung steht bei beiden Geschlechtern die *Vermehrungsperiode* (Abb. 6a), während welcher die

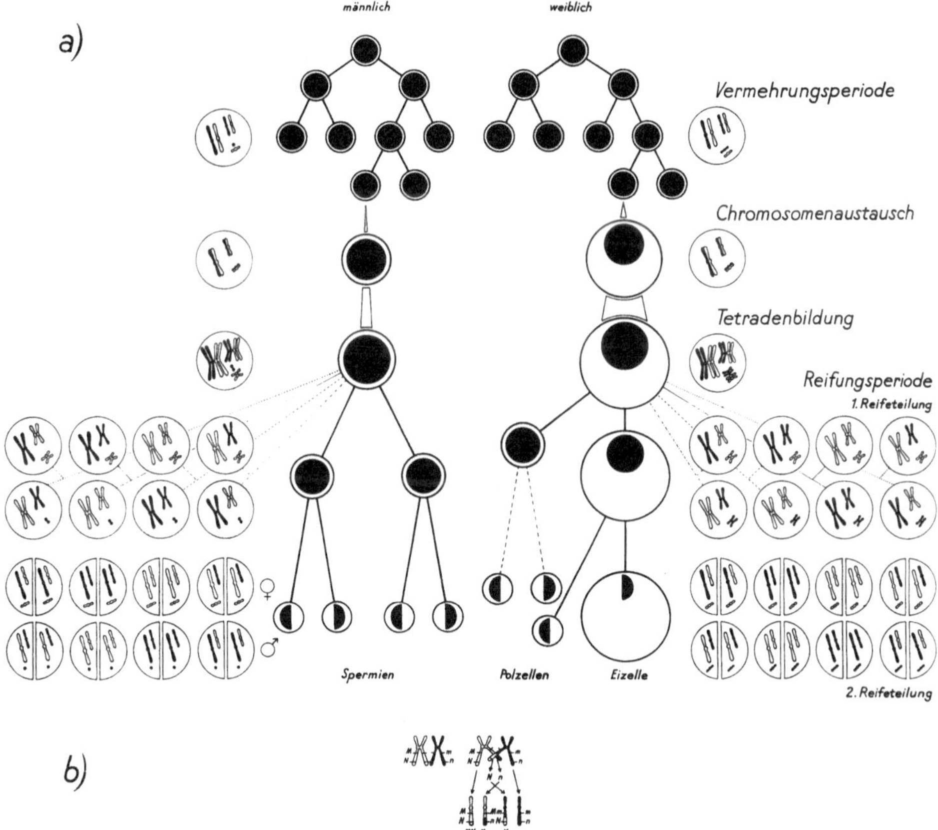

Abb. 6a u. b. a) Allgemeines Schema der Ableitung der Geschlechtszellen aus den Geschlechtsmutterzellen bei Annahme von je zwei Paaren von Autochromosomen (statt 22 Paaren wie beim Menschen). Die Chromosomenkonjugation ist durch unmittelbare Anlagerung zum Ausdruck gebracht, der Faktorenaustausch hier nicht berücksichtigt (siehe 6b). Die haploiden Kerne (mit der halben Normalzahl der Chromosomen bzw. der einfachen Chromosomengarnitur) sind als Halbkreise gezeichnet. Bei Annahme von nur 2 Autochromosomen sind 8 verschiedene Kombinationen in den Spermien möglich, von denen je 4 männlich- bzw. weiblichbestimmend sind (durch ♂ und ♀ zum Ausdruck gebracht). In den Eizellen sind auch 8 Kombinationen und bei der Befruchtung bereits 8 × 8 = 64 Kombinationen möglich. Bei Annahme von 44 Autochromosomen (Mensch) sind unvorstellbar zahlreiche Möglichkeiten gegeben, ganz abgesehen von dem auch rechnerisch nicht erfaßbaren Ergebnis des Faktorenaustauschs. b) Schema des Crossing-over und Faktorenaustausch zwischen den angenommenen Genen M, m N und n. (Abb. 6b nach WAGNER und MITCHELL 1955)

Stammzellen, als *Geschlechtsmutterzellen* bezeichnet, sich durch mitotische Teilung in typischer Weise vermehren. Aus dieser Folge diploider Zellen werden immer wieder einzelne Zellen ausgesondert, welche ihre Teilung für einige Zeit unterbrechen, dafür aber an Größe zunehmen *(Wachstumsperiode)* und gleichzeitig in ihrer Kernstruktur charakteristische Umwandlungen durchmachen:

Das Chromatin verdichtet sich zu Chromosomfäden[1].

---

[1] Die nun folgenden Schritte, die auch bei Mensch und Säugern entsprechend ablaufen, sind vorzugsweise an Evertebraten morphologisch zu belegen.

In der Serie der Chromosomen legen sich jeweils die beiden entsprechenden, aus dem väterlichen und mütterlichen Erbgut stammenden, d. h. homologen Chromosomen aneinander *(Chromosomen-Konjugation)*. Beide Chromosomen bestehen schon aus 2 parallelen, erbgleichen Untereinheiten, die als Chromatiden bezeichnet werden. Im Stadium der Chromosomen-Konjugation kommt es zu einem Austausch von homologen Chromatidenstücken, so daß der einzelne Chromatidenfaden nicht mehr rein väterlicher oder mütterlicher Herkunft zu sein braucht und das Material für die entsprechenden Erbeigenschaften gemischt enthält *(Crossing over, Faktorenaustausch)*. Pro Zelle kann bei den 22 konjugierten Chromosomen mit durchschnittlich 56 Austauschorten gerechnet werden. Ein Austausch zwischen x- und y-Chromosomen unterbleibt.

Dann kommt es zur sichtbaren Längsspaltung in jedem der gepaarten Chromosomen in die schon vorgebildeten Chromatiden, die sich in der weiteren Entwicklung zu normalen Chromosomen verdichten, so daß je 4 Schleifen beieinanderliegen *(Tetradenbildung)*. Von ihnen sind bei Berücksichtigung des Faktorenaustausches je 2 Chromatidenfäden völlig identisch und die beiden Zweiergruppen verhalten sich homolog zueinander. Hierauf treten zwei rasch aufeinanderfolgende Zellteilungen auf, die *Reifungs-* oder *Reduktionsteilungen*, bei denen die Tetraden schließlich auf die vier Tochterzellen aufgeteilt werden. Dadurch wird erreicht, daß jede der vier Tochterzellen ein Teilstück jeder Tetrade und somit jedes Individualchromosom erhält, aber nicht mehr in doppelter, sondern in einfacher Anzahl; die Geschlechtszellen enthalten eine vollständige einfache Chromosomengarnitur und enthalten somit beim Menschen 23 Chromosomen. Dabei sind aber die ursprünglich vom Vater oder der Mutter des Individuums stammenden 23 Chromosomen nicht beisammen geblieben, sondern nach dem Zufall auf die Garnituren aufgeteilt worden. Auch die einzelnen Chromosomen selbst brauchen nicht mehr unverändert übernommen zu sein, sondern sie können, durch den Faktorenaustausch, väterliche und mütterliche Erbfaktoren gemischt, enthalten (Abb. 6b). So kommt eine unabsehbare Mannigfaltigkeit in der Kombination von Erbeigenschaften zustande. Eine solche einfache Garnitur (und nach ihr auch die reife Geschlechtszelle) heißt *haploid* (haplós = einfach), die aus der Vereinigung zweier solcher Zellen entstandene (befruchtete) Zelle mit der doppelten Anzahl der Chromosomen heißt *diploid* (diplós = doppelt). Die Frage, ob in der ersten Reifungsteilung homologes Chromosomenmaterial und in der zweiten identische Chromatiden getrennt werden *(Prä-reduktion)* oder umgekehrt *(Post-reduktion)* wird allgemein heute im Sinne der Präreduktion entschieden. Wenn die Ausgangszellen für die Reifungsteilung im statistischen Sinne unbeschränkt zur Verfügung stehen, ist das Endergebnis für eine möglichst große Variabilität der zu bildenden Zellen auch gleich. Man hat errechnet, daß die Zahl der verschiedenen Kombinationsmöglichkeiten von Eigenschaften allein schon aufgrund des freien Austausches von Chromosomen 2^{46} beträgt. Hinzu kommt noch die Wirkung des Faktorenaustausches.

Der Reifungsprozeß verläuft aber bei beiden Geschlechtern verschieden. Die Vermehrungsperiode der *Samenzellen* dauert von der Pubertät bis zum Greisenalter. Die chromosomale Reifung erfolgt im Hodenkanälchen; die Zellen verbleiben dort auch während der Umwandlung in die spezifische Spermienform (Abb. 7) und bleiben dann noch einige Zeit gespeichert im Nebenhoden liegen, so daß von der letzten Reifeteilung bis zur Verwendungsreife eine auf etwa 2 bis 3 Wochen zu schätzende Zeitspanne vergeht. Die Umwandlung in die Spermienform geht in der Weise vor sich, daß die Zelle eine Streckung erfährt, bei welcher der Kern an das eine Ende der Zelle gelangt. Das Cytoplasma wird an Menge stark vermindert, zum Teil in Tropfenform abgestoßen. Das Diplosom liegt an der dem

Kern abgewendeten Seite der Zelle (Abb. 7c); das dem Kern naheliegende Centriol des Diplosoms rückt an den Kern heran und bildet die Kopfscheibe. Das kernferne Centriol läßt aus sich den Achsenfaden des Schwanzes herauswachsen und bildet ferner Querscheibe und Schlußring des Verbindungsstückes. In der Zwischenzeit haben sich die Mitochondrien in der Mitochondrienhülle angeordnet. Von den Geschlechtschromosomen der männlichen Urgeschlechtszelle (X + Y), die gleichfalls der Länge nach geteilt wurden, werden die Teilstücke auf

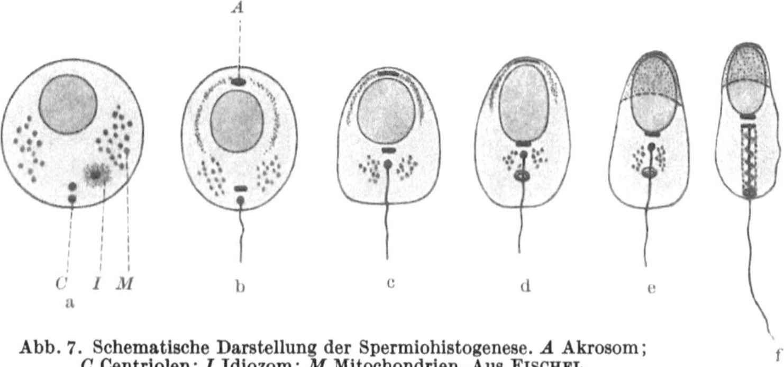

Abb. 7. Schematische Darstellung der Spermiohistogenese. *A* Akrosom; *C* Centriolen; *I* Idiozom; *M* Mitochondrien. Aus FISCHEL

die vier Enkelzellen aufgeteilt, so daß zwei Arten von Spermien entstehen, zwei mit einem X-, und zwei mit einem Y-Chromosom (Abb. 6a).

Für die *Eizellen* liegt die Vermehrungsperiode beim Menschen wahrscheinlich nur in der Fetalzeit, so daß das neugeborene Mädchen (spätestens der weibliche Säugling) bereits sämtliche später im Leben ausreifenden Eizellen als getrennte Zellen in Primärfollikeln enthält. Die Teilungen der Vermehrungsphasen können ähnlich den Reifeteilungen der Samenzellen vorübergehend unvollständig sein. Vielleicht erklären sich so auch gelegentlich anzutreffende zweikernige Eizellen. Diese wiederum können einen der Bildungswege für die Zwillingsentstehung darstellen. Die Wachstumsperiode setzt immer nur für einzelne Zellen unter Ausbildung von Bläschenfollikeln ein, und die Reifung betrifft normalerweise jeweilig nur die Eizelle eines einzigen zwischen zwei Menstruationen zur Ruptur gelangenden Follikels. Ganz allgemein in der Tierwelt und daher auch beim Menschen wird bei den Eizellen durch die zwei Reifungsteilungen der Dotter nur einer der vier so entstandenen Zellen zugeteilt, der *reifen Eizelle*, während die drei anderen Zellen zwar den gleichen Kernbestand erhalten, aber keinen Dotter mitbekommen. Sie heißen *Polzellen*, weil sie am sog. animalen Pol des Eies, oberhalb der Hauptmasse des Dotters und in der Nähe der normalen Lage des Zellkerns, ausgestoßen werden und dadurch diesen Pol kennzeichnen. Sie wurden auch *Richtungskörperchen* genannt, weil sie für die Richtung der ersten Teilungsebene des befruchteten Eies, die durch den animalen Pol geht, einen Anhaltspunkt geben sollten. Beide Namen, die besonders auf dotterreiche Eier passen, sind für die Eier der Säugetiere wenig bezeichnend. Die erste Reifungsteilung erfolgt im reifenden Follikel kurz vor der Ruptur und bildet so das erste Polkörperchen, das sich nochmals teilen kann (Abb. 8a); die zweite Reifungsteilung setzt unmittelbar danach ein, wird aber erst unter dem Reiz eines eindringenden Spermiums (Abb. 8b und c) zu Ende geführt und mit der Ausstoßung des zweiten Polkörperchens abgeschlossen; erfolgt die Befruchtung nicht, so geht die Eizelle wenige Stunden nach der Follikelruptur zugrunde, ohne die zweite Teilung zu Ende zu führen. Das Ei ist daher nur kurze Zeit (höchstens einige Stunden) nach der Follikelruptur befruchtungsfähig. Im Fall der Befruchtung aber rekonstruiert sich nach Abstoßung der zweiten Polzelle der reduzierte reife Eikern vorübergehend zu einem richtigen Zellkern (Abb. 8 d), dem weiblichen Vorkern, mit Kerngerüst und Kernmembran. Die reife Eizelle, aber auch jede Polzelle bekommt eine volle haploide Chromosomengarnitur mit 22 Autochromosomen und einem Geschlechtschromosom, einem X-Chromosom, so daß auch die Polzellen den für die normale Entwicklung notwendigen Chromosomenbestand aufweisen, aber wegen Mangels des Dotters nicht entwicklungsfähig sind. Ob es ganz ausnahmsweise auch zu einer Befruchtung und Entwicklung von Polzellen kommen kann, muß dahingestellt bleiben, vielleicht können unvollständige Doppelmißbildungen (sog. parasitäre Zwillinge) aus ihnen hervorgehen. Da die reifen Eizellen stets ein X-Chromosom enthalten, gibt es (im Gegensatz zu den Spermien) nur eine Art reifer Eizellen (Abb. 6a), wenn auch, wie bei den Spermien, mit verschiedener Kombination der Erbfaktoren.

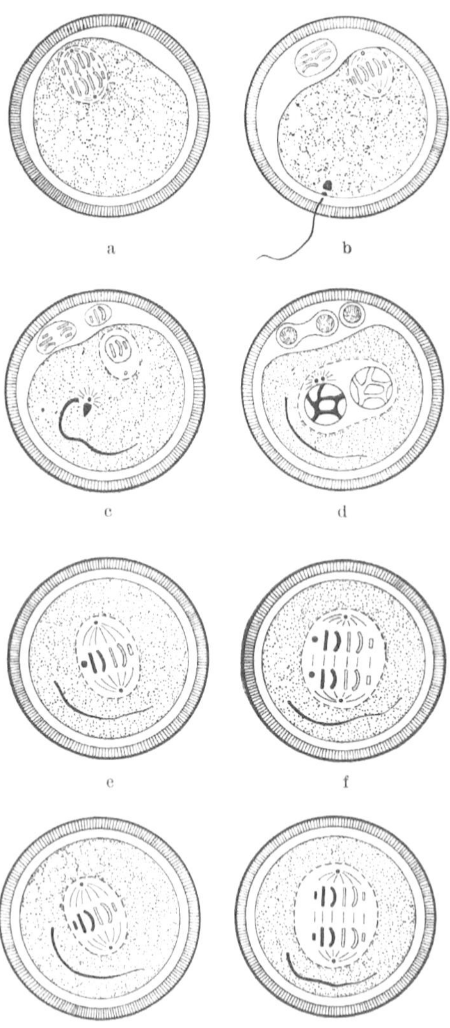

Abb. 8a—h. Schema der Eireifung und Befruchtung bei Annahme von 2 Autochromosomen. a erste Reifungsteilung des Eies; b zweite Reifungsteilung, Teilung der ersten Polzelle, Eindringen des Spermiums; c Abstoßung der zweiten Polzelle, Ausbildung des reifen Eikerns, des Spermazentrums und der Spermastrahlung; d Teilung des Spermazentrums, Ausbildung des Kerngerüstes in Ei- und Spermakern; e und f Befruchtung (Einreihung der Ei- und Spermachromosomen in eine einzige Teilungsfigur) und erste Furchungsteilung bei Eindringen eines männlich bestimmenden Spermiums (mit Y-Chromosom); g und h bei einem weiblich bestimmenden Spermium (mit X-Chromosom)

Die Befruchtung

Bei der Befruchtung[1] dringt (bei kleinen Eiern, wie denen der Säugetiere) immer nur ein Spermium in die Eizelle ein; diese schützt sich gegen weiteres Eindringen durch Ausbildung einer eigenen Grenzhaut, die nach Eintritt des ersten Spermiums schlagartig auftritt. Der Spermakopf quillt zu einem richtigen Zellkern (dem männlichen Vorkern) auf (Abb. 8 d) und legt sich neben den weiblichen Vorkern; das Centrosom des Spermiums erzeugt eine Strahlung im Eiplasma und teilt sich; die Teilstücke fassen die Vorkerne zwischen sich. Das Centrosom der Eizelle geht zugrunde. Die beiden Vorkerne bilden ihre Chromosomen aus, diese lagern sich in eine einzige Ebene, die Teilungsebene des befruchteten Eies, und damit ist die Befruchtung vollzogen. Mit der Längsspaltung der Chromosomen, behufs ihrer Aufteilung auf die beiden Tochterzellen, beginnt die Individualentwicklung (Abb. 8f und h).

---

[1] Das Wesen der Befruchtung wurde von OSKAR HERTWIG 1849—1922 entdeckt.

Das Eindringen des Spermiums bestimmt das Geschlecht des neuen Individuums (chromosomale Geschlechtsdetermination). Ein Spermium mit einem Y-Chromosom (also ohne X-Chromosom!) ergibt einen männlichen Organismus (22 + Y des Spermiums und 22 + X des Eies ergeben 44 + XY, Abb. 8e und f), während ein Spermium mit einem X-Chromosom einen weiblichen Organismus erzeugt (22 + X des Spermiums und 22 + X des Eies ergeben 44 + 2X, Abb. 8g und h). Dieser Mechanismus führt somit zur chromosomalen *Geschlechtsdetermination*, durch die unter normalen Bedingungen auch eine endgültige Festlegung des Geschlechtes erreicht ist. Störungen der Geschlechtsdifferenzierung beim Mensch und Tier sowie Tierexperimente haben aber gezeigt, daß die chromosomale Geschlechtsdetermination nicht unter allen Umständen endgültig zu sein braucht. Für den Menschen kann mit Sicherheit eine Beeinflussung der Geschlechtsentwicklung durch die Geschlechtshormone angenommen werden (s. S. 156). Ob dagegen auch wie bei niederen Tieren die Gonade (corticaler oder medullärer Anteil) Einfluß auf die Differenzierung der Geschlechtszellen und damit auf das Geschlecht nimmt, kann trotz gewisser klinischer Hinweise noch nicht entschieden werden. Ein genetisch männlich bestimmter Organismus schlägt bei frühzeitiger Entfernung der Testes eine Körperdifferenzierung in weiblicher Richtung ein.

Die Befruchtung beschränkt sich nicht allein auf die Übertragungen von väterlichem Kern und Genmaterial, sondern führt auch zu einer Entwicklungsanregung der Eizelle. Diese beruht im wesentlichen in einer Umordnung verschiedener Plasmaanteile der Eizelle, die experimentell unter verschiedensten Bedingungen nachgeahmt werden kann. So ist an vielen Versuchstieren und auch beim Säugetier eine künstliche Parthenogenese zu erzwingen.

Über Ort und Zeit der Befruchtung beim Menschen wird auf S. 64 berichtet.

II. Frühentwicklung

(Furchung und Keimblattbildung)

Die wiederholte Teilung der befruchteten Eizelle heißt *Furchung*. Die hierbei ablaufenden mitotischen Zellteilungen sind dadurch charakterisiert, daß die Tochterzellen nicht wie sonst durch Wachstum die Größe der Mutterzellen erreichen. Daher hat das Endstadium der Furchung, die Blastula der Amphibien (Abb. 12) und die Morula der Säugetiere (Abb. 31), die gleiche Größe wie die Eizelle. Die Furchungszellen werden auch als *Blastomeren* bezeichnet (Blastos = Keim, Méros = Teil). Die Art der Furchung ist von dem Dotterreichtum des Eies bestimmt: Bei kleinen und mittelgroßen Eiern kann der Zellteilungsmechanismus die ganze Dottermasse bewältigen (Abb. 9 u. 12). Diese Eier zeigen eine *totale Furchung* (Holoblastier). Bei den großen (polylecithalen) Eiern wird dagegen nur die Umgebung des (befruchteten) Eikernes in Zellen zerlegt (Meroblastier, *partielle Furchung*, Abb. 21). Die Hauptmasse des Dotters wird in diesem Fall nicht cellulär organisiert; solche Eier entwickeln später meist besondere Einrichtungen zur Verarbeitung der ungefurcht gebliebenen Dottermasse (Dotterblatt). Die totale Furchung zerfällt nochmals in zwei Untertypen, die *adäquale* bei oligolecithalen Eiern (Branchiostoma, Abb. 9, und Säugetiere, Abb. 31) mit nahezu gleich großen Teilstücken und die *inäquale* bei mesolecithalen Eiern (Abb. 12), bei denen die Zellen an dem Eipol, dem ursprünglich der Eikern nahe lag (dem *animalen* Eipol), deutlich kleiner sind und sich in kürzeren Abständen teilen als die dotterreicheren Zellen des gegenüberliegenden *vegetativen* Poles. Hierfür ist besonders das Froschei ein Beispiel; doch ist ein Unterschied der Pole auch an den oligolecithalen Eiern des Branchiostoma erkennbar (Abb. 9).

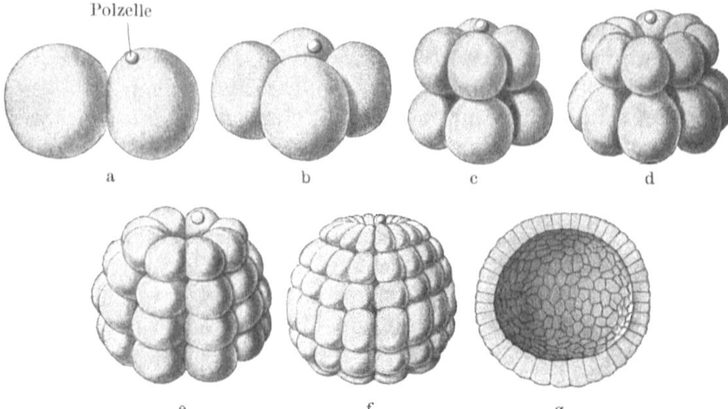

Abb. 9a—g. Furchung des Eies von Branchiostoma. a—f: 2, 4, 8, 16, 32, 64 Zellen; g Durchschnitt durch die Blastula. (Nach HATSCHEK, aus FISCHEL)

Furchung bei dotterarmen und holoblastischen Eiern am Beispiel von Branchiostoma

Für die weitere Entwicklung gilt zunächst Branchiostoma[1] als Paradigma. Die Blastula ist als Ergebnis der Furchung eine einschichtige Zellblase (Abb. 9g),

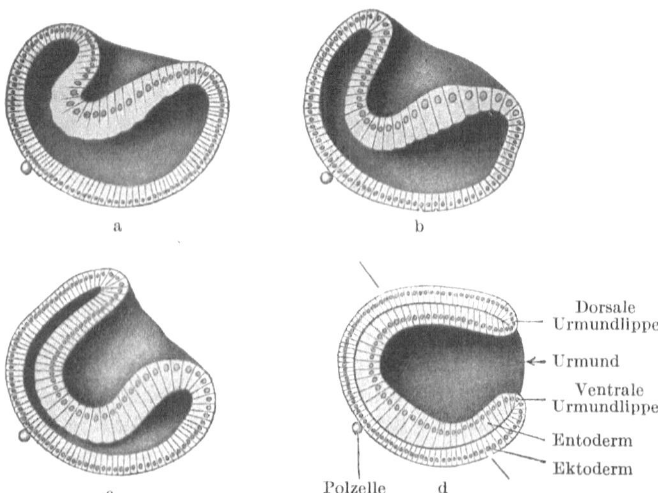

Abb. 10a—d. Gastrulation bei Branchiostoma. Längsschnitte der Larven. Der schräge Strich bei d bezeichnet die ungefähre Grenze zwischen dem durch die Gastrulation und dem nachträglich durch Sprossung entstandenen Körperabschnitt. (Bilder n. CERFONTAINE, aus FISCHEL)

die infolge der Abrundung der Zellen von Anfang an einen zentralen Hohlraum besitzt. Die Furchungszellen geben ihre Selbständigkeit auf und bilden einen epithelartigen Verband; solche Verbände heißen in der Entwicklungslehre *Keim-*

---

[1] Branchiostoma (Lanzettfisch) ist ein teils altertümliches, teils spezialisiertes Wirbeltier; es hat keine gegliederte Wirbelsäule, sondern an ihrer Stelle nur einen einheitlichen elastischen Stab, die Chorda dorsalis. Die Segmentierung des Körpers betrifft hauptsächlich die Muskulatur. Es hat auch keinen Schädel und gehört zu den Acraniern, denen die übrigen Wirbeltiere als Craniota gegenübergestellt werden.

blätter. Dann stülpt sich die untere, durch etwas größere und dotterreichere Zellen gekennzeichnete Hälfte der Blase in die obere Hälfte ein, es entsteht ein zweischichtiger Keim, die *Gástrula,* deren äußere Schicht als äußeres Keimblatt oder *Ektoderm* bezeichnet wird, während das innere Blatt der Urdarmwand entspricht. Denn der Hohlraum bildet den *Urdarm,* der Zugang zu demselben den *Urmund.* Durch die Einstülpung der etwas größeren und dotterreicheren Zellen des vegetativen Poles wird der Schwerpunkt der Gastrula so verlagert, daß sie sich dreht (Abb. 10), bis der Urmund nach hinten oben gerichtet ist. Nun streckt sich die Larve unter Verkleinerung des Urmundes durch caudal gerichtetes Auswachsen der Gastrula (Abb. 11) so, daß eine abgeflachte Rückenseite einer konvexen Bauchseite gegenübersteht; die Körperachse bildet nun mit der Eiachse einen Winkel von ungefähr 45°, und der Urmund wird an das caudale Körperende verschoben, wo er zum After wird, während der bleibende Mund aus einem Durchbruch am vorderen Körperende hervorgeht. Die Stelle ist in Abb. 11 mit *M* bezeichnet. So wie Branchiostoma sind alle Wirbeltiere sog. *Deuterostomia* mit sekundärem Mund (Stoma = Mund), während z. B. der große Kreis der Würmer mit den von ihnen ableitbaren Gruppen (darunter Krebse und Insekten) den Urmund selbst in den Mund umbilden *(Protostomia).* Die Bedeutung der Sprossung liegt aber darin, daß nur der durch sie entstehende Körperabschnitt die Merkmale des Wirbeltierrumpfes erwirbt (unter denen die Chorda dorsalis eines der wichtigsten ist), während der unmittelbar aus der

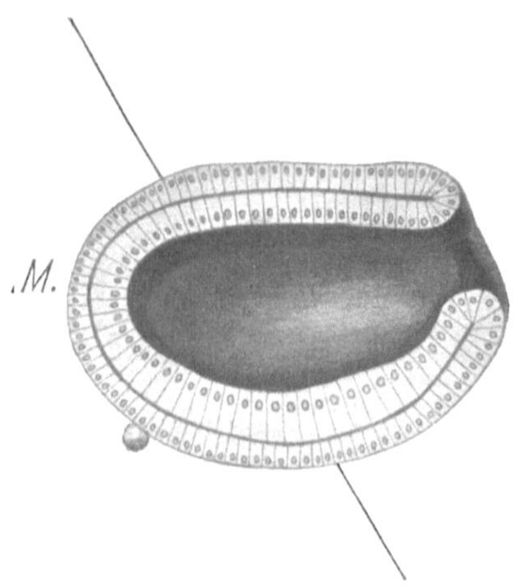

Abb. 11. Weitere Auswirkung der Sprossung bei Branchiostoma. Links von dem schrägen Strich der prächordale, rechts der chordale Körperabschnitt. Abbildung nach CERFONTAINE. *M* Stelle der späteren Mundbildung

Gastrula hervorgehende vorderste Abschnitt als Erbstück aus der Zeit vor dem Erwerb dieser Merkmale anzusehen ist: er entspricht dem prächordalen Körperabschnitt der eigentlichen Wirbeltiere (s. Schädelentwicklung).

Die Bildung der Primitivorgane zeigt bei Branchiostoma so weitgehende Besonderheiten, daß dieser Entwicklungsabschnitt besser an Amphibien studiert wird, bei denen wir auch über die kausalen Verknüpfungen der einzelnen Entwicklungsschritte besser informiert sind.

Zusammenfassend kann gesagt werden: *Die Blastula des Branchiostoma zeigt eine Invagination, die im wesentlichen en bloc verläuft* (wenn auch vielleicht noch ein gewisser Zuschuß durch Einrollung um die Urmundlippen hinzutritt). *Ursprünglich liegt das Material späterer Bildungen wie Ektoderm, Entoderm und Mesoderm-Chorda an der Oberfläche des Keimes. Nach Vollendung der Invagination ist Entoderm und Mesoderm-Chorda in das Innere des Keimes gelangt.*

Furchung und Gastrulation bei Amphibien

Die Abb. 12 zeigt Furchung und Gastrulation beim Froschei, so wie sie uns bei der äußeren Besichtigung der Keime entgegentritt. Es schneiden die ersten Furchen (a—b) senkrecht aufeinander ein, so daß erst ein Zweizellenstadium, dann ein Vierzellenstadium vorhanden ist. In diesem Stadium sind die vier Zellen von gleicher Größe, die Furchen werden auch als *Meridionalfurchen* bezeichnet, hingegen verläuft die dritte Furche (Abb. 12d) näher dem animalen als dem

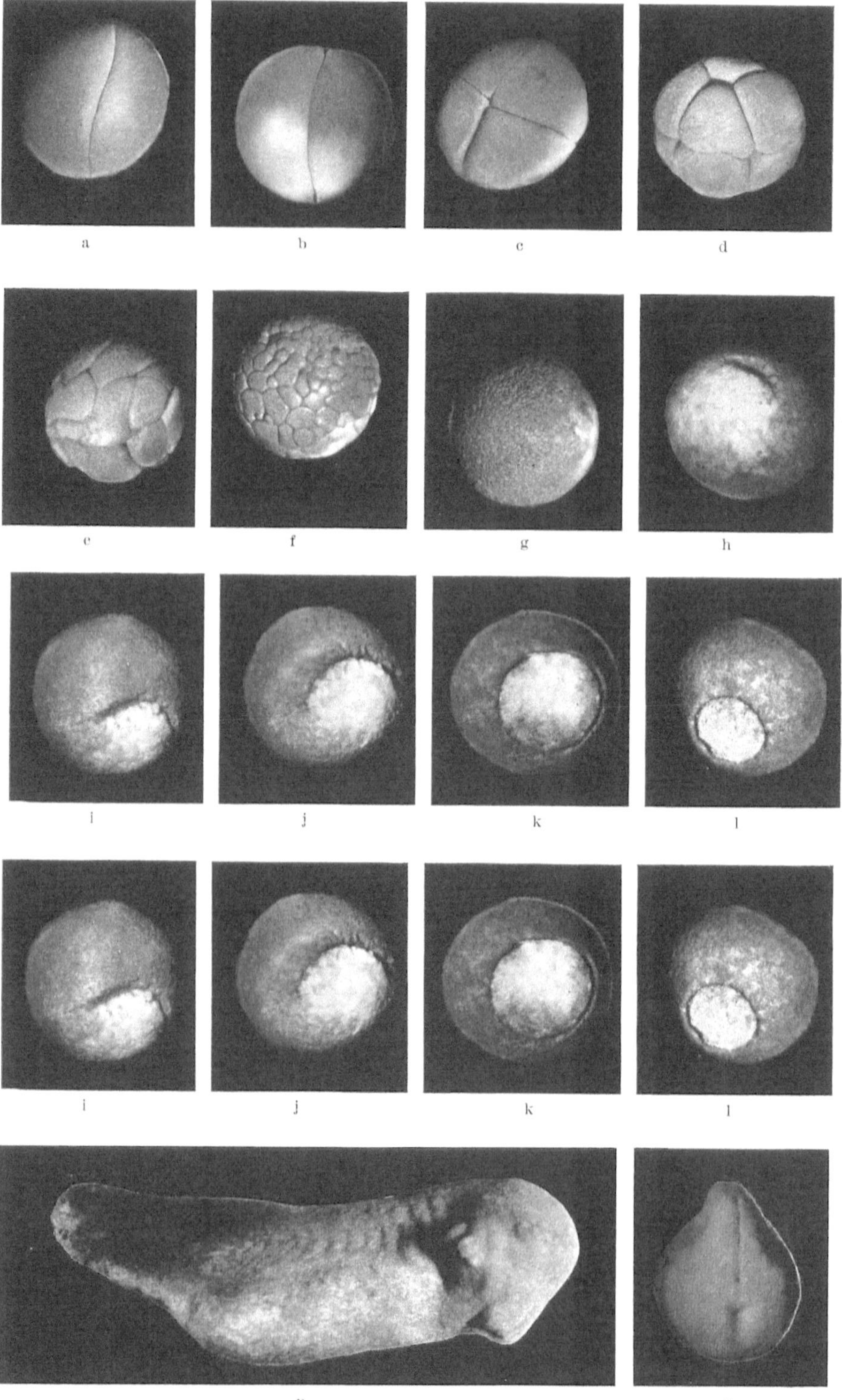

vegetativen Pol, so daß in diesem Achtzellenstadium vier kleinere Zellen nahe dem animalen Pol *(Mikromeren)* und vier größere nahe dem vegetativen Pol *(Makromeren)* vorhanden sind. Die dritte Furchungsteilung verläuft somit nahezu *äquatorial*. In weiterer Folge wechseln meridionale und latitudinale (d, e, f) Furchen miteinander ab, wobei eine volle Regelmäßigkeit der Teilungsschritte verlorengeht, indem die größeren dotterreichen Zellen des vegetativen Poles bei der Teilung nachhinken. Am Ende der Furchung ist somit eine Blastula (g) gebildet worden, bei welcher die Zellgröße vom vegetativen gegen den animalen Pol abnimmt. Die Furchung ist eine *totale* (d. h. das Ei wird in seinem ganzen Bereiche gefurcht) und *inäquale* (d. h. die einzelnen Furchungszellen sind von verschiedener Größe).

Der *vegetative Pol* ist beim Froschei durch eine hellere Färbung gekennzeichnet (Abb. 12b). Die Grenze der hellen gegen die dunkle Area des Keimes ist durchwegs unscharf. Später fällt nun auf, daß in einer halbmondförmigen Zone, die an der dorsalen Seite der hellen Zone gelegen ist, die Grenze zwischen hell und dunkel scharf geworden ist; gleichzeitig hat sich die helle Zone wesentlich verkleinert. Die Abb. 12i u. j zeigt, daß die halbmondförmige Grenzlinie unter weiterer Verkleinerung der hellen Zone ventralwärts vorgerückt ist. Dann schließt sie sich zu einem kleinen Kreise, in welchem ein heller Pfropf steckt, der als Rusconischer *Dotterpfropf* (Abb. 12k u. l) bezeichnet wird. Endlich verschwindet auch dieser. An seiner Stelle ist die *primitive Afteröffnung* zurückgeblieben. Um diese Zeit richten sich zu beiden Seiten die *Neuralwülste* auf, die später durch ihren Schluß zur Bildung des *Neuralrohres* führen. Sie enden caudal in der Mitte des primitiven Afters, so daß derselbe durch ihre Verschmelzung in eine dorsale und ventrale Hälfte zerlegt wird (vgl. auch Abb. 18). Die ventrale wird zum *After* und führt vom Darm nach außen. Die dorsale Hälfte hingegen liegt nunmehr am Grunde des Medullarrohres und verbindet demnach den Zentralkanal des Neuralrohres mit dem Darm. Sie führt den Namen *Canalis neurentericus* (Abb. 18b).

Was im Inneren des Keimes in dieser Zeit vorgegangen ist, geht aus Schnittbildern hervor. Die Abb. 13 zeigt in drei Stadien das Ergebnis der Furchung: die Zellen nahe dem animalen Pol sind, wie ja schon an den Übersichtsbildern ersichtlich war, kleiner als die am vegetativen. Dieser Größenunterschied macht sich jedoch nicht nur an der Oberflächenfelderung geltend, vielmehr ragen die Zellen vom vegetativen Pol auch viel tiefer in die Höhle der Blastula, in das exzentrische *Blastocoel* vor. Unter diesen Bedingungen ist eine Enbloc-Invagination wie bei Branchiostoma technisch unmöglich.

Über die nun tatsächlich stattfindenden Vorgänge haben wir endgültige Aufklärung erst durch die von WALTER VOGT[1] ausgebaute Methode der vitalen Markierung (s. S. 4) erhalten. Markiert man nämlich in dem Stadium des halbmondförmigen Urmundes die Umgebung desselben, so findet man, daß diese Marken alsbald im Inneren des Keimes verschwinden. Im Schnitt erscheint nun eine doppelte Auskleidung des Keimes, wobei das äußere Blatt einem Teil der alten Keimoberfläche

---

[1] WALTER VOGT 1888—1941.

Abb. 12a—q. Furchung, Urmundbildung und Neuralrohrbildung beim Frosch (Rana temporia), Vergrößerung 12-fach. a 2 Zellen vom animalen Pol. b 2 Zellen von der Seite. c 4 Zellen. d 8 Zellen. e Stadium von etwa 30 Zellen. f großzellige Blastula. g kleinzellige Blastula. h Auftreten der dorsalen Urmundlippe. i Fortschreiten der Einstülpung mit seitlicher Verlängerung des Urmundes. j fast ringförmiger Urmund. k ringförmiger Urmund. l Verkleinerung des Urmundes. m Neuralrinne und Gehirnanlage. n Schluß der Neuralrinne. o Seitenansicht der Neurula von rechts mit gerade angedeuteter Schwanzknospenbildung und deutlicher Abgrenzung von Kiemen und Rumpfregion. p Starke Streckung hat zur voll ausgeprägten Schwanzknospe geführt. Ventral noch deutliche Reste der Dottermasse. Die segmentalen Rumpfmuskelanlagen zeichnen sich durch das Ektoderm ab. Äußere Kiemen beginnen vorzuwachsen. Die Augenanlage ist deutlich sichtbar. q Caudalansicht des Stadiums, das etwa der Abb. 12o entspricht. Die Unterteilung des Urmundes in den versenkten Canalis neurentericus und die Afteranlage ist gerade noch sichtbar.

2*

entspricht, während das innere — ursprünglich gleichfalls oberflächlich gelegene — langsam vorerst um die dorsale Urmundlippe (vgl. Abb. 12h mit Abb. 5a u. b), dann um die seitlichen, endlich um die ventrale nach innen umgekrempelt wurde. Auf diese Weise wird ein zweiblättriger Keim (Abb. 15c) gebildet, der wieder als Gastrula bezeichnet werden kann; er enthält eine Urdarmhöhle und öffnet sich durch den Urmund (primitiven After) nach außen. Um eine Vorstellung zu gewinnen, was invaginiert wird, empfiehlt es sich, die Eikarte der Abb. 14, welche nach ausgedehnten Untersuchungen mit der vitalen Markierung hergestellt wurde, zu betrachten. Indem man in zahlreichen Versuchen nach und nach die ganze Oberfläche der Blastula mit Farbmarken versehen hat und ihr weiteres Schicksal beobachtete, konnte festgestellt werden, daß von der Eioberfläche etwa die Hälfte während der Gastrulation invaginiert wird. Die untere Hälfte der Abb. 14 zeigt die Eikarte vom ventralen Pol gesehen, die obere von der lateralen Seite. Die Invagination beginnt dorsal von dem vegetativen (hellen) Pol somit im Bereiche des Entoderms, jedoch stark dorsal exzentrisch. Bei der Invagination wird also im Beginn nur Entoderm invaginiert; bald jedoch folgt die dorsalwärts anschließende Chorda-Mesoderm-Zone, welche somit um den dorsalen Urmundrand in das Innere gelangt. Das Dach des Urdarmes wird demnach von Chorda gebildet, welche zu beiden Seiten ohne Grenze in das Mesoderm übergeht. Wenn sich der Urmund von der Halbmondform in die Kreisform umwandelt, erfolgt dies unter gleichzeitiger Invagination des Entoderms um die seitliche und caudale Urmundlippe. Wenn nun das Entoderm, d. h. der Rusconische Dotterpfropf bei der Invaginationsbewegung im Inneren verschwunden ist, mitunter auch schon etwas früher, tritt ein in der Abb. 16b deutlich sichtbarer, überaus wichtiger Vorgang hinzu. In der caudalen sowie in den seitlichen Urmundlippen löst sich das Mesoderm vom Entoderm los (Abb. 16b—c) und dringt zwischen Entoderm und Ektoderm in kranioventraler Richtung vor; es besitzt somit einen freien ventrokranialen Rand, der sich im Rahmen der fortschreitenden Invaginationsbewegung immer weiter

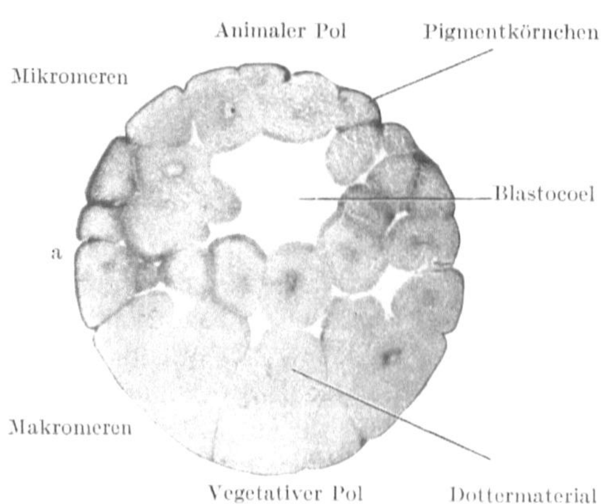

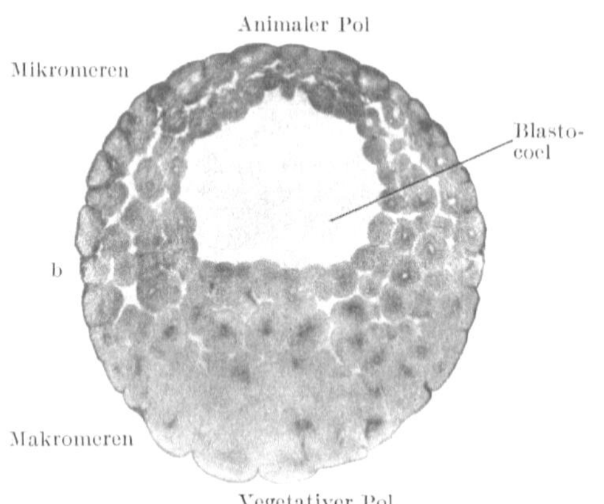

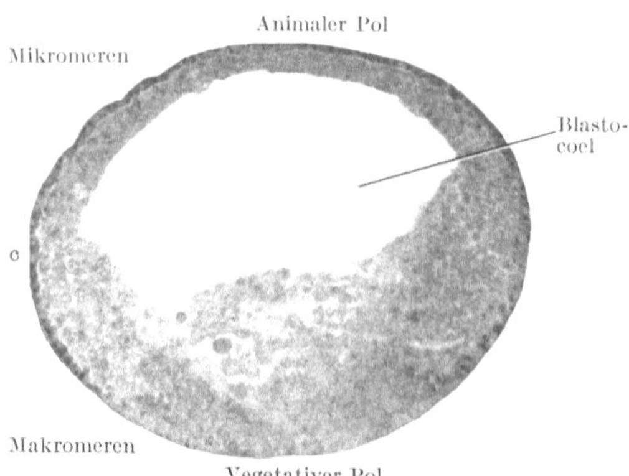

Abb. 13a—c. Schnitte durch die Blastula von Rana temporaria (Orig.). a großzelliges, b mittelzelliges, c kleinzelliges Stadium

kopfwärts und bauchwärts vorschiebt (Abb. 16a—c). Am dorsalen Urmundrand
jedoch geht, wie erwähnt, die Umkrempelung der Chorda vor sich und hier
bleiben die primitiven Keimblattbeziehungen erhalten. Fertigt man Querschnitte

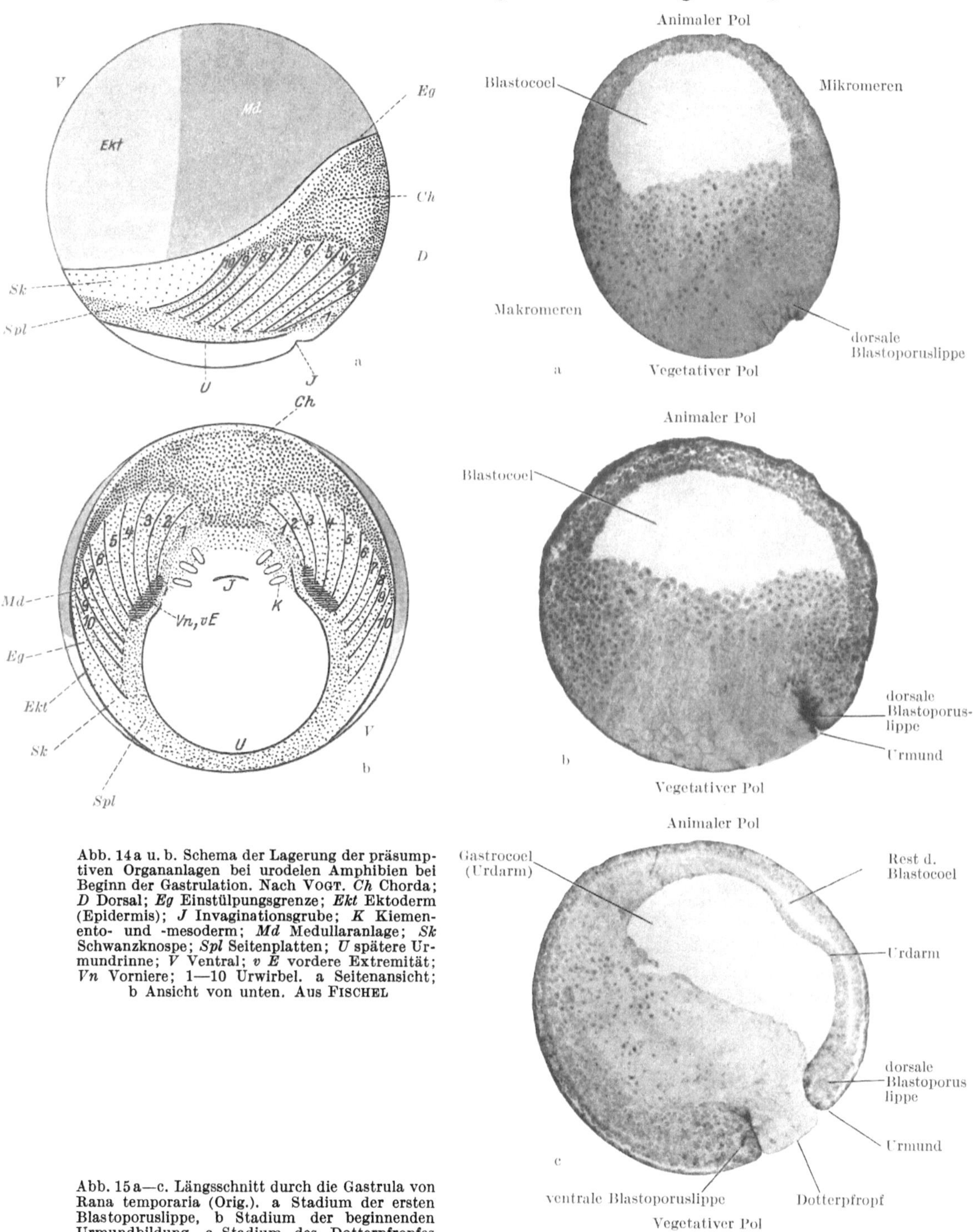

Abb. 14a u. b. Schema der Lagerung der präsumptiven Organanlagen bei urodelen Amphibien bei Beginn der Gastrulation. Nach Vogt. *Ch* Chorda; *D* Dorsal; *Eg* Einstülpungsgrenze; *Ekt* Ektoderm (Epidermis); *J* Invaginationsgrube; *K* Kiemenento- und -mesoderm; *Md* Medullaranlage; *Sk* Schwanzknospe; *Spl* Seitenplatten; *U* spätere Urmundrinne; *V* Ventral; *v E* vordere Extremität; *Vn* Vorniere; 1—10 Urwirbel. a Seitenansicht; b Ansicht von unten. Aus Fischel

Abb. 15a—c. Längsschnitt durch die Gastrula von Rana temporaria (Orig.). a Stadium der ersten Blastoporuslippe, b Stadium der beginnenden Urmundbildung, c Stadium des Dotterpfropfes

an, so hängt im vordersten Schnitt (Abb. 17b) die Chorda-Mesodermplatte noch mit dem Entoderm zusammen. Beim mittleren Schnitt (Abb. 17c) schiebt sich das Entoderm innen von der Chorda-Mesodermplatte hoch und sucht sich nach dorsal zu einem Rohr zu schließen. Im hintersten Schnitt sieht man die Chorda-Mesodermplatte und das ventrale Mesoderm (Herz- und Gefäßanlagen) in der Tiefe der Ektodermhöhlung noch im Zusammenhang mit der Einstülpungsstelle am Urmund, seitlich dagegen mit freiem Rand enden. Der Rest des Dotterpfropfes (punktiert) sitzt ohne Verbindung frei in der Höhlung. Später (Abb. 17e) trennen

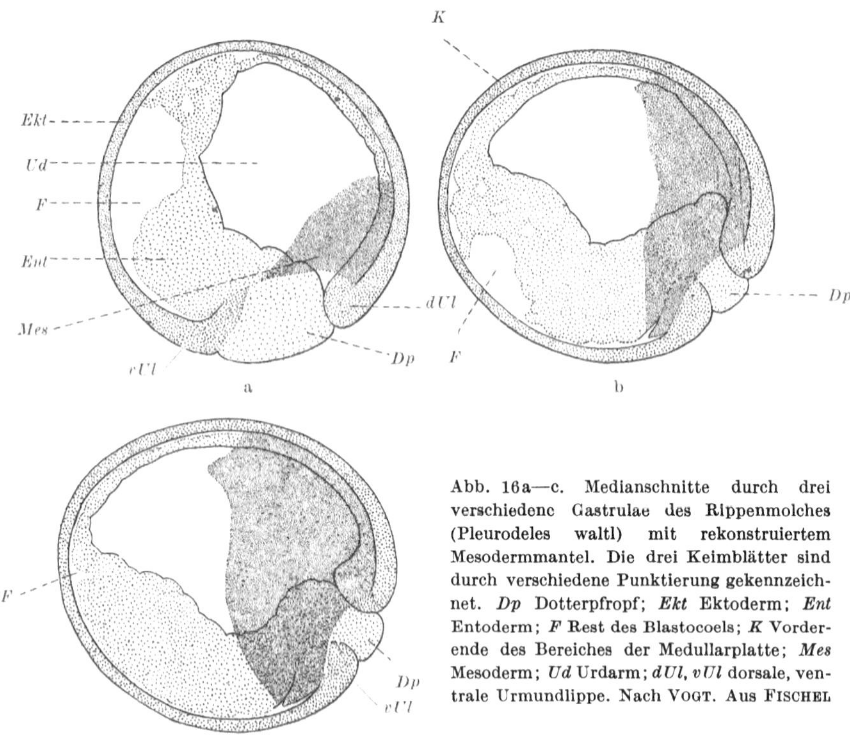

Abb. 16a—c. Medianschnitte durch drei verschiedene Gastrulae des Rippenmolches (Pleurodeles waltl) mit rekonstruiertem Mesodermmantel. Die drei Keimblätter sind durch verschiedene Punktierung gekennzeichnet. *Dp* Dotterpfropf; *Ekt* Ektoderm; *Ent* Entoderm; *F* Rest des Blastocoels; *K* Vorderende des Bereiches der Medullarplatte; *Mes* Mesoderm; *Ud* Urdarm; *dUl, vUl* dorsale, ventrale Urmundlippe. Nach VOGT. Aus FISCHEL

sich die Chorda, Stammplatten und Seitenplatten; der Darm schließt sich unter der Chorda. Die Stammplatten gliedern sich sodann in die Ursegmente oder Somiten, die Seitenplatten lassen Spalten erkennen, die sich zu den Coelomräumen umformen (Weiteres s. S. 35). Die Chorda geht an ihrem rostralen Ende in die dem Kopfdarmdach entstammende *Prächordalplatte* oder *Ergänzungsplatte* über. Im Schnitt nimmt sich das so aus, daß sich an den hohlen Vorderdarm ein solides Endstück anschließt, an welchem seitlich Flügel aus dichtem mesenchymalem Gewebe anhängen. Aus der Prächordalplatte geht ein beträchtlicher Teil des Kopfmesoderms des Embryo hervor.

Besondere Berücksichtigung erfordert das caudale Ende des Embryo. Hier wurde bereits hervorgehoben, daß vom primären After durch die Ausbildung der Neuralplatte ein dorsaler Abschnitt, der Canalis neurentericus, abgeteilt wird. Dieser Vorgang wird durch die Abb. 18a und b schematisch veranschaulicht. Der Canalis neurentericus, der sich aus dem Darme in die Neuralplatte erstreckt, öffnet sich ursprünglich nach außen, da die Neuralplatte noch freiliegt, d. h. sich noch nicht zum Rohre geschlossen hat. Mit dem Neuralschluß verschwindet der Canalis neurentericus von der Keimoberfläche und verbindet den Neuralkanal mit dem Darme. Obwohl diese Bildung beim Amphibienkeim hinfällig ist und keine weitere Bedeutung gewinnt, mußte sie ausführlicher geschildert werden, da der

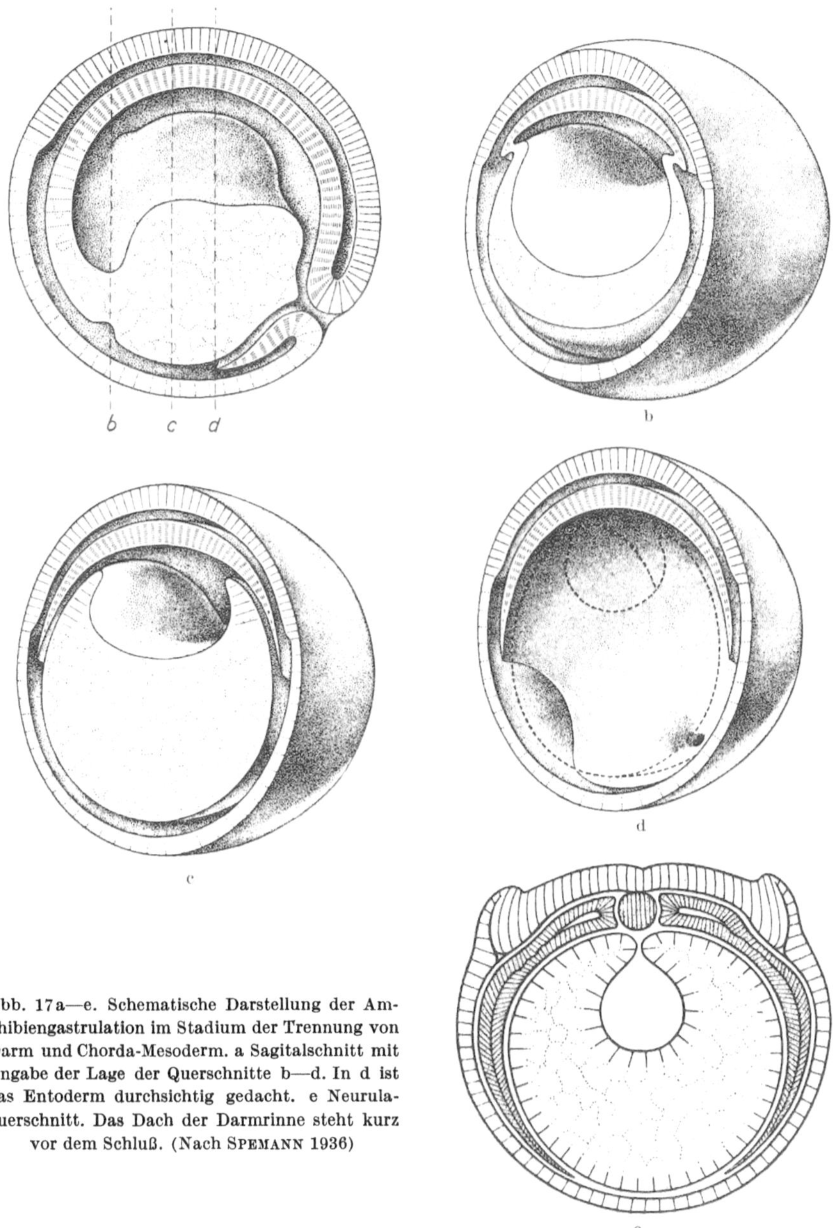

Abb. 17a—e. Schematische Darstellung der Amphibiengastrulation im Stadium der Trennung von Darm und Chorda-Mesoderm. a Sagitalschnitt mit Angabe der Lage der Querschnitte b—d. In d ist das Entoderm durchsichtig gedacht. e Neurulaquerschnitt. Das Dach der Darmrinne steht kurz vor dem Schluß. (Nach SPEMANN 1936)

Canalis neurentericus uns bei der Frühentwicklung des Menschen wieder begegnen wird. Die Gegend, in der die Teilung des primären Afters in Canalis neurentericus und definitiven After erfolgt, ist insofern von Bedeutung, als hier späterhin eine caudal gerichtete Vorwölbung erscheint, die als *Schwanzknospe* bezeichnet wird, aus welcher der Schwanz hervorgeht.

Gehen wir nochmals zu der Abb. 16a—c zurück: Es fiel an ihr auf, daß der freie Rand des zwischen Ektoderm und Entoderm bauch- und kopfwärts vorwachsenden Mesoderms eine immer kleiner werdende kranial und ventral gelegene mesodermfreie Zone begrenzt. Das letzte Bild dieser Abbildungsreihe entspricht bereits nahezu dem der Abb. 19a. Der Rand ist durch Blutgefäße an beiden

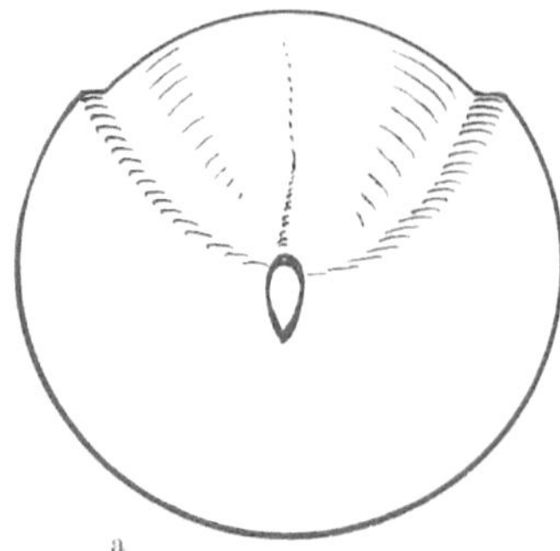
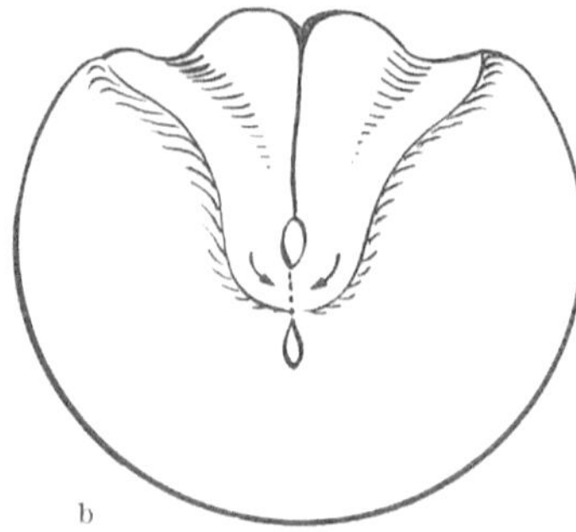

Abb. 18a u. b. Die Bildungsvorgänge in der Gegend der Schwanzanlage beim Frosch. a Die Neuralwülste reichen bis in die Mitte des Blastoporus (Urmund, primärer After). b Die Neuralwülste schließen sich über der Mitte dieser Öffnung, so daß sie in einen dorsalen Abschnitt, den Canalis neurentericus, und einen ventralen, den definitiven After, zerlegt wird. Aus GOERTTLER

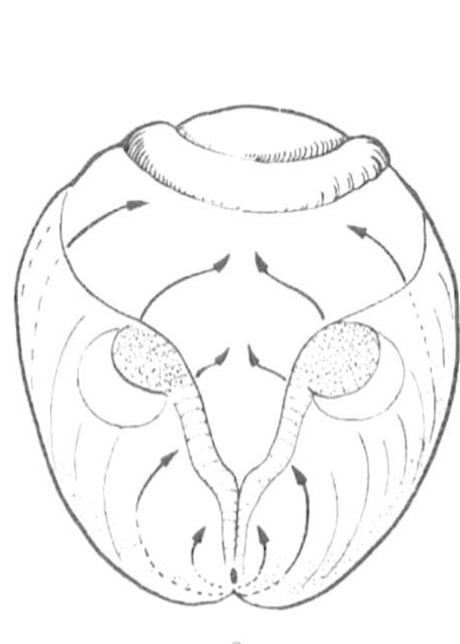
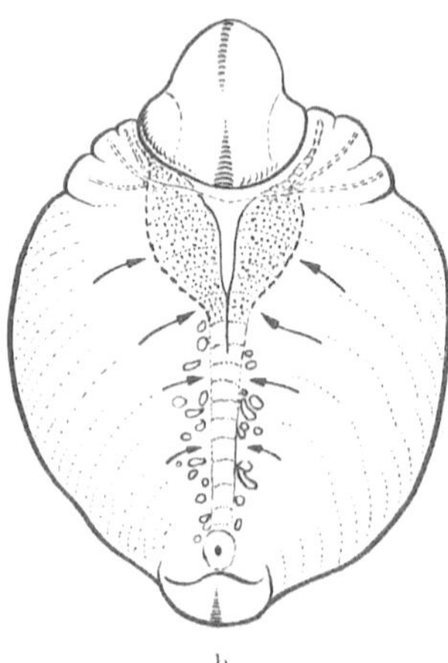

Abb. 19a u. b. Beginnende Neurula eines Molchkeimes von ventral gesehen. Dargestellt ist in a (durch das Ektoderm hindurchschimmernd) der freie Rand des vom Urmund aus sich vorschiebenden Mesoderms. In ihm liegen (schraffiert) Blutanlagen und punktiert die Anlage des Herzens innerhalb des myoepikardialen Feldes. Die Pfeile zeigen die Bewegungsrichtung, in welcher sich das Mesoderm weiterhin verschiebt. In b erkennt man im Larvenstadium nach dem vollständigen Schluß des Medullarrohres, daß die Blutanlagen inzwischen zu einem unpaaren, median liegenden Blutstrang (der späteren Vena subintestinalis) verschmolzen sind, neben dem die sog. Blutinseln liegen. Zwischen den fast vereinigten Herzanlagen liegt noch ein schmales mesodermfreies Feld in der Gegend der Mundbucht. Aus dem Herzen beginnen jederseits schon die Kiemenbogengefäße auszusprossen. Aus GOERTTLER

Seiten gekennzeichnet, aus deren Verschmelzung in caudo-kranialer Richtung erst die Vena subintestinalis und dann das Herz hervorgeht. Das Herz ist somit ursprünglich paarig angelegt.

Stellen wir nun die Grundtatsachen der Gastrulation bei Amphibien zusammen, *so liegen auch hier die Organanlagen ursprünglich an der Oberfläche des Eies bzw. der Blastula. Entoderm und Mesodermchorda werden invaginiert durch eine Art von Umkrempelung entlang der Urmundlippen. Schon während dieser Prozeß im Gange ist, tritt eine Lösung des Mesoderm vom Entoderm ein. Das Mesoderm wächst sodann zwischen Ektoderm und Entoderm kranialwärts vor.*

Einige Bemerkungen zur Entwicklungsmechanik und Teratologie

Wir haben an Hand der Eikarten (Abb. 14) gezeigt, wo sich an der Blastula die Anlagen der verschiedenen Organe an der Oberfläche des Keimes vorfinden, ehe sie durch die Gestaltungsbewegungen der Gastrulation in das Innere des Keimes verlagert werden. Diese Karten erwecken den Eindruck, als sei tatsächlich jeder *organbildende Keimbezirk* an der Oberfläche des Keimes bzw. der Blastula vorgezeichnet, *präformiert*, und die ganze Entwicklung bestehe nur in einer Aufrollung, *Evolution*, der präformierten Anlage. Tatsächlich ist die endgültige Festlegung des Schicksals der einzelnen Keimbezirke bei manchen Tierarten (Ctenophoren, verschiedenen Würmern) weitgehend festgelegt, *determiniert*. Bei diesen Tierarten führen Zerstörungen kleinster Bezirke des Keimes während der Furchung bereits zu wohl gekennzeichneten lagegerechten Defektbildungen. Man hat diese Eier mit frühzeitiger Determination der organbildenden Keimbezirke als *Mosaikeier* bezeichnet. Dies ist jedoch keineswegs bei allen Eiarten der Fall. Beim Seeigelei und auch bei dem uns hier beschäftigenden Amphibienei werden ähnliche Keimverluste ausgeglichen, *reguliert*[1], weswegen diese Eier den Namen *Regulationseier* erhalten haben. Einige Experimente sollen in diesem Zusammenhang geschildert werden:

Löst man die beiden ersten Blastomeren des Urodelen-Eies mit einer Kinderhaarschlinge entlang der ersten Furchungsebene voneinander, so bilden die beiden Blastomeren nicht, wie man aus der Betrachtung der Eikarte schließen könnte, zwei Halbembryonen; vielmehr liefert jede von ihnen einen ganzen, wenn auch kleineren, normal gebauten Embryo (HANS SPEMANN). Eine scheinbar nur geringgradige Versuchsänderung, die Isolierung einer Blastomere durch Abtöten der Schwesterblastomere (WILHELM ROUX) führt zu anderem Ergebnis und zu Einblicken in die Mechanik des Regulationsvorganges. Hier entsteht nämlich ein Halbembryo. Durch die Reste der zerstörten Halbblastomere wird in der lebenden Blastomere die Umlagerung der verschiedenen Zellbestandteile verhindert, die bei vollständiger Trennung mit der Spemannschen Haarschlinge, wie weitere Versuchsvarianten gezeigt haben, die Regulation zum Ganzkeim in Gang setzt. Bezeichnen wir nun die Entwicklung des im normalen Entwicklungsgeschehens aus einer Zelle oder einem Keimteil hervorgegangenen Körperabschnittes als das prospektive Schicksal oder die prospektive Bedeutung derselben, die Summe der unter besonderen Bedingungen von dieser Zelle oder diesem Keimteil zu erhaltenden Entwicklungsschritte als ihre prospektive Potenz, so ergibt sich daraus der Satz, daß die *prospektive Potenz stets größer ist als die prospektive Bedeutung.* Die Differenz der beiden Werte, als *Restpotenz* bezeichnet, wird bei den Mosaikeiern nahezu Null sein, hingegen bei den Regulationseiern oftmals recht hohe Werte erreichen. So kann noch eine Sechzehntel-Blastomere beim Seeigelei gelegentlich einen ganzen Embryo bilden, und ein ähnliches Resultat ist aus dem Kern einer Sechzehntel-Blastomere bei Urodelen erhältlich, sofern ihm durch eine geeignete Versuchsanordnung genügend Cytoplasma zur Verfügung gestellt wird. Es ergibt sich somit für die Entwicklung des Amphibieneies, daß zwar in der normalen Entwicklung bestimmte Eiteile bestimmte Organe liefern, ja, daß vielleicht sogar eine gewisse *labile Determination* vorhanden ist, daß jedoch eine weitgehende Regulation infolge der über die prospektive Bedeutung der Zellen weit hinausgehenden Zellpotenzen möglich ist. Auch während der späteren Entwicklung spielen die hohen Restpotenzen eine wichtige Rolle. Es dürfen somit die Schemata prospektiver Organanlagen (Abb. 14, 16, 19) nicht allzu eng ausgedeutet werden.

---

[1] H. DRIESCH 1867—1941.

Ein zweiter für die Ursachen der Entwicklung höchst bedeutsamer Vorgang sei durch folgenden Versuch veranschaulicht: Wir haben an Hand der Abb. 15 erörtert, daß die Neuralplatte über jener Zone des Keimes entsteht, die von dem Urdarmdach, d. h. dem medianen Abschnitt der Chorda-Mesodermplatte gebildet wird. Da diese Chorda-Mesodermplatte aus der Umkrempelung des Oberflächenblastoderms der Gastrula um die dorsale Urmundlippe entsteht, ist das Material der Chordaanlage in und vor der dorsalen Urmundlippe anzutreffen, ehe es vollständig invaginiert wird. Wird ein Teil der dorsalen Urmundlippe entfernt und an eine beliebige Stelle eines anderen Keimes in das Blastocoel implantiert, so entsteht nun außer der an normaler Stelle befindlichen Neuralplatte des Wirtskeimes eine zweite über dem Implantat. Dabei hätte diese Stelle in der normalen Entwicklung kein Gehirngewebe, sondern Haut geliefert. Betrachten wir dieses Experiment genauer, so ergibt sich, daß das implantierte Gewebsstück herkunftsgemäß Chorda gebildet hat. Es liegt somit einerseits eine von der Umgebung unabhängige *Selbstdifferenzierung* vor, es hat jedoch außerdem in der sie bedeckenden Oberflächenzone des Keimes Neuralgewebe hervorgerufen. Das Neuralgewebe zeigt somit eine *abhängige* oder *induzierte* Differenzierung, welche ihm durch das ihr unterliegende Gewebe der dorsalen Urmundlippe aufgeprägt wird. Die abhängigen Differenzierungen spielen bei der Entwicklung der Wirbeltiere eine entscheidende Rolle: so induziert das Epithel des häutigen Labyrinths die es umgebende Knorpelkapsel; die Entwicklung der Linsenplatte ist fast bei allen Wirbeltieren abhängig von dem benachbarten Augenbecher, ja es scheint, daß in den aus Epithel und Bindegewebe aufgebauten Organen ganz allgemein die Leitung der Entwicklung dem Epithel zukommt.

Rückwärts läßt sich die Entwicklung einer schrittweise erreichten Vielfalt von Organanlagen aus der relativen Einfachheit des befruchteten Eies theoretisch auf einen Ausgangspunkt mit nur zwei Komponenten zurückverfolgen. Das wären das mehr „ektodermale" dorsale und das mehr „entodermale" ventrale Eiplasma. Die entodermale Komponente veranlaßt in den frühen Gastrulationsstadien die Nachbargebiete der dorsalen Blastomeren an der Randzone zur Bildung mesodermaler Differenzierungen, die ihrerseits wieder in wechselseitige Einwirkungs-, Induktionsbeziehungen zum Ektoderm und Entoderm treten.

Ein großer Teil der beschriebenen Differenzierungsschritte werden vom Genmaterial, d. h. von dem Strukturmuster der Desoxyribonucleinsäuren in den Chromosomen der Zellkerne gesteuert. Die Auswahl genetischer Information für den einzelnen Entwicklungsschritt könnte auf drei verschiedenen Ebenen der Umwandlung des Gencode über die Messenger-Ribonucleinsäure (m-RNA) in ein spezifisches Proteingefüge, das an den Ribosomen entsteht, vor sich gehen, nämlich: an der Desoxyribonucleinsäure, an der Messenger-RNA und bei der Proteinproduktion. Untersuchungen an Xenopus, dem Krallenfrosch, lassen sich dahin deuten, daß das Informationsmuster für die Differenzierungssteuerung embryonaler Zellen aus einer Selektion auf Chromosomenniveau stammt, derart, daß die Einzelinformationen bald gehemmt, bald frei gegeben werden.

Darüber hinaus mag die Lebensspanne und Übertragungs- d. h. Wirkungsrate dieser Information auch noch auf Ribosomen-Niveau kontrolliert werden. Die an niederen Organismen gewonnenen Denkmodelle für den Wirkungsweg der in den Chromosomen gelegenen Erbinformationen (Molekulargenetik) werden somit an der Entwicklung des Wirbeltieres überprüfbar. In den verschiedenen Entwicklungsstadien läßt sich die Messenger-RNA von der im Plasma „gelöst" verteilten RNA und von der Ribosomen-RNA nicht nur abgrenzen, sondern für verschiedene Entwicklungsschritte in charakteristischen Quantitäten nachweisen. Desgleichen ist ihre für die einzelnen Stadien spezifische Umsatzrate, d. h. auch ihre Einwirkungsdauer analysierbar. Die Synthese dieser Messenger-RNA ist zwar schon während der Eiablage und Furchung schwach vorhanden, wird aber erst mit der Gastrulation beträchtlich. Ihre Nucleotidsequenzen erweisen sich als stadienspezifisch. Ihre Halbzeit von wenigen Stunden führt zu laufendem Auf- und Abbau und mag dem raschen Fortschreiten der Differenzierungsprozesse in diesen Entwicklungsstadien entsprechen. Während der embryonalen Entwicklung wird entsprechend der Komplizierung des Entwicklungsgeschehens in zunehmend größerer Menge genetische Information auf Messenger-RNA übertragen und ist als solche nun auch beim Wirbeltier nachweisbar und zu verfolgen. Gewisse Gene, so läßt sich zeigen, beschränken ihre Aktivität auf die Frühstadien. Andere, die in Postgastrula-Zeiten aktiv sind, behalten diese Aktivität bis zu adulten Stadien. Zwischen Neurula und Schwanzknospenstadium (Abb. 120) tritt dann zunehmend stabile Messenger-RNA auf, die mit Differenzierungsprozessen gekoppelt zu sein scheint. Zu den Steuerungsmöglichkeiten gehört noch das zeitlich gestaffelte Auf- treten von Hemmstoffen, die die Synthese von Ribosomen-RNA einschränken.

Unsere Vorstellungen über das Wesen des Induktionsvorganges haben sich durch zahlreiche Detailbefunde stark geändert. Nach wie vor entscheidend ist der notwendige Kontakt zweier Gewebsformationen, von denen einer den anderen zur Aufnahme einer neuen Differenzierungsrichtung veranlaßt ohne eigene Zellen bei- zusteuern. Nach einer gewissen Zeit läuft diese Differenzierung dann auch autonom weiter. Es handelt sich zweifellos um eine chemische Beeinflussung, da ihre Wir- kungen auch mit abgetöteten Geweben oder Substanzen erzielt werden können, die bei verschiedenartigen cytolytischen Vorgängen frei werden.[1] Obwohl sich im Experiment sehr viele diverse Substanzen als induktorisch wirksam herausgestellt haben, ist bisher noch für keinen normalen Induktionsvorgang „die" Induktions- substanz aufgeklärt. Es stellt sich allerdings zunehmend heraus, daß ein Induk- tionsvorgang aus einer ganzen Reihe von Differenzierungsschritten besteht, die morphologische und biochemische Vorgänge einschließen. Der Induktionsvorgang ist über Abstände von $60-80\ \mu$ hinweg, sowie durch Filterporen von $0,1-0,45\ \mu$ möglich. Der Kontakt muß eine gewisse Mindestzeitdauer haben und das zu indu- zierende Zellmaterial muß eine bestimmte Mindestmasse und Mindestdichte haben, um den Differenzierungsprozeß zu Ende ablaufen zu lassen. Andererseits ist auch schon eine experimentelle Induktion an Einzelzellen gelungen, woraus zu schließen wäre, daß die Induktionswirkung in der Veränderung der Einzelzellen und ihres Charakters besteht. Chemische Analysen haben sowohl bei Amphibien, als auch bei Vogelmaterial Eiweißkörper von Molekulargewichten zwischen 40 und 100000 als die für die Induktion entscheidenden Substanzen nachweisen können. Die Festlegung, ob die hierbei beteiligten Proteine oder Ribonucleo- proteine (Desoxyribonucleinsäure sind unwirksam) zum Induktionserfolg führen, ließ sich durch vorausgehende Fermenteinwirkung klären. Ribonuclease, die den Bestand an Ribonucleoproteinen auf unter 1% reduziert, verändert die Induk- tionspotenz in keiner Weise, während Trypsin zu einem vollständigen Verlust der Induktionswirkung führt. Danach wären die Induktionssubstanzen unter den mittelgroßen Proteinmolekülen zu suchen und ihre Induktionswirkung unabhän- gig von ihrer Bindung an Ribonucleoproteinen.

Einige Befunde weisen darauf hin, daß auch bei der Bildung der Induktions- substanzen eine Aktivierung von Genombereichen auf dem Wege über die m-RNA und die Ribosomen im Spiel ist, daß die Induktionssubstanzen andererseits die Syntheseprozesse im Zell*plasma* beeinflussen müssen, da sie in den Zellen rea- gierender Gewebe nur im Plasma und nicht im Kern immunologisch nachweisbar

---

[1] HOLTFRETER, * 1901, Prof. der Zool. in Rochester, USA.

sind. Als Beispiel, wie komplex die Vorgänge sind, sei auf die Darstellung der Induktion des Nachnierenparenchyms durch die Ureterknospe hingewiesen (S. 142).

Bei dem oben erwähnten Beispiel der induzierenden Wirkung der dorsalen Urmundlippe handelt es sich um einen so weitreichenden, in Kettenreaktion fortwirkenden Induktionsvorgang, daß der früheste Teil der oberen Urmundlippe geradezu als *Organisator*[1] der Kopfentwicklung bezeichnet wurde. Tatsächlich führt eine unvollkommene Gastrulation im Bereiche des Kopfendes nicht nur zu einer defektiven Entwicklung des kranialen Endes des Vorderdarmes, sondern wegen der induzierenden Wirkung dieses Gewebsabschnittes (Prächordalplatte und Umgebung) zu Defektbildungen des ganzen Kopfes, die als *Cyclopie*

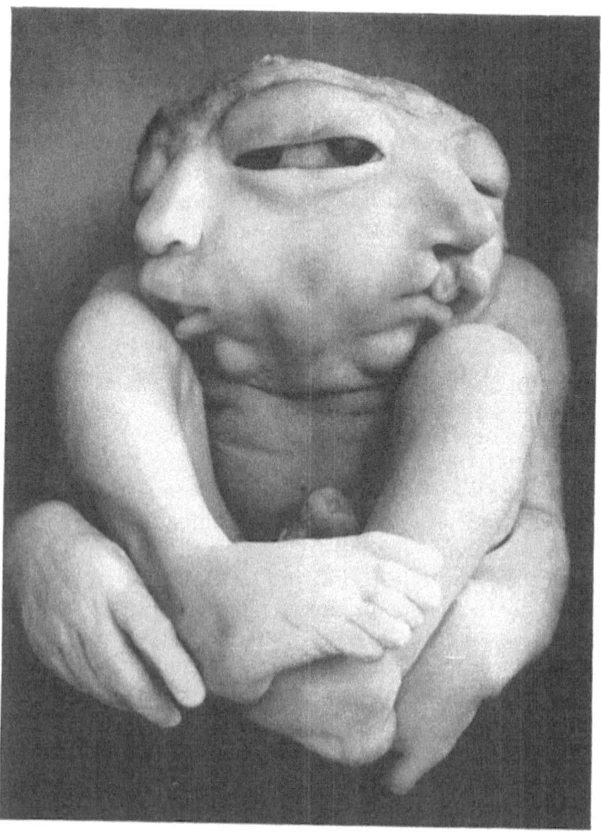

Abb. 20. Verdoppelungsmißbildung der Gesichtsregion mit linksseitiger Hasenscharte. Die Abweichung von der normalen Entwicklung ist auf eine teilweise Verdoppelung der vorderen Region des Primitivstreifens und der Prächordalplatte im Stadium des 16.—18. Entwicklungstages zurückzuführen. 9/10 natürl. Größe (Originalpräparat des anat. Inst. Köln)

und Anencephalie bezeichnet werden. Sie ist vor allem gekennzeichnet durch ein unpaares medianes Auge, über dem ein rüsselförmiges Gebilde, die *Proboscis*, als hochgradig mißbildete Nasenanlage vorhanden ist.

---

[1] HANS SPEMANN 1869—1941, Zoologe in Freiburg/Br., Nobelpreisträger 1935.

Umgekehrt kann auch die Verdopplung des induzierenden Vorderkopfabschnittes zu einer mehr oder weniger deutlichen Verdopplung des Kopfgebietes führen (Abb. 20).

Damit ist eine weitere, der Embryologie nahestehende Wissenschaft, die *Mißbildungslehre* oder *Teratologie* zu besprechen. Schon im Altertum wurden wiederholt interessante Mißbildungen beschrieben, welche je nach der psychologischen Eigenart des entsprechenden Volkes verschieden ausgelegt wurden. Sie wirkten befruchtend auf die Mythologie und tatsächlich ist die Ähnlichkeit gewisser Mißbildungen mit den Fabelwesen so groß, daß diese Mißbildungen mit Recht noch heute den in der antiken Sagenwelt verankerten Namen tragen. Zu dem oben bereits erwähnten *Cyclops* seien die *Sirene*, der *Janus* (Abb. 20) und andere hinzugefügt. Aus dem Altertum stammen jedoch bereits auch systematische Beschreibungen, z. B. bei *Aristoteles*, dessen Ansichten über die Entstehung der Mißbildungen übrigens von einer seiner Zeit weit vorauseilenden Klarheit gewesen sind. Die Renaissance bringt nun, noch immer vermischt mit der Darstellung von Fabelwesen, die niemals eine Grundlage in wirklichen Beobachtungen gehabt haben konnten, einige vortreffliche, zweifellos nach der Natur gegebene Beschreibungen. Ein wesentlicher Fortschritt wurde nun erzielt, als die Ergebnisse der deskriptiven Embryologie und Entwicklungsmechanik zur Deutung der Fehlbildungen herangezogen wurden.

Bei der Beschreibung einer Mißbildung ist unsere wesentliche Aufgabe, ihre *formale Genese* festzulegen. Tatsächlich spielt sich die Entstehung einer Fehlbildung so ab, daß in einem bestimmten Entwicklungsschritt eine Abweichung von der normalen Entwicklungsrichtung eintritt. Das Weiterwirken der normalen Entwicklungspotenzen nach dem genannten abnormen Entwicklungsschritt führt dann zur Mißbildung. Die Kenntnis der Entwicklungsgeschichte erlaubt uns nun festzustellen, wann im speziellen Fall *spätestens* diese Abweichung von der normalen Entwicklungsweise stattgefunden haben muß. Wir bezeichnen diesen Zeitpunkt als die *teratogenetische Determinationsperiode* oder den *teratogenetischen Determinationspunkt*. Eine Kontrolle über unsere Erwägungen betreffend der Bildungsweise der Mißbildungen liefert die *experimentelle Teratologie*, welche durch bestimmte chemische, aktinische (Strahlenwirkungen) und mechanische Mittel Fehlbildungen zu erzeugen bemüht ist.

Nicht immer betreffen die Fehlbildungen nur *ein* Organ. Wir finden vielmehr häufig, daß mehrere Organe mitunter in gesetzmäßiger Weise gleichzeitig betroffen sind. So können z. B. gleichzeitig regelmäßig bei der Cyclopie Fehlbildungen von Vorderhirn, Nase und Auge gefunden werden, da das Induktionsgeschehen des Vorderkopfes, das bei der Cyclopie gestört ist, alle die genannten Organe betrifft. Wir bezeichnen derartige Kombinationen als *formalsyngenetisch*. In anderen Fällen betrifft die zur Mißbildung führende Schädigung gleichzeitig mehrere Stellen des Embryos, welche gerade zur Zeit der Einwirkung besonders empfindlich sind. So führt die Röntgenbestrahlung früher menschlicher Keime zum gleichzeitigen Auftreten von abnormer Kleinheit des Gehirns einerseits, der großen Zehe andererseits, obwohl die eine Fehlbildung kaum in Abhängigkeit von der anderen gedacht werden kann. Wir bezeichnen diese Kombinationen als *kausalsyngenetisch*, da ihnen die Ursache (causa) gemeinsam ist. Endlich kann es zu einem Zusammentreffen von Fehlbildungen kommen, die anscheinend nichts miteinander zu tun haben. Wir bezeichnen diese Kombinationen als *akzidentell*, obwohl wir uns wohl bewußt sind, daß sie sich möglicherweise in der Zukunft als syngenetisch erweisen mögen.

Mit dieser Beschreibung der formalen Genese ist die Behandlung der Mißbildungen nicht erschöpft. Unser Interesse ist gleichfalls nach der Erkennung
der Ursachen der Mißbildung gerichtet. Die Ermittlung dieser *kausalen Genese*
war lange Zeit hindurch mehr oder weniger ein Rätselraten, bis durch die Erkennung der mißbildenden Wirkung der Röntgenstrahlen das erste Mal sichere
Befunde gewonnen wurden. Die Feststellung einer häufigen Kombination von
Schädel- und Zehenmißbildungen bei Kindern von Frauen, welche in Unkenntnis einer vorliegenden frühen Schwangerschaft aus ärztlichen Gründen einer intensiven Röntgenbestrahlung unterzogen wurden, hat das Schlußglied zu dieser Tatsachenkette gefügt. In neuester Zeit hat sich ergeben, daß auch Kinder von Frauen,
welche im Beginn der Schwangerschaft an sich harmlose Röteln mitgemacht haben, mißbildet sein können. Doch treffen alle diese Beispiele nur eine beschränkte
Zahl von Fällen, während meistens die Ursache der Entstehung noch dunkel ist.
Auch die bereits im früheren Schrifttum häufigen Angaben über amniotische
Bänder, Mangel oder Überfluß an Fruchtwasser (Oligohydramnie, Polyhydramnie)
und anderes besitzen gleichfalls nur eine beschränkte Anwendungsbreite.

Die Mißbildungen werden in *typische* und *atypische* unterteilt. Als typische
Fehlbildungen werden jene bezeichnet, welche eine häufig wiederkehrende Kombination bestimmter Symptome zeigen. Gerade diese Fehlbildungen treten in
verschiedenen Graden auf, so daß man sie nach der Intensität der Verbildung
ordnen kann. Man spricht dann von *teratologischen Reihen*. Diese sind für die
Systematik von Fehlbildungen von größter Bedeutung, aber interessanterweise
für die genetische Zusammengehörigkeit der einzelnen Glieder dieser Reihen
nicht bindend.

Die Systematik der Fehlbildungen im allgemeinen ist noch immer umstritten.
Am besten erweist es sich, die Fehlbildungen in Doppelmißbildungen, regionäre
Defektbildungen (Cyclopien, Sirenen usw.), Organfehlbildungen und Gewebsfehlbildungen einzuteilen.

Furchung und Gastrulation bei den Vögeln

Die Furchung bei Branchiostoma wie bei den Amphibien führt zu einer Zerlegung des *gesamten* Eies in Zellen. Bei gewissen Fischen, bei Reptilien, Vögeln

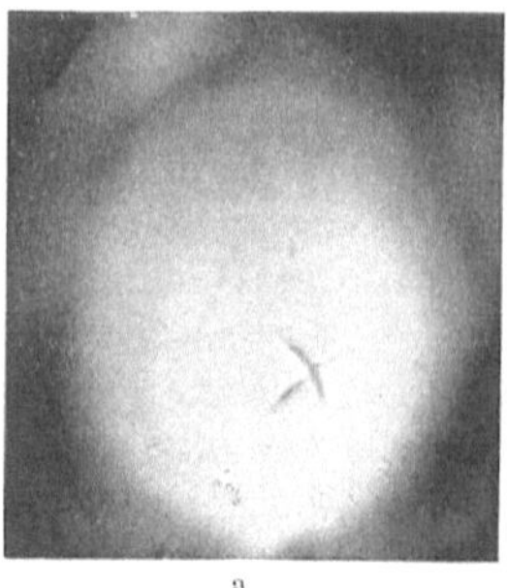 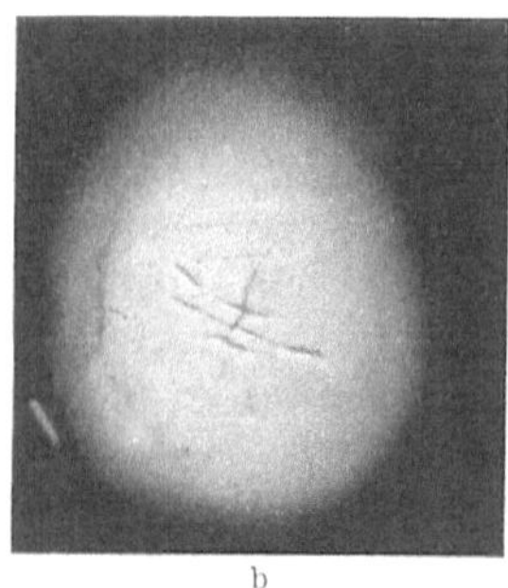 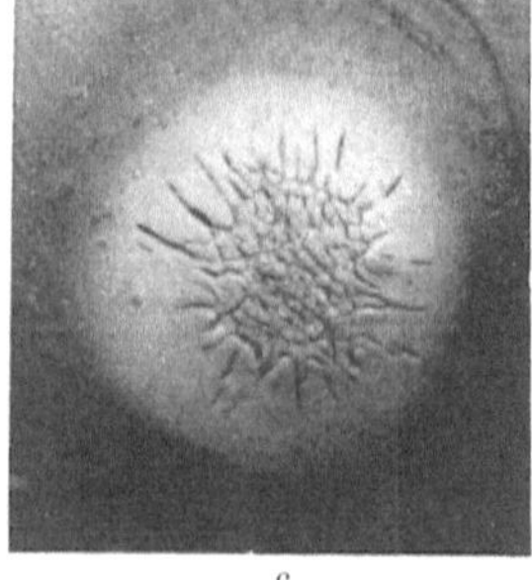

Abb. 21a—c. Oberflächenbilder von Furchungsstadien der Ringelnatter

und Schnabeltieren ist jedoch die Dottermenge so groß geworden, daß ihr Mißverhältnis zu dem an kleiner Stelle des Eies zusammengedrängten Bildungsplasma
eine Furchung des Eies in seiner Gesamtheit unmöglich macht. Als Vertreter
dieser Gruppe von Eiern wäre das Reptilienei insofern am geeignetsten, als es den
hypothetischen Stammformen der Säugetiere und des Menschen von allen oben
erwähnten Tierarten (das bisher wenig studierte Schnabeltier ausgenommen) am
nächsten liegt. Deshalb sollen einige Furchungsstadien von Reptilien (Abb. 21)

wiedergegeben werden, während die weitere Besprechung das Hühnerei betrifft, da dieses experimentell mit vitaler Färbung, autoradiografischer und elektrolytischer Markierung, sowie mit Defektoperationen weit besser durchforscht ist als jene.

Auf der Oberfläche des Eies erscheint die erste Teilungsfurche, welche jedoch nach beiden Enden ausläuft, so daß keine geschlossenen Blastomeren aus dieser Furchung resultieren. Die zweite Furchungsebene steht senkrecht zur ersten;

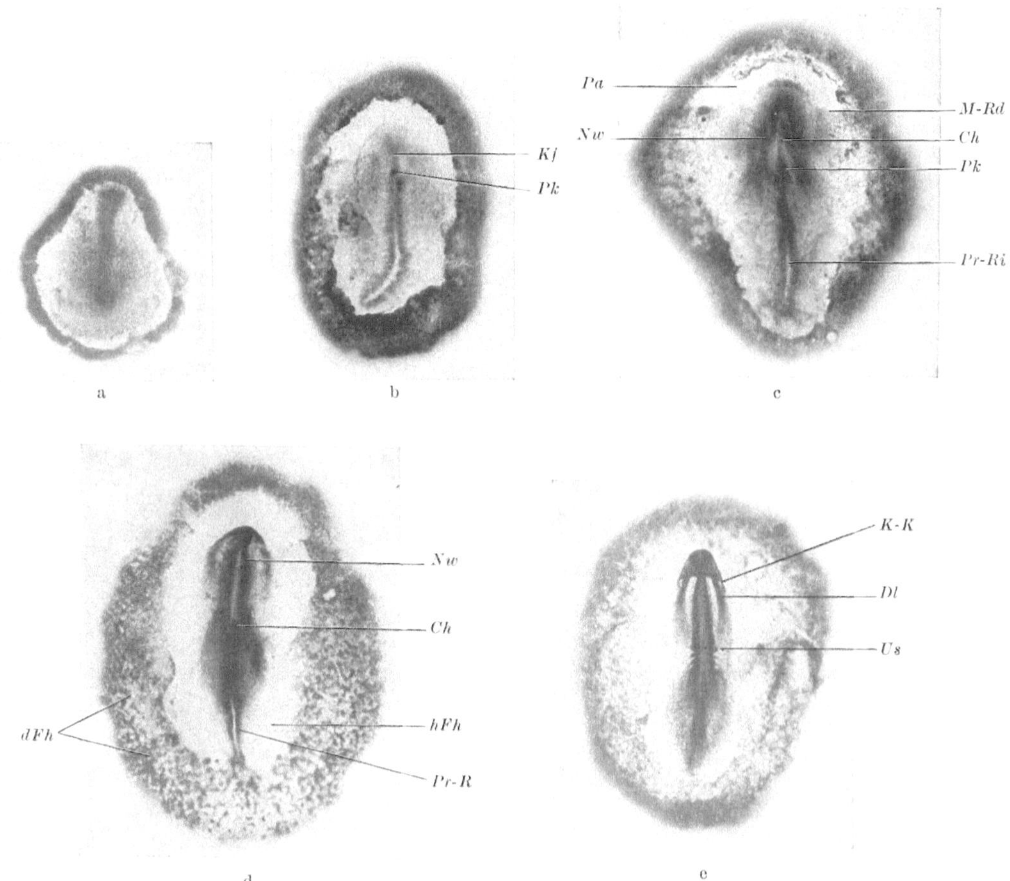

Abb. 22a—e. Flächenbilder von Hühnerkeimlingen. a Primitivstreifen mit Primitivknoten am vorderen Ende; b Primitivstreifen mit Primitivrinne und Kopffortsatz (Chordafortsatz); c Neuralwülste zu beiden Seiten der Chorda dorsalis; d Beginn der Vereinigung der Neuralwülste, heller und dunkler Fruchthof, letzterer mit Blutinseln; e beginnende Segmentierung des Mesoderms, Gliederung des Gehirns (primäre Augenblasen), vordere Darmpforte, Kopfkappe des Amnions. Vergr. 16 ×. *Ch* Chorda dorsalis, *Dl* Darmlippe; *d Fh, h Fh* dunkler und heller Fruchthof, *K-K* Kopfkappe des Amnions; *Kf* Kopffortsatz des Primitivstreifens; *M-Rd* Mesodermrand gegen das Proamnion; *Nw* Neuralwülste; *Pa* Proamnion; *Pk* Primitivknoten; *Pr-Ri* Primitivrinne; *Us* Ursegmente

die weiteren Furchungen schneiden nun kreuz und quer ein, bis eine aus kleinen Zellen bestehende Scheibe, die *Keimscheibe*, gebildet ist, an deren Rändern Furchen in das noch nicht abgefurchte Gebiet des Eies vorstreben (Abb. 21 c).

Diese Furchungsart ist demnach von der bei Branchiostoma und bei den Amphibien grundsätzlich verschieden. Es wird nicht das gesamte Ei abgefurcht, die Furchung ist somit *partiell*, nicht total. Der abgefurchte Bereich ist scheibenförmig, daher wird die Furchung als *discoidal* (discus = die Scheibe) bezeichnet. Dieser Furchungstypus findet sich bei Wirbeltieren, bei denen die Eier einen großen Bestand an Dotter besitzen (*polylecithale* Eier).

Im weiteren Verlauf der Furchung wird der Bezirk der Keimscheibe mehrschichtig. Dies erfolgt durch Teilungen parallel zur Keimscheibenoberfläche (Delamination), vielleicht auch durch Verschiebung oberflächlicher Zellen in die tiefen Lagen. Wir bezeichnen die oberflächliche Schicht als das primäre Ektoderm, die tiefe als das primäre Entoderm oder *Dotterblatt*.

Während die Keimscheibe mehr und mehr an Größe zunimmt, werden vorerst an ihr zentrale Gebilde, die als Area embryonalis bezeichnet werden, sichtbar. Dagegen erscheinen an der Peripherie der Scheibe oder in deren Nähe dunklere Strukturen, welche durch das Auftreten von *Blutinseln*, d. h. frühen Bildungsstätten von Blut und Gefäßen, gekennzeichnet sind. Wir bezeichnen diesen Teil der Keimscheibe als *Area vasculosa* oder Gefäßhof. Inzwischen sind in der Area embryonalis Zellanhäufungen am hinteren Rande der Keimscheibe aufgetreten, welche von hier aus gegen die Mitte der Keimscheibe vorstoßen (Abb. 22a). Es ist dies der *Primitivstreifen*, dessen vorderes Ende als *Primitivknoten* bezeichnet

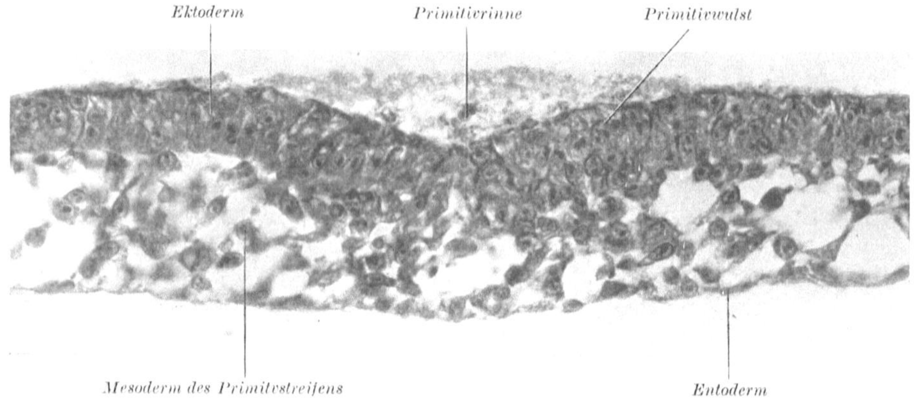

Abb. 23a. Querschnitt durch den Primitivstreifen eines Hühnerembryo vor Ausbildung der ersten Somiten. Vergr. 340fach (Orig.)

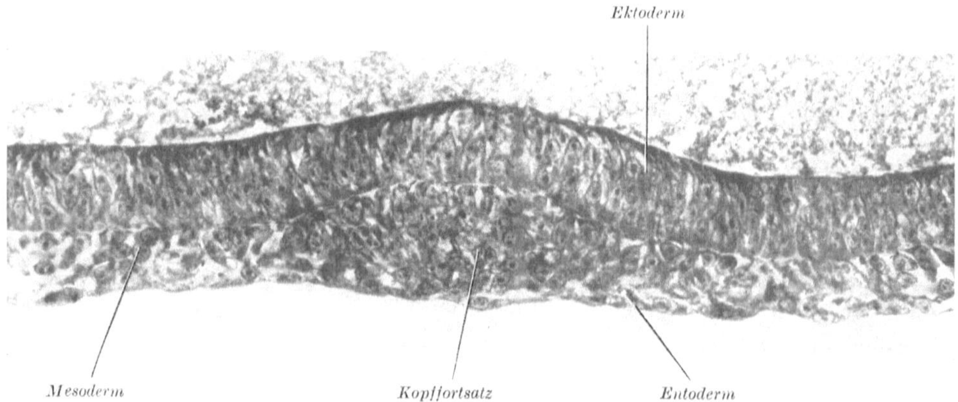

Abb. 23b. Querschnitt durch den Kopffortsatz des gleichen Hühnerembryo wie in Abb. 23a. Vergr. 340fach (Orig.)

wird. Von diesem Primitivknoten, der in diesem Entwicklungsstadium ziemlich zentral in der Keimscheibe gelegen ist (Abb. 22b), geht ein schlanker Fortsatz kranialwärts ab, *Kopffortsatz*, auch *Chordafortsatz* oder *Chorda-Mesodermfortsatz* genannt. Dieser Fortsatz nimmt an Länge zu. Um ihn herum ist eine hufeisenförmige Falte sichtbar geworden, die sich nach hinten öffnet und unter ständiger Abflachung zu beiden Seiten des Primitivknotens verstreicht. Es handelt sich um die *Neuralfalten*. Im Bereiche des Primitivstreifens hat sich eine mediane Rinne gebildet, zu deren beiden Seiten Wülste verlaufen, *Primitivrinne* und *Primitivwülste*. Auffällig ist, daß in der Höhe des Primitivstreifen die Keimscheibe relativ schmal geworden ist. Dies kann so weit gehen, daß — was bei Säugetieren oft sehr deutlich ist — die Keimscheibe *schuhsohlen-* oder *sandalenförmig* wird (Abb. 22c und d). Die Weiterentwicklung ist dadurch gekennzeichnet, daß Primitivknoten und Primitivstreifen immer weiter in den Caudalbereich der Area embryonalis gelangen, während im zentral und kranial gelegenen Hauptteil der Keimscheibe Neuralplatte bzw. *Neuralrinne* und zu beiden Seiten des Chordafortsatzes das segmentierte Mesoderm erscheint (Abb. 22e).

Die Abb. 23a gibt einen Querschnitt durch den Primitivstreifen wieder. In der Tiefe der Primitivrinne und zwischen ihr und dem in der Tiefe liegenden Entoderm ist eine dicke Gewebsplatte ausgespannt, die sich zwischen der äußeren und inneren Gewebslage seitwärts fortsetzt. Im Bereiche des Bodens der Primitivrinne sind die äußere und mittlere Gewebslamelle nicht voneinander zu trennen, vielmehr gehen die Gewebe ohne Grenze ineinander über. Die Abb. 23b führt durch den Kopffortsatz. Hier ist das äußere Keimblatt in seinem medianen Abschnitt zur Neuralplatte verdickt, welche gegen das darunter gelegene mittlere Keimblatt überall durch eine deutliche basale Grenzschicht getrennt ist. Hingegen hängen das mittlere und innere Keimblatt in der Medianebene zusammen.

Die Erklärungen für die bei der Frühentwicklung der Hühnerkeimscheibe stattfindenden Gestaltungsbewegungen sind widersprüchlich und unbefriedigend. In der Mitte des caudalen Keimscheibenbezirkes kommt es auf nicht völlig geklärtem Weg zu einer Zellverdichtung, der Bildung von Primitivstreifen und Primitivknoten. Dadurch wird der Primitivstreifen und der Primitivknoten (Abb. 22) gebildet. Nun setzt eine zweite Massenbewegung ein. Sie verläuft im Primitivstreifengebiet, im äußeren Blatt der Keimscheibe, von lateral nach medial. An dem Primitivstreifen angelangt, wird das Material nach innen umgelenkt (umgekrempelt) und schiebt sich nunmehr als mittleres Keimblatt zwischen Ektoderm und Entoderm vorwärts und seitwärts. Dadurch gelangt ursprünglich oberflächliches Keimmaterial (primäres Ektoderm) durch die Primitivrinne in das Innere und bildet hier das sogenannte mittlere Keimblatt. Dies erklärt den innigen Zusammenhang der äußeren und mittleren Gewebsschicht in der Abb. 23a. Während jedoch die Massenbewegung im äußeren Blatt, wie erwähnt, von lateral nach medial ver-

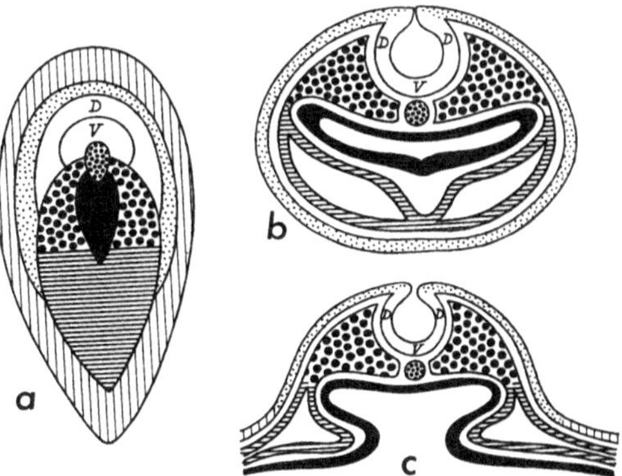

Abb. 24a—c. a Rückprojektion späterer Organanlagen der Hühnchenkeimscheibe auf ein frühes Primitivstreifenstadium (etwa Abb. 22a) nach Ergebnissen mit radioaktiven Stoffen. *D* und *V* dorsaler und ventraler Teil des Zentralnervensystems (weiß). Feinste Punktierung: Spätere Epidermis. Senkrechte Schraffur: Chorion-Ektoderm. Mittlere Punktierung: Chorda. Horizontale Schraffur: Intraembryonales Coelom. Schwarz: Entoderm. b Vergleichsschnitt durch die Kiemenbogenregion. c Schnitt durch das Rumpfgebiet (nach ROSENQUIST 1966)

läuft, ist sie im Keim-Innern, im mittleren Keimblatt nicht rein von medial nach lateral, sondern von medial nach lateral und gleichzeitig nach kranial gerichtet. Hierbei soll — nach einigen Angaben — die kraniale Komponente am Vorderende der Primitivgegend, d. h. im Primitivknoten, besonders deutlich sein, während sie weiter caudal weniger in Erscheinung tritt. Die Abwanderung von der oberen Fläche in die Tiefe entspricht einer Zellverschiebung und nicht einer Proliferation mit Mitosen. Sie geht daher auch mit einer starken Verschmälerung der Keimscheibe als Ganzes einher, was zu der oben erwähnten Schuhsohlen- bzw. Sandalenform führt. Ferner bringt die starke kraniale Komponente in den Tiefenbewegungen immer mehr Material kopfwärts vom Primitivknoten, so daß hier die Bildung des eigentlichen Embryos erfolgt, während die Primitivorgane an Masse stetig abnehmend an das caudale Ende der Area embryonalis gelangen.

Der Vergleich der Gastrulationsbewegungen bei Vögeln und Amphibien erlaubt, den Primitivknoten und die Primitivwülste der Vögel mit dem Urmund der Amphibien zu vergleichen. Der Kopffortsatz, der bei Reptilien übrigens noch hohl ist, würde dann dem Urdarm (wenn auch in sehr rudimentärer Form) entsprechen.

In jüngsten Untersuchungen mit autoradiographischen Markensetzung werden die oben geschilderten Bewegungsvorgänge bestätigt. Ihre Beweiskraft ist insofern gegenüber den früheren färberischen und elektrolytischen Markierungsversuchen überlegen, als der störende Effekt des experimentellen Eingriffes am geringsten ist. Außerdem erlauben sie eine weitgehend sichere Rückprojektion späterer Primitivorgane in den Keimschild vor Auftreten eines Primitivstreifens (Abb. 24 a—c).

Von den Gebilden kranial vom Primitivknoten wurde vorerst der Kopffortsatz beschrieben. Er stößt vom Primitivknoten in kranialer Richtung vor

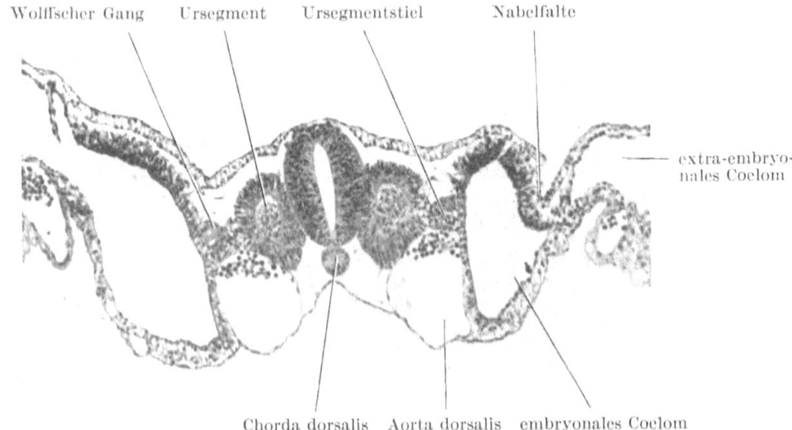

Abb. 25. Querschnitt durch einen Hühnerkeim von etwa 15 Somiten, zur Darstellung der Gliederung des Mesodermes. Vergrößerung 100fach

und enthält in erster Linie das Material der Chorda; während er im Bereiche des Primitivknotens noch mit der äußeren Gewebsschicht zusammenhängt, ist er im kranialen Bereiche in das innere Keimblatt eingeschaltet. Zu beiden Seiten hängt ursprünglich das Kopffortsatzmaterial mit den seitlichen *Mesodermplatten* zusammen, in welchen sich bald eine deutliche Gliederung erkennen läßt. Durch segmentale Aufgliederung der medialen *Stammplatten* finden sich im Schnitt rundliche bis dreikantige Gebilde zu beiden Seiten der Chorda, welche als *Somiten (Ursegmente)* (Abb. 25) bezeichnet werden. Sie besitzen eine nur undeutliche zentrale Höhle, welche vor allem dadurch weniger in Erscheinung tritt, daß sie von den Zellen der ventromedialen Wand frühzeitig ausgefüllt ist. Seitlich folgt ein kurzes Zwischenstück, das als *Somitenstiel* oder *Gono-nephrotom* bezeichnet wird. Daran schließen lateral die *Coelom-* oder *Leibeshöhlenwände* (Seitenplatten) an, welche frühzeitig ein *viscerales* und ein *parietales* Blatt erkennen lassen, zwischen denen die Leibeshöhle oder das *Coelom* gelegen ist. Für diese Wände sind auch die Namen *Splanchnopleura* und *Somatopleura* in Verwendung. Die Abb. 26 gibt eine schematische Ansicht der räumlichen Verhältnisse bei der Mesodermentwicklung wieder. In der Mitte befindet sich die Chorda dorsalis, links ist ein jüngeres, rechts ein älteres Stadium der Mesodermentwicklung zu sehen. Links ist ein solider Urwirbelstab, der durch eine solide Zwischenzone in die Coelomwände übergeht, veranschaulicht. Rechts hingegen hat eine Segmentierung zur Bildung der Somiten und der Somitenstiele geführt, während die Leibeshöhle einheitlich geblieben ist.

In der Abb. 26 wurden Somiten und Somitenstiele solide dargestellt. Tatsächlich sind Spuren einer mit dem Coelom zusammenhängenden Höhlenbildung auch noch beim Menschen nachweisbar; das gleiche gilt auch, wie oben beschrieben, für die Urwirbel. Jedoch findet sich die das ganze Mesoderm betreffende Höhlenbildung der Selachier nicht bei den Amnioten.

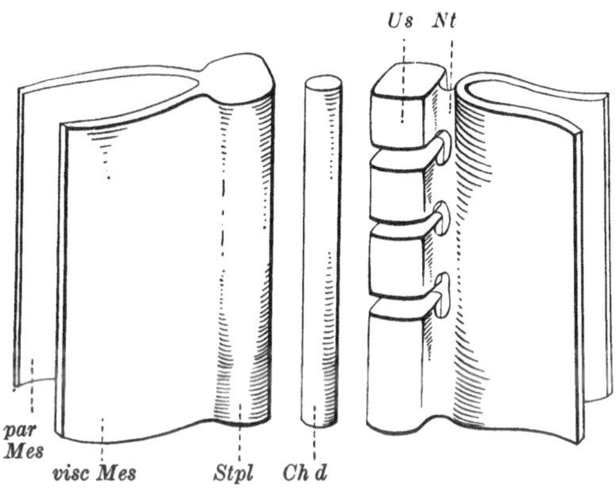

Abb. 26. Schema zur Mesodermdifferenzierung. Das Mesoderm aus dem Keimling herauspräpariert gedacht und von der ventralen Seite gesehen. Links medial die noch ungegliederte Stammplatte, lateral die Seitenplatten, zwischen ihnen das Coelom. Rechts die Gliederung der Ursegmentzone in einzelne Ursegmente (das caudale Ende noch nicht gegliedert) und die Ausbildung der Ursegmentstiele (der Nephrotome). *Ch d* Chorda dorsalis; *par Mes, visc Mes* parietales, viscerales Mesoderm; *Nt* Nephrotom, Somitenstiel, *Us* Ursegmente; *Stpl* Stammplatte

Die Abb. 25 zeigt einige weitere wesentliche Formbildungen des Embryonalkörpers. Die Chorda ist aus dem Entoderm ausgeschaltet und hat auch den Zusammenhang mit den Mesodermflügeln verloren. Sie liegt als solider Gewebsstab zwischen Darm und Rückenmark. Die Neuralplatte hat sich tiefer eingesenkt, wurde somit zu einer *Neuralrinne*, deren Ränder im Stadium der Abb. 25 eben verwachsen. Ist diese Verwachsung beendet, dann liegt das Gehirn, bzw. Rückenmark, als röhrenförmiges Organ zwischen Oberflächenepithel und Chorda dorsalis. Nunmehr treten einige

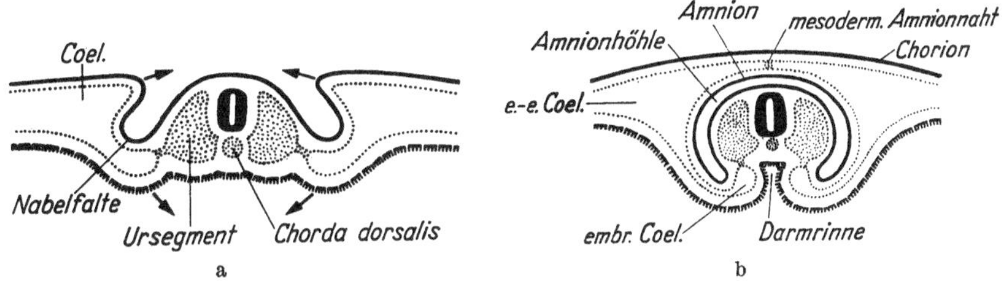

Abb. 27a u. b. Schema der Eihautbildung und der Abgrenzung des Embryonalkörpers vom Dotter bei dotterreichen Eiern im Querschnitt. Ektoderm dick ausgezogen, Entoderm (Dotterblatt) gezähnelt, Mesoderm punktiert. a Amnionfalten und Darmlippen; ihre Bewegungsrichtung durch Pfeile bezeichnet; b Amnion geschlossen. *e Coel; e-e Coel* embryonales und extraembryonales Coelom

wichtige Faltenbildungen auf, die durch die Abb. 27 veranschaulicht werden. Somatopleura und Ektoderm bilden zwei Falten aus, die über den Embryo vorwachsen und sich dorsal von ihm in der medianen *Amnionnaht* vereinigen. Dadurch werden zwei embryonale Hüllen um den Embryo gebildet, die äußere, das *Chorion,* und die innere, das *Amnion.* Vom Chorion ist das Amnion durch die extraembryonale Leibeshöhle getrennt (siehe später). Eine zweite Falte,

3*

die Randfalte, umgreift die Embryonalanlage von der Bauchseite her und führt
zur Abhebung des vorderen und hinteren Endes des Embryonalkörpers. Diese
Vorgänge, die zur Bildung des Kopfes mit dem Vorderdarm, bzw. des Schwanz-
endes mit dem Hinterdarm, führen, sollen später eingehend beschrieben werden.
Gleichzeitig werden durch die Randfalte embryonale und extraembryonale
Leibeshöhle voneinander geschieden.

Zusammenfassend kann gesagt werden, daß *bei den Vögeln das Entoderm
durch Delamination gebildet wird.* Hingegen befindet sich *Ektoderm und Chorda-
Mesoderm zunächst an der Oberfläche der Keimscheibe. Das Chorda-Mesoderm wird
durch den Primitivknoten und -streifen in das Innere der Keimscheibe invaginiert.
Die lateralen Mesodermgebiete dürften an Ort und Stelle entstehen.*

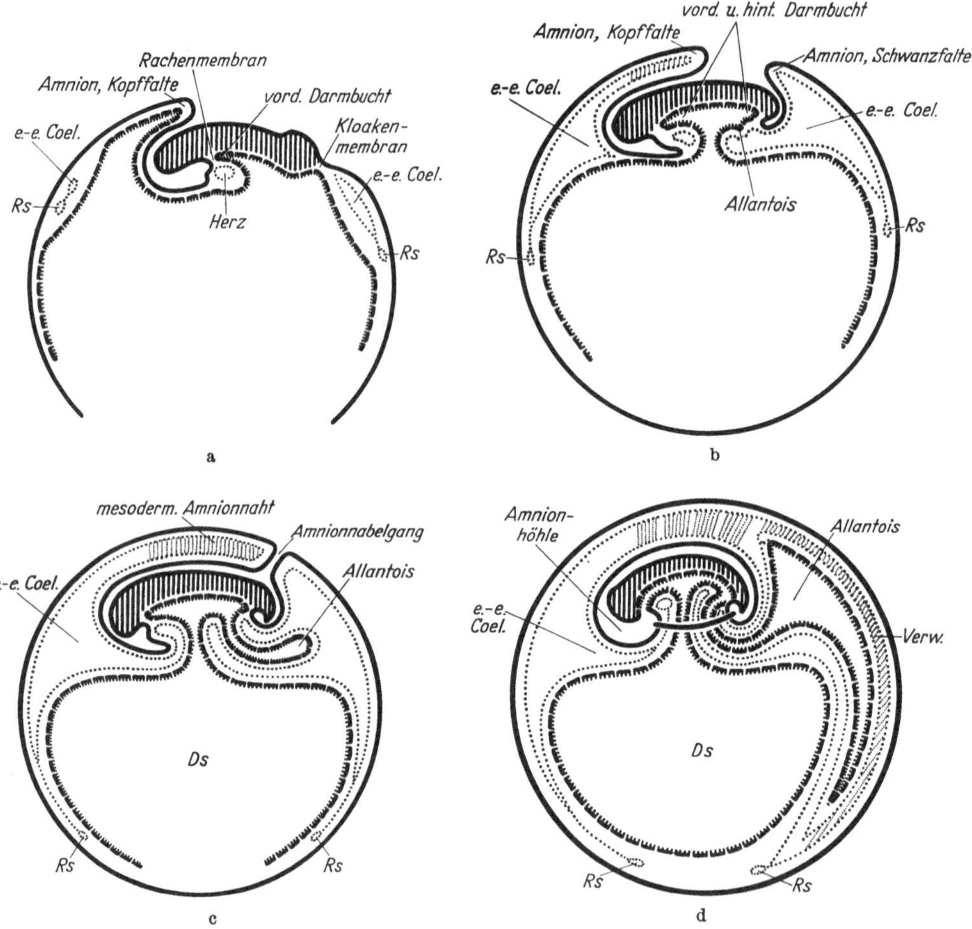

Abb. 28a—d. Schema der Bildung der Embryonalanhänge, der Abgrenzung des Körpers vom Dottersack und der
Umwachsung des Dotters durch die Keimblätter bei dotterreichen Eiern im Sagittalschnitt. Ektoderm, Entoderm
(Dotterblatt), Mesoderm (wie in Abb. 27). a Proamnion, nur aus Ekto- und Entoderm bestehend, vor dem Keimling; es bildet die Kopffalte des Amnions. Vordere Darmbucht; b Mesoderm und Coelom ins Proamnion vor-
gedrungen, dieses stark eingeschränkt (nur mehr unter dem Kopf des Keimlings vorhanden). Kopf- und Schwanzfalte des Amnions gebildet; in der ersteren (soweit sie aus der Vereinigung seitlicher Amnionfalten hervorgegangen
ist) eine mesodermale Amnionnaht. Vordere und hintere Darmbucht, an letzterer die erste Anlage der Allantois.
c Amnionfalten fast in Berührung, zwischen ihnen noch der „Amnionnabelgang"; Proamnion verschwunden.
Allantois ins extraembryonale Coelom vorgewachsen. d Amnion geschlossen; mesodermale Amnionnaht teilweise
wieder aufgelöst und lückenhaft. Allantois breit mit dem Chorion verwachsen. Vordere und hintere Darmbucht
durch Schwund von Rachenhaut und Kloakenmembran in die Amnionhöhle eröffnet. Der Strich unter dem Keimling deutet den Nabelstrang an. *Ds* Dottersack; *Rs* Randsinus der Dottersackgefäße; *Verw* Verwachsung der
Allantois mit dem Chorion.; *e.-e. Coel.* extraembryonales Coelom

Eihäute und Embryonalanhänge

Während die niederen Wirbeltiere (Fische und Amphibien) ihre Eier ins Wasser ablegen und die Eier sich im Wasser nur unter hydrostatischem Druck und gegen Austrocknung gesichert entwickeln können, sind die höheren Wirbeltiere (Reptilien, Vögel, Säugetiere) ausgesprochene Landtiere, die auch ihre Eier am Lande ablegen oder im mütterlichen Organismus austragen. Hier ist die Notwendigkeit gegeben, für die ersten Zeiten der Entwicklung ein Wasserbett zu schaffen, in dem der zarte Keimling wieder unter hydrostatischem Druck, geschützt gegen Austrocknung, Stoß und Druck, die verschiedenartigen Faltungen seiner Keimblätter und Bewegungen seiner Teile ausführen kann. Diese Möglichkeit wird ihm durch die *Eihäute* gegeben. Die Reptilien (unter denen die Vorfahren der Säugetiere zu suchen sind und deren Entwicklung daher die ursprüngliche sein muß) und die Vögel bilden in ihren Eiern die Eihäute immer durch Falten (Abb. 28—30), die neben dem Keimling auf der Oberfläche des Dotters (dem Fruchthof) auftreten und sich über dem Keimling vereinigen; bei Säugetieren wird teils derselbe, teils ein vereinfachter Weg (S. 42 unten) eingeschlagen. Durch den Faltenschluß entstehen immer zwei Hüllen gleichzeitig, eine äußere, das *Chorion* (das Wort bedeutet ursprünglich einfach Haut, später, bei den Säugetieren, Zottenhaut) und eine innere, das *Amnion* (die Schafhaut, beim Opfern trächtiger Schafe zuerst erkannt; das Wort bedeutet ursprünglich Opferschale). Die Entwicklung eines Amnion ist ein so wichtiges Kennzeichen, daß die höheren Wirbeltiere (Reptilien, Vögel, Säugetiere) *Amniota*, die niederen (Fische und Amphibien) *Anamnia* heißen. Die Falten können rings um den Keimling auftreten und werden nach der Lage als *Kopf-* und *Schwanzfalte des Amnion* (Abb. 28a und b) und *seitliche Amnionfalten* (Abb. 27 und 30) unterschieden; sie bestehen aus Ektoderm und parietalem Mesoderm[1]. Dadurch, daß sie über dem Keimling verwachsen (Abb. 29) und sich parallel zur Oberfläche wieder lösen (soweit sie nicht durch eine mesodermale „*Amnionnaht*" verbunden bleiben (Abb. 27b und 28b—d), enthalten die beiden Eihäute dieselben Keimblätter, aber in umgekehrter Reihenfolge; beim Chorion liegt das Ektoderm (auch als *Chorionepithel* bezeichnet) außen, das parietale Mesoderm innen, beim Amnion umgekehrt das Ektoderm *(Amnionepithel)* innen, das Mesoderm außen. Durch die Verwachsung der Falten wird ein Stück Außenraum abgeschnitten: die *Amnionhöhle*, die den Keimling umgibt, mit dem *Amnionwasser (Fruchtwasser)* erfüllt ist und dem Keimling das zur Entwicklung nötige Wasserbett schafft. Darüber hinaus kommt dem Fruchtwasser nach licht- und elektronenmikroskopischen Untersuchungen des Amnionepithels eine wesentliche Stoffwechselfunktion zu (s. S. 75).

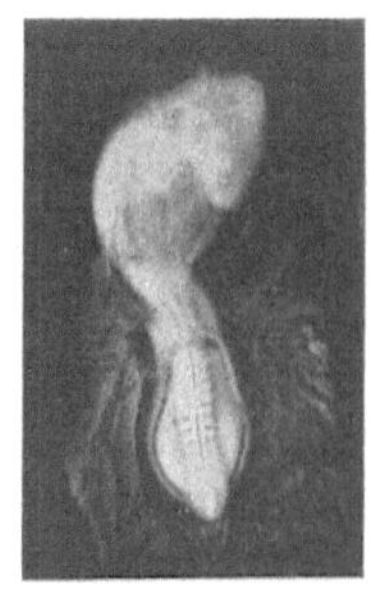

Abb. 29.
Amnion kurz vor dem Schluß beim Huhn. Embryo von 6,2 mm Länge. Vergr. 5 ×

Den Anstoß zur Bildung der Amnionfalten hat vielleicht bei den Reptilien das Einsinken des schwerer werdenden Keimlings in den Dotter gegeben. Schon hierdurch ist ein einfaches Wasserbett entstanden; eine geringe Menge Wasser wird dem Ei mitgegeben. Der Verschluß der Grube mag durch die Ausbreitung der Allantois (s. unten) herbeigeführt und wegen seiner Vorteile erblich fixiert

---

[1] Die Kopffalte des Amnions entsteht in einem Gebiet vor dem Keimling, das anfangs nur aus Ektoderm und Dotterblatt besteht (z. B. in Abb. 22c—e als helles Feld vor dem Keimling kenntlich) und als *Proamnion* bezeichnet wird; da das Mesoderm vom Primitivstreifen aus zuerst nur seitwärts auswächst, so enthält die Kopffalte am Beginn kein Mesoderm (Abb. 28a). Später, wenn Mesoderm und Coelom sich auch vor dem Keimling ausbreiten, zieht sich das Dotterblatt aus der Kopffalte zurück (Abb. 28b—d).

worden sein. Später werden die nötigen Mengen des Amnionwassers durch Sekretion des Amnionepithels und den Stoffwechsel des Keimlings gebildet und auf gleichem Wege auch wieder aufgenommen.

Durch die Abgrenzung des Darmes vom Dottersack (S. 53, Bildung und Abschnürung der Darmbuchten) wird für den Dotter ein eigener Behälter, der *Dottersack* (Abb. 28), bestehend aus Entoderm und visceralem Mesoderm, geschaffen; Darm und Dottersack sind eine Zeitlang durch den *Dottergang* (Ductus omphalo-entericus) in Verbindung, der am *Darmnabel* vom Darm abgeht. Der Dottersack hat als erste Aufgabe die Bereitstellung der Nahrung in der Frühphase. Seine Funktion ist dementsprechend eine *nutritive* und wird durch sein

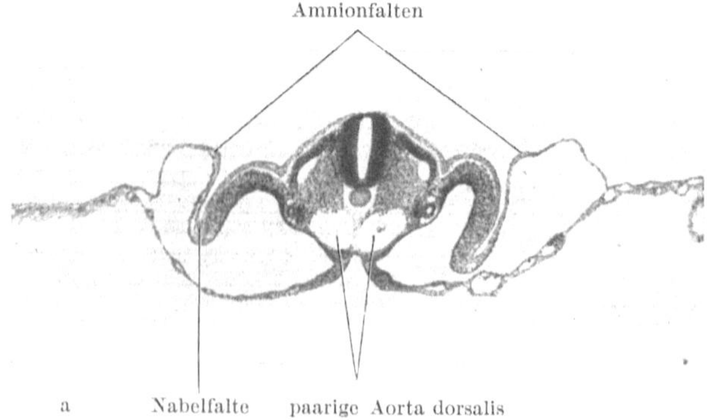

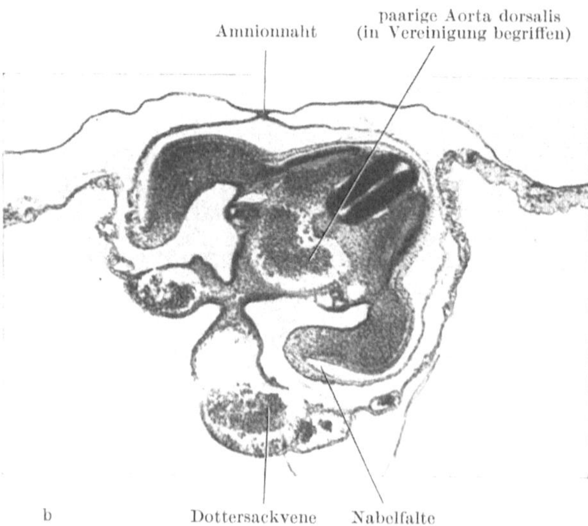

Abb. 30a u. b. Amnionfalten und Amnionnaht im Querschnitt der Hühnerkeimscheibe. Stadium von etwa 33 Somiten. Vergrößerung 33fach

Gefäßnetz vermittelt, in welches die vom Dottersackepithel resorbierten Nährstoffe übergehen; das (viscerale) Mesoderm des Dottersackes ist die erste *Gefäß-* und *Blutbildungsstätte*. Dieses Gefäßnetz (*Vasa vitellina* oder *omphalo-mesenterica*, s. auch Abb. 22d und e) übernimmt gleichzeitig eine *respiratorische* Funktion; denn Sauerstoff muß dem Keimling ständig zugeführt werden und findet im flach ausgebreiteten Gefäßnetz des Dottersackes die Gelegenheit zur Übertragung von der Eioberfläche an das Blut. Diese Möglichkeit nimmt aber im Laufe der Entwicklung ständig ab, da der Dottersack durch Verbrauch seines Inhaltes kleiner, der ihn überlagernde Keimling fortlaufend größer wird. Außerdem wird der Dottersack durch die Ausbreitung des Exocoeloms vom Chorion, das vom Sauerstoff passiert werden muß, aber keine gefäßbildenden Eigenschaften[1] besitzt, abgedrängt. Ein neues Embryonalorgan muß hier eingesetzt werden.

Dieses Organ ist die *Allantois* (ursprünglich „wurstförmige Haut", nach ihrer Gestalt bei manchen Säugetierkeimen). Wahrscheinlich aus der Harnblase amphibienähnlicher Vorfahren hervorgegangen, sproßt sie bei allen Amnioten (s. S. 37) aus der ventralen Wand der hinteren Darmbucht als Ausstülpung (bestehend aus Entoderm und visceralem Mesoderm, Abb. 28b—d) hervor, gelangt meistens als Blase in das Exocoelom zwischen Chorion und Dottersack, plattet sich gegen das Chorion ab, verwächst mit ihm und vermittelt ihm so eine Gefäßversorgung *(Vasa allantoidea* oder *umbilicalia)*. Gemäß ihrer Abkunft von der Harnblase hat die Allantois primär (und auch noch bei vielen Säugetieren) die Aufgabe, den in der Embryonalzeit gebildeten Harn aufzunehmen; ihre *Funktion* ist daher zuerst eine *receptive* und entspricht einer Speicherung harnpflichtiger Substanzen. Aber durch die Vereinigung mit dem Chorion erlangt ihr Gefäßnetz besondere Bedeutung; dieses jetzt der Außenwelt zugekehrte Gefäßnetz nimmt bei allen Amnioten sehr bald dem Dottersack seine respiratorische Funktion ab. Weiterhin sehen wir, daß das durch die Allantois vascularisierte Chorion befähigt wird, aus seiner Umgebung Stoffe aufzunehmen, so schon bei den Vögeln das Eiweiß, mehr noch bei den Säugetieren den gesamten Nahrungsbedarf (s. die Placentation). Die Allantois- oder Dottersackgefäße vermitteln damit eine *resorptive* Funktion des Chorions. Und schließlich, bei Vervollkommnung der entsprechenden Einrichtungen, ermöglicht dieses Gefäßnetz auch die Ausscheidung der Abfallstoffe, die an den mütterlichen Organismus abgegeben werden; es übernimmt (bei den Säugetieren) auch eine *exkretorische* Funktion. Mit dieser wird aber das Lumen der Allantois überflüssig, es schwindet oder wird mindestens rudimentär, wie bei einer Reihe von Säugetieren und dem Menschen. Respiratorische und resorptive Funktion der Allantois mögen aber schon frühzeitig bei primitiven Reptilien schuld gewesen sein an ihrer fortschreitenden Ausbreitung unter dem Chorion. Dadurch ist sie vielleicht auch in die Amnionfalten gelangt und hat deren Vereinigung sowie die völlige Abspaltung des Amnions vom Chorion herbeigeführt. Der Allantoisstiel mit seinen Gefäßen ist dann die wichtigste Verbindung zwischen Embryo und Chorion. Zusammen mit dem Dottergang und seinen Gefäßen wird er vom Amnion umschlossen und ist die Grundlage des *Nabelstranges* (Abb. 28, 52, 53, 68 und 70), der vom Hautnabel des Keimlings zu den embryonalen Anhangsorganen verläuft. Er ist von (amniotischem) Ektoderm und parietalem Mesoderm umhüllt und enthält außer dem Dotterstiel und dem Allantoisstiel mit ihren Gefäßen anfangs auch eine Verbindung zwischen embryonalem und extraembryonalem Coelom, die aber bald obliteriert.

Furchung, Keimblattbildung und Eihäute der Säugetiere und des Menschen

Da die Entwicklung der Säugetiere auf der der Reptilien beruht, aber doch unter wesentlich abgeänderten Bedingungen verläuft, so zeigt sie vielfach ein eigenartiges Gemisch von Anpassungen an frühere und neue Bedingungen. Ihre wichtigste Besonderheit ist der fast völlige Verlust des Dotters; die Eier sind wieder klein und (sekundär) dotterarm geworden. Die Keimlinge werden fortlaufend von der Mutter mit den nötigen Nahrungsstoffen versorgt und mit ihrem eigenen Leben verteidigt, ohne daß die Mutter (wie die lebendgebärenden Rep-

---

[1] Mit Ausnahme z. B. des Menschen; s. S. 47.

tilien) während der ganzen Schwangerschaft die Vorratsstoffe mitschleppen müßte;
gerade darin liegt offenbar einer der Hauptvorteile der Säugerentwicklung, der an
dem Siegeszuge der Säugetiere über die feste Erde einen maßgebenden Anteil hat.

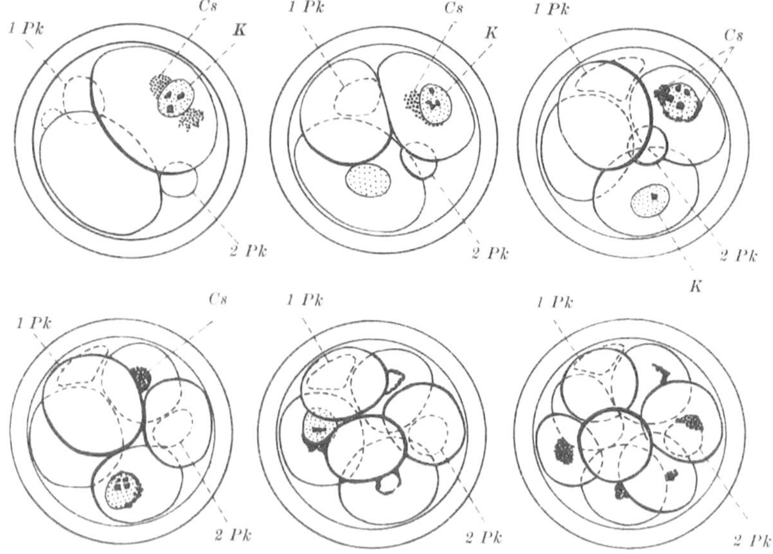

Abb. 31. Furchung der Eizelle beim Affen (*Macaca mulatta*). 2, 3, 4, 5, 6 und 8 Zellen. *K* Zellkern (nicht alle
gezeichnet); *Cs* Centrosom mit Strahlung; *1, 2 Pk* erstes und zweites Polkörperchen. Vergr. 200×.
(Nach LEWIS und HARTMANN 1933)

Die *Furchung* ist eine totale, adäquale (vgl. S. 15 und Abb. 31); da sie von
Anfang an nicht gleichmäßig weiterschreitet und die Zellen sich nicht alle gleichzeitig teilen, kommen Stadien mit sehr verschiedenen Zellzahlen vor. Das Ergebnis
der Furchung ist eine Zellkugel, die *Säugetier-
morula* (Abb. 31—33a), die von vornherein
eine äußere Zellschicht und eine innere Zellmasse, mit verschiedener Färbbarkeit, unterscheiden läßt. Die Außenschicht ist das
außerordentlich früh abgegrenzte spätere
Chorionektoderm (Chorionepithel, S. 62), das
sofort die Aufgabe hat, dem Keimling Nährstoffe zuzuführen und deshalb *Trophoblast*
(Ernährungsblatt, von Trophē gleich Ernährung)
genannt wird; ihm wird die innere Zellmasse
als *Embryoblast* gegenübergestellt. Letzterer
liefert den ganzen Keimling samt den Embryonalanhängen mit Ausnahme eben des
Chorionepithels und des Chorionmesoderms,
somit auch Amnion (beim Menschen nur z. T.,
s. unten), Dottersack und Allantois. So wie
sich bei allen Amnioten das Dottersackepithel,
das aus dem Entoderm abzuleiten ist, aus Er-

Abb. 32. Säugetiermorula (Kaninchen).
Außen die ziemlich dicke Zona pellucida,
dann der Trophoblast als einschichtige Zell-
lage mit undeutlichen Zellgrenzen, innen der
Embryoblast. Vergr. 400×. (Nach VAN
BENEDEN 1886)

nährungsgründen (Assimilation des Dotters) frühzeitig als Dotterblatt abgespalten
hat, so bei den Säugetieren das Chorionepithel als Trophoblast vom Ektoderm.
　　Dann tritt zwischen Trophoblast und Embryoblast ein Hohlraum auf
(Abb. 33b), wobei der Embryoblast (Embryonalknoten) an einem Pol des Eies

an den Trophoblasten angelehnt bleibt. So entsteht die Säugerkeimblase oder
Blastocyste, die aber mit der Blastula der Amphibien insofern keine Verwandt-
schaft hat, als aus ihr neben dem Keimling auch noch die Eihüllen und die Placenta
hervorgehen, die Blastula der Amphibien aber nur den Embryo bildet. An der

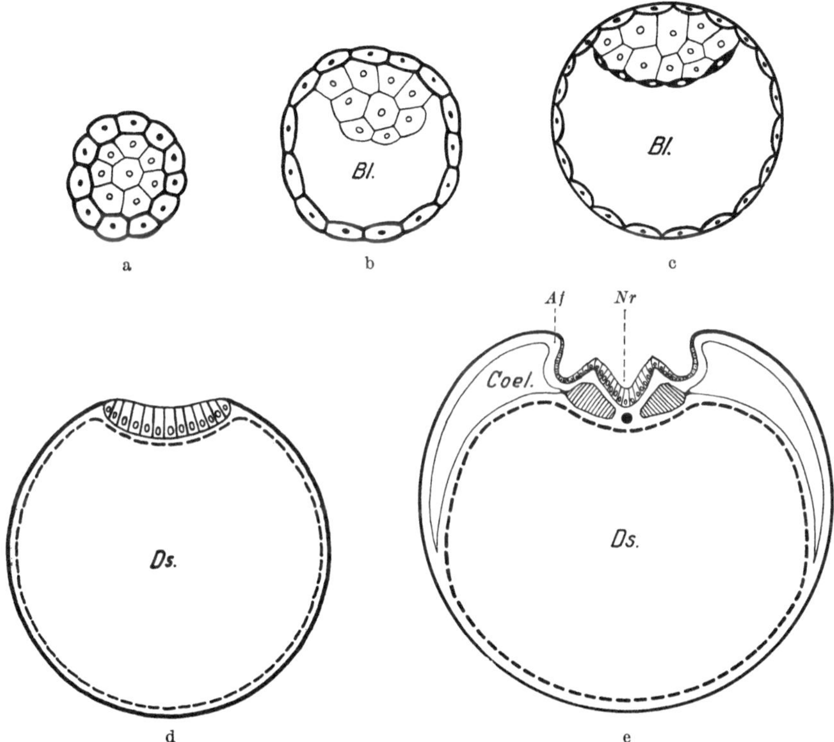

Abb. 33a—e. Schema der Differenzierung der Säugetiermorula bei Amnionbildung durch Faltung. a Morula mit
Trophoblast außen und Embryoblast innen; b Auftreten des Blastocoels (*Bl*), Verlagerung des Embryoblastes an
den animalen Pol; c Abspaltung des Dotterblattes (schwarz) vom Embryoblasten; d Umwachsung der Keimblase
durch das Dotterblatt, Einschaltung des Embryoblastes in den Trophoblasten unter Verlagerung an die Oberfläche
der Keimblase; e Bildung des Mesoderms und des Coeloms (wie bei dotterreichen Eiern), Auftreten der Neuralfalten
und der Amnionfalten (*Af*). *Nr* Neuralrinne; *Ds* Dottersack; *Coel* Coelom

Unterfläche des Embryoblastes spaltet sich von ihm auch beim Säugetier (trotz
des Dottermangels) ein Dotterblatt ab (Abb. 33c), das sich dem Trophoblasten
entlang ausbreitet und die Blastocyste zweischichtig macht (Abb. 33d). Von da
ab sind verschiedene Entwicklungswege bei den Säugetieren zu finden, von
denen die zwei wichtigsten die Bildung eines Faltamnion und eines Spaltamnion
im Schema Abb. 33 und 34 dargestellt sind. Am ähnlichsten mit dem Vorgang bei
Reptilien und Vögeln ist die Entwicklung bei Raubtieren und dem Kaninchen,
bei denen der Embryoblast unter Streckung zu einer epithelartigen Platte als
Embryonalschild in den Trophoblasten eingeschaltet wird (Abb. 33d), worauf
wie bei den Vögeln (S. 32) zuerst der Primitivstreifen entsteht, von dem aus wieder
ein solider Urdarmsproß (Kopffortsatz) nach vorn vorwächst, sich in das Dotterblatt einschaltet und Chorda und Mesoderm liefert; ringsum entstehen dann die
Amnionfalten (Abb. 33e) und nach deren Vereinigung, bei der das Chorionepithel
(der Trophoblast) wieder vom übrigen Keimmaterial, insbesondere vom Amnionepithel, abgegliedert wird, erfolgt auch die Abgliederung des Keimes von den
Embryonalanhängen (Amnion und Dottersack) und die Ausbildung der Allantois.

Diese erreicht bei freiem Vorwachsen durch das extraembryonale Coelom das Chorion, verwächst mit ihm und bringt ihm Gefäße in ganz ähnlicher Weise wie bei den Vögeln (Abb. 27 und 28).

Diesem Säugertypus steht ein anderer gegenüber, bei dem innerhalb des Embryoblastes ein Hohlraum auftritt, der unmittelbar in die Amnionhöhle

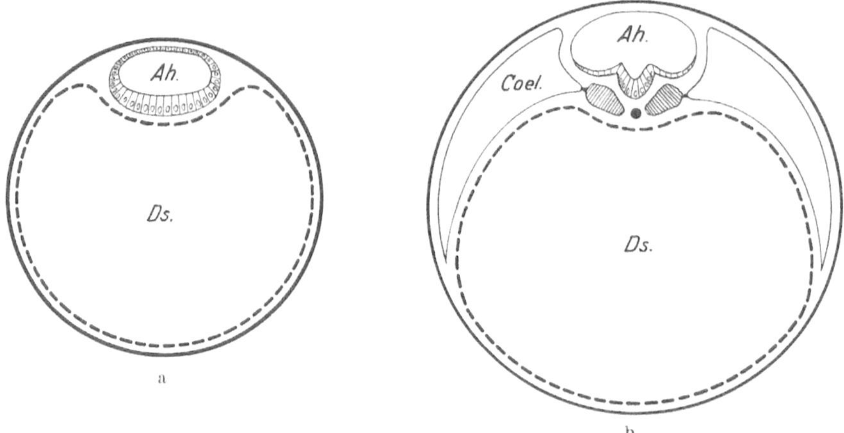

Abb. 34a u. b. Schema der Amnionbildung mancher Säugetiere durch Abspaltung des Amnions vom Keimschild innerhalb des Embryoblastes (anschließend an Abb. 33 c). a Ausbildung der Amnionhöhle (*Ah*) im Embryoblasten; b Auftreten von Mesoderm und Coelom, Ausbildung rein mesodermaler Amnionfalten

übergeht (Abb. 34a), wobei der Boden der Höhle zum Ektoderm des Embryonalschildes, das Dach zum Amnion wird. Im Bereich des Schildes entstehen wieder Primitivstreifen und Mesoderm einerseits, die Neuralfalten andererseits (Abb. 34 b). Hier ist das Amnion von Anfang an geschlossen; dieser Typus findet sich bei Fledermäusen und in mannigfacher Abänderung bei zahlreichen anderen Säugern.

Ein besonderer Fall liegt beim *Menschen* vor, bei dem das Ei sich nicht im Lumen des Uterus, sondern tief im Interstitum seiner Schleimhaut entwickelt

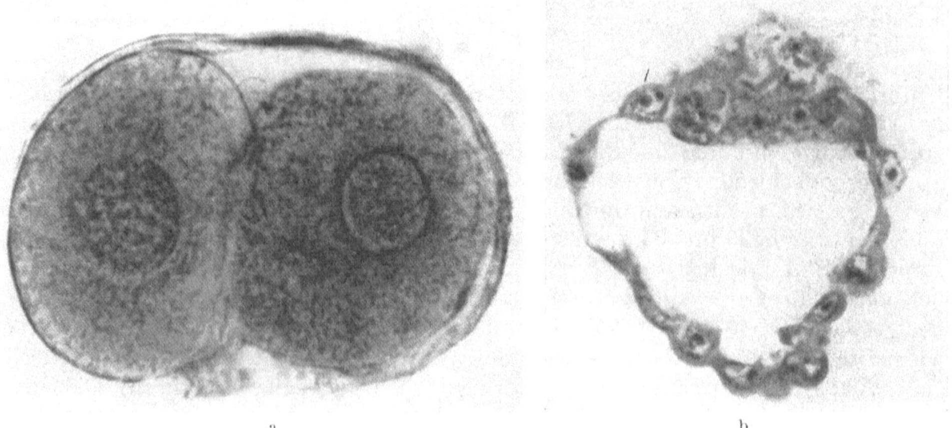

Abb. 35a. Schnittbild eines menschl. 2-Zellen-Stadiums (Carnegie 8698). Polocyten sind am oberen und unteren Furchungsspalt (nicht ganz scharf) sichtbar. Zona pellucida unten defekt

Abb. 35b. Schnittbild einer menschlichen Blastocyste im Stadium von 107 Zellen (Carnegie 8663). Trophoblast und Embryoblast sind zu erkennen (nach STARCK 1956 aus A. T. HERTIG, J. ROCK, C. ADAMS, W. J. MULLIGAN: Contrib. to Embryol. 35 (1954) Pl. I, Fig. 2 u. Pl. 3, Fig. 28)

(S. 65). Bisher sind über 40 junge menschliche Keime im Alter bis zu 17 Tagen gefunden worden, so daß eine weitgehende, wenn auch noch nicht vollständige Deutung der Zusammenhänge auch für die menschliche Frühentwicklung ermöglicht wurde.

Danach entwickelt sich auch beim Menschen eine typische Säugetierblastocyste (Abb. 35b), deren Hohlraumbildung am 5. Tage mit einer Zahl von 58 Zellen beginnt. Im Stadium mit 107 Zellen sind 8 größere Embryonalknotenzellen zu

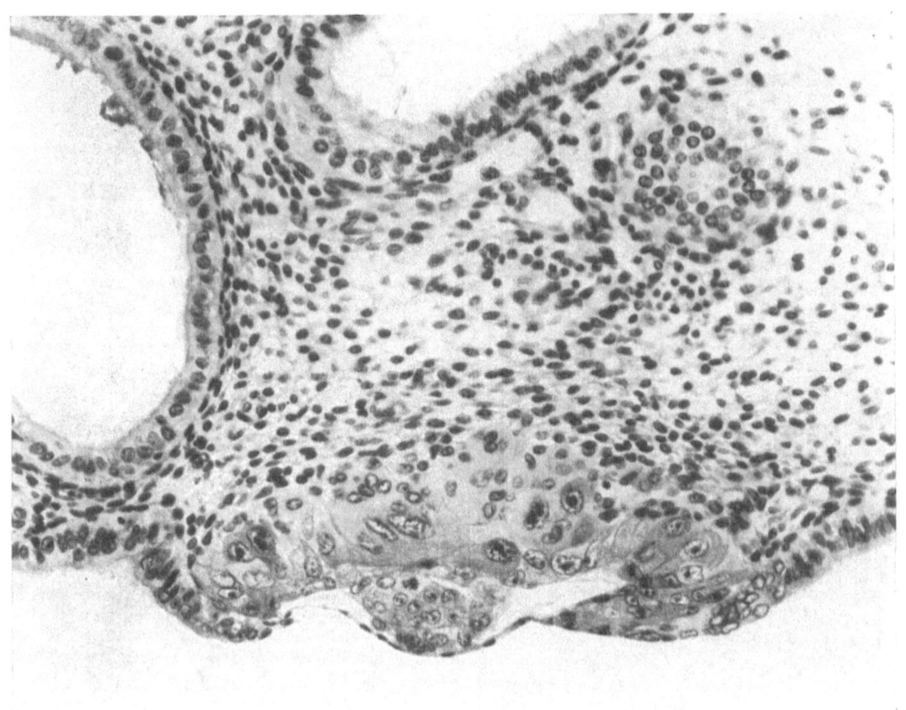

a

b

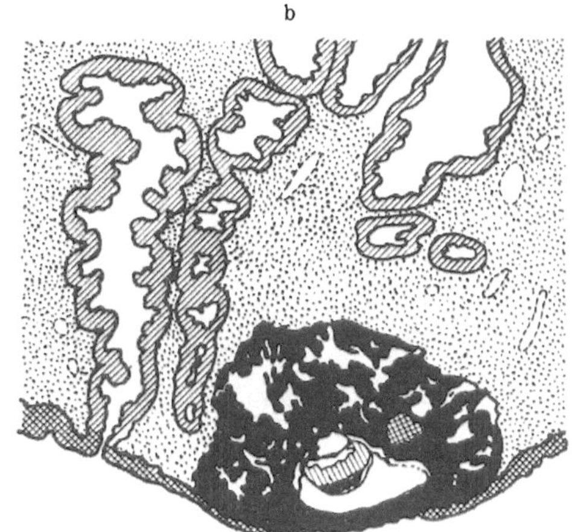

Abb. 36a u. b. Menschliche Implantationsstadien von 7¹/₂ und 9¹/₂ Tagen. a (Carnegie 8020) Das Uterusepithel zeigt eine Lücke etwa in der Größe der Keimblase. Die Implantation erfolgt mit dem Embryonalpol. Hier ist der Trophoblast mächtig verdickt. Nach dem Uteruslumen zu ist die Keimblase allein durch die dünne Blastocystenwand begrenzt. Der Beginn der Amnionhöhlenbildung ist in einem spaltförmigen Lumen zu erkennen, das nahe an der Grenze von Embryonalknoten und Trophoblast liegt. Nach der Blastocystenwand zu läßt der Embryonalknoten eine dunklere Zellschicht abgrenzen, die als Entoderm zu deuten ist [nach STARCK 1956 aus A. T. HERTIG u. J. ROCK: Contrib. to Embryol. 31 (1945), pl. 1, Fig. 3). In Abb. b ist bereits das extraembryonale Mesoderm aufgetreten, das Entoderm besteht aus einer Zellmasse zwischen Ektoderm und dem die Keimblase auskleidenden Mesoderm. (Aus Annual Report No. 43, Carnegie Dept. of Embryol.)

erkennen, die als kompakter Verband teils an die Cystenhöhle, teils an die Oberfläche reichen. Der Trophoblast verdickt sich vermutlich schon vor der Implantation nach der Seite der Anlagerung zu, die immer am Embryonalpol erfolgt.

Die Keimblase hat schon als Blastocyste die Zona pellucida verloren und legt sich nun der Schleimhaut an, löst deren Oberfläche auf, sinkt in sie ein und wird von ihr umwachsen (Einzelheiten bei der Implantation). Im Embryoblasten oder zwischen ihm und dem Trophoblasten tritt die Amnionhöhle auf (Abb. 36a),

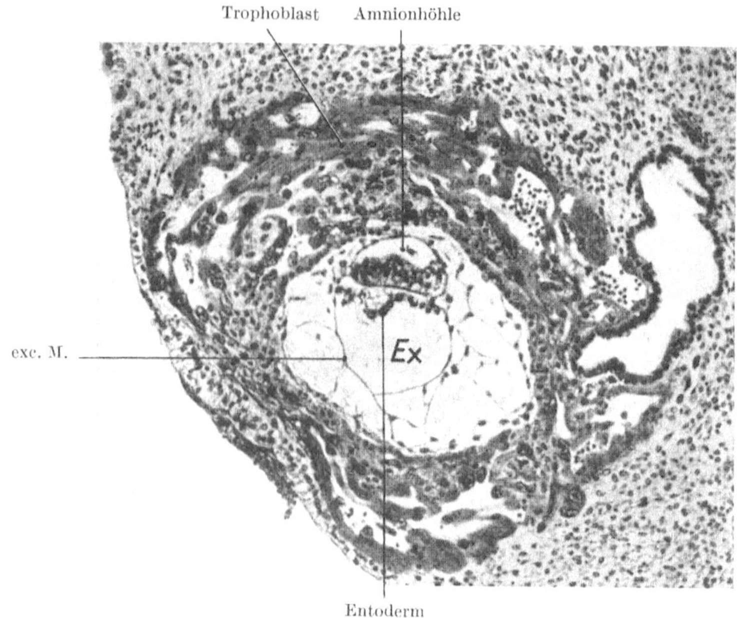

Abb. 37a. 11¹/₂ Tage altes Ei von HERTIG und ROCK (1941). Die Entodermanlage ist in das extraembryonale Mesoderm eingeschaltet; dieses kleidet im übrigen als Heusersche Exocoel-Membran (*exc M*) den zentralen großen Hohlraum des Eies, das „Exocoelom" (*Ex*) aus.

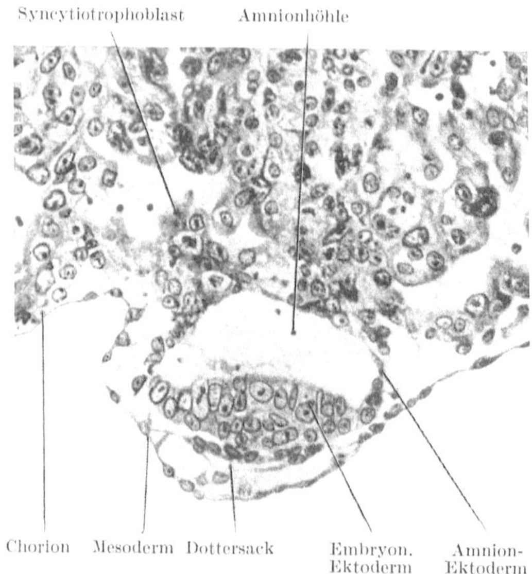

Abb. 37b. Schnitt durch eine 12 Tage alte Affenkeimblase (Macaca) nach HEUSER und STREETER (1941). In der Entodermanlage, zwischen Embryonalschild und extraembryonalem Mesoderm, ist das Dottersacklumen als Spalt aufgetreten

deren Dach (das Amnionepithel) anscheinend vom Trophoblasten abgespalten wird. Während sich das Dotterblatt, das (wie sonst) vom Embryoblasten abgespalten wird, verdickt (Abb. 36b), wird die Blastocyste von einem sehr lockeren Mesenchym erfüllt, das sich gegen einen großen zentralen Hohlraum durch eine *Heusersche Exocoel-Membran* absetzt (Abb. 36b und 37a); dieses beim Menschen und höheren Primaten zuerst gebildete Mesenchym wird gleichfalls vom Trophoblasten abgespalten, und der Hohlraum wird als *extraembryonales Coelom* gedeutet. Das Dotterblatt wird in die Wand dieses Hohlraumes eingeschaltet (Abb. 37b). Und nun tritt im verdickten Dotterblatt durch Spaltbildung das Dottersacklumen auf, in dessen

Wand sich am ab-embryonalen Pol auch Mesenchymzellen (von Trophoblastherkunft) .eingliedern. Diese Deutung der Dottersackbildung gründet sich auf ein menschliches Stadium und zahlreiche Befunde beim Rhesusaffen. Der

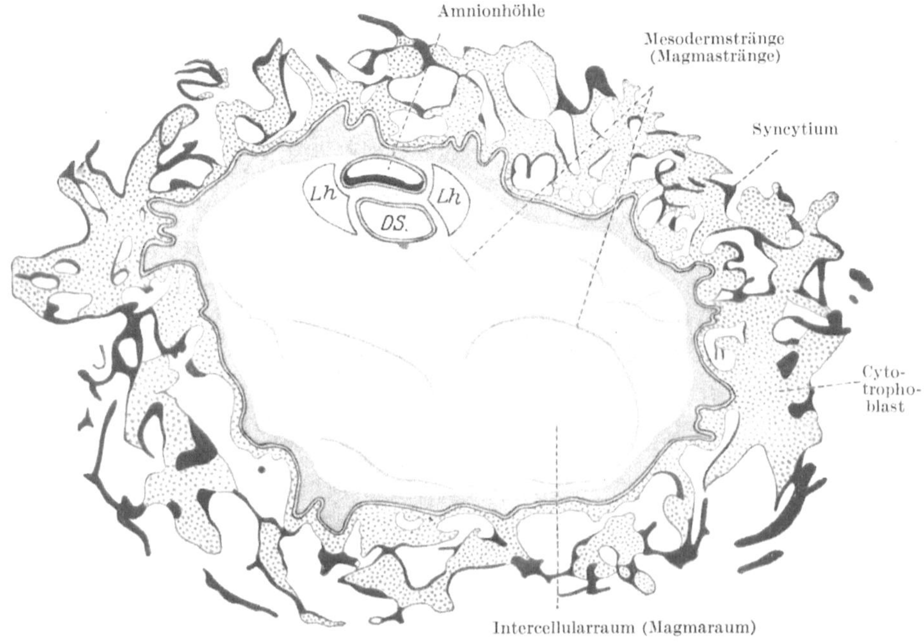

Abb. 38. Ei Peters; der Trophoblast seiner Anordnung nach naturgetreu wiedergegeben, der Keimling leicht schematisiert. Vgl. auch das Lichtbild Abb. 63. Cytotrophoblast punktiert, Syncytium schwarz. *Ds* Dottersack; *Lh* Leibeshöhle (extraembryonales Coelom). Vergr. 50 ×

Dottersack ist in den folgenden Stadien (Abb. 38) auffallend klein. Die Betrachtung des hier als extraembryonales Coelom angegebenen Hohlraumes als eigentlicher Dottersack verliert besonders durch vergleichende Befunde sehr an Wahrscheinlichkeit. Die Dottersackbildung beim Menschen bedarf noch weiterer Klärung. Von hier ab ist der Gang der Entwicklung durch zahlreiche einwandfreie Präparate vollkommen klargestellt. Das lockere, zellarme, lückenreiche, extraembryonale Mesoderm ist dann weiterhin eines der auffälligsten Merkmale junger menschlicher Eier. Es ist differenziert, bevor ein Primitivstreifen ausgebildet wird, von dem bei anderen Säugern das erste Mesoderm abstammt. Später liefert dieses periphere Mesoderm, das sich überall an seinen Rändern verdichtet, nur extraembryonales Mesoderm (das Chorion-, Amnion-, Dottersack- und Allantoismesoderm; Abb. 38), während das embryonale Mesoderm auch beim Menschen im Bereich des Embryonalschildes gebildet wird (aus Primitivstreifen und Kopffortsatz, Prächordalplatte und Neuralleiste sowie aus dem Dotterblatt, aus dem sich Zellen ablösen, die sich dem Mesoderm der eben genannten Quellen anschließen; vgl. die Querschnittsbilder Abb. 40a bis d). Das extraembryonale Mesoderm hat beim Menschen sofort

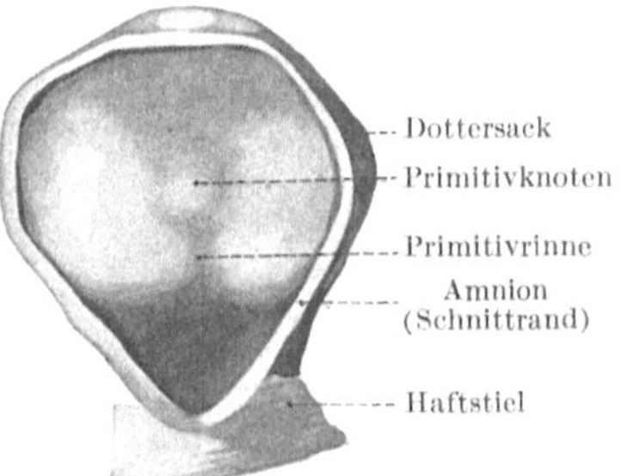

Abb. 39. Modell des Embryonalschildes eines menschlichen Keimlings von 0,51 mm Länge. Ansicht von der Dorsalseite, nach Wegnahme des Amnions. Vergr. 50 ×

eine besondere Aufgabe; der Keim, der in die mütterliche Schleimhaut einge-
drungen ist, löst diese auf und resorbiert das zerfallende Gewebe. Er kann es
aber nicht gleich zum Aufbau seiner Organe verwenden, sondern stellt es innerhalb
dieses Mesoderms als eiweißreiche, in Fixierungsflüssigkeiten fädig gerinnende
Intercellularsubstanz bereit, um es erst nach Auftreten eines embryonalen Ge-
fäßnetzes zu verwerten. Von dieser Gerinnungsform stammt der schon lange
für die Formation verwendete Name *Magma reticulare*. In diesem Magma

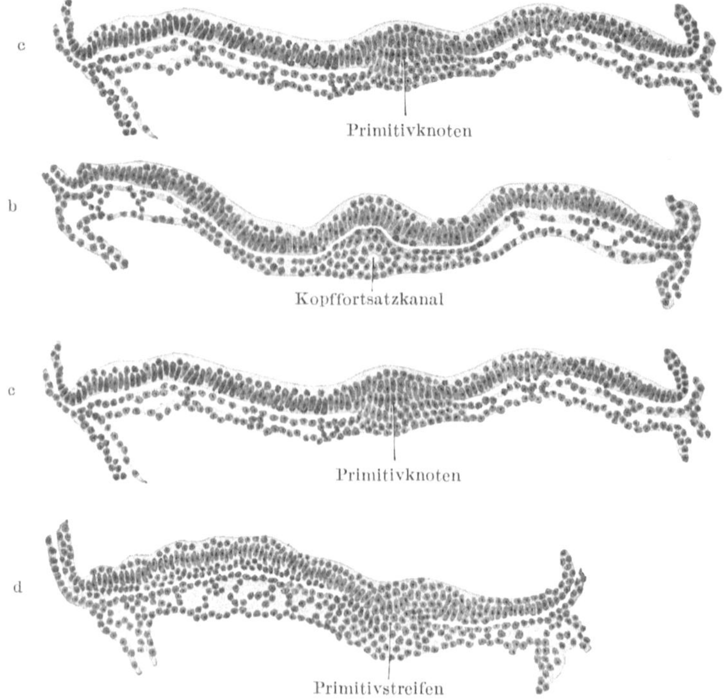

Abb. 40a—d. Querschnitte durch den Keimling der Abb. 39. a durch den Kopffortsatz; b durch das eben auf-
getretene Lumen desselben; c durch den Primitivknoten; d durch den Primitivstreifen mit Primitivrinne. — Überall entsteht Mesoderm auch durch Abspaltung vom Dotterblatt. Vergr. 150 ×

findet sich zu beiden Seiten des Keimlings (lange vor dem embryonalen Coelom)
das extraembryonale Coelom (Abb. 38), das aber bald nur im Bereich von
Embryo, Amnion und Dottersack
eine geschlossene Zellauskleidung
behält (Abb. 38), seine laterale
Wand dagegen verliert (Abb. 63
unten) und mit den weiten Intercellularlücken des Magma zusam-
menfließt.

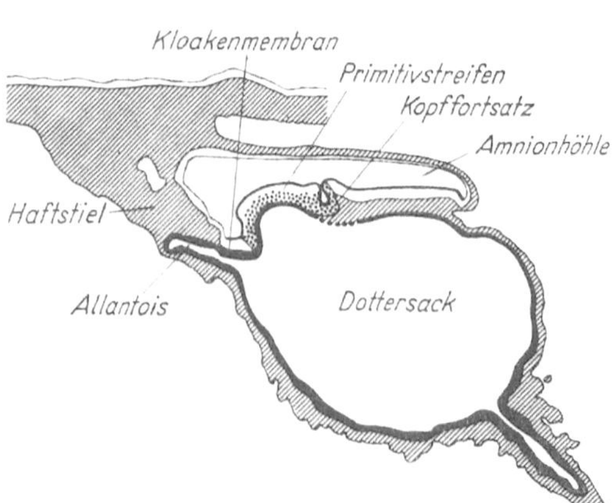

Abb. 41. Rekonstruierter Medianschnitt durch
einen Keimling im Präsomitenstadium, etwas
älter als das Objekt der Abb. 39. Primitivstreifen
großpunktiert, anderes Mesoderm schraffiert
(Vergr. etwa 50fach) (nach FAHRENHOLZ 1927)

Bei der Coelombildung bleibt aber anfangs das ganze mesodermale Amniondach (Abb. 38), später der caudale Teil desselben an das Chorionmesoderm angeschlossen (Abb. 42). So wird von Anfang an eine enge Verbindung des Keimlings mit dem Chorion hergestellt bzw. beibehalten; sie wird als *Haftstiel* (Abb. 42, 44—46) bezeichnet. Bei den anderen Amnioten wird die Verbindung mit dem

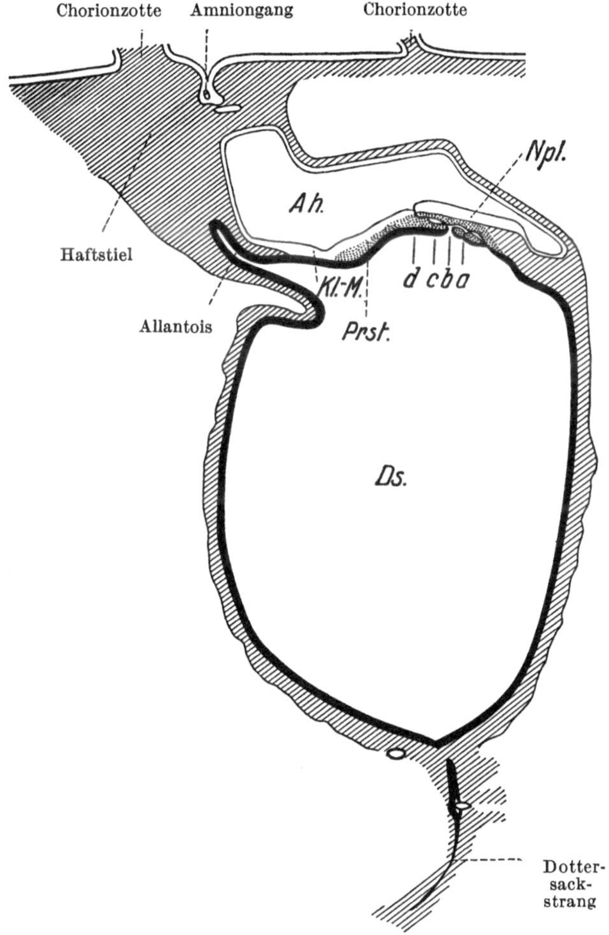

Abb. 42. Rekonstruierter Medianschnitt durch einen menschlichen Keimling von 0,8 mm Länge, samt Haftstiel, Amnion und Chorion. Der Kopffortsatzkanal mehrfach ventral eröffnet. *d c b a* Lage der in Abb. 40a—d abgebildeten Querschnitte. *Ah.* Amnionhöhle; *Kl.-M.* Kloakenmembran; *Npl.* Neuralplatte; *Prst.* Primitivstreifen; *Ds.* Dottersack. Vergr. 40 ×

Chorion erst durch das Auswachsen der Allantois erreicht; das extraembryonale Mesoderm kürzt den Entwicklungsweg bedeutend ab. In den Haftstiel hinein wächst nun bald die Allantois vor; sie bildet einen engen Gang mit geringer Erweiterung ihres blinden Endes (Abb. 41, 42 und 46), hat somit von Anfang an nur ein rudimentäres Lumen. Neben ihr erscheinen die Allantoisgefäße als anfänglich selbständige Gefäßanlagen des Haftstiels; solche Anlagen erscheinen gerade beim Menschen auch im Chorionmesoderm. Alle diese Anlagen verbinden sich im Stadium der Ausbildung einiger Ursegmente mit den Dottersackgefäßen, der Herzanlage und den Aortenanlagen (S. 171) zu einem geschlossenen Kreislaufsystem, das den Abtransport der vom Chorion fortlaufend resorbierten und der

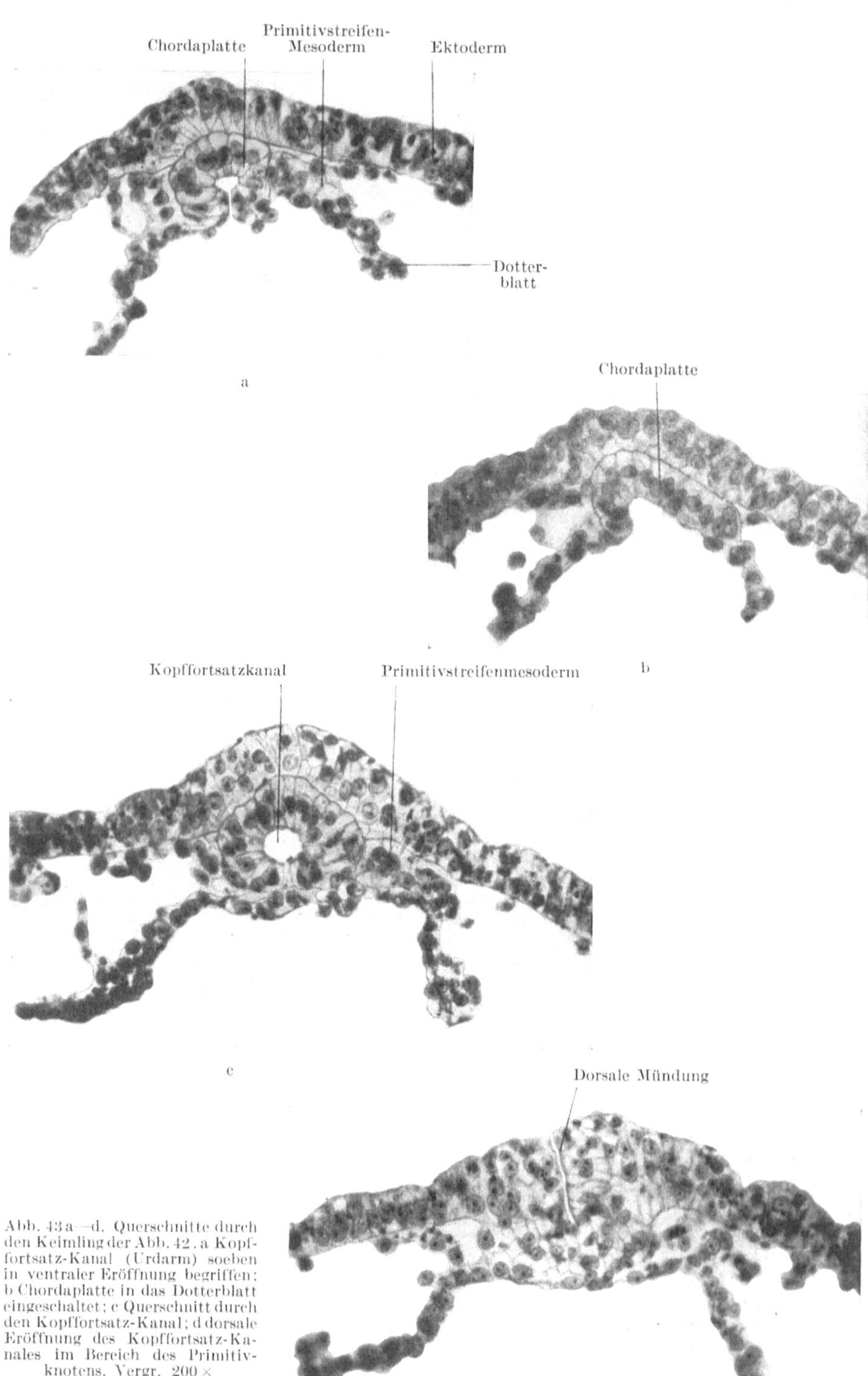

Abb. 43 a—d. Querschnitte durch den Keimling der Abb. 42. a Kopffortsatz-Kanal (Urdarm) soeben in ventraler Eröffnung begriffen; b Chordaplatte in das Dotterblatt eingeschaltet; c Querschnitt durch den Kopffortsatz-Kanal; d dorsale Eröffnung des Kopffortsatz-Kanales im Bereich des Primitivknotens. Vergr. 200 ×

im Magma gespeicherten Nährstoffe ermöglicht und den Aufbau des Keimlings vermittelt. Somit können die frühzeitige Mesenchymbildung und die frühe Anlage der Allantois und ihres Gefäßsystems als Vorwegnahme von Entwicklungsschritten angesehen werden, die eine Anpassung an die speziell menschlichen Entwicklungsbedingungen (interstitielle Implantation) darstellen.

Es ist bezeichnend für die Wichtigkeit der Ernährungswege bei der Ausbildung embryonaler Einrichtungen, daß beim Menschen, im Zusammenhang mit der Ernährung Mesoderm mit Speicherungs- und Gefäßbildungsvermögen sehr früh erscheint.

In der weiteren Entwicklung bildet also der Boden der Amnionhöhle zusammen mit dem Dach des Dottersackes den *Embryonalschild* (Abb. 38—42, 44). Er ist anfangs rundlich (Abb. 39), später länglich (Abb. 44a); in ihm tritt der Primitivstreifen mit Primitivrinne und dem am vorderen Ende gelegenen Primitivknoten auf (Querschnitte Abb. 40c und d). Von diesem wächst zapfenartig nach vorn ein verhältnismäßig schmaler urdarmähnlicher Kopffortsatz aus (Abb. 41 und,

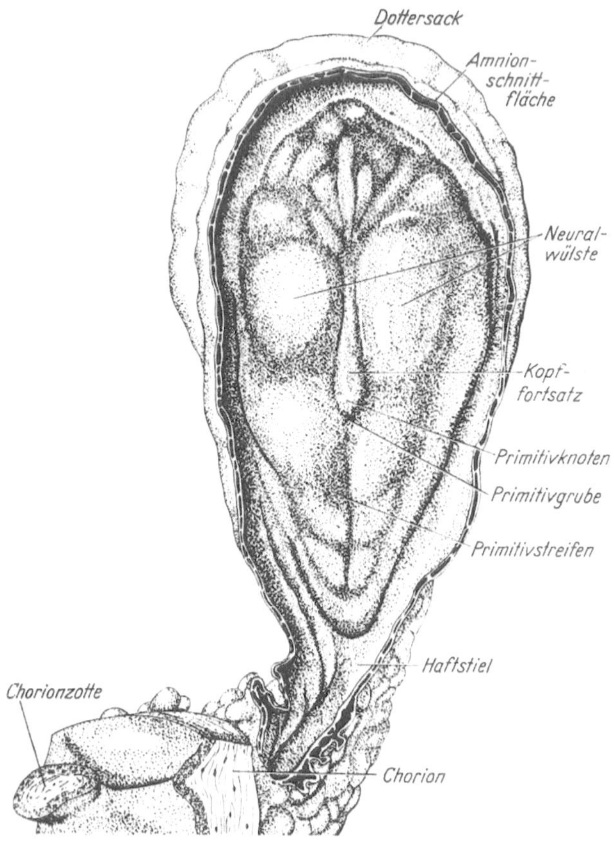

Abb. 44a. Modell eines menschlichen Keimlings (HEUSER) im Präsomiten-Stadium von etwa 18 Tagen. Ansicht des Keimschildes nach Wegnahme des Amnions. (Embryo Carnegie No. 5960 nach HEUSER 1932, ausNELSEN 1953)

im Querschnitt, 40a). In diesem tritt ein gerade beim Menschen besonders deutliches Lumen, der Kopffortsatzkanal, auf (Abb. 41 und 42 und, im Querschnitt, 40b und 43c). Er zeigt im Bereich des Primitivknotens eine dorsale Mündung (Abb. 42 und 43d).

Dieser Kopffortsatz verwächst mit dem darunterliegenden Dotterblatt; dann eröffnet sich sein Lumen ventralwärts in die Dottersackhöhle, und die Wand des Kopffortsatzkanals wird in das Dotterblatt eingeschaltet (Abb. 42, 43b u. 44b),

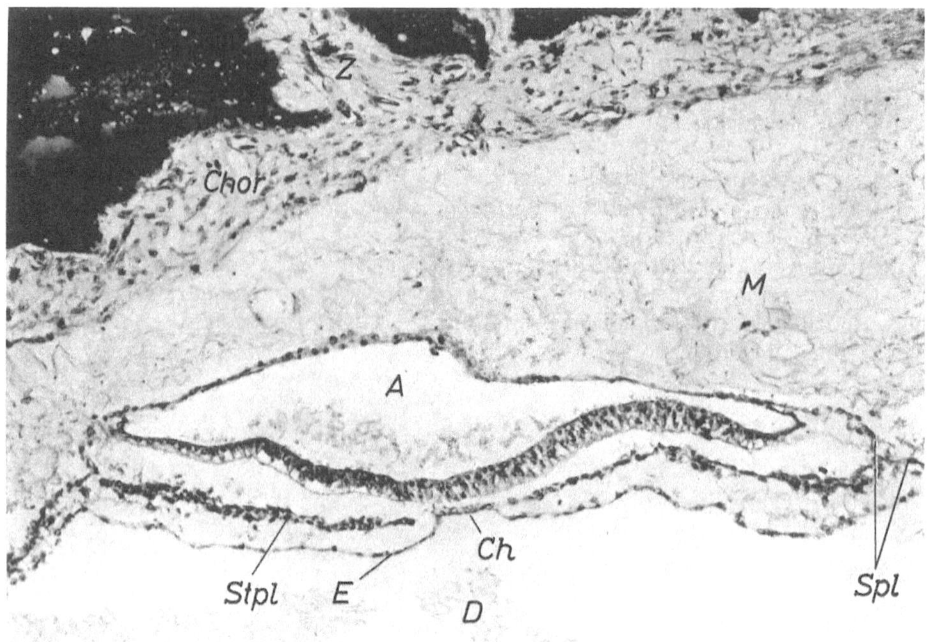

Abb. 44b. Querschnitt durch den Keimschild eines menschlichen Embryos, dessen Differenzierung etwas weiter fortgeschritten ist als die des Objektes 44a. *A* Amnion, *D* Dottersack, *E* Entoderm, *Ch* Chorda (breit ins Entoderm eingeschaltet), *Stpl* Stammplatte, *Spl* Seitenplatte, *M* Magma reticulare, *Chor* Chorion, *Z* Zottenanlage. 150fach
Orig.

wobei aus der eingeschalteten Wand die Chorda dorsalis wird, während seitlich aus dem Kopffortsatz Mesoderm hervorgeht (*gastrales*, vom Urdarm — Gaster stammendes *Mesoderm*, im Gegensatz zum Primitivstreifenmesoderm, das wegen der Vergleichbarkeit der Primitivstreifenregion mit dem Urmund auch *prostomales* oder *peristomales Mesoderm* genannt wird). Vielleicht wird auch, und gerade beim Menschen eher als bei anderen Säugern, bei denen nur selten ein deutliches Lumen im Kopffortsatz auftritt, aus der Wand des Urdarms in geringer Menge gastrales Entoderm (ein Teil des späteren Darmepithels) gebildet; wenigstens läßt Abb. 43a an eine solche Möglichkeit denken.

Wenn der Kopffortsatzkanal der ganzen Länge nach in den Dottersack durchgebrochen ist, dann bleibt von ihm nur sein caudales Endstück und seine dorsale Mündung im Bereich des Primitivknotens als ein den Embryonalschild senkrecht durchsetzender Kanal, *Canalis neurentericus*, übrig (vgl. S. 22 und Abb. 46). Auch er ist beim Menschen besonders deutlich; er bezeichnet das vordere Ende des Primitivstreifens, seine kraniale Umrandung entspricht der dorsalen Urmundlippe (S. 20 und 26). Mit dem weiteren Wachstum des Keimlings werden Primitivstreifen und neurenterischer Kanal immer weiter caudalwärts auf die sich ausbildende Schwanzgegend verschoben (Abb. 47a und b), um dort dann bald zu verschwinden.

Vor dem Canalis neurentericus bildet sich das Ektoderm des Embryonalschildes zur *Neuralplatte* um, in deren Mitte die *Neuralrinne* auftritt, während die Ränder sich zu den *Neuralwülsten* aufwölben (Abb. 44a und 45). Diese vereinigen sich zum *Neuralrohr*, das sich vom Ektoderm ablöst (Abb. 47 und Abb. 167a); die Vereinigung erfolgt zuerst in der Gegend des späteren Rautenhirns und schreitet von da kranial- und caudalwärts vor, so daß das Neuralrohr bis zum völligen Verschluß vorn und hinten offen ist (Abb. 47a und b, 74, 75, *kranialer* und *caudaler Neuroporus*); der endgültige Verschluß fällt vorn in die Gegend der späteren Lamina terminalis, hinten auf die Schwanzknospe.

Zu beiden Seiten der in das Dotterblatt eingeschalteten Chorda dorsalis beginnt nun die Ausbildung der Ursegmente (Abb. 45 und 47, vgl. auch das Schema Abb. 26) in einem Bereich des Mesoderms, das auf verschiedene, nicht scharf zu trennende Quellen zurückgeführt werden kann. Dazu gehören das

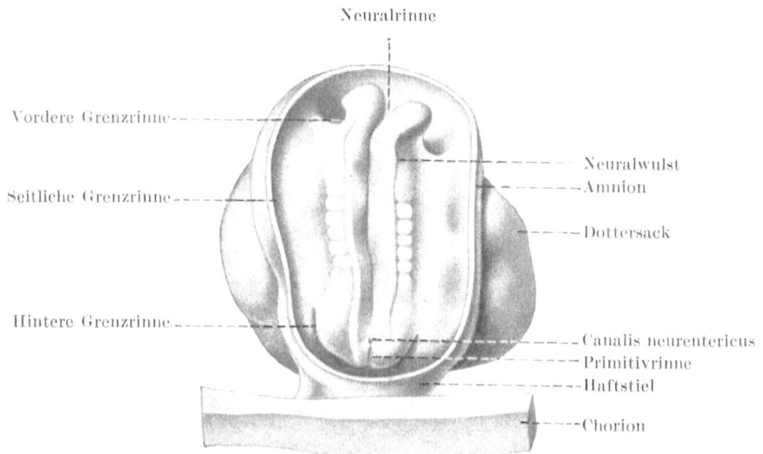

Abb. 45. Modell eines jungen menschlichen Keimlings mit 6 Ursegmentpaaren, 1,8 mm lang. Vergr. 20 × (Nach KRÖMER-PFANNENSTIEL)

gastrale Mesoderm und Elemente, die von der mesodermalen Dottersack- und Amnionwand her in den Embryonalschild aufgenommen werden, sowie — nach caudal überwiegend — das Primitivstreifenmesoderm. Das erste Ursegment entsteht im Kopfgebiet; von da aus geht die Gliederung schrittweise caudalwärts weiter. Jedes Ursegment gibt frühzeitig aus seinem epithelähnlichen Verband Zellen ab, die frei auswandern. Ventral lösen sich Zellen ab, die sich zu der anfangs paarigen Aorta dorsalis zusammenschließen. Dann entsteht aus der medio-ventralen Kante, zuerst in Form des chordalen Fortsatzes (Abb. 48) und später aus der ganzen medialen Wand des anfangs würfelförmigen Ursegmentes (Abb. 49) die Anlage des Achsenskelets (der Wirbelsäule) als lockere Zellmasse; sie heißt *Sklerotom* (von skleros, hart) und umwächst weiterhin die Chorda dorsalis (Abb. 50 und 188). Die noch längere Zeit epithelial bleibende Außenwand wächst über die dorsale Kante hinweg an der Innenseite der Außenwand vor, bis aus dem Ursegment eine platte Doppellamelle entsteht (Abb. 50); im Innenblatt ordnen sich die Zellen in die Längsrichtung und werden unter Bildung von Myofibrillen zu Myoblasten. Sie bilden damit die Anlage der metamer gegliederten quergestreiften Muskulatur des Rumpfes (besonders der Wirbelsäulen-, Intercostal- und Bauchmuskulatur); man bezeichnet diese Anlage als *Myotom* und hat in der Muskulatur wohl überhaupt die ursprünglichste Körpersegmentierung zu sehen. Das laterale Blatt wird als *Dermatom* bezeichnet, weil es nach Auflösung in lockere Zellmassen die Grundlage der bindegewebigen Schicht der Haut (der Cutis) bildet, besonders in deren dorsalem Anteil. Überall lösen sich somit epitheliale Verbände des Ursegmentes auf; lockere Zellmassen entstehen aber auch aus den Seitenplatten

4*

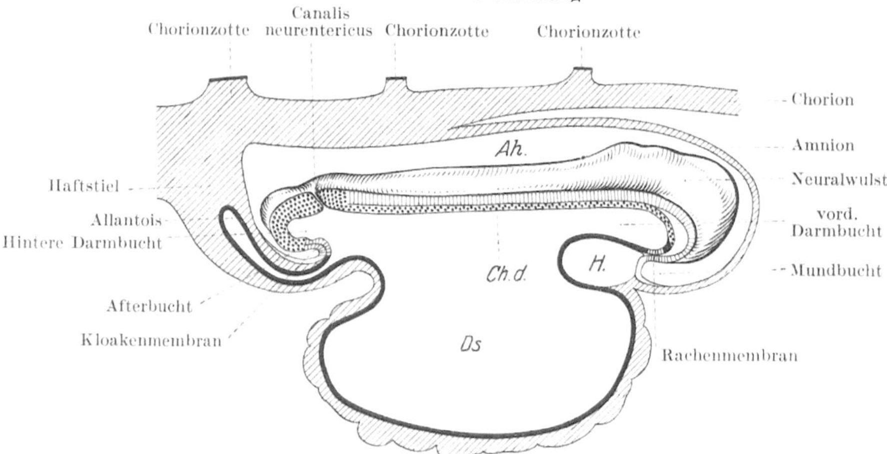

Abb. 46. Konstruierter Medianschnitt durch den Keimling der Abb. 45 mit 6 Ursegmentpaaren. Primitivstreifen und Chorda dorsalis (*Ch d*) punktiert. *Ah* Amnionhöhle; *Ds* Dottersack; *H* Herz. Vergr. 35 ×

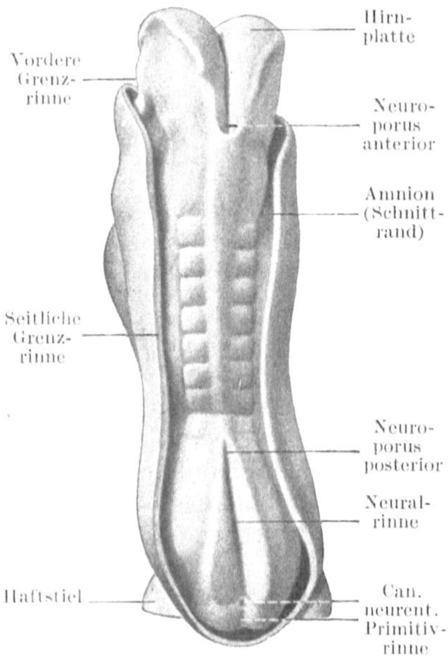

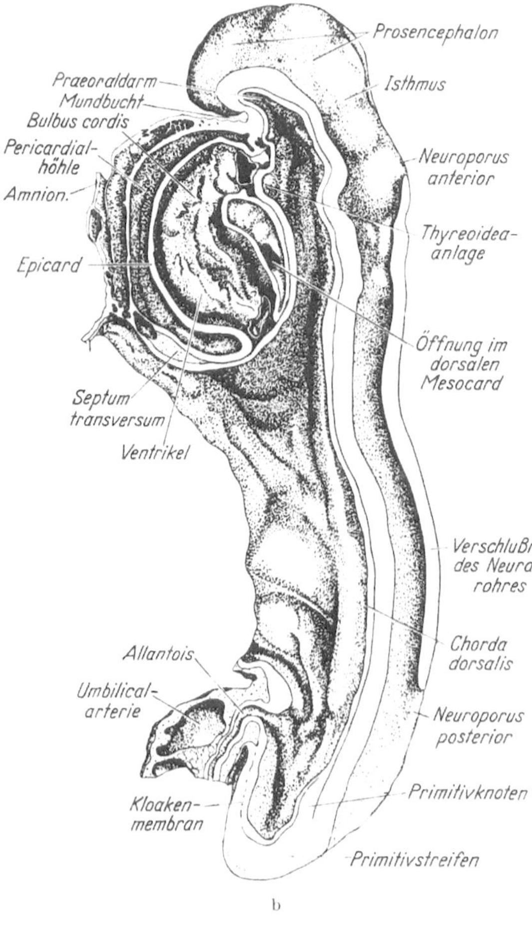

Abb. 47b. Sagittalschnitt eines menschlichen Embryos von 10 Somiten nach einer plastischen Rekonstruktion. [Aus NELSON 1953 nach G. W. CORNER: Contrib. to Embryol. 20 (1929)]

(der parietalen und visceralen Coelomwand), aus denen neben der epithelialen
Auskleidung der Körperhöhlen auch die bindegewebige parietale und viscerale
Wand dieser Höhlen einschließlich der glatten Darmmuskulatur hervorgeht;
solche lockere Zellmassen, die später überall die Anlage aller bindegewebigen
Formationen darstellen, werden als *Mesenchym* (enchyein = hineingießen) be-
zeichnet.

Die segmentale Gliederung erfaßt aber das vor der ersten Ursegmentspalte
liegende Kopfmesoderm nicht oder doch nicht in typischer Weise, so daß die
Beziehungen der Augenmuskeln und der Kiemenbogen zur primären Körpersegmentierung tragisch bleiben. Der vorderste Abschnitt des Kopfmesoderms,
der prächordale Abschnitt, war offenbar auch in phylogenetischer Vorzeit niemals segmentiert.

Etwa zu Beginn der Segmentierung setzt ein entschiedenes Längenwachstum
des ganzen Keimlings ein; erst hebt sich der Kopf von der Unterlage ab und
läßt eine durch Ektoderm ausgekleidete Bucht, die *Mundbucht* (Abb. 46, 47 b,
Abb. 28 a—d) unter sich entstehen, welche sich dem Vorderende des Vorderdarmes
anlegt, wobei das Ektoderm mit ihm die *Rachenmembran, Membrana buccopharyn-
gea* bildet. Ein ähnlicher Vorgang tritt auch am Hinterende des Embryo ein,
welches sich gleichfalls von der Unterlage abhebt. Hier sind die *Afterbucht* und in
ihrer Tiefe eine enge Anlagerung von Ektoderm und Entoderm, die *Kloakenmembran* (Abb. 47 b), vorhanden, welche das vereinigte Endstück von Darm und

Urogenitalsystem, die *Kloake* (s. S.
148) abschließt. Doch wird die Klo-
akenmem bran nicht zum selben Zeitpunkt wie die Rachenhaut gebildet,
sondern ist bereits in wesentlich jün-
geren Entwicklungsstadien (Abb. 41
und 42) vorhanden. Das Hinterende
des Embryonalkörpers enthält unter
einer epithelialen Oberflächenschicht
undifferenziertes dichtes embryonales Bindegewebe. Es wurde die
Ansicht ausgesprochen, daß diese
Schwanzknospe (auch Rumpf-
schwanzknospe genannt), die Organe
des Rumpfes (etwa von der Mitte
der Brustwirbelsäule an) und des
Schwanzes aus sich direkt, d. h.
ohne Bildung von Keimblättern
hervorgehen lasse. Die als Spät-
gastrulation beschriebenen Invaginationsvorgänge an der Schwanzknospe der Urodelen gemahnen
jedoch zur Vorsicht, und tatsächlich
haben auch Versuche an Amnioten
die Unhaltbarkeit der obigen Ansicht

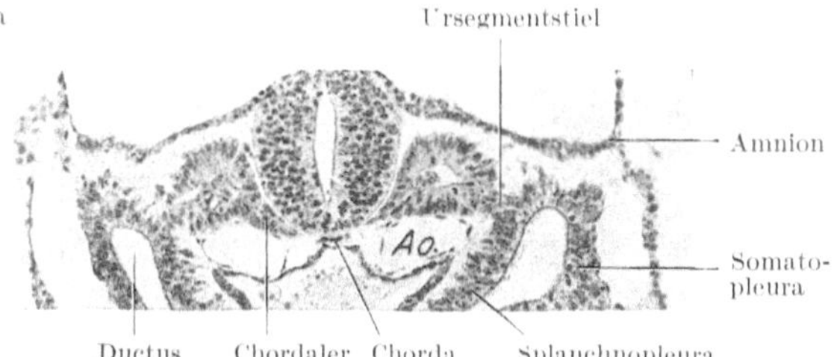

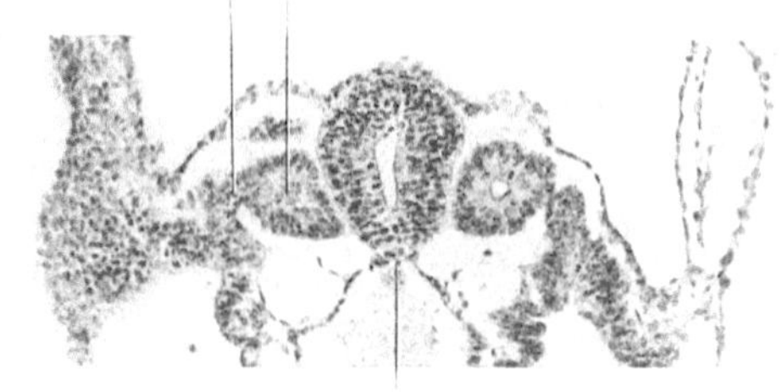

Abb. 48 a u. b. Querschnitte durch das 3. und 9. Ursegment
eines menschlichen Keimlings mit 12 Ursegmentpaaren und
rund 2 mm Länge. *Ao* Aorta dorsalis; *Ch* Chorda dorsalis
(in Abb. 48 b noch nicht aus dem Entoderm ausgeschaltet).
Vergr. 100 ×

erwiesen. Wir werden deswegen den Namen Schwanzknospe (nicht Rumpf-
schwanzknospe) verwenden und auch hier ähnliche Invaginationsvorgänge sup-
ponieren, wie sie bei Amphibien bewiesen sind.

Durch das Vorwachsen von Kopf und Schwanz wird auch das innere Keimblatt
in diese Teile hineingezogen und bildet die *vordere* und *hintere Darmbucht* (Abb. 46
und 28). Jede dieser Buchten ist anfangs durch eine zweiblättrige, nur aus Ekto-

derm und Entoderm bestehende Membran gegen die gegenüberstehenden ektodermalen Buchten abgeschlossen, hinten durch die eben genannte Kloakenmembran gegen die Afterbucht, vorn gegen die Mundbucht durch die *Rachenmembran*

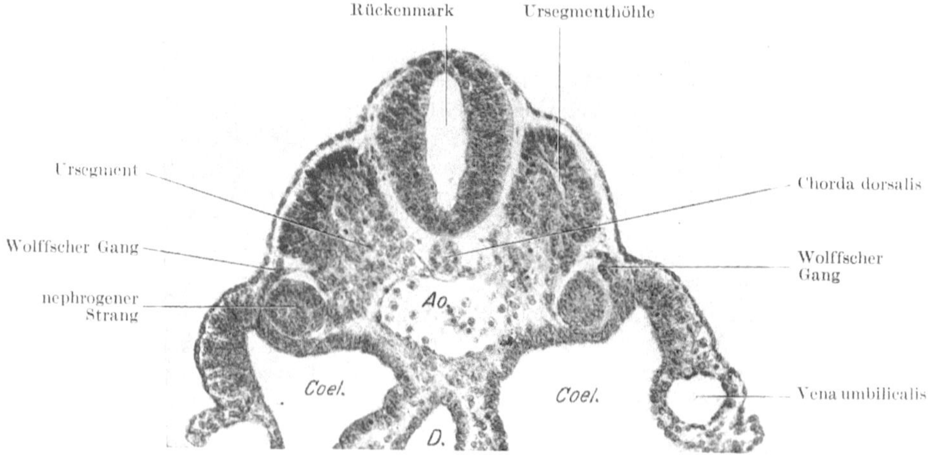

Abb. 49. Querschnitt durch das 14. Ursegment eines Keimlings von 3,2 mm Länge, mit 22 Ursegmenten. *Ao* Aorta dorsalis; *Coel* (embryonales) Coelom; *D* Darm. Vergr. 150 ×

(Abb. 46), in deren Bereich das anfangs vorhandene Mesoderm wieder verschwunden ist (vgl. Abb. 41, 42 und 46). Beide Abschlußmembranen werden im späteren Ablauf der Entwicklung aufgelöst (S. 111 und 148).

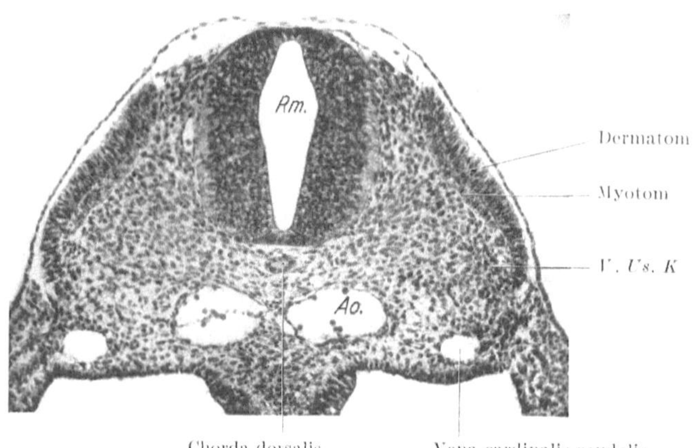

Abb. 50. Querschnitt durch ein Thorakalsegment eines Keimlings von 3,4 mm Länge mit 27 Ursegmenten. Differenzierung des Ursegmentes. *V. Us. K* ventrale Ursegmentkante. Vergr. 100 ×

Verschiedene Formen der Zwillingsbildung

Eine gleichzeitige Befruchtung von *zwei* Eizellen durch *zwei* verschiedene Spermien, kann zu einer Zwillingsschwangerschaft führen. Beide Keimlinge und ihre Eihüllen besitzen völlig verschiedenes Erbgut, können aber äußerlich, durch die Raumenge des Uterus gezwungen, oberflächlich miteinander verwachsen und sogar einen einheitlichen Placentarbezirk bilden. Verschiedenes Geschlecht der beiden Keimlinge ist das sicherste Kennzeichen dieser Form der Zwillingsbildung.

Kommt es nach der Befruchtung *einer* Eizelle mit *einer* Spermie zu einer Trennung der beiden Halbblastomeren, so können diese zwei Embryonen samt Eihülle aus sich hervorgehen lassen. Sie sind genetisch einheitlich, besitzen aber jeder seine eigene Chorionhöhle und seinen Amnionsack: Eineiige, d. h. erbgleiche Zwillinge mit getrenntem Chorion und Amnion.

Tritt eine Teilung im Stadium des Embryoblast auf und betrifft nur diesen, so kommt es zu einer eineiigen Zwillingsbildung in *einem* Chorionsack, aber getrennten Amnionhöhlen.

Auch im Stadium der frühen Amnionbildung kann es noch zu einer (sehr seltenen) Zwillingsformation kommen, derart daß sich am Boden des Amnions zwei Primitivstreifen mit allen Folgeerscheinungen bilden. Diese Zwillinge haben dann einheitliches Erbgut, *ein* Chorion und *einen* gemeinsamen Amnionsack.

Betrifft die Teilung nur *Teile* des Primitivstreifens oder nur die Praechordalplatte, so kommt es zu Doppelbildungen nach Art der Abb. 20 bis zu siamesischen Zwillingen. Die Untersuchung erbgleicher Zwillinge spielt in allen Alterslagen eine große Rolle in der Vererbungsforschung, weil hier die Einflußmöglichkeiten einer verschiedenen Umwelt auf erbgleiche Individuen erfaßt werden können. An keinem Objekt kann die Grenze des Erbeinflusses und der Bedeutung der Umwelt so gut erfaßt werden.

Vom Wesen der Keimblätter

Das Ergebnis der Gastrulation ist ein Keim, der sich aus epithelartigen Verbänden aufbaut (s. S. 16), die als *Keimblätter* bezeichnet werden. Die historische Entwicklung dieses Begriffes an der Vogelkeimscheibe hat lange Zeit übersehen lassen, daß die 3 Keimblätter, das Ektoderm, das Entoderm und das Mesoderm nach Herkunft und Bedeutung als nicht ganz gleichwertig betrachtet werden können. Während Ektoderm und Entoderm ihrem Entwicklungsmodus und besonders ihrer späteren Entwicklung nach einigermaßen einheitliche Strukturen darstellen, umfaßt das sog. Mesoderm eine Vielfalt von Organanlagen, die nach ihrer Bildungsart, nach der Reihenfolge ihrer Entstehung und besonders nach ihrer späteren Bedeutung außerordentliche Varianten aufweisen. So können wir beim Menschen mindestens 5 verschiedene Arten der Mesodermbildung unterscheiden (Primitivstreifenmesoderm, Neuralleistenmesoderm, Mesodermbildungen an der Prächordalplatte, aus dem Trophoblast und dem Dottersackentoderm). Mit der Zugehörigkeit zu einer der 3 Schichten ist keineswegs endgültig über eine spezifische Entwicklung entschieden. Experimente zeigen, daß die Determination, die endgültige Entwicklungsfestlegung für verschiedene Keimblattanteile unterschiedlich und oft wesentlich später fixiert werden kann. Insbesondere darf keine nach Keimblättern spezifische histologische Differenzierung erwartet werden. So kann Muskulatur aus dem Ektoderm (Sphincter und Dilatator pupillae, Muskeln der Schweißdrüsen), aus den Somiten, aus der Coelomwand, aus der Prächordalplatte, für die Gefäße sogar völlig ubiquitär im Bindegewebe entstehen. Es gibt zuviele Ausnahmen und Überschneidungen der Entwicklungsleistung, um von einer Spezifität der Keimblätter sprechen zu können.

Abgrenzung des Körpers; Ausbildung der äußeren Körperform; Altersbestimmung der Keimlinge beim Menschen

Der menschliche Keimling ist anfangs durch den am caudalen Ende gelegenen Haftstiel (S. 47) mit dem Chorion verbunden (Abb. 39, 41 und 44a); durch das Längenwachstum des Körpers und die Ausbildung der (Rumpf-)Schwanzknospe wird der Embryonalkörper um den Haftstiel herumgeschwenkt; dieser wird dadurch an die Bauchseite des Körpers verlagert (Abb. 46 und 51) und wird zum *Bauchstiel*, in welchem der Allantoisgang und die Allantoisgefäße (Vasa umbilicalia) verlaufen. Der Bauchstiel nähert sich dem Dottergang mit seinen Gefäßen. Da die Amnionhöhle den Keim von allen Seiten in Richtung auf den Bauchstiel und Dottergang umwächst, werden beide Gebilde in einem vom Amnion umhüllten *Nabelstrang* zusammengedrängt (s. auch Abb. 28d), der alle Verbindungen vom Embryo zum Chorion, also der Placenta enthält. Er zeigt auf dem Querschnitt neben den genannten Strukturen noch einen Teil der extraembryonalen Leibeshöhle (Abb. 52, 53 und 128). Der Dottergang wird später bald unterbrochen, und auch die

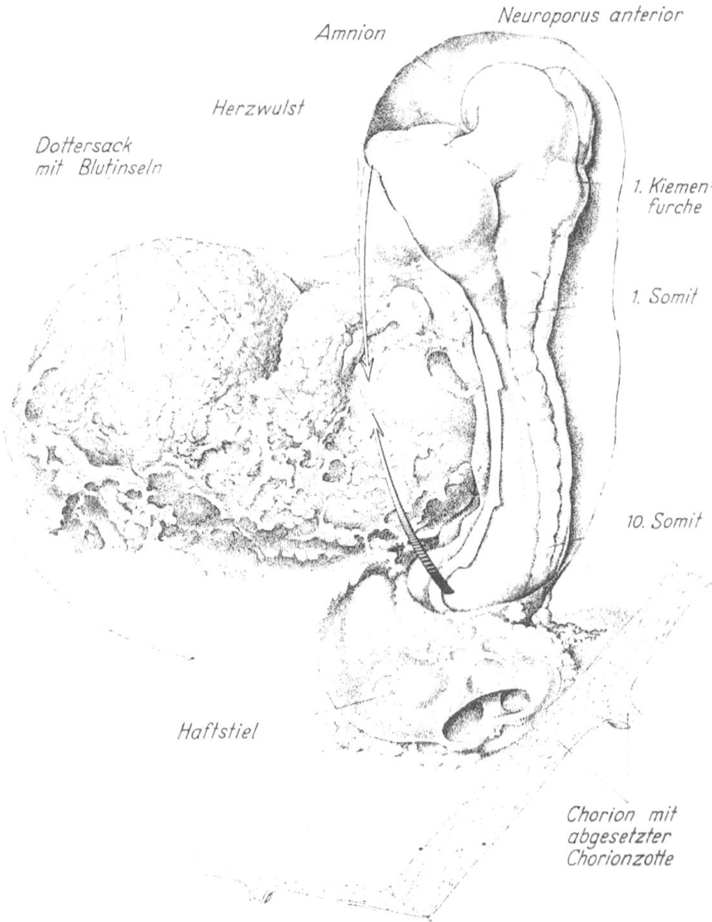

Abb. 51. Menschlicher Embryo im Stadium von 10 Somiten mit seinen Lageverhältnissen zum Chorion, zum Haftstiel und zum Dottersack. Der gestrichelte Pfeil zeigt die zukünftige Anlagerung des Dottersackes an den Haftstiel. Beide werden dann durch das Amnion umwachsen und zur Nabelschnur vereinigt. Die plastisch gezeichneten Pfeile geben die Ebene an, in der sich der Embryo von der Nabelschnur abgrenzt. Unter Benutzung einer Abbildung von CORNER 1929 (Contributions to Embryology Nr. 112). Etwa 60fach

Dottergefäße verschwinden bereits im zweiten Monat der embryonalen Entwicklung. Der Dottersack aber läßt sich auch später (Abb. 68a u. b) und meist noch an der reifen Placenta als geschrumpfter und oft verkalkter Körper nachweisen.

Zur Zeit der Abgliederung vom Dottersack (Abb. 47a und b) ist der Körper ziemlich gerade gestreckt; er beginnt aber sehr bald sich einzurollen (*Embryonalkrümmung*, Abb. 54a), wobei Kopf und Schwanz ventralwärts gebeugt werden.

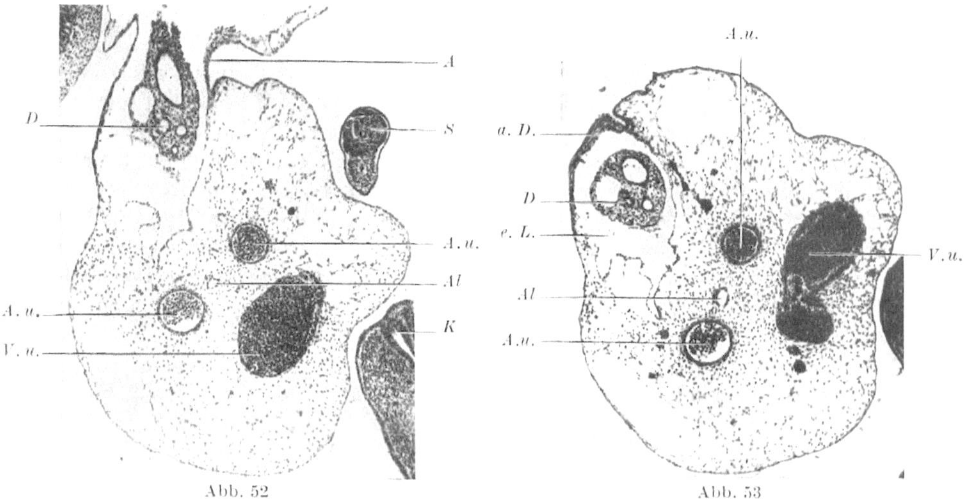

Abb. 52   Abb. 53

Abb. 52 und 53. Zwei Querschnitte durch den Nabelstrang eines menschlichen Embryo von 7,5 mm gr. L. (Hk 826 und 912). Abb. 52 liegt dem Embryo näher als Abb. 53. *A* Amnion; *a. D.* amniale Deckplatte; *Al* Allantois; *A. u.* Arteria umbilicalis; *D* Dottergang im Dotterstiel; *e. L.* extraembryonale Leibeshöhle; *K* Kloakenmembran; *S* Schwanzspitze; *V. u.* Vena umbilicalis. 36 fache Vergrößerung

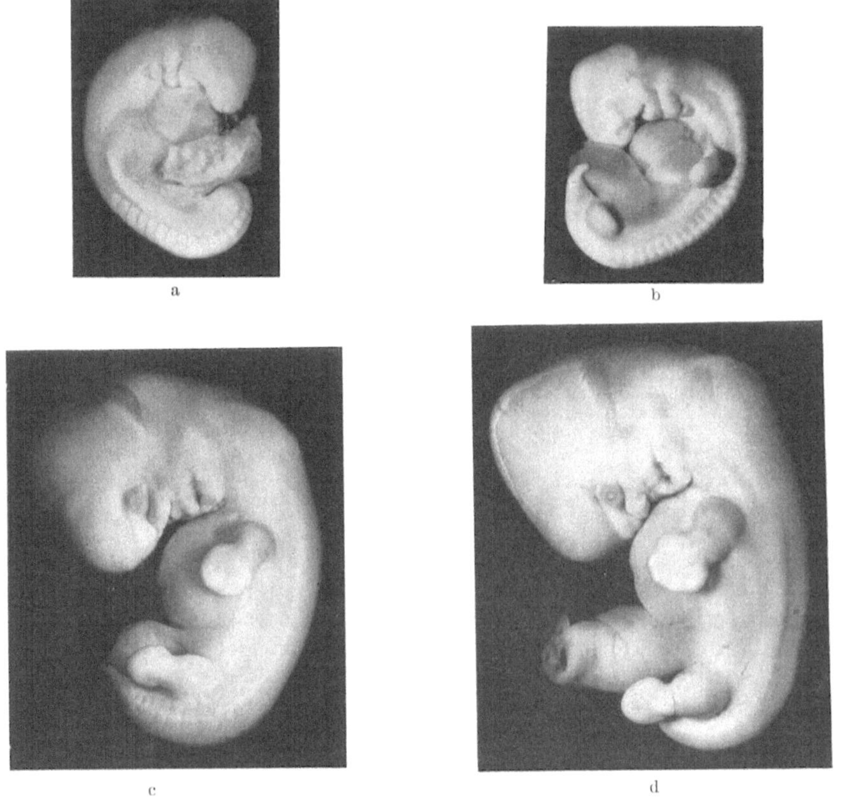

a   b

c   d

Abb. 54 a—d. Ausbildung der äußeren Körperform des Menschen. a Keimling von 3,4 mm Länge mit 27 Ursegmenten; Extremitäten ganz niedrig, zwischen ihnen die Extremitätenleiste, Vergr. 10 ×. b 6,5 mm Länge. Extremitäten flossenförmig. Riechgrübchen, Sinus cervicalis, Vergr. 5 ×. c 10 mm Länge; Gesichtsfortsätze verwachsen, Auricularhöcker an der 1. äußeren Kiemenfurche, Sinus cervicalis eben im Verschluß. Hand- und Fußplatte. Vergr. 5 ×. d 14 mm Länge. Auricularhöcker; Handplatte gegliedert; physiologische Nabelhernie. Vergr. 5 ×

Extremitäten fehlen anfangs; sie erscheinen zuerst als eine flache, an ihrem Vorder-
und Hinterende etwas stärker erhöhte Leiste *(Extremitätenleiste)*, deren Enden
dann zu den Extremitäten auswachsen (Abb. 54a). Diese haben zuerst Flossenform
(Abb. 54b) und werden dann zu flachen sagittal eingestellten Platten (*Hand-* und
Fußplatte, Abb. 54c), an deren Rändern die Finger und Zehen auswachsen
(Abb. 56d). Allmählich schieben sich die übrigen Abschnitte der Extremitäten aus
dem Rumpf hervor. Beide Extremitäten werden dann proniert, die obere schon im
zweiten Monat (Abb. 54e und f), die untere später, und die Pronation des Fußes
wird überhaupt erst zu Ende geführt, wenn das Kind gehen lernt. — Im Kopfgebiet fällt die überragende Größe des Gehirns auf. Das Gesicht (s. darüber S. 104)
tritt daneben ganz zurück; dagegen nimmt schon frühzeitig die Kiemenregion
einen bedeutenden Raum ein. Die *Kiemen-*
bogen treten der Reihe nach als Vorwölbungen an der Seitenwand der Kopfgegend
über dem Herzen auf, durch die *äußeren*

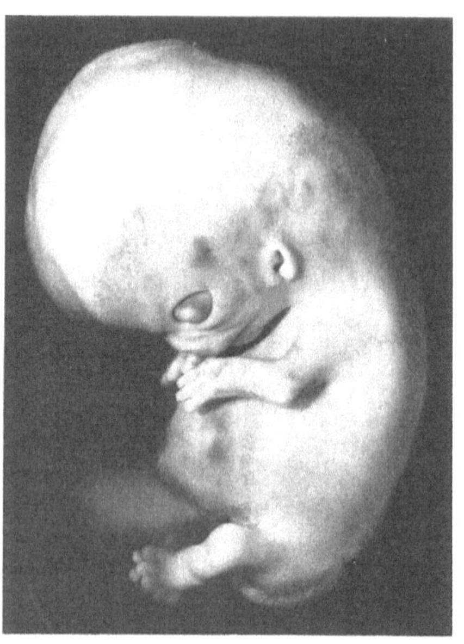
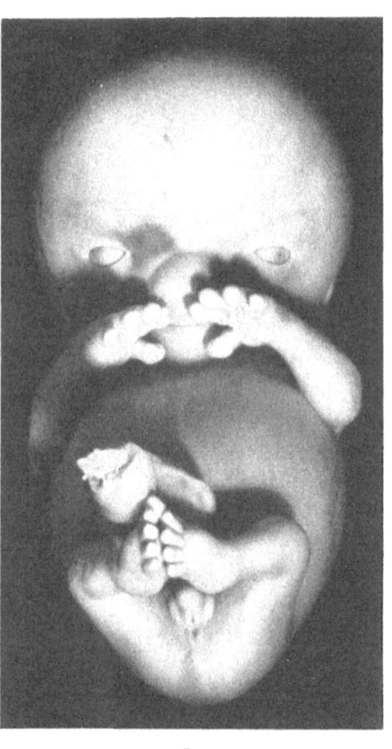

e   f

Abb. 54e u. f. Ausbildung der äußeren Körperform des Menschen. e 18 mm. Stadium der relativ größten Kopfentwicklung. Schnauzenform des Gesichtes. Ohrmuschelbildung. Obere Extremität proniert, untere noch nicht.
Vergr. 4 ×. f Keimling von 30 mm Länge, von vorn, männlich. Vergr. 3 ×

Kiemenfurchen gegeneinander abgegrenzt. In Abb. 54a sind drei, in Abb. 54b
vier Bogen zu erkennen, der *Mandibular-* und *Hyoidbogen* und die *Branchialbogen*
im engeren Sinn. Von der Basis des Mandibularbogens geht der *Oberkieferfortsatz*
ab (s. auch S. 104 und Abb. 103, 104d und 108). Vier Bogen werden ausgebildet;
durch stärkeres Breitenwachstum der beiden ersten Bogen werden die folgenden
in eine Grube versenkt, den *Sinus cervicalis*, über den ein caudal gerichteter Fortsatz des Hyoidbogens, der *Opercularfortsatz* (Abb. 54b), dem Kiemendeckel der
Fische vergleichbar, hinwegwächst, so daß der Sinus cervicalis, der vorübergehend
noch durch einen *Ductus cervicalis* mit der Oberfläche zusammenhängt (Abb. 54c
und 132), verschlossen wird. Solange er offen ist, wird er caudal von der *Retro-*
cervicalleiste begrenzt, in welcher der M. sternocleidomastoideus zur Ausbildung

kommt. Zu beiden Seiten der ersten Kiemenfurche bilden sich die *Auricularhöcker* aus, je drei am Unterkiefer- und Hyoidbogen (Abb. 54c und d), die zur *Ohrmuschel* verwachsen (Abb. 54e); diese verschiebt sich durch unterschiedliches Wachstum vom Hals kranialwärts in den Gesichtsbereich, hinter die Mundöffnung. Hingegen ist es nicht möglich, genaue Aussagen darüber zu machen, welchen Auricularhöckern die definitiven Bildungen der Ohrmuschel, wie Helix, Anthelix, Tragus und Antitragus entsprechen, da die Auricularhöcker bereits zu einer Zeit schwinden, in der die definitiven Strukturen noch nicht als solche kenntlich sind. — Im Rumpfgebiet fällt die Größe des Herzens, dann die der Leber auf, und auch das embryonale Harnorgan, die Urniere, läßt sich an der Oberfläche als Längswulst erkennen (Abb. 54c). Über den größten Teil der Seitenfläche des Rumpfes verläuft ein Epithelstreifen, die *Milchleiste,* aus der sich später im Brustgebiet die Brustdrüse abgliedert, während überzählige Bildungen längs ihres Verlaufes vorkommen können. Neben der Mittellinie werden im zweiten Monat die *Sternalleisten* sichtbar, die sich allmählich zum Sternum verbinden (s. S. 187). In ihrer Verlängerung erscheinen die Anlagen der Mm. recti abdominis, die gleichfalls anfangs weit seitlich liegen und sich einander nähern müssen (Abb. 123b).

Die Lage der Organe entspricht bis zu einem frühen Ursegmentstadium einer bilateralen Symmetrie. Diese bleibt bei der äußeren Körperform im Kopf- und Extremitätengebiet auch späterhin weitgehend erhalten. Die Anlagen der Eingeweide dagegen, zuerst das Herz, dann der Darm gewinnen frühzeitig eine deutliche, bei fast allen Individuen gleichartige Asymmetrie. Die seltene teilweise oder vollständige seitenverkehrte Lage der Viscera kann zurückverfolgt werden bis in die früheste Herzentwicklung und wird als *situs inversus* (*partialis* oder *totalis*) bezeichnet. Bei Amphibienkeimen ist ein situs inversus experimentell durch Röntgenstrahlen und Lithiumsulfat-hydrat zu erzeugen, wobei die empfindliche Phase im Gastrulationsstadium zu suchen ist.

Für die Reihenfolge des Auftretens und der Ausbildung der Organe ist maßgebend das phylogenetische Alter, die jeweilige funktionelle Wichtigkeit und die Entwicklungshöhe, die das Organ bis zum Abschluß des Fetallebens erreichen muß. Die Bedeutung des phylogenetischen Alters kommt in dem sog. biogenetischen Grundgesetz zum Ausdruck, wonach die Ontogenese eine Wiederholung der Phylogenie darstellt. Die Bildung des Urdarmes und der Aufbau des Wirbeltierbauplanes gehören ebenso hierher wie die weitgehende Differenzierung und die Größe der Kiemenregion. Für die funktionelle Bedeutung sind die Größe des Herzens und der Leber gegenüber der Kleinheit der Lungen und (lange Zeit) auch des Darmes Beispiele. Die zu erreichende Entwicklungshöhe bedingt die Größe des embryonalen Gehirnes und damit des Kopfes sowie die der Sinnesorgane. So wächst von der Geburt bis zur Beendigung des Wachstums der Körper etwa auf das 25fache, Herz und Leber etwa auf das 10fache, das Gehirn aber nur auf das 4fache, der Augapfel auf das $1^1/_2$fache, das Ohrlabyrinth und die Gehörknöchelchen überhaupt nicht mehr; die beiden letzteren sind offenbar dazu bestimmt, als physikalische Apparate das ganze Leben hindurch gleichbleibende Reaktionen zu geben. Die wechselnden Körperproportionen geben von diesen Wachstumsverhältnissen eine gute Vorstellung. Im zweiten Embryonalmonat sind Kopf und Rumpf fast gleich groß (Abb. 54e), die Extremitäten sind noch unbedeutende Anhängsel. Zur Zeit der Geburt nimmt der Kopf $^1/_4$, der Rumpf rund $^2/_4$, die untere Extremität wenig mehr als $^1/_4$ der Gesamtlänge ein, während beim Erwachsenen der Kopf $^1/_7$—$^1/_8$, der Rumpf $^3/_8$ und die untere Extremität $^4/_8$ der Körperlänge ausmachen; die Körpermitte liegt dann am oberen Rande der Symphyse.

Für die *Altersbestimmung* einer Frucht kann annähernd die Angabe dienen, daß die Schwangerschaft von der letzten noch normalen Menstruation 10 Lunarmonate von je 28 Tagen dauert. Die Frucht wächst ungefähr so, daß in den ersten 5 Monaten die Länge in Zentimetern gleich ist dem Quadrat der Monatszahl, gerechnet von der letzten Menstruation an, in den folgenden gleich der Monatszahl multipliziert mit 5, somit für die 10 Monate in Zentimetern: 1, 4, 9, 16, 25, 30, 35, 40, 45, 50. Für den ersten Monat ist die Zahl von 1 cm aber zu hoch; die Entwicklung beginnt durchschnittlich erst in der Mitte des Monats und verläuft anfangs ziemlich langsam, so daß das ganze Ei (das Chorion) am Ende des Monats etwa 1 cm Durchmesser hat, der Keimling aber nur wenige Millimeter lang ist. Gebräuchliche Maßangaben für die Größe eines Embryos sind die Entfernung der Scheitelbeuge zur Steißspitze (Scheitel-Steiß-Länge, SSL) oder bei älteren Objekten die Scheitel-Fuß-Länge, SFL.

Aber die Angabe von Einzelmaßen und auch die Beschreibung nach dem Entwicklungsstand von Einzelstrukturen ermöglichen für den wissenschaftlichen Vergleich menschlicher Embryonen keine sichere und allgemein verbindliche Ordnung. Dazu ist die individuelle Größenvariation in der Entwicklung und die zeitliche Verschiebung einzelner Organanlagen zu groß. Deshalb hat der amerikanische Embryologe STREETER anhand der in der Weltliteratur bekannten Objekte eine Gruppierung nach der allgemeinen Strukturorganisation vorgelegt, die etwa 25 „Horizons" umfaßt und mit römischen Ziffern I–XXV arbeitet. Dieses Ordnungsschema hat sich für den wissenschaftlichen Gebrauch international durchgesetzt.

Für das letzte Schwangerschaftsdrittel und den Geburtstermin spielt das zu bestimmter Zeit erreichte Gewicht eine gewisse Rolle. Die Gewichtskurve zwischen der 28. und 36. Woche folgt in etwa einer Geraden, die sich entsprechend der individuellen Variabilität als mehr oder weniger breites Band darstellt. Erst kurz vor der Geburt weicht die Entwicklung des Gewichtes in einer absinkenden Kurve von dieser Geraden ab (Abb. 55 Dg). Bei einer

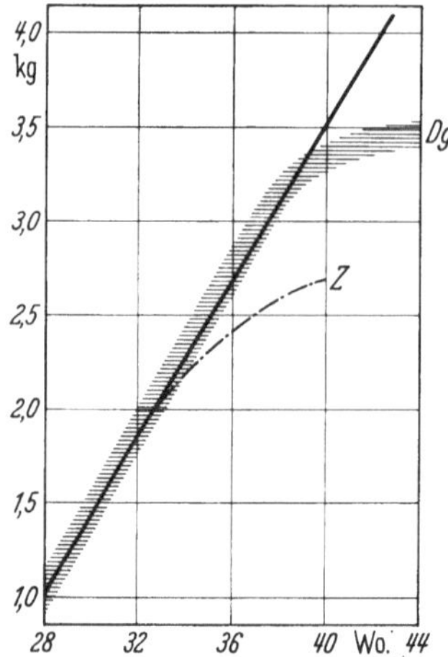

Abb. 55. Fetale Gewichtskurve (in Kilogramm) zwischen der 28. und 44. Woche. *Dg* Durchschnittsgewicht, *Z* Gewicht von Zwillingen. Umgezeichnet nach GRUENWALD, 1966

Reihe von Gruppen, z. B. bei Zwillingen, gibt es statistisch zu sichernde Abweichungen. Es ist für die Klinik festzuhalten, daß nicht jedes Kind geringeren Gewichtes unreif, d. h. ein Frühgeborenes sein muß. 97% der Neugeborenen kommen bis zum Ende der 40. Woche nach der letzten Menstruation zur Welt.

Allgemeine Placentation

Die *Placenta* (von plakous = der Kuchen) oder der *Mutterkuchen* ist das Ernährungs-, Atmungs- und Excretionsorgan des Säugetierkeimlings sowie eine Stätte der Hormonbildung. Sie entsteht durch innige Verbindung (Aneinanderlagerung oder Verwachsung) des durch die Allantois (bei Tieren auch durch den Dottersack) vascularisierten Chorions mit der Uterusschleimhaut. Die Quelle der Nährstoffe ist das mütterliche Blut, das Ziel dieser Stoffe das fetale Blut, welches die Stoffe dann an die wachsenden kindlichen Organe heranzubringen hat.

Diese Nährstoffe sind mannigfacher Art; die wichtigsten sind die Eiweißkörper, von denen mindestens ein Teil nicht nur für die einzelnen Organe (Blut, Muskel, Leber, Milz, Niere usw.) und außerdem für eine bestimmte Tierart charakteristisch (spezifisch) ist, sondern darüber hinaus sogar nach Einzelwesen verschieden (individualspezifisch) ist. Solche Eiweißkörper dürfen nicht ohne weiteres auf den Keimling übergehen. Dazu kommt, daß im Fall eines männlichen Fetus ein hormonaler und chromosomaler Gegensatz (S. 9) zwischen Mutter und Frucht besteht. Es darf daher nicht nur keine direkte Verbindung des Blutkreislaufes von Mutter und Frucht eintreten, sondern es muß eine Scheidewand bestehen bleiben, welche dem Fetus seine Individualität und damit auch der zweigeschlechtlichen Vererbung ihren Sinn und ihre Aufgabe gewährleistet.

In besonderen Fällen läßt es die Grenzschicht zwischen Mutter und Kind doch zu, daß fetale Erythrocyten in den maternen Kreislauf geraten. Dann kann es beim entsprechenden Neugeborenen (in einer Häufigkeit von 1:150) zu einer Zerstörung seiner Erythrocyten kommen, was zu einem starken Ikterus und zu einer lebensbedrohenden Anämie führt. Die Erkrankung tritt aber nur dann auf, wenn die Erythrocyten des Kindes ein erbliches Antigen Rh+ **(Rhesusfaktor)** enthalten und in der mütterlichen Blutbahn auf Erythrocyten der Mutter stoßen, die dieses Antigen nicht enthalten. Der mütterliche Organismus bildet dann gegen diese eingedrungenen, fremden Erythrocyten mit dem Antigen Abwehrstoffe, Antikörper, die die Fremderythrocyten abbauen. Diese Antikörper können aber aufgrund ihrer Molekülgröße ungehemmt die Plazentarschranke durchdringen und nun auch im kindlichen Organismus zum Abbau der Erythrocyten und damit zur Anämie führen. Die Vorbedingung für das Zustandekommen dieser Neugeborenenkrankheit ist also eine zweifache, einmal das Zusammentreffen einer Rh-negativen Mutter mit einem Rh-positiven Kind und zweitens die wohl sicher nicht als normal anzusehende Durchtrittsmöglichkeit fetaler Erythroycten in den maternen Kreislauf. Der Rh+-Erbfaktor kann dem Neugeborenen natürlich nur aus dem väterlichen Erbgut zukommen. Auch Vater und Mutter müssen sich in solchem Fall hinsichtlich des Erbfaktors unterscheiden. Da dies ärztlich festzustellen ist, kann man die Gefahr für das Neugeborene vorhersehen und in vielen Fällen abwenden.

Andererseits kann es im Interesse des Stoffüberganges wichtig sein, diese Scheidewand nach Möglichkeit zu vereinfachen. Beide Differenzierungstendenzen sind innerhalb der Säugetierstämme vertreten und haben im wesentlichen zwei

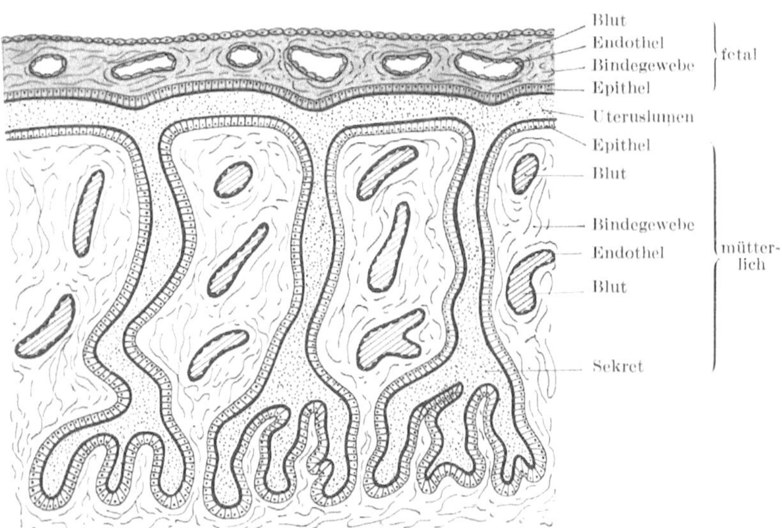

Abb. 56. Schema einer einfachen (epithelio-chorialen) Placenta als Ausgangsform der Placentarbildung, mit einfacher Aneinanderlagerung von Chorion und vollständig erhaltener Uterusschleimhaut. Die Nährstoffe, die aus dem mütterlichen in das kindliche Blut übertreten, müssen durch 6 Gewebsschichten und das (spaltförmige) Uteruslumen hindurchtreten

Placentartypen entstehen lassen, einerseits die invasive Form, bei der der Trophoblast bis an das Endothel oder das materne Blut heranwuchert, andererseits die extensive Form, bei der alle maternen Schleimhautteile erhalten bleiben, allenfalls das Oberflächenepithel verlorengeht. Ohne Zweifel muß die zweite Form (im Reptilienstamm!) vorausgegangen sein, aber es ist zu beachten, daß auch die erste Form schon am Übergang zu den Säugern — wenn nicht auch schon bei den Reptilienvorfahren — entwickelt wurde. Beide Formen erhalten sich innerhalb der einzelnen Säugetiergruppen unmittelbar nebeneinander und zeigen ihre Vertreter bei unzweifelhaft sich nahestehenden Arten. Ihre Verteilung bei diesen Stämmen ist somit kein unmittelbarer Hinweis für die phylogenetische Stellung der entsprechenden Arten. So findet sich eine invasive Placenta sowohl bei vielen primitiven Insektivoren einerseits, als beim Menschen andererseits. Nicht-invasive Placentarformen brauchen nicht in jedem Fall altertümlich zu sein. Es gibt deutliche Hinweise dafür, daß einige unter ihnen aus invasiven Formen hervorgegangen sind (z. B. bei Halbaffen und Ungulaten). Für diese müßte bei ihrer phylogenetischen Entwicklung ein vorübergehendes Stadium mit invasivem Placentartyp angenommen werden, was vielleicht sogar für alle ancestralen Säuger Geltung hat. Das folgende Placentarschema von Grosser entspricht also einer rein morphologischen, aber nicht einer phylogenetischen Ordnung.

Bei der nicht-invasiven Placenta legt sich das Chorion einer unverletzten mütterlichen Schleimhaut an (Abb. 56); die mütterlichen Nährstoffe, aus dem Blut stammend, müssen nacheinander das mütterliche Gefäßendothel, Bindegewebe, Uterusepithel, dann, bei einfacher Anlagerung des Chorions, das verbleibende spaltförmige Uteruslumen und schließlich noch die Schichten des Chorions, Epithel, Bindegewebe, Gefäßendothel, durchsetzen. Von diesen Schichten ist die wichtigste das Chorionepithel (der Trophoblast), weil es als geschlossene, vom Fetus stammende, epitheliale Schicht imstande ist, als lebende Membran Eiweißkörper und Hormone nicht beliebig durchzulassen, sondern nach Bedarf abzubauen und auch wieder individualspezifisch aufzubauen.

Tabelle 2

Mütterliches Blut	Mutter (Uterusschleimhaut)			Uteruslumen	Frucht (Chorion)			fetales Blut		Placentarnamen	Damit zumeist verbundene äußere Placentarform	Säugetiergruppe
	Endothel	Bindegewebe	Epithel		Epithel	Bindegewebe	Endothel					
	+	+	+	+	+	+	+		Adeciduata	Pl. epithelio-chorialis	Pl. diffusa	Halbaffen Schwein, Pferd
	+	+	∅	∅	+	+	+			Pl. syndesmo-chorialis	Pl. multiplex	Wiederkäuer
	+	∅	∅	∅	+	+	+		Deciduata	Pl. endothelio-chorialis	Pl. zonaria	Chiropteren, Raubtiere
	∅	∅	∅	∅	+	+	+			Pl. haemo-chorialis	Pl. discoidalis	Insectivoren, Tupaia Nager, Affen, Mensch

Legt sich das Chorion dem mütterlichen Epithel nur an, ohne es aufzulösen, so heißt der Placentartypus *epithelio-chorial*; er findet sich schon bei lebend gebärenden Reptilien, dann bei Beuteltieren sowie (und zwar wahrscheinlich sekundär) Halbaffen und größeren Säugern wie Schwein und Pferd. Bei anderen Formen kommt es zur Vernichtung des Uterusepithels, und das Chorion grenzt an das Uterusbindegewebe: Placenta *syndesmo-chorialis*. Sie findet sich besonders bei Wiederkäuern. Geht der Abbau der mütterlichen Schleimhaut weiter, so tritt eine feste Verwachsung zwischen Schleimhaut und Chorion ein. Die mütterlichen Capillaren werden vom wuchernden Chorionepithel umwachsen und unter Erhaltung ihres Endothels förmlich skeletiert; der Placentartypus heißt *endothelio-chorial* (Raubtiere). Wenn schließlich auch die letzte mütterliche Scheidewand, das Endothel, fällt, dann tritt das mütterliche Blut in Bahnen ein, die nur von Chorionepithel begrenzt sind: Placenta *haemo-chorialis*. Sie kommt in zwei Formen vor: entweder sind die mütterlichen Blutbahnen capillarähnlich eng (Placenta *labyrinthica*, z. B. bei Nagern und niederen Affen), oder sie liegen zwischen zottenartigen Ausläufern des Chorions (Placenta *villosa* der höheren Affen und des Menschen). Das Blut der Mutter fließt dann in einem „*intervillösen Raum*" oder Zwischenzottenraum.

Bei Verwachsung des Chorions mit der mütterlichen Schleimhaut ist die Lösung der Placenta nach der Geburt nicht ohne Mitnahme von Teilen dieser Schleimhaut möglich. Sie heißt deshalb hinfällige Haut, *(Membrana) Decidua*, und die Säugetiere lassen sich in *Deciduata* und *Adeciduata* gruppieren. Beim Menschen bleibt nach Lösung der Placenta im Uterus eine große Wundfläche zurück, die erst allmählich wieder epithelisiert werden muß.

Auch vom Fetus können in umgekehrter Richtung individualspezifische Stoffe an die Mutter übergehen; die Mutter hat auf die anfangs in ihrem Uterusepithel liegende Schutzwand bei den meisten Placenten verzichtet. Sie kann dies, weil einem fertigen Organismus mancherlei Organe zur Verfügung stehen, um von außen kommende Eiweißkörper abzuwehren. Unter ihnen steht an erster Stelle die Leber, dann der ganze lymphoreticuläre und reticuloendotheliale Apparat.

Auch der Fetus baut schrittweise seine Schutzapparate auf, die ohnehin spätestens nach der Geburt in Funktion treten müssen. So wird begreiflich, daß bei fortschreitender Schwangerschaft weitere Vereinfachungen der Blutscheidewände eintreten können und auch beim Menschen das Chorionepithel im Laufe der Zeit Defekte aufweisen kann, während das fetale Blut, das von der Placenta zurückkehrt, zum großen Teil durch die mächtig entwickelte embryonale Leber hindurchfließen muß, um dort von schädlichen Stoffen befreit zu werden, die allenfalls doch durch die placentare Scheidewand hindurchgetreten sind.

Die Anheftung des Eies an die Uterusschleimhaut zur Herstellung einer Brücke für den Stoffübergang wird als *Implantation* oder *Nidation* bezeichnet. Sie kann in verschiedener Weise geschehen. Bleibt das Ei im Hauptlumen des Uterus, so nennt man die Implantation eine *zentrale*; sie kann sich mit allen Placentartypen verbinden. Gelangt das Ei in eine Ausbuchtung der Uterusschleimhaut, so verklebt der Zugang hinter dem Ei, das Ei ist sofort ringsum von Schleimhaut umgeben und vom Hauptlumen abgesperrt (*exzentrische* Implantation der Ratten und Mäuse); dringt das Ei in die Schleimhaut selbst unter Auflösung ihrer Oberfläche ein (Meerschweinchen und Mensch), so liegt eine *interstitielle* Implantation vor (Abb. 36a, 37a und 61). Das so implantierte, wachsende Ei schafft sich nach Verschluß der Eintrittstelle innerhalb der Schleimhaut Platz durch Aufspaltung derselben; nun wird die Schleimhaut unterhalb des Eies als *Decidua basalis* bezeichnet, die oberhalb desselben, gegen das Uteruslumen gelegene als *Decidua capsularis*, das Randgebiet als *Decidua marginalis*, die übrige Schleimhaut als *Decidua parietalis* (vgl. auch Abb. 68b).

Die Placentation beim Menschen

Bei der geschlechtsreifen Frau befindet sich die Uterusschleimhaut (Endometrium) niemals in völliger Ruhe. Sie bereitet sich in durchschnittlich 28tägigem Cyclus auf die Aufnahme eines befruchteten Eies vor, zerfällt aber bei Abwesenheit eines solchen *(Menstruation)* und beginnt nach Regeneration das Spiel von neuem.

Das Ei wird in der Regel etwa in der Mitte zwischen zwei Menstruationen aus dem Ovarium durch Ruptur des Follikels frei. Während dieses Vorgangs umgreifen die Fimbrien der Tube den Rupturort, um dem Flimmerepithel die direkte

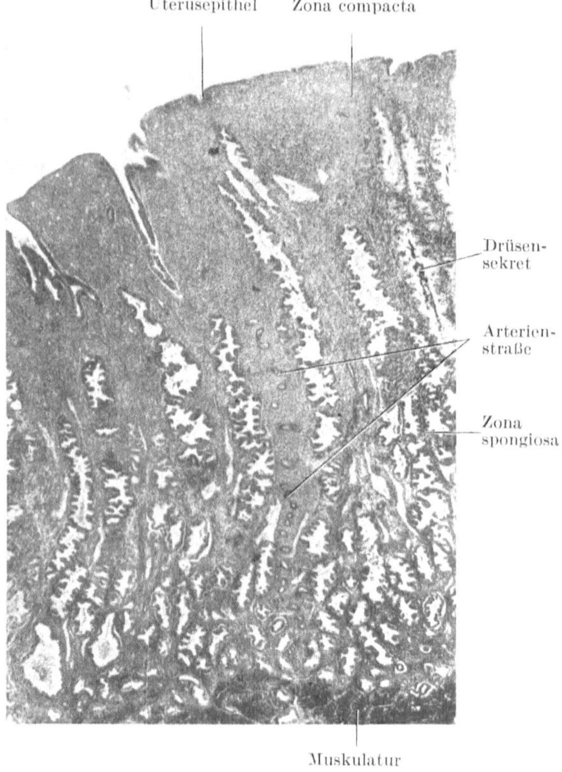

Abb. 57. Menschliche Uterusschleimhaut, Sekretionsphase. Differenzierung in Zona compacta und *spongiosa*. Vergr. 12 ×

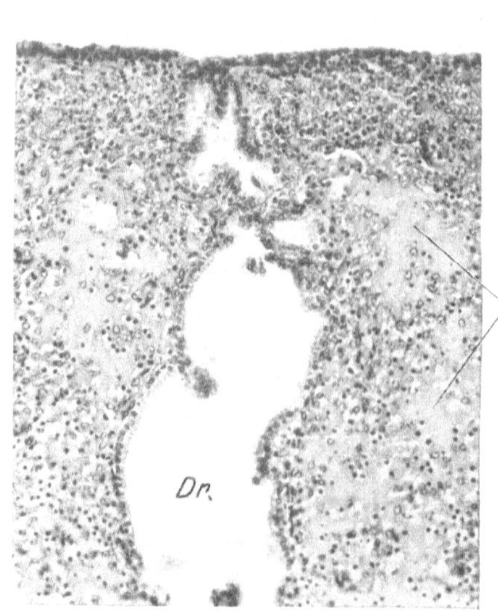

Abb. 58. Oberflächliche Schicht der Uterusschleimhaut unmittelbar prämenstruell.
Dr Drüsenlumen; *Oed* Ödem. Vergr. 100 ×

Überführung des Eies ins Tubenlumen zu ermöglichen. Über den *Befruchtungsort* in der Tube liegen für den Menschen noch keine sicheren Angaben vor. Die passive Wanderung durch die Tube dauert etwa 3 Tage und wird wohl durch Flimmerwirkung und Muskulatur ausgelöst.

Stoffwechseluntersuchungen an jüngsten Säugerkeimen zeigen nicht nur die intensive Verschränkung zwischen Mutter und Keim an, sondern machen Steuerungsmöglichkeiten für die Intensität und zeitliche Koordination der Keimesentwicklung verständlich. Wie sich beim Versuchstier mit radioaktivem Schwefel zeigen ließ, nimmt die Eizelle schon während der Tubenpassage Stoffe aus dem Tubensekret auf, ein Vorgang, der von Östrogenen gesteuert wird und jeweils zum richtigen Zeitpunkt am Ort der wandernden Eizelle ein Maximum zeigt. Beim Kaninchen nimmt der Keim in der Uterushöhle Eiweißsekrete des Endometriums auf, deren Produktion hormonal gesteuert wird und deren normale Zusammensetzung darüber hinaus von der Feedback-Steuerung der Keimblase abhängig ist. Noch vor dem Blastocystenstadium kommt es zu einer fast 1000fachen Steigerung der CO_2-Bildung durch den Keim, die — nach Arten etwas verschieden — im wesentlichen der Glucoseverbrennung entstammt.

Das Ei erreicht im Morulastadium das Uteruscavum und verliert etwa beim Übergang zur Blastocyste die Zona pellucida. Meist an der Vorder- oder Hinterwand folgt am 6.—7. Tage die *interstitielle Implantation*, bei der das Ei sich in die Schleimhaut einfrißt (S. 66). Dementsprechend erscheinen Umbildungen der Schleimhaut zu einer „Decidua"; sie betreffen sowohl die Drüsen als das Stroma (Abb. 57 bis 59). Die erhöhte Drüsentätigkeit ist offenbar hauptsächlich

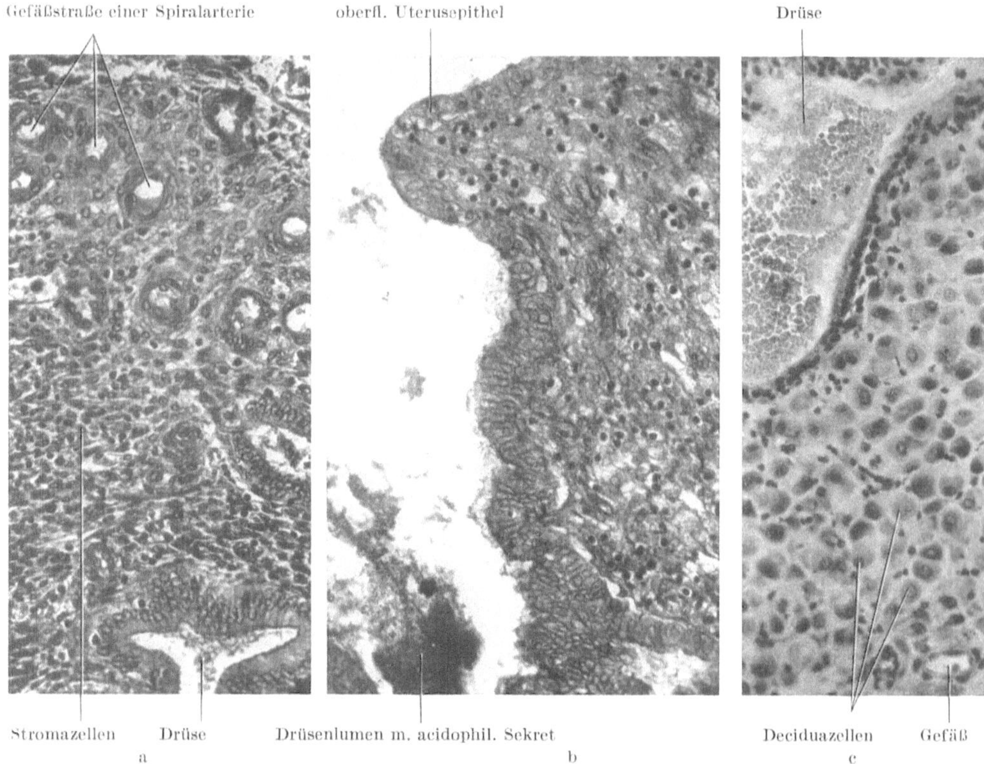

Abb. 59a—c. Stromazellen der Schleimhaut des Corpus uteri in verschiedenen Stadien. a im Intermenstruum; b im Sekretionsstadium; c Deciduazellen einer Schwangeren. 150fach

für das wandernde Ei bestimmt, die Stromaveränderungen sollen die Implantation erleichtern und das Gewebe resorbierbar machen, so daß es sowohl dem Ei Raum gibt wie als Nahrung verwendet werden kann, wobei das resorbierte Material vorläufig im Magma reticulare gespeichert wird (S. 46). Die Stromaveränderungen bestehen daher in seröser (ödemartiger) Durchtränkung der Schleimhaut einerseits, in Aufblähung der Zellen andererseits und ihrer Anfüllung mit Reservestoffen, Glykogen, Lipoiden und anderen (Deciduazellen). Parallel damit geht eine stärkere Blutfüllung der Schleimhaut und Dickenzunahme. Die Stromaveränderungen sind am deutlichsten in der oberflächlichen Schicht der Schleimhaut, die der Drüsen in der Tiefe, so daß eine Unterteilung der Schleimhaut in eine oberflächliche Compacta und eine tiefe Spongiosa im Vorbereitungsstadium eingeleitet, aber allerdings erst im Fall einer Gravidität deutlich ausgebildet wird. Findet sich kein befruchtetes Ei vor, so verfallen die oberflächlichen Gebiete der Schleimhaut der Nekrose. Sie stoßen sich innerhalb der Drüsenschicht ab und werden zum größten Teil noch innerhalb des Uteruscavums aufgelöst, wobei auch Blutgefäße eröffnet werden und die Menstruation eintritt, an der aber die Blutung nur eine Nebenerscheinung ist. Der sich ablösende Teil der Schleimhaut wird als *Functionalis* bezeichnet; ihr steht die *Basalis* gegenüber, von der die Regeneration ausgeht.

Ausgehend vom Zeitpunkt der Ovulation in der Mitte zwischen zwei Menstruationen, kann vom 28 tägigen Cyclus zuerst eine *Sekretionsphase* abgegrenzt werden, vom 15.—27. Tag, die für Eiwanderung und Implantation bestimmt ist; sie ist unmittelbar von der Ovulation an durch ein acidophiles Drüsensekret gekennzeichnet. Die letzte Woche kann noch als *Prämenstruum* mit besonders deutlichen Schleimhautveränderungen unterschieden werden. Dann folgt vom 28. bis zum 3. Tag die *Desquamationsphase* mit Abstoßung der Schleimhaut, das ist die Zeit der eigentlichen Menstruation oder die Blutungszeit, anschließend die *Regenerationsphase* zur Epithelisierung der Wundfläche am 3. und 4. Tag und die *Proliferationsphase* zur Wiederherstellung der Schleimhaut, bis zum 15. Tag, mit basophilen Drüsenzellen. Die Steuerung der Schleimhautvorgänge erfolgt durch die Ovarialhormone. Die Proliferationsphase entspricht einem Vorwiegen der Oestrogene (Oestriol, Oestron, Oestradiol, früher „Follikelhormone"), während die Sekretionsphase von den Gestagenen (Progesteron u. a., früher „Corpus luteum Hormon") beherrscht wird (Abb. 60a). Der Wechsel der Phasen beruht also auf einer Änderung im quantitativen Verhältnis beider Hormone, nicht aber in einem wechselweisen Verschwinden und Wiedererscheinen der einzelnen Hormone. Morphologisch zeigen die Zellen des Corpus luteum am 5. Tag nach der Ovulation im Rahmen des Menstruationscyclus ihre maximale Sekretionsaktivität. Mit der Rückbildung des Corpus luteum bei Fehlen eines befruchteten Eies beginnt die Menstruation. Bei eintretender Gravidität bleibt das Corpus luteum bis über die Mitte der Gravidität erhalten. Das submikroskopische Bild der Granulosaluteinzelle ist nun durch eine deutlich regionale Gliederung ihres Zellplasmas in drei Zonen gekennzeichnet, nämlich eine äußere mit reichlich tubulärem (glattem) Endoplasmatischem Reticulum mit Fetteinschlüssen und wenig Mitochondrien, eine zentrale für den Golgiapparat und viele Mitochondrien und eine intermediäre mit parallel geordnetem rauhen Endoplasmatischen Reticulum. Der Gelbkörper sorgt in sehr frühen Stadien für die Ausgestaltung und Erhaltung der Schleimhaut und verhindert weitere Follikelreifung. Doch wird diese hormonale Aufgabe schon wenige Wochen nach der Implantation von der Placenta übernommen und durch die Produktion des Choriongonadotropins (HCG) ergänzt. Diese inkretorische Tätigkeit der Placenta ist autonom und nicht von der Hypophyse abhängig. Die Quantität der in der Schwangerschaft produzierten Oestrogene und Gestagene überschreitet bei weitem die im Cyclus gebildeten Mengen. Wenn im ganzen Cyclus von 4 Wochen 200 mg Progesteron und 2—10 mg Oestrogene gebildet werden, so beträgt die Tagesproduktion an Progesteron in der Gravidität 200 mg (Abb. 60b).

Das befruchtete Ei macht nach der Tubenwanderung im Uterus cavum die letzten Furchungsteilungen und das Stadium der Blastocyste durch und legt sich nun mit seinem embryonalen Pol, der gleichzeitig Implantationspol ist, zwischen zwei Drüsen der Schleimhaut an; dort kommt es zur Zerstörung des Uterusepithels und unter mächtiger Wucherung des Trophoblast zu relativ breitem Eindringen in die Schleimhaut (Abb. 36a), während an der gegenüberliegenden Hälfte der Keimblase der Trophoblast noch ganz niedrig ist. Aber in kurzer Zeit (Abb. 37a) gräbt sich das Ei ganz in die Schleimhaut ein. Der Trophoblast wuchert an der ganzen Oberfläche des Eies, und die Schleimhaut mit ihrem Epithel schließt sich wieder über dem Ei mit Ausnahme einer auch in etwas älteren Stadien noch nachweisbaren Implantationslücke, die manchmal durch einen besonderen epithelialen Verschlußpfropf, in anderen Fällen durch ein Gerinnsel (Schlußcoagulum, Abb. 63) verschlossen wird.

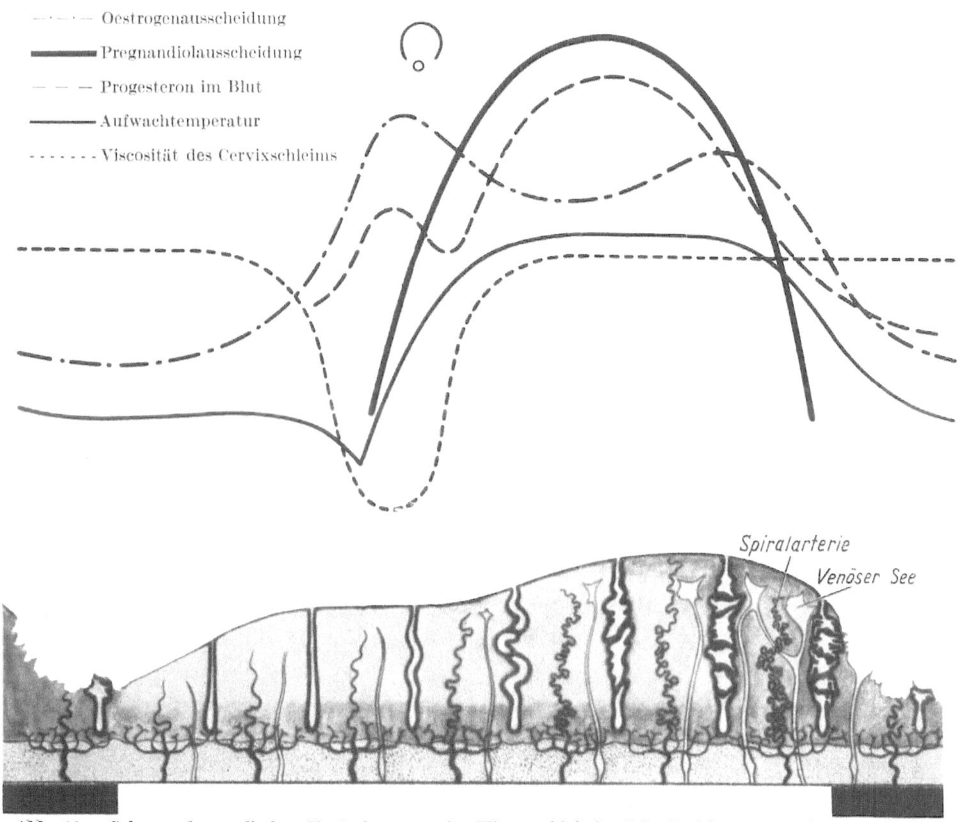

Abb. 60a. Schema der cyclischen Veränderungen der Uterusschleimhaut in Beziehung zu anderen cyclischen Veränderungen, insbesondere den Hormonverhältnissen. Pregnandiol ist die wichtigste Ausscheidungsform für das Progesteron (nach OBER 1957)

Abb. 60b. Schematische Darstellung der Ausscheidung der Placentahormone. Pregnandiol ist die wichtigste Ausscheidungsform des Progesterons. Die Pregnandiolausscheidung kann also als Maß für die Progesteronproduktion gelten (nach ZANDER 1957)

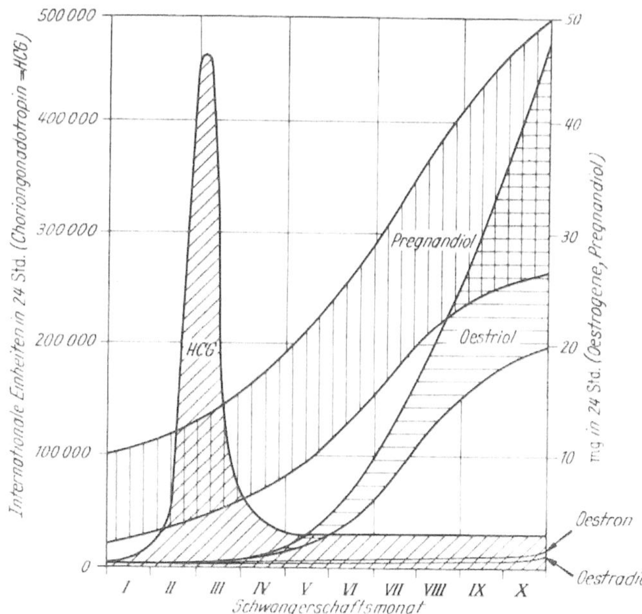

Schließlich wird die Decidua als Decidua capsularis über dem Ei durch ein narbenartiges, vielfach von Fibrin durchsetztes Stück abgeschlossen. Der maternen Schleimhaut kommt demnach bei der Implantation der Eikammer also doch eine gewisse aktive Rolle bei der Einbettung des Eies zu, besonders mit Rücksicht darauf, daß das Ei ja sehr rasch wächst und ohne entsprechendes Wachstum der Schleimhaut eine starke Dehnung der Implantationslücke hervorrufen würde.

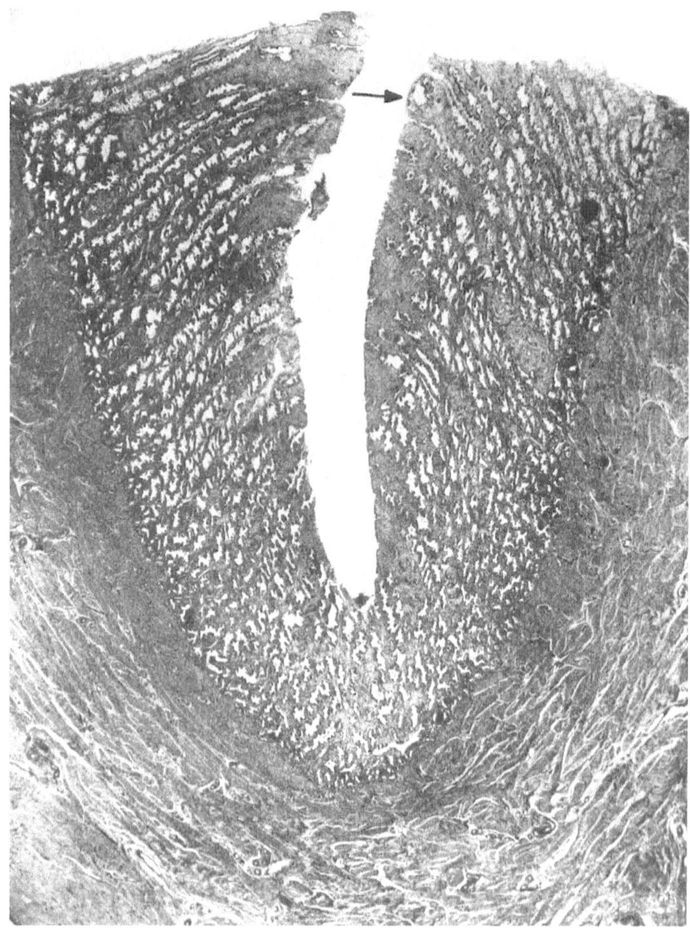

Abb. 61. Sehr junges menschliches Ei (Ei Kleinhans), soeben zwischen zwei Drüsen in die Schleimhaut des Uterus implantiert (durch einen Pfeil bezeichnet). Vergr. 8 ×

Das Ei schafft sich Platz durch seitliche Aufspaltung der Decidua marginalis. Der Trophoblast nimmt sehr rasch an Dicke zu und dringt in das mütterliche Gewebe ein *(Durchdringungszone)*, löst es auf, eröffnet dabei mütterliche Gefäße und läßt das mütterliche Blut in ein System von Trophoblastlücken, die *Blutlacunen* (Abb. 38 und 63), einströmen. Dabei verwandelt sich der ursprünglich aus getrennten Zellen bestehende Trophoblast *(Cytotrophoblast)* durch Verschwinden von Zellgrenzen und auch durch direkte Kernteilung ohne nachfolgende Zellteilung in vielkernige Protoplasmamassen, ein *Syncytium*[1]. In den Frühstadien

---

[1] Die Frage seiner Entstehung, ob durch Zellverschmelzung oder Kernteilung ohne Plasmateilung, ist ungeklärt.

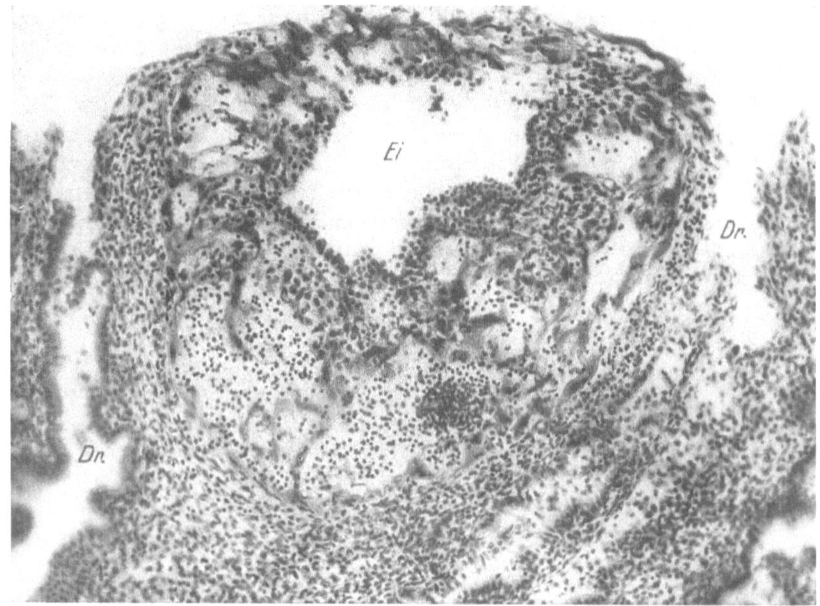

Abb. 62. Ei der Abb. 61 100× vergrößert. — Das Ei ist nicht ganz von Capsularis bedeckt: Embryoblastabkömmlinge (die etwa gleich Abb. 37 a sein müßten), nicht getroffen. *Dr* Uterindrüse

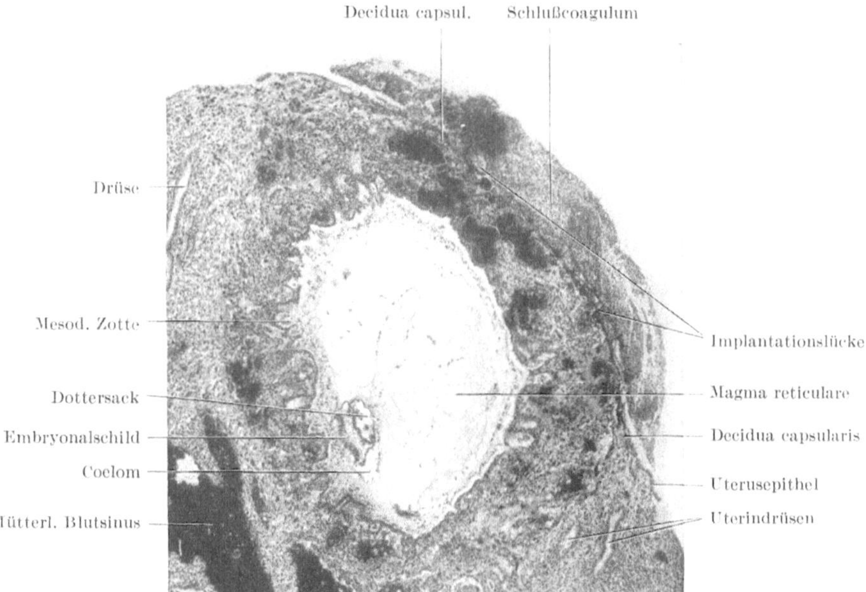

Abb. 63. Junges menschliches Ei (Ei Peters), in die Schleimhaut eingebettet. Vergr. 35 ×. Vergl. hierzu Abb. 33

wird eine spezielle Ordnung von zelligem Trophoblast und Syncytium vermißt. Später, vom 11.—12. Tage an, finden wir den Cytotrophoblasten im Inneren, während das Syncytium vorzüglich den Kontakt mit maternem Gewebe und Blut aufnimmt. Mitosen und Bildung von cytolytischen Fermenten sind dem Cyto-trophoblast vorbehalten. Das Syncytium scheint in erster Linie zu resorbieren und zu phagocytieren. Die Gliederung der durch Lacunen stark aufgelockerten

Trophoblastschale in eine innere zellige und eine äußere syncytiale Schicht betrifft nun auch den oberflächlichen Teil dcr Eikammer. In die dicken Cytotrophoblastbalken oder *Primärzotten* dringt bald (12.—14. Tag) von der fetalen Seite her das Mesoderm vor und wandelt sie zu *sekundären Chorionzotten* um. Das Auftreten von embryonalen Gefäßen und ihr Anschluß an das Zirculationssystem des Keimlings mit etwa 4 Wochen gibt ihnen den Charakter von *Tertiärzotten.* Der Trophoblast wird zum Zottenepithel. Letzteres besteht in den ersten Monaten der Schwangerschaft (Abb. 65a) aus einer basalen einfachen Lage von Cytotrophoblast *(Langhans-Schicht)* und einer darüber gebreiteten dünnen Syncytiumschicht, die einen Bürstensaum tragen kann (Abb. 65b). Etwa vom 4. Monat

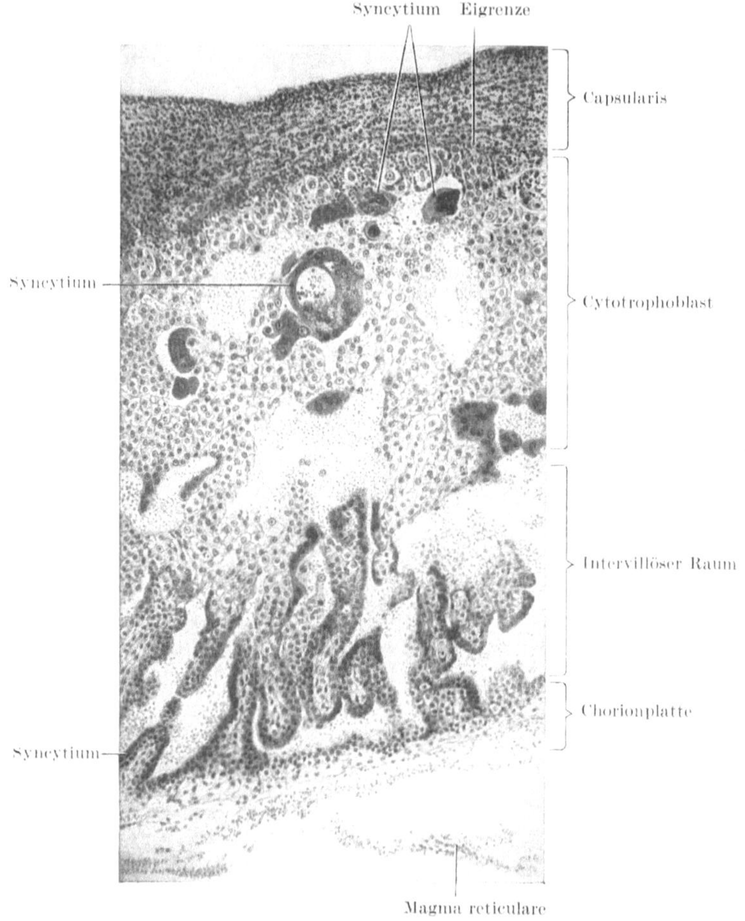

Abb. 64. Chorion und Decidua capsularis eines jungen menschlichen Eies (etwa dem Stadium der Abb. 41 entsprechend). Vergr. 75 ×

an verliert sich die Langhans-Schicht. Gegen das Ende der Gravidität wird auch das Syncytium teilweise durch eine homogene Masse, das *Placentarfibrinoid,* ersetzt, das bezüglich der Schrankenfunktion natürlich nicht mehr voll funktionsfähig sein kann. Diese Umwandlung ist vielleicht eine Ursache der auf 10 Monate beschränkten Schwangerschaftsdauer, die offenbar mehr durch die Placenta als durch den Fetus bestimmt wird. Die unmittelbare Auslösung der Geburt ist aber noch unklar.

Am maternen Ende der Zotten erhält sich lange Zeit eine Proliferationszone aus Cytotrophoblast, der zahlreiche Mitosen und viele cytologische Gemeinsamkeiten

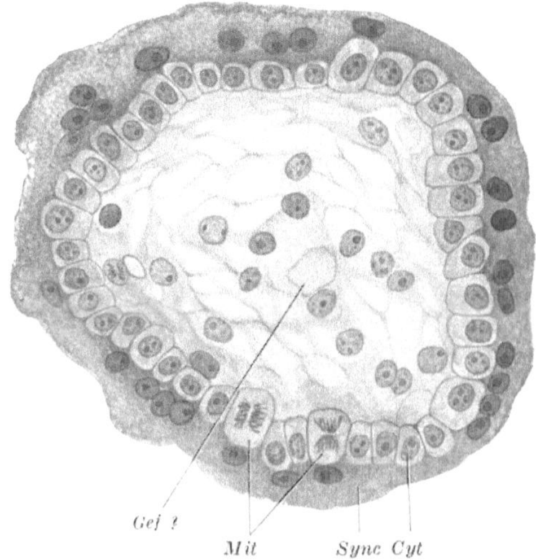

Abb. 65a. Chorionzotte eines Keimlings von 0,71 mm Länge (etwa gleich dem Stadium der Abb. 64). *Gef?* Gefäßanlage?; *Cyt* Cytotrophoblast; *Mit* Mitosen im Cytotrophoblast; *Sync* Syncytium. Vergr. 400 ×

mit den Langhans-Zellen zeigt. Dagegen findet sich an der gesamten Oberfläche der Eikammer wie in den Zellinseln der Placenta und in den den intervillösen Raum unterteilenden *Septen* (Abb. 66) eine Form großzelliger Elemente, deren Natur und

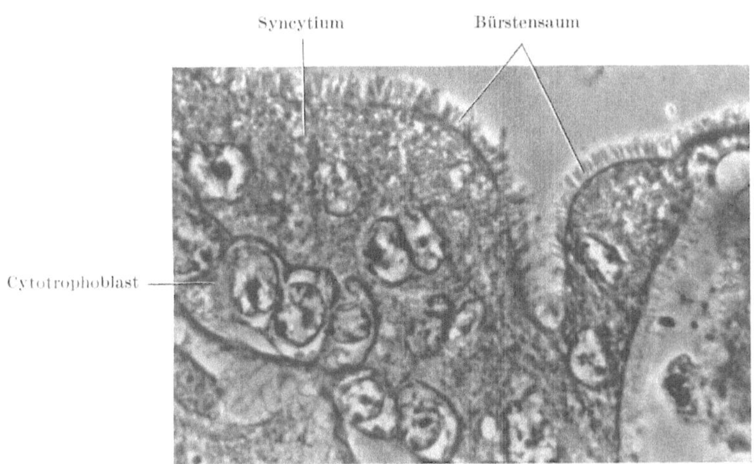

Abb. 65b. Zottenepithelbelag vom 2. bis 3. Monat mit sehr deutlichem Bürstensaum des Syncytiums. Phasenkontrast etwa 1000fach

Herkunft umstritten sind. Auf Grund der Sexchromatinbestimmung werden sie als materne, nach histochemischen Reaktionen als fetale Anteile gedeutet. Sie weisen alle Kennzeichen eines besonders intensiven Stoffwechsels auf und sind vielleicht endokrin tätig. In Gewebekulturen zeigt der Syncytiotrophoblast eine lebhafte

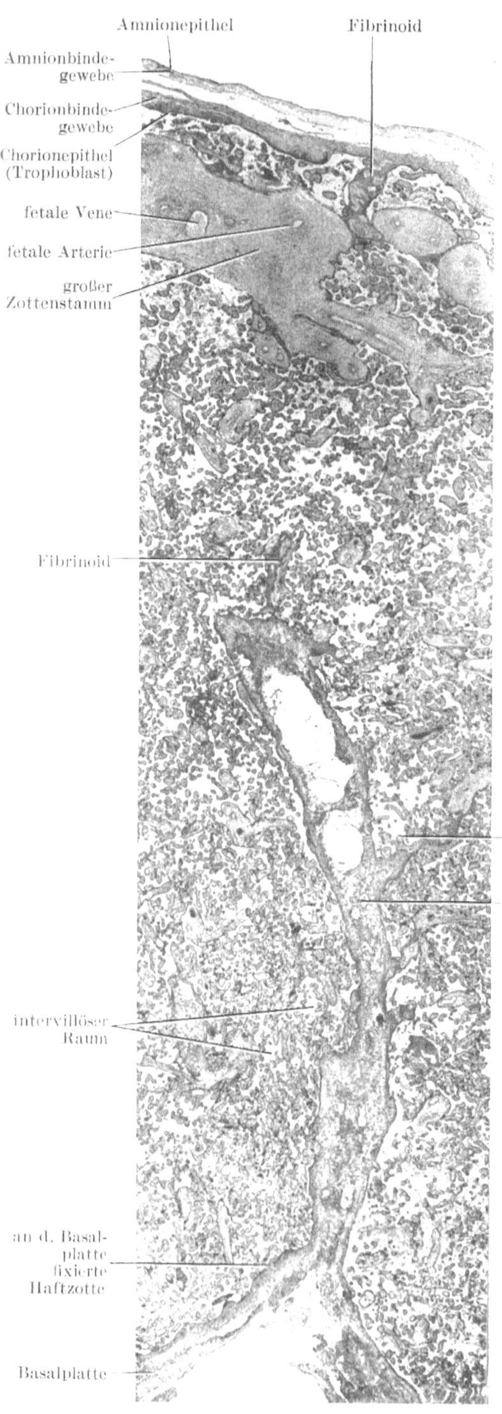

Abb. 66. Querschnitt durch alle Schichten der reifen menschlichen Placenta im Bereich eines Septums. Etwa 12fach

Beweglichkeit und die Neigung, durch Plasmabrücken Verbindungen zu benachbarten Gewebeteilen aufzunehmen und wieder zu lösen. So wundert es nicht, wenn in der späten Placenta epitheliale Querverbindungen zwischen den Zotten auftreten, die sich wahrscheinlich auch wieder lösen können. Echte mesodermale Querverbindungen und Gefäßanastomosen konnten dagegen bei sorgfältiger Untersuchung nur äußerst selten nachgewiesen werden·

Vom ersten Trimenon abgesehen steht die Zunahme des Gewichtes und des Durchmessers der Placenta in linearem Verhältnis zur Erhöhung von Gewicht und Rumpflänge (SSL) des Keimlings.

An der reifen Placenta (Abb. 66, 67b) unterscheidet man eine dem Fetus zugekehrte *Chorionplatte*, von der die Zottenstämme abgehen, und eine *Basalplatte*. Bei letzterer bildet zwar die Decidua basalis die Grundlage, aber an ihrer Begrenzung des intervillösen Raumes sind auch Trophoblastabkömmlinge in verschiedenen Graden der Rückbildung beteiligt. An der Basalplatte sind zahlreiche *Haftzotten* verankert; von ihr gehen die *Septa placentae* aus, welche das Organ den größeren Zottenstämmen gemäß in etwa 22 einzelne Bezirke, *Cotyledonen*, zerlegen. Diese zeigen an der Basalplatte Verbindungen zu mütterlichen Arterien und Venen. Der zwischen den Zotten gelegene, einheitliche mütterliche Blutraum, der *Intervillöse Raum*, zeigt keinerlei Leitungseinrichtungen für das materne Blut. Jeder Cotyledo scheint für die maternen und fetalen

Abb. 67 a. Tuscheinjektion der feineren Zottenäste einer reifen Placenta. Das aufgehellte umgebende Gewebe (Bindegewebe und Trophoblast) ist nur als dünner Schatten erkennbar. Man beachte die reichen Gefäßschlingenbildungen in den Zottenästen und besonders in ihren freien Endigungen. Etwa 60 fach

Abb. 67b. Schema der reifen Placenta. Rechts das mesodermale Zottengerüst isoliert dargestellt. Links tief schwarz das Zottenepithel mit gelegentlichen epithelialen Zottenverklebungen. Der gezeichnete Raum entspricht etwa einem Cotyledo, der also eine fetale Stromeinheit darstellt. Die feineren Verteilungen der fetalen Gefäße sind abgeschnitten gedacht. Das materne Blut wird düsenartig in den intervillösen Raum getrieben und sickert langsam durch das Astwerk der Zotten dem Abfluß in die maternen Venen an der Basalplatte zu.

a

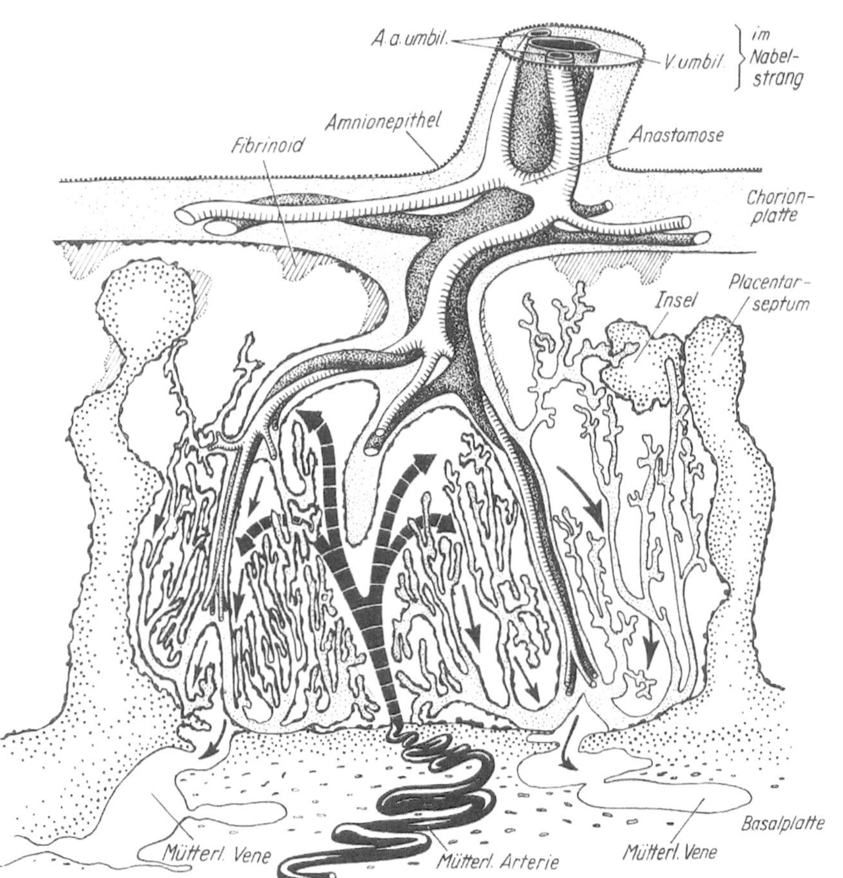

b

Blutwege eine Stromeinheit zu sein. Die Vorstellung eines Hauptabflusses des maternen Blutes am Rande der Placenta, über den sog. *Randsinus*, muß aufgegeben werden. Eine Zirkulation innerhalb des Cotyledo kommt offenbar derart zustande, daß das arterielle Blut aus den maternen Arterien nach Art von Düsen bis nahe an die Chorionplatte eingespritzt wird und langsam durch den intervillösen Raum nach der Basalis zu in abgehende Venen zurückfließt. Dabei kann sich eine Arterie an mehreren Stellen in den intervillösen Raum öffnen und der Abfluß von den abführenden Venenöffnungen durch ein weites Netzwerk von Venen

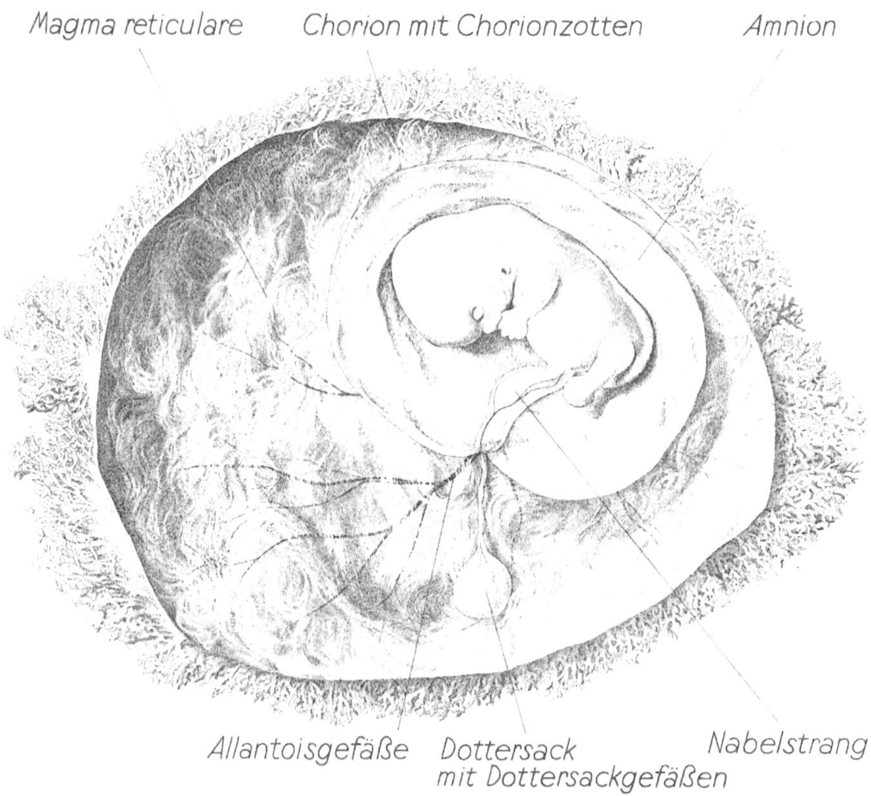

Abb. 68 a. Menschlicher Embryo von etwa 18 mm SSL in situ mit Amnion- und Chorionhöhle. Durch die Reste des Magma reticulare sind am Grunde der Chorionhöhle die Allantoisgefäße sichtbar. Unterhalb des Nabelstranges liegt der Dottersack mit den Dottersackgefäßen frei. Diese werden im Nabelstrang mit den Allantoisgefäßen zusammengefaßt. Das Chorion zeigt einen noch weitgehend gleichmäßigen Besatz mit Chorionzotten (Chorion frondosum). Plexiglas-eingebettetes Objekt aus der Sammlung der Anatomie Köln. Etwa 2,5fach

hinziehen. An der intensiven Bluterneuerung im intervillösen Raum mit 500—600 cm³/min (etwa $^1/_{10}$ des maternen Herzausstoßes) mögen neben der Blutdruckdifferenz in den mütterlichen Arterien und Venen auch kindliche Zottenpulsationen und spontane Uteruskontraktionen, die den ganzen Uterus wie einen Schwamm auspressen, einen Anteil haben. Der intervillöse Raum ist somit fast ausschließlich von Syncytium oder Fibrinoid begrenzt. Die *resorbierende Oberfläche* aller Zotten wird auf 14 m² und die Gesamtlänge aller Zottenäste auf 18 km geschätzt. Die fetalen Blutwege in den Zotten besitzen Regulationsmechanismen und fördern einen Strom von 100—500 cm³/min. Morphologischer Ausdruck der Resorption ist der oft sehr deutliche Bürstensaum

des Syncytium (Abb. 65 b) und die starke Capillarisierung der feinen Zottenäste
(Abb. 67 a).

Bei Eröffnung eines graviden Uterus (Abb. 68 b) sieht man den vom *Amnion*
umhüllten Fetus, der im Amnionwasser schwimmt; die Amnionepithelzellen
(Abb. 69 a u. b) produzieren das Fruchtwasser unter Erscheinung von Frucht-
wasservacuolen und Lipoideinschlüssen, und zwar nicht nur über dem Placentarbezirk. Viele experimentelle Ergebnisse sprechen dafür, daß gewisse Stoffe auf
diesem Wege über die Epidermis und den Verdauungs- und Atemtrakt, also
paraplacentar, dem Embryo zugeführt werden. Ein Fruchtwasserwechsel von

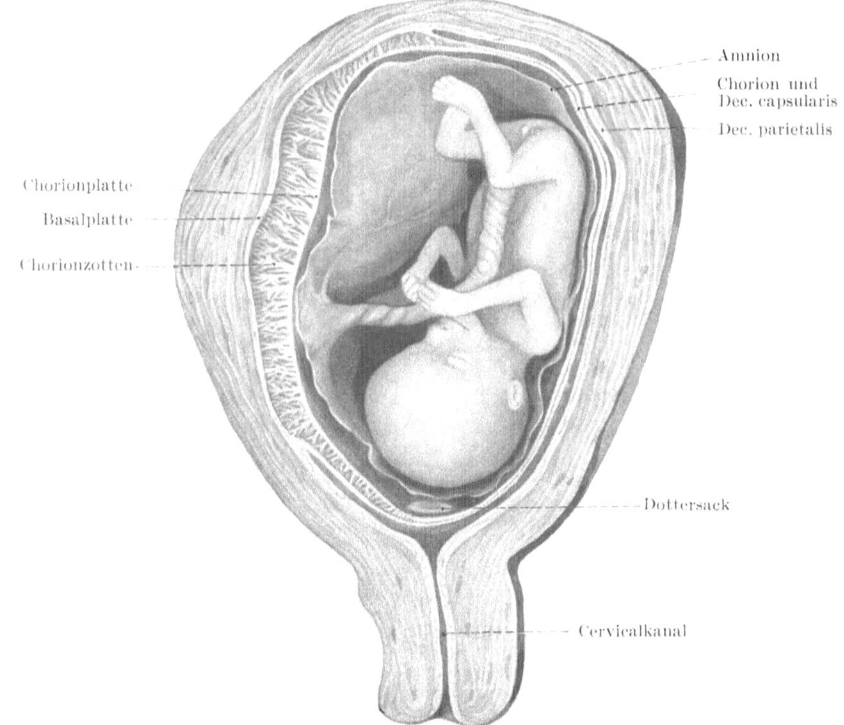

Abb. 68 b. Menschliche Frucht vom Anfang des vierten Monates im Uterus. — Basalplatte der Placenta
= Reste des basalen Trophoblast + maternes Gewebe + Decidua basalis. ⁴/₅ nat. Größe

450 cm³/h am Ende der Gravidität spricht für eine Bedeutung des Fruchtwassers,
die sich nicht auf einen Schutz vor mechanischen Insulten oder einen solchen vor
Austrocknung beschränkt. Das Amnion legt sich frühzeitig ringsum unter Verdrängung des extraembryonalen Coeloms und der Magmareste an das Chorion an,
doch liegt zwischen beiden an wechselndem Ort der plattgedrückte Dottersack.
Das Chorion hat nur an der basalen Seite, an der die Placenta sich ausbildet,
seine Zotten behalten *(Chorion frondosum)*; im übrigen ist es durch Schwund der
(anfangs ringsum ausgebildeten Zotten) wieder glatt geworden (sekundäres
Chorion laeve). Dieser Teil ist von der Decidua capsularis bedeckt. Die Capsularis
verwächst in der Regel schon vor der Mitte der Schwangerschaft mit der Decidua
parietalis, so daß das Uteruslumen (in unserem Fall noch offen) obliteriert.

Der Nabelstrang (s. auch S. 56) verbindet die Placenta mit der ventralen
Rumpfseite des Feten und ist beim ausgetragenen Neugeborenen durchschnittlich
60 cm, bei nicht ausgetragenen Kindern etwa 55 cm lang. Extremvarianten von

20 cm und 150 cm sind selten, 90% liegen im Spielraum von 40—80 cm. Er kann in utero eine sehr variable Lage zeigen und sich je nach Länge auch dem Kind als Schlinge um den Hals legen. Das Querschnittsbild der Nabelschnur hängt sehr

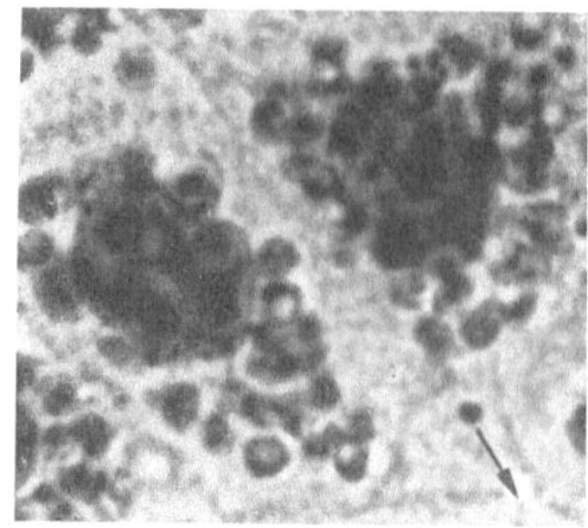

Abb. 69a. Amnionepithelzellen des Neugeborenen. Häutchenpräparat. Darstellung der Lipoide mit Sudan III und Kernfärbung durch Hämatoxylin nach EHRLICH. Vergr. 1200fach (Nach W. SCHMIDT 1963)

Abb. 69b. Oberfläche einer Amnionepithelzelle des Menschen mit Microvilli (Mv), Zellkern (N), pinocytotischen Krypten (Pi), zwei großen Lipoidtröpfchen mit kristallinen Einlagerungen, Vacuole (V), in die am rechten oberen Rand ein Bläschen einbezogen wird (↗), und die bereits selbst in engem Kontakt mit der membranösen Umhüllung des Lipoidtröpfchens steht. Epon. 10 000fach (Nach W. SCHMIDT 1963)

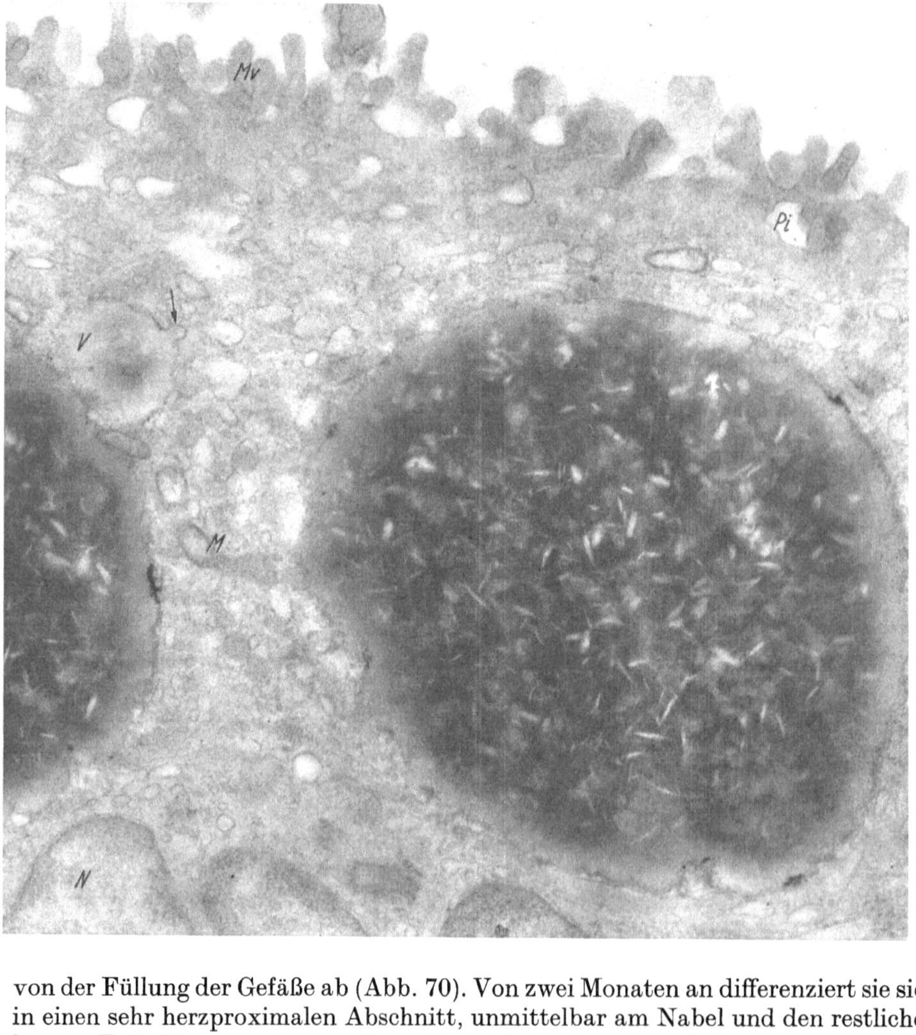

von der Füllung der Gefäße ab (Abb. 70). Von zwei Monaten an differenziert sie sich in einen sehr herzproximalen Abschnitt, unmittelbar am Nabel und den restlichen langen Teil. Die gemeinsame Grundlage bilden für beide Teile die nervenfreien

Nabelgefäße, eine Vena umbilicalis und zwei Umbilical-Arterien (Abb. 70), sowie ein eigentümliches Bindegewebe, die Whartonsche Sulze. Sie ist besonders reich an Mucopolysacchariden.

Der proximale Teil (etwa 1 cm) zeigt im Anschluß an die Körperhaut ein Cutisblatt und darauf — wohl in induktiver Abhängigkeit — ein geschichtetes Plattenepithel. Der periphere Teil läßt eine Cutisanlage vermissen und behält ein einschichtiges Epithel, wie es die Haut des Fetus in der frühen Entwicklung auch zeigte.

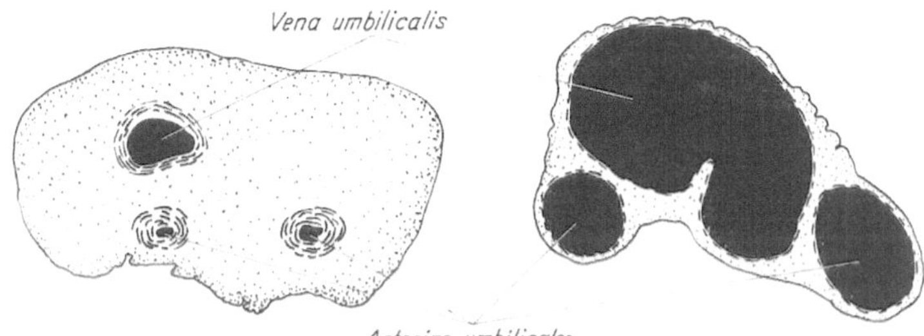

Abb. 70. Querschnitte durch die gleiche Nabelschnur unter Bedingungen verschiedenen Innendruckes. Die rechte Seite entspricht den Verhältnissen am lebenden Objekt. Die Gefäßwände sind gedehnt und durch den normalen fetalen Blutdruck gespannt. Die linke Seite entspricht den Verhältnissen nach der Abnabelung unter Verlust des Innendruckes (nach REYNOLDS 1952)

III. Organentwicklung

A. Haut, Nervensystem und Sinnesorgane

Haut und Anhangsgebilde

Die *Haut* besteht aus der ektodermalen Epidermis und der mesodermalen Cutis. Die erstere ist anfangs niedrig-einschichtig, wird im zweiten Monat zweischichtig unter Ausbildung einer dickeren Keimschicht und einer platten, verhornenden oberflächlichen Schicht, die später abgestoßen wird (*Periderm*, vgl. Abb. 71b); die Keimschicht differenziert sich vom vierten Monat angefangen in die bleibenden Schichten. Durch Abstoßung der oberflächlichen Zellen und durch Drüsensekrete wird gegen Ende der Schwangerschaft die *Fruchtschmiere (Vernix caseosa)* gebildet; sie überzieht die ganze Haut und erleichtert das Gleiten der Frucht durch den Geburtskanal.

Die Cutisanlage ist im dorsalen Körperbereich anfangs segmental gegliedert (Dermatome der Ursegmente, S. 51); doch fließen die Grenzen durch Auflösung der Platten in Mesenchym sehr bald zusammen, und in den ventralen Gebieten, in welchen die Cutis vom parietalen Mesoderm stammt, ist auch embryonal eine Segmentierung nicht nachzuweisen. Die Hautgebiete, die später als *Dermatome*

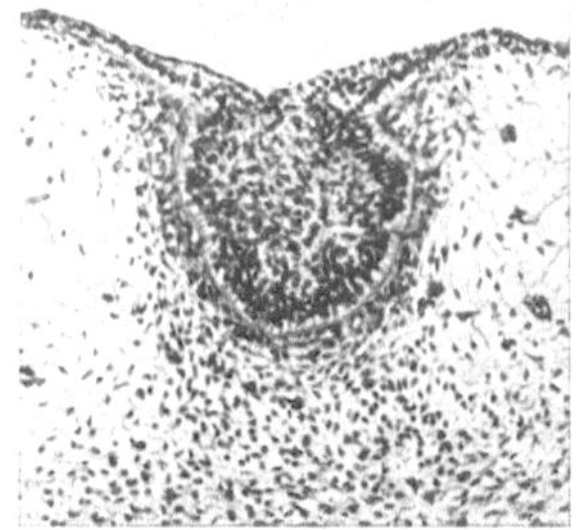

Abb. 71a und b. Milchdrüsenanlage eines 10,5 mm langen und eines 30,3 mm langen Keimlings. Vergr. 100 ×

bezeichnet werden, sind nicht auf Grund ihrer Entstehung, sondern nur nach ihrer Innervation durch die segmentalen Spinalnerven abgrenzbar. Diese Innervation läßt auch die beträchtlichen Verschiebungen erkennen, welche die Haut früh-embryonal durchmacht; sie wird durch die vorwachsenden Extremitäten förmlich wie eine elastische Hülle ausgestülpt, auf die Extremitäten hinübergezogen und durch das Überwiegen der unteren Extremitäten über die oberen auf dem Rumpf caudalwärts verschoben.

Die *Haare* entstehen aus dem epithelialen Haarkeim in Verbindung mit der mesodermalen, die Ernährung vermittelnden Haarpapille. Eine erste Generation der Haare wird als *Wollhaar (Lanugo)* bezeichnet; sie bedeckt im siebten Monat den ganzen Körper als Wollhaarkleid, das aber noch vor der Geburt ausfällt, mit Ausnahme der Kopfhaare, die erst postnatal, in den ersten Wochen, gewechselt werden. An ihre Stelle treten *Ersatzhaare*; zur Zeit der Pubertät erscheinen stärkere Haare am Genitale, in der Achselhöhle und beim männlichen Geschlecht im Gesicht als Bart. Schließlich kommen etwa in den Vierzigerjahren und in der Regel nur beim Mann die *Terminalhaare* an Augenbrauen, Extremitäten und Brust zur Ausbildung.

Die *Hautdrüsen* entstehen aus zapfenartigen Epithelsprossen, die in das Binde-gewebe einwachsen. Die meisten Talgdrüsen und die apokrinen Hautdrüsen (Duft-drüsen) sind an Haaranlagen gebunden, an denen sie wie Seitenzweige angelegt werden; die Knäueldrüsen entstehen selbständig. Die *Milchdrüse* entsteht aus der anfangs längs über die Rumpfwand verlaufenden Milchleiste (S. 59) als eine zuerst knopfförmige Epithel-wucherung (Abb. 71a), die sich bald grubig unter die Oberfläche einsenkt (Abb. 71b und 72), wobei vom Boden der Grube die Milchgänge auswachsen (Abb. 72). An die Milchgänge sind die Anlagen von Haaren und Talg-drüsen angeschlossen, die aber noch während der Fetalzeit wieder rück-gebildet werden. Kurz vor der Geburt erhebt sich das Drüsenfeld zur Brust-warze. Die Verzweigung der Drüsen-gänge geht nach der Geburt langsam weiter, kommt aber bei Knaben noch vor der Pubertät zum Stillstand, während sie bei Mädchen zu dieser Zeit einen neuen Antrieb bekommt; doch tritt reichliche Verzweigung der Drüsengänge und Ausbildung der

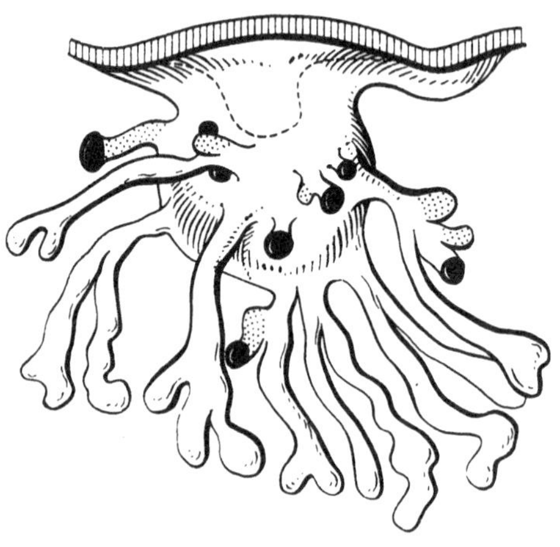

Abb. 72. Rekonstruktion einer Hälfte der Milchdrüsen-anlage eines Fetus von 19 cm Sitzhöhe, leicht schemati-siert. Schwarz: rudimentäre Haaranlagen. Punktiert: rudimentäre Talgdrüsen. In der Mitte (punktiert) die Oberfläche des eingesenkten Drüsenfeldes. Vergr. 50 ×

sezernierenden Endabschnitte erst in der Schwangerschaft ein. Nach dem Klimakterium bildet sich das Drüsengewebe weitgehend zurück, so daß die Mamma dann hauptsächlich aus Fettgewebe besteht.

Die *Nägel* (Abb. 192) sind zuerst am Ende des dritten Monats mikroskopisch nachweisbar; ihre Anlage bildet auf der Dorsalseite der Fingerenden das *Nagelfeld*. Das Epithel wuchert am proximalen Rand in die Tiefe und bildet die *Nageltasche*, aus der heraus der verhornende Nagel sich allmählich vorschiebt. Im siebten Monat durchbricht der Nagel die oberflächliche Hornschicht der Haut (das *Eponychium*) und ragt am normalen Ende der Schwangerschaft etwas über die Fingerbeere vor, so daß der Grad der Nagelausbildung zur Bestimmung der Reife des geborenen Kindes herangezogen werden kann.

Gehirn und Rückenmark

Die erste Anlage des Zentralnervensystems ist die *Neuralplatte* (Abb. 44a). Diese wird durch das Chordamesodermmaterial und die Prächordalplatte im Ektoderm des Embryonalschildes induziert. Sie senkt sich frühzeitig in der Mitte ein zur *Neuralrinne* (Abb. 45), während die Seitenteile sich als *Neuralwülste* erheben. Die Neuralplatte verbreitert sich an ihrem vorderen Ende zur Anlage des Gehirns und ist auch am caudalen Ende dadurch verbreitert, daß die Neuralwülste den Primitivstreifen und Canalis neurentericus zwischen sich fassen (Abb. 45).

Die Neuralwülste werden höher und beginnen sich gegeneinander zu neigen, wodurch die Neuralrinne zum *Neuralrohr* (Abb. 47 und 48), das sich vom Ektoderm löst, geschlossen wird. Dieser Verschluß beginnt im caudalen Teil des späteren Rautenhirns und schreitet von da rostral- und caudalwärts fort, so daß der offene Teil der Rinne immer kürzer wird und vor dem völligen Verschluß auf kleine Öffnungen, den *vorderen* und *hinteren Neuroporus*, reduziert ist. Nach dem Verschluß (etwa im 23-Somitenstadium) ist das Nervensystem überall von der Epidermis getrennt. Der vordere Neuroporus liegt ungefähr in der Gegend der Lamina terminalis (Abb. 75 und 76), der hintere Neuroporus an der Schwanzknospe.

Das Zellmaterial an der Nahtstelle des Neuralrohres im Übergangsgebiet zwischen Epidermis und Neuralrohr differenziert sich zur *Neuralleiste* (Abb. 167c). Im Kopfgebiet werden diese Zellen schon vor dem Schluß des Rohres als *Kopfneuralleiste* unterscheidbar (Abb. 73), im Rückenmarksgebiet treten sie erst nach Schluß des Neuralrohres (in Abb. 48 noch fehlend) aus dem Verband des Rohres selbst aus. Die Neuralleiste (Abb. 73 und 167c) liefert die Hirnnerven- und die Spinalganglien (Abb. 88) einschließlich der zugehörigen Nervenfasern und Gliaelemente (Schwannsche Zellen, Mantelzellen). Von ihr geht auch die Entwicklung aller Bausteine des Sympathicus, des Nebennierenmarkes und der chromaffinen Paraganglien aus. Im Kopfgebiet ist sie an der Mesodermbildung beteiligt (Mesektoderm), das hauptsächlich in die Kiemenbogen einwandert und binnen kurzem aber von dem Kopfmesoderm aus dem Primitivstreifen nicht mehr unterscheidbar ist (Abb. 73). Es nimmt an dem Aufbau der mesodermalen Gebilde der Kiemenregion teil. Desgleichen lassen sich die Zellen der Hirnhäute und alle Pigmentzellen (außer dem Pigmentblatt der Retina) auf Elemente der Neuralleiste zurückführen.

Alle Zellen des späteren Zentralnervensystems liegen zunächst am Ventrikelsystem und vermehren sich durch Mitosen, die unmittelbar am Lumen liegen (Abb. 73). Von dieser *Matrix* aus kommt es zu einer im wesentlichen radiären Zellwanderung, die regional verschieden zu Ansammlungen von Ganglienzellen

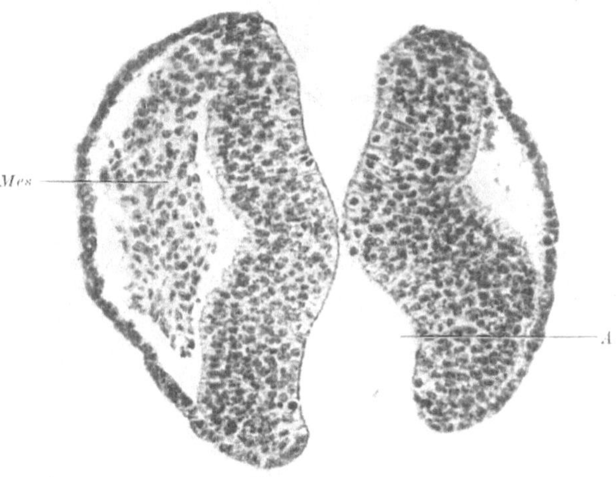

Abb. 73. Offene Gehirnanlage und Kopfneuralleiste mit Mesodermproduktion im Trigeminusgebiet bei einem Keimling mit 12 Ursegmentpaaren. *A* Augengrube; *Mes* Mesoderm. Vergr. 100 ×

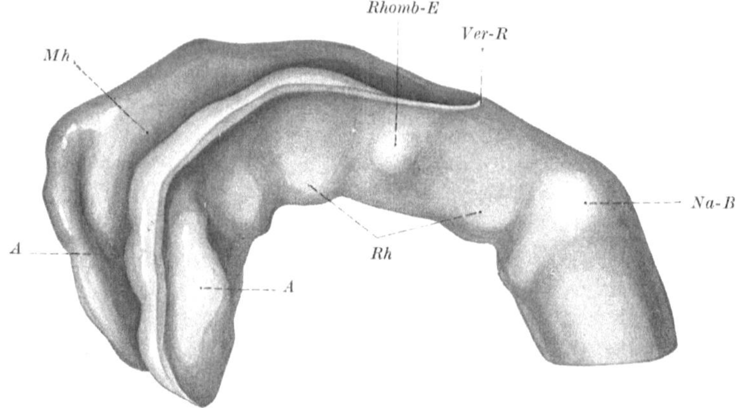

Abb. 74. Modell des Gehirnes eines Keimlings mit 13—14 Ursegmentpaaren von der linken Seite. *A* Augengrube; *Mh* Mittelhirn; *Na-B* Nackenbeuge; *Rh* Rhombencephalon; *Rhomb-E* Ecke des Rhombencephalon; *Ver-R* Verwachsungsrand der Neuralwülste. Vergr. 75 ×

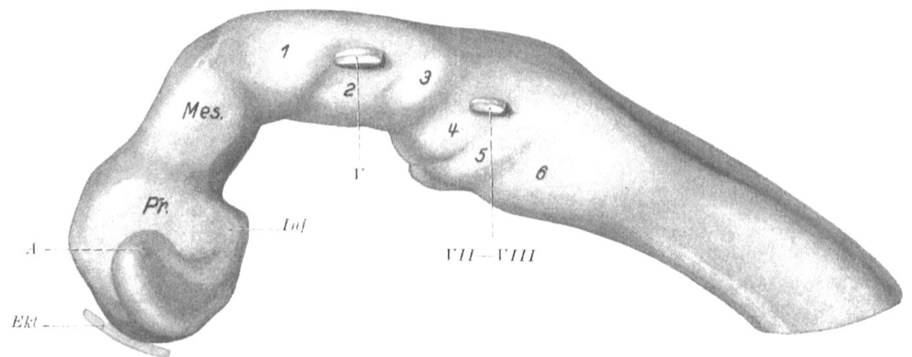

Abb. 75. Modell des Gehirnes eines Keimlings von 2,5 mm Länge, mit 23 Ursegmentpaaren. Hirnnerven nur teilweise dargestellt; *A* primäre Augenblase; *Inf* Infundibulum; *Pr, Mes* Pros- und Mesencephalon; *Ekt* Ektoderm am vorderen Neuroporusrest; *V, VII, VIII* Hirnnerven. Vergr. 75 ×

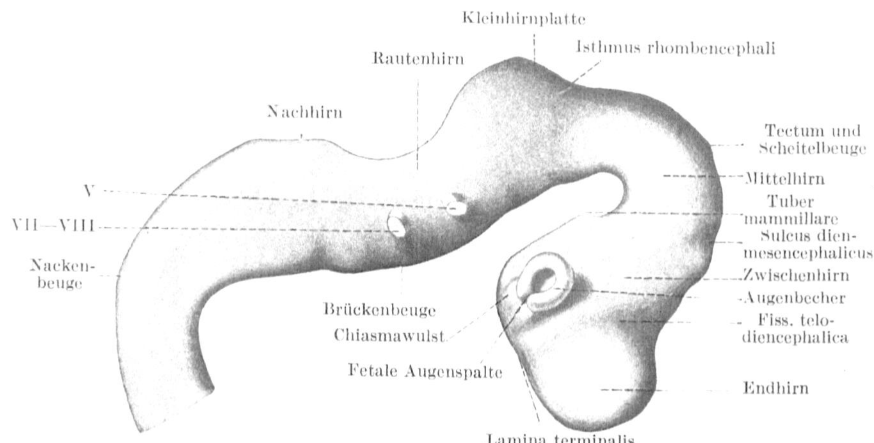

Abb. 76. Modell des Gehirnes eines 7,5 mm langen Keimlings. Die dorsale Wand der Rautengrube ist nicht dargestellt. Vergr. 15 ×. (Nach HOCHSTETTER 1929[1])

---

[1] F. HOCHSTETTER 1861—1954, Anatom d. 1. Lehrkanzel in Wien. Schöpfer einer der größten europäischen Sammlungen menschlicher Embryonen.

(graue Substanz) in der Nähe der Ventrikelräume (Zentrales- oder Höhlengrau)
in den mittleren Schichten der Hirnwand (intermediäres Grau) oder unter der
äußeren Oberfläche (peripheres Grau) führen können. Beginn und Ende der
Wanderung und Erschöpfung der Matrix treten zu bestimmten und in den diversen
Abschnitten des Nervensystems verschiedenen Zeitpunkten auf. Die übrigen
Regionen der Hirnwand werden später von Zellausläufern der Nervenzellen und
ihren Begleitzellen eingenommen (weiße Substanz).

Die Teilungsfähigkeit der Ganglienzellen erlischt an den meisten Stellen des
Zentralnervensystems vor der Geburt und auch dort, wo die Differenzierungsvor-
gänge noch lange weitergehen, wie in der Großhirnrinde, spätestens in den ersten
zwei Lebensjahren; es ist wahrscheinlich, daß die Zahl der Zellteilungen für das

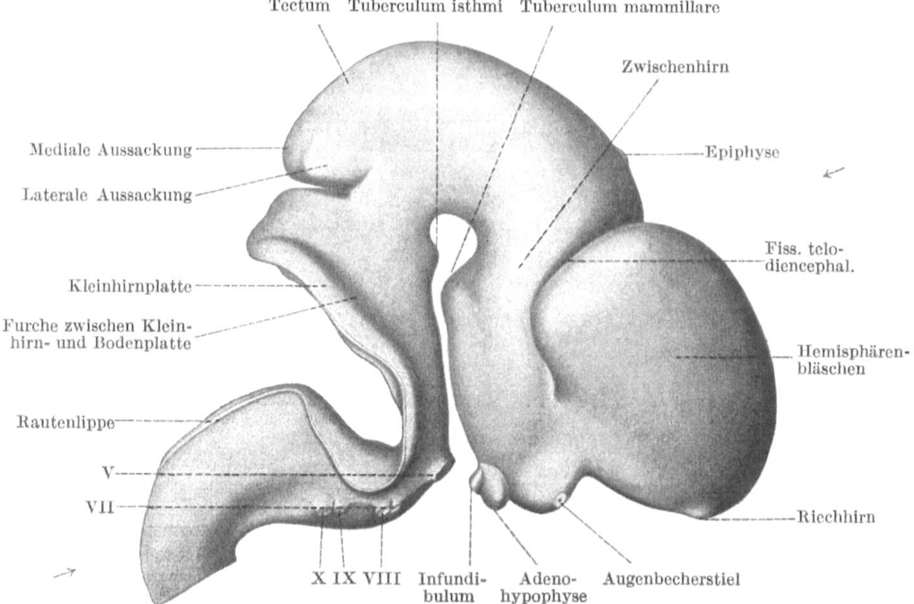

Abb. 77. Modell des Gehirnes eines Keimlings von 19,4 mm Länge. Die dorsale Decke der Rautengrube nicht
dargestellt. Vergr. 10 ×. (Nach HOCHSTETTER 1929.) Die Pfeile zeigen die Schnittrichtung von Abb. 81 an

Nervensystem von vornherein in großen Zügen erblich festliegt und somit begrenzt ist. Deshalb kommt im Zentralnervensystem höherer Formen eine echte
Regeneration von Ganglienzellen nach der Geburt nicht mehr vor; Defekte können
nur mit Narbenbildung aus Glia- bzw. Bindegewebe ausheilen.

Das Rückenmark

Am *Rückenmark* bleiben dorsale und ventrale Wand dünn (Abb. 48—50,
123a), während sich die Seitenwand unter Induktion durch die Stammplatte rasch
weiter verdickt. Die Auswanderung von Zellen aus der Matrix führt hier zur An-
sammlung grauer Substanz eng um den Zentralkanal. Diese wird durch eine
Rinne an der Seitenwand des Zentralkanals *(Sulcus limitans)* in eine ventrale
und dorsale Abteilung *(Grundplatte* und *Flügelplatte)* zerlegt (Abb. 88, 123b).
Diese Gliederung entspricht der Einteilung der grauen Substanz in das motorische
(ventrale) und sensorische (dorsale) Gebiet; aus dem ventralen wachsen die
motorischen Wurzeln als Ausläufer der Vorderhornzellen aus, wobei auch die
zugehörigen Schwannschen Zellen aus dem Rückenmark auswandern, und in

das dorsale Gebiet wachsen die sensiblen Wurzeln aus den Wurzelganglien (Spinalganglien) ein. Durch spätere Differenzierungen kommen viscero-motorische Anteile als Seitenhörner des Rückenmarkes an die dorsolaterale Seite der somato-motorischen Vorderhörner.

Die Zellen sondern sich von der fünften Woche an in Ganglienzellen und in Gliazellen, von denen an der Oberfläche (der *Randschleier*, (Abb. 123b, 139 und 88), aufgebaut wird. Aus den Ganglienzellen wachsen die Nervenfortsätze aus, die entweder als vordere Wurzelfasern austreten oder an der Oberfläche des Rückenmarkes, im Randschleier, weiter wachsen. Während die Zellen verhältnismäßig geringe Verschiebungen durchmachen, haben die Fasern selbst in den relativ kleinen embryonalen Gehirnen zum Teil beträchtliche Strecken zurückzulegen. Es ist noch weitgehend unklar, wodurch sie beim Vorwachsen im Zentralnervensystem oder in der Peripherie geleitet werden. Experimente zeigen eine besondere Neigung der Nervenfasern an einer mechanischen Leitstruktur entlangzuwachsen. Es genügt also für viele Fälle, z. B. für das Einwachsen in Muskelanlagen, daß nur wenige Fasern auf Grund des Prinzips von Versuch und Irrtum ihr Ziel zu erreichen brauchen, um als „*Pionierfasern*" zahlreiche weitere Fasern richtig zu lenken. Eine chemische Anlockung hat sich nicht nachweisen lassen. Die Verschiebung ganzer Neurone in Richtung entgegen der sie erreichenden Erregung, die sog. *Neurobiotaxis*, kann zwar im Zentralnervensystem ontogenetisch und phylogenetisch auftretende Lageveränderungen von Kerngebieten unter einheitlichem Gesichtspunkt darstellen, entbehrt aber bisher einer befriedigenden experimentellen Bestätigung.

Die Entwicklung der Vorderhörner bedingt das Auftreten einer tiefen *Fissura mediana anterior*. Der spaltförmige Zentralkanal obliteriert dabei in seinem ventralen Abschnitt (Abb. 139) und später auch zwischen den Flügelplatten im dorsalen Abschnitt, so daß der bleibende Kanal nur dem mittleren Teil entspricht.

Am caudalen Ende des Rückenmarkes findet sich zur Zeit der stärksten Entwicklung des Schwanzes eine kleine Erweiterung des Kanales; bei der Reduktion des Schwanzes wird das Endstück samt dem Chordaende als *Schwanzfaden* oder *Schwanzquaste* abgestoßen. Dabei kann das Rückenmarkslumen vorübergehend wieder eröffnet werden *(sekundärer Neuroporus caudalis)*. Anschließende Teile des in Rückbildung begriffenen Rückenmarksendes können in der Steißgegend als Fistelgang erhalten bleiben; die Ablösungsstelle des Schwanzfadens kann als leicht eingezogene *Foveola coccygica* kenntlich bleiben.

Der erhalten bleibende Endteil des Rückenmarkes reicht bis zum ersten Steißnerven und bildet den *Conus medullaris*, der folgende atrophierende das *Filum terminale*. Das ganze Rückenmark wächst nun langsamer als die Wirbelsäule, so daß der Conus an den unteren Wirbeln vorbei gezogen wird und in der Mitte der Gravidität schon den 3. Lendenwirbelkörper erreicht hat, von wo er bis zur Geburt in seine endgültige Lage am 2. Lendenwirbelkörper gelangt. Dabei werden die anfänglich überall quer verlaufenden Wurzeln der Rückenmarksnerven mehr und mehr in die Länge gezogen und bilden die *Cauda equina*.

Die Zahl der am Rückenmark ein- und austretenden Nervenfasern verändert sich nach der Geburt noch erheblich. Neben einer Vermehrung, die z. B. an den dorsalen Wurzeln der Extremitätenregion die dreifache Faserzahl des Neugeborenen erreichen kann, finden sich auch Reduktionen, z. B. an den dorsalen und ventralen Wurzeln der Sacralregion und teilweise auch an den ventralen Wurzeln von Cervicalsegmenten (C4, C5 und C7 links!).

Das Gehirn

Am Zentralnervensystem sind schon im Stadium der offenen Neuralrinne deutlich drei Abteilungen zu unterscheiden, das *Rückenmark*, das *Rhombencephalon* und das *Prosencephalon*, von denen besonders die rostralste stark entwickelt ist. Unter der Induktion der Prächordalplatte verbreitert sich dieser Teil noch vor Schluß des Rohres beträchtlich durch die Ausbildung der Augenanlagen. Störungen bei diesen Entwicklungsschritten können zu verschiedenen Graden der Cyclopie führen, d. h. einer Verschmelzung der Augenanlagen zu einer einzigen inmitten der Stirn. Prosencephalon und Rhombencephalon werden in der systematischen Anatomie zum Gehirn zusammengefaßt. Zwischen beiden entwickelt sich in der Dorsalwand das Tectum. Das intensive Wachstum des Gehirns führt zu Knickungen des Hirnrohres (Abb. 74—78), von denen zwei dorsal konvexe als *Nacken-* und *Scheitelbeuge* und eine etwas später auftretende ventral konvexe als *Brückenbeuge* bezeichnet werden. Die Nackenbeuge liegt an der Grenze von Gehirn und Rückenmark (Abb. 122 und 76ff.); im zweiten Monat rechtwinklig, gleicht sie sich später fast völlig aus. Die Scheitelbeuge (Abb. 75ff.), die zuerst auftritt, anfänglich an der vorderen Grenze des Rhombencephalon gelegen (am *Isthmus rhombencephali*), greift auf das Tectum über und bleibt dauernd kenntlich. Die Brückenbeuge (Abb. 76—78), an deren Konvexität später die Brücke auftritt (Abb. 79), steht in Beziehung zu einer Abknickung und Verbreiterung des Rautenhirns, wodurch dieses erst seine charakteristische Rautenform erhält. Es zerfällt durch die Beuge in einen kranialen und caudalen Abschnitt, *Metencephalon* und *Myelencephalon*; das Dach des Rautenhirns wird dabei zu einer dünnen epithelialen Platte ausgezogen (Abb. 122) der späteren *Lamina epithelialis* des plexus chorioideus ventriculi quarti. Auch das primäre Vorderhirn (Prosencephalon) wird nach Abgliederung der anfangs auffällig großen Augenblasen (Abb. 75 und 89)

durch Hervorsprossen der *Hemisphärenbläschen* (Abb. 76—78) unterteilt; der von den letzteren beanspruchte Abschnitt wird als *Endhirn, Telencephalon*, dem übrigen Teil, dem *Zwischenhirn, Diencephalon*, gegenübergestellt.

Bei der Analyse des *inneren Baues* ist einerseits die schon beim Rückenmark erwähnte Scheidung in ventrale Grundplatte und dorsale Flügelplatte, ursprünglich die Trennung der motorischen und sensorischen Gebiete, zu berücksichtigen, die wenigstens im Bereich des Rhombencephalons, wenn auch in modifizierter Form, nachgewiesen werden kann. Andererseits spielt hierbei die Beziehung der grauen

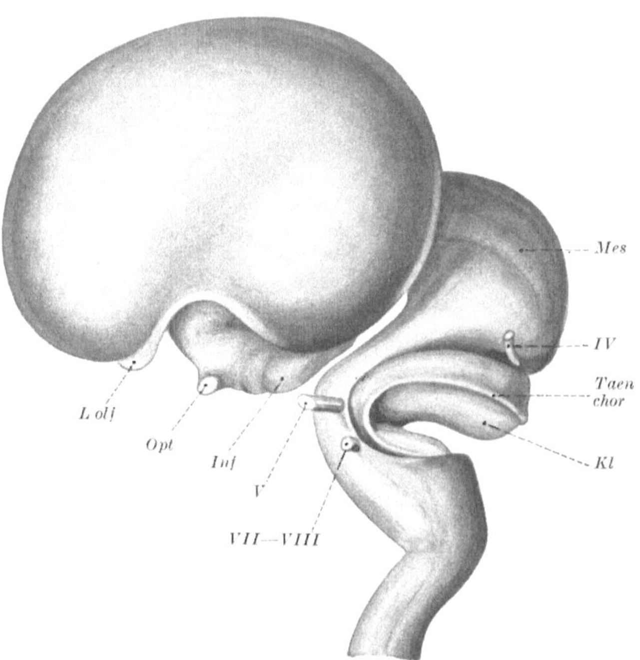

Abb. 78. Gehirn eines Keimlings von 38 mm Länge, nach einem Präparat. Hirnnerven nur teilweise dargestellt. *Inf* Infundibulum; *Kl* Kleinhirn; *L olf* Lobus olfactorius; *Mes* Mesencephalon; *Opt* Nervus opticus; *Taen chor* Taenia chorioidea des 4. Ventrikels; *IV, V, VII, VIII* Hirnnerven. Vergr. 5 ×. (Nach HOCHSTETTER 1929)

Substanz zum Ventrikelsystem, dem Hohlraum, von dessen Wand, wie beim Rückenmark, überall die Bildung der Zellen ausgeht, eine besondere Rolle.

6*

Im Rautenhirnbereich liegen an der der Grundplatte entsprechenden Stelle die motorischen Kerne des Hypoglossus und der Augenmuskeln. Der Flügelplatte entsprechend finden wir seitlich, verursacht durch die dorsal erweiterte Rautengrube, die somato-sensiblen Kerne der Branchialnerven. Dazwischen schieben sich die viscero-sensiblen und weiter innen die motorischen Branchialnervenkerne (V, VII, IX, X) ein. Die Kerngebiete des Statoacusticus ordnen sich lateral an. Die Gliederung nach Grundplatte und Flügelplatte weiter nach kranial auszudehnen, ist kaum möglich, ohne den Befunden einige Gewalt anzutun. So sind das Tectum

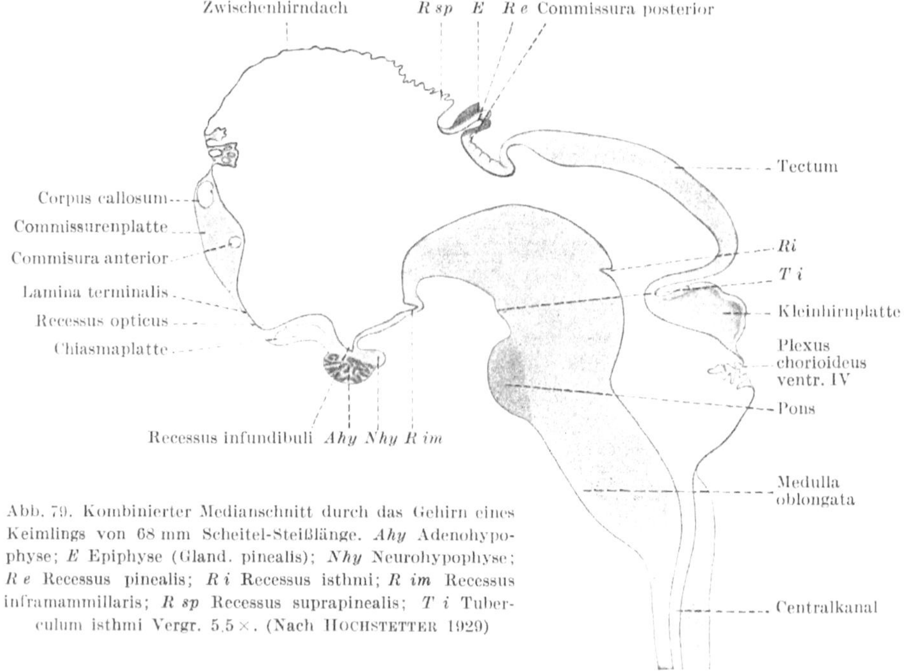

Abb. 79. Kombinierter Medianschnitt durch das Gehirn eines Keimlings von 68 mm Scheitel-Steißlänge. *Ahy* Adenohypophyse; *E* Epiphyse (Gland. pinealis); *Nhy* Neurohypophyse; *R e* Recessus pinealis; *R i* Recessus isthmi; *R im* Recessus inframammillaris; *R sp* Recessus suprapinealis; *T i* Tuberculum isthmi Vergr. 5,5 ×. (Nach HOCHSTETTER 1929)

und das über dem vorderen Anteil des Rhombencephalons entstehende Kleinhirn übergeordnete Koordinationszentren eigener Art, die nicht mit der Flügelplatte des Rückenmarks vergleichbar sind. Ähnliches gilt für das Zwischenhirn und Telencephalon.

Die Auswanderung von Zellen aus der Matrix führt zu verschiedenen Lagebeziehungen der grauen Substanz zu den Ventrikelräumen. Man kann unterscheiden: *zentrales Grau* oder *Höhlengrau,* das den Ventrikeln angeschlossen bleibt (ihm gehören hauptsächlich die Hirnnervenkerne an), und das *periphere Grau,* das sich vom Hohlraum abgelöst hat. Letzteres stellt eine Eigentümlichkeit des Gehirnes dar und ist überall der Sitz zusammenfassender Funktionen; das Rückenmark hat nur zentrales Grau. Das periphere Grau gliedert sich wieder in *intermediäres* Grau, das in der weißen Substanz (dem embryonalen Randschleier) eingeschlossen bleibt (Oliven, Kleinhirnkerne, Brückenkerne, Substantia nigra und Nucleus ruber, basale Zwischenhirnkerne, Nucleus hypothalamicus usw.), und in das *corticale* oder *Rindengrau,* das die höchste mögliche Entfaltung und Gliederung der grauen Substanz gewährleistet und neben dem Colliculus opticus nur an zwei Stellen, dem Groß- und Kleinhirn, auftritt, aber dort mächtige Organe gebildet hat, die den ganzen Körper beherrschende Leistungen ermöglichen. In beiden Fällen ist bei der Vermehrung der Ganglienzellmasse das Prinzip durchgeführt, daß sie sich nicht kompakt durch Dickenzunahme vergrößert, sondern flächenhaft angeordnet bleibt, wodurch für ein- und ausstrahlende Nervenfasern die leichte Zugänglichkeit gewahrt ist; Massenzunahme wird durch Faltung (Großhirn- und Kleinhirnrinde, ähnlich, aber intermediär: Olive, Nucleus dentatus) verwirklicht.

Rhombencephalon

Im Rautenhirn wird das Neuralrohr unter Dehnung der dorsalen Schlußplatte seitwärts auseinandergeklappt, wodurch die Flügelplatte mit den sensiblen Nervenkernen von der dorsalen an die laterale Seite der motorischen Kerne gerät.

Dabei tritt vorübergehend eine Art Segmentierung des Hirnrohres auf (*Neuromerie*, Abb. 99); die Segmente geben den Kiemenbogennerven (V, VII, IX, X) den Ursprung, entsprechen ihnen aber nicht ganz, da auch für den 8. Hirnnerven ein Segment abgegrenzt wird, ohne daß ein entsprechender Kiemenbogen vorhanden wäre. So bleibt die Bedeutung der Neuromeren unklar, zumal auch rostral davon eine undeutliche Gliederung auftritt.

Die Brückenkrümmung bedingt ein starkes seitliches Ausladen des Hohlraumes (des 4. Ventrikels; aus den seitlichen Ecken gehen später die *Recessus laterales* des Ventrikels hervor) und eine tiefe Querfurche am Ventrikelboden (Abb. 77 und 78), die aber später durch die Entwicklung der Brückenkerne und der durchwachsenden langen Bahnen wieder ausgeglichen wird. In der epithelialen Decke macht sich schon frühzeitig (bei rund 20 mm Länge) in der Mittellinie ein Auseinanderweichen der Epithelzellen als Anlage der *Apertura mediana* des Ventrikels bemerkbar.

Der caudale Abschnitt des Rhombencephalons wird zur *Medulla oblongata*, deren Bau noch verhältnismäßig einfach und auf das Rückenmark beziehbar ist. Der rostrale Abschnitt ist auf seiner ventralen Seite besonders durch die Brücke

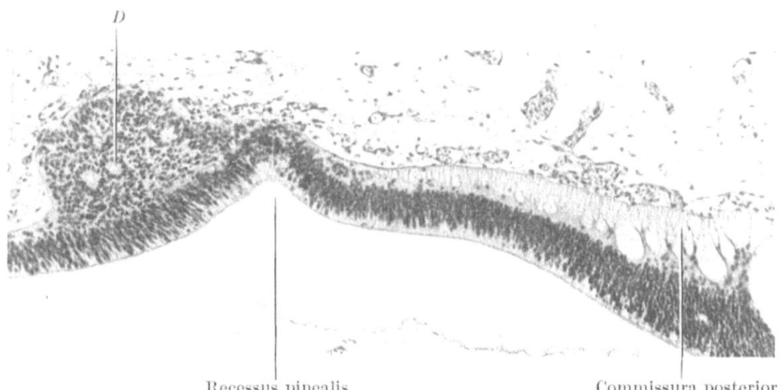

Abb. 80. Sagittalschnitt durch die Gegend der Epiphyse eines menschlichen Embryo von 20 mm gr. L. (Ep 8912). *D* Epithelschläuche in den Epiphysenvorderlappen. Der Recessus pinealis ist eine sehr früh auftretende Grenzmarke im Übergang von Diencephalon zum Tectum, verschwindet aber später weitgehend. Seine Wand geht als Hinterlappen mit dem Vorderlappen in eine Einheit, das Corpus pineale, auf. 76 fache Vergr.

gekennzeichnet. Hier entstehen aus ausgewanderten Neuroblasten die *Brückenkerne*, und die aus ihnen gekreuzt gegen das Kleinhirn vorwachsenden Neuriten bilden hauptsächlich den Querwulst der Brücke und den Pedunculus cerebelli medius (Abb. 78 und 79). Das *Kleinhirn* entsteht aus einer zuerst unscheinbaren bilateral symmetrischen Anlage, der *Kleinhirnplatte*, die sich anfangs in den Ventrikel hinein vorwölbt (Abb. 77 und 78), sich dann aber nach außen entwickelt (Abb. 79, 82). Die Seitenteile der Platte rücken in der Mitte zusammen, verschmelzen und bilden den (phylogenetisch älteren) Wurm, in dem bald die ersten Furchen auftreten (Fissura prima, F. secundaria, Abb. 82); die Hemisphären folgen nach. Im Inneren derselben entstehen vorübergehend durch Zellverflüssigung Hohlräume, die später wieder verschwinden. Die Zellen der Kleinhirnkerne und der

Rinde wandern von der Ventrikelseite der Anlage aus. Die auswachsenden Nervenfasern der ersteren bilden vorzugsweise den Pedunculus cerebellaris superior.

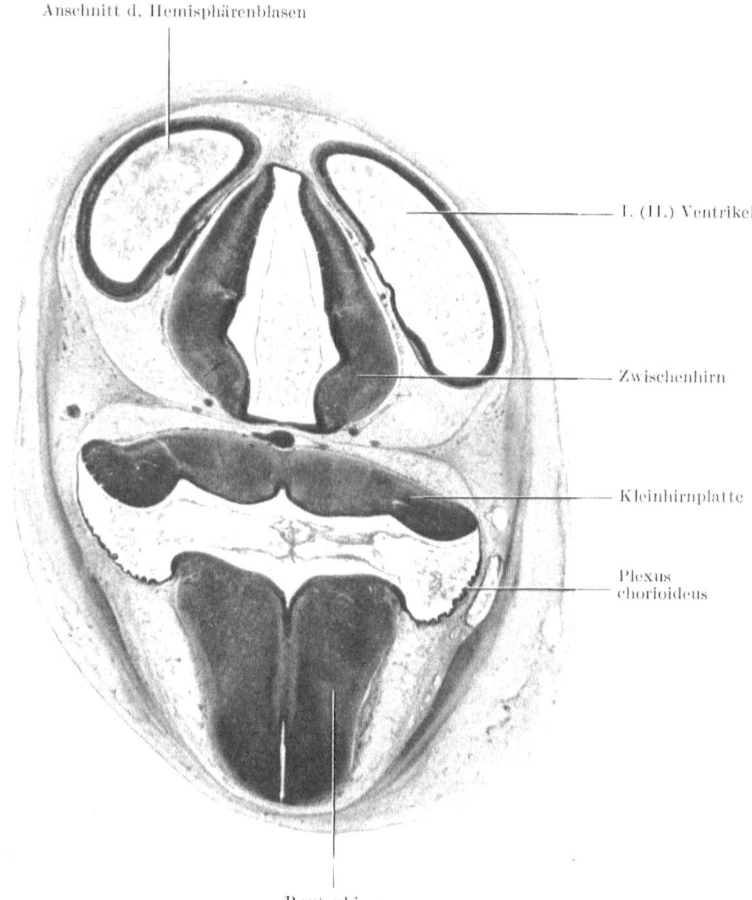

Abb. 81. Schnitt durch die Hirnanlage eines Embryos von 21 mm. Die Schnittrichtung ist in Abb. 77 durch Pfeile markiert. Etwa 10fach

Mesencephalon

Als Mesencephalon wird der vom Rhombencephalon nach rostral bis zum Zwischenhirn sich kontinuierlich fortsetzende ventrale Hirnanteil mit dem dorsal angelegten Tectum zusammengefaßt. Der Ventrikelraum verengt sich hier zum Aquädukt. Das ursprünglich (Abb. 79) sehr groß und einheitlich angelegte Tectum bleibt im Wachstum gegenüber den anderen Hirnanteilen stark zurück und gliedert sich in die Vierhügelplatte. Die ventrale Zone, welche die Kerne zweier Augenmuskelnerven enthält (III und IV), wird durch die hindurchwachsenden Längsfasern (die Hauptmasse der zentralen Leitungsbahnen) verdickt und bildet die Crura (Pedunculi) cerebri. Substantia nigra und Nucleus ruber sind ausgewandertes (peripheres) Grau (S. 84).

Diencephalon

Das Zwischenhirn verengt sein Lumen zum spaltförmigen 3. Ventrikel (s. auch Abb. 81 u. 84); dessen Seitenwand bildet in der dorsalen Hälfte der Thalamus, in der ventralen der Hypothalamus. Durch die seitlichen Teile des Zwischenhirns wächst die Hauptmasse der Fasern, welche auf- und absteigend das Telencephalon mit den caudalen Partien des Nervensystems verbinden; dadurch wird die Verbindung mit dem Telencephalon immer breiter und dicker, bis sie die ganze Seitenfläche des Diencephalon in Anspruch nimmt und als hinterer Schenkel der inneren Kapsel den Hauptteil der Längsfasermassen des Thalamus weiter leitet. Dadurch kommt es zum Verschwinden der lateralen Wand des Diencephalon und zur Einlagerung des Zwischenhirns zwischen die Hemisphären. Die Bezeichnung Zwischenhirn bezieht sich somit nicht auf embryonale Verhältnisse, sondern auf die endgültige Anordnung (Abb. 82).

Besondere Differenzierungen entstehen aus der dorsalen und ventralen Wand. Während der größte Teil der dorsalen Wand sich epithelial verdünnt und die Tela chorioidea ventriculi tertii mit dem paarigen Plexus chorioideus aus sich hervorgehen läßt, wird im caudalen Bereich die *Epiphyse (Glandula pinealis)* als hohle Ausstülpung angelegt (Abb. 77, 79, 80); der Hohlraum verschwindet später bis auf den kurzen Anfangsteil, den *Recessus pinealis*. Hierbei zeigt die Zirbeldrüse eine zum Recessus pinealis exzentrische Lage, indem sie sich bei weitem stärker rostral als caudal entwickelt. In ihr treten während einer kurzen Entwicklungsepoche Epithelschläuche auf. Caudal von der Epiphyse findet sich an der dem Mesencephalon benachbarten Gegend der Decke des Diencephalon in einem unverhältnismäßig großen Gebiete querverlaufende Fasern, welche der in

ihrer Funktion bisher nicht vollkommen bekannten *Commissura posterior* zugehören. Die Commissur wird später in kranio-caudaler Richtung wesentlich verkürzt.

Am Boden des dritten Ventrikels bildet sich die *Hypophyse (Hirnanhang)* (Abb. 122, 77, 79, und 83). Sie entsteht aus zwei genetisch verschiedenen Anteilen, und zwar

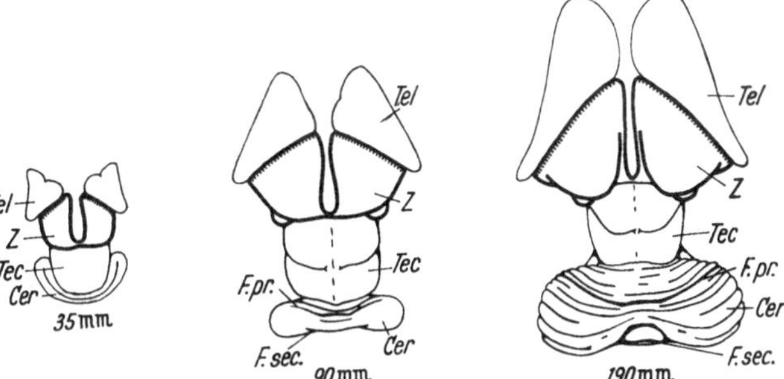

Abb. 82. Verlängerung und Lageveränderung der Grenze von Zwischenhirn (*Z*) und Telencephalon (*Tel.*), die durch die gezahnte Linie gekennzeichnet ist. *Tec.* Tectum. *Cer.* Cerebellum. *F. pr.* u. *F. sec.* Fissura prima und secundaria (nach HOCHSTETTER 1929)

geht der *Vorderlappen* aus dem Epithel der Decke der Mundbucht, der *Hinterlappen* aus dem *Recessus infundibuli* des Bodens des Zwischenhirnes hervor (s. unten).

Der Rest des Recessus infundibuli wird zum Tuber cinereum; davor verdickt sich ein Teil der Bodenplatte durch die hindurchwachsenden, sich kreuzenden Anteile der Opticusfasern zur *Chiasmaplatte* (Abb. 122, weißes Kreuz, und 79). Kranial davon liegt die Lamina terminalis (die dünne Stelle vor der Chiasmaplatte in Abb. 122, weißer Pfeil, und 79), in deren Bereich der Neuroporus anterior verlegt wird. Zu beiden Seiten der Chiasmaplatte öffnet sich bei jungen Keimlingen der Hohlraum der primären Augenblase (der *Ventriculus opticus*), der auch nach Ausbildung des Sehnerven noch einige Zeit den Opticus als Kanal durchsetzt (Abb. 77), aber später (im dritten Monat) restlos rückgebildet wird.

Die Entwicklung der Hypophyse

Die Entwicklung der Hypophyse geht auf eine enge und feste Kontaktzone zwischen dem Boden des Zwischenhirns und dem Ektoderm am Dach der Mundbucht zurück. Die Bildung der Scheitelbeuge macht es verständlich, daß das Gebiet der Kontaktzone, das sich durch besondere Mitosearmut der neuralen Wand auszeichnet, zunächst am Dach der Mundbucht, dann auch am Infundibulum zu taschenförmigen Aussackungen in beiden Blättern führt. Die quergestellte Ektodermtasche vor der Rachenmembran wird als *Hypophysentasche* oder *Rathkesche Tasche* bezeichnet. Aus ihr geht die Adenohypophyse (Hypophysenvorderlappen) hervor, wobei das Drüsenwachstum vornehmlich seinen Ursprung vom Epithel der Vorderwand nimmt, während die Hinterwand zum Zwischenlappen wird (Abb. 83). Durch das allseitig um die Adenohypophyse herabwachsende Mesenchym wird die Abgangsstelle von der Mundhöhle zunehmend eingeschnürt. Mitunter bleibt an dieser Stelle ein Canalis craniopharyngicus erhalten, der aber mit der Ablösung der Hypophyse vom Rachendach unmittelbar nichts zu tun hat, sondern seinen Ursprung viel späteren Entwicklungsprozessen verdankt. Am Rachendach nicht selten haftenbleibende Anteile der Adenohypophyse können eine *Rachendachhypophyse* bilden, die auch funktionell wichtig werden kann. Die Taschenbildung am Zwischenhirnboden wird zum Processus infundibularis. Er wird seitlich von dem halbmondförmigen Ausschnitt der Adenohypophyse umfaßt.

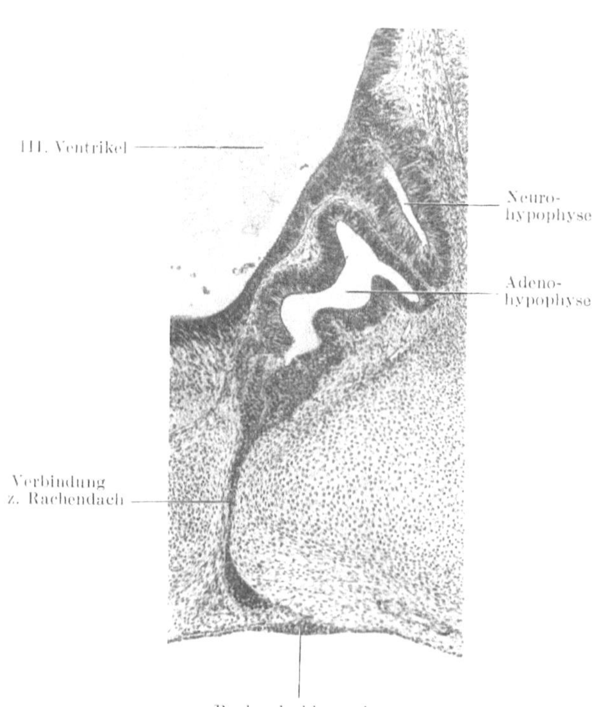

Abb. 83. Sagittalschnitt durch die Hypophyse eines menschlichen Embryo von 19 mm gr. L. (Et 8812). Verbindungsstrang zum Rachendach. In benachbarten Schnitten hängt die Lichtung der Neurohypophyse mit dem dritten Ventrikel zusammen. 65 fache Vergrößerung

Sein distaler solider Anteil kommt als Hypophysenhinterlappen (Neurohypophyse) auf die dorso-caudale Seite. Der mit einer Ventrikellichtung (Recessus infundibularis) ausgestattete proximale Teil wird zum Infundibulum. Vorderste Abschnitte der Adenohypophyse legen sich dem Infundibulum als Pars tuberalis an. So ist die funktionell später so wichtige *Kontaktfläche* zwischen Infundibulum und Neurohypophyse einerseits und Adenohypophyse andererseits ontogenetisch von vornherein gegeben. Schon in der Fetalzeit besitzt der Hypophysenvorderlappen eine *Steuerfunktion* für die Aktivität anderer endokriner Organe, wie der Nebennieren, der Thyreoidea und der Testes. Die cytologische Differenzierung beginnt bei 30 mm mit den β-Zellen und läßt bei 40 mm γ-Zellen und bei 45 mm auch α-Zellen erkennen. Das frühe Auftreten der β-Zellen scheint mit der Ausdifferenzierung der Glandula thyreoidea und der Testikel (Leydigsche Zellen) korelliert zu sein. Die Nachweisbarkeit von Gonadotropinen im 5. Fetalmonat gibt sicher nicht den Termin ihrer ersten Bildung an. Die Hinterlappenhormone (Adiuretin und Oxytocin) werden als Produkte von relativ spät ausdifferenzierenden Hypothalamusneuronen erst nach der Geburt in nennenswerter Menge gebildet (s. auch Entwicklung der Nierenfunktion).

Das Telencephalon

Das Endhirn ist anfangs ein sehr kleiner, unpaarer, vor den primären Augenblasen gelegener Hirnabschnitt (Abb. 95 und 96). Er wächst aber sehr lebhaft (Abb. 122, 76—78, 97) und buchtet sich nach beiden Seiten zu den halbkugeligen

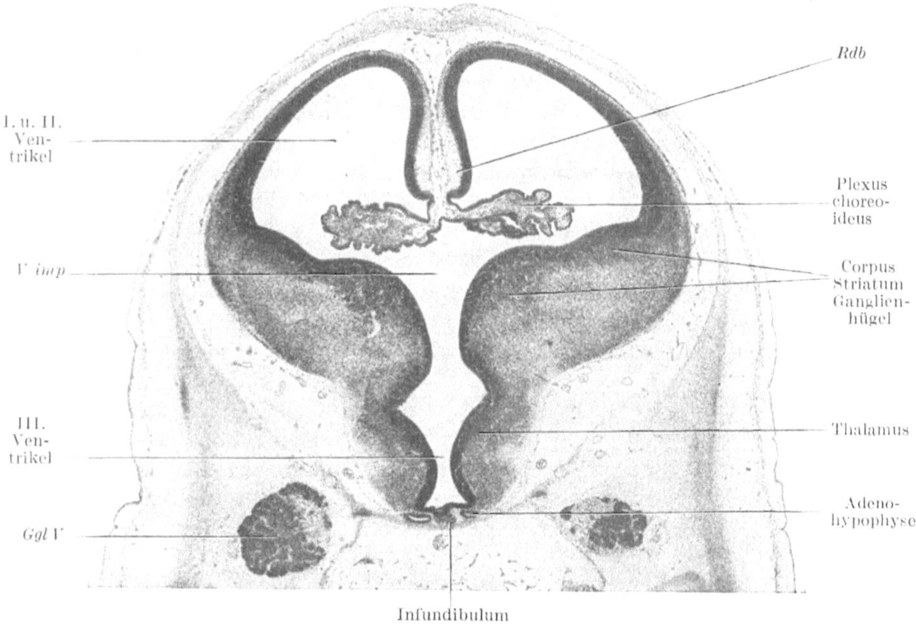

Abb. 84. Hemisphären und Zwischenhirn eines Keimlings von 19,5 mm Länge im Schrägschnitt. Der Schnitt geht durch das Foramen interventriculare. *Ggl V* Ganglion trigemini; *Rdb* Randbogen; *V imp*, Ventriculus impar. Vergr. 15 ×

Hemisphärenblasen aus, die sich durch eine scharf einschneidende Rinne, die *Fissura telodiencephalica*, gegen das Zwischenhirn und bald auch vorn gegen einen medianen Teil des Telencephalon abgrenzen. So wird auch der Hohlraum des Telencephalon (Abb. 84) in die beiden *Seitenventrikel* (I und II) und den medianen *Ventriculus impar telencephali* unterteilt; die drei Abteilungen stehen durch die Eingänge in die Hemisphärenblasen, die anfänglich relativ sehr weiten *Foramina interventricularia Monroi*, in Verbindung, und der unpaare Teil ist gegen den 3. Ventrikel zuerst durch den Anfang der oben genannten Fissur abgegrenzt, verliert aber später diese deutliche Begrenzung und wird zum 3. Ventrikel dazugeschlagen.

Die Hemisphärenblase wächst nach vorn, oben und hinten aus (Abb. 77) und krümmt sich um ihren Stiel an der Hirnbasis auch von rückwärts nach unten (Abb. 78), so daß sie diesen Stiel hufeisenförmig umfaßt; die Krümmung um den Stiel wird von einer ganzen Reihe von Bildungen, die später zur Sprache kommen (Nucleus caudatus, Fissura chorioidea, Fornix, Randbogen) mitgemacht, in erster Linie vom Seitenventrikel, der hierdurch ein Unterhorn (Pars temporalis) bekommt, während das später erscheinende Hinterhorn (Pars occipitalis) dem (späteren) Wachstum der Hemisphäre nach hinten seine Entstehung verdankt. Der Ventrikel ist in der ersten Zeit sehr weit, die Wand der Hemisphärenblase noch sehr dünn. Die Blase hat sich hoch über den unpaaren Teil des Telencephalons erhoben und dabei eine konvexe laterale und platte mediale Wand (Abb. 84) ausgebildet, die an einer Kante (Mantelkante) ineinander übergehen. Als *Pallium* (Mantel) werden die Teile der Hemisphären bezeichnet, deren Rindenbildung als oberflächliche Bedeckung der Hemisphären andere Hirnteile überlagert. Dagegen verdickt sich der basale Teil des Telencephalons am Hemisphärenstiel zu einem in den Ventrikel hineinragenden Körper, dem *Ganglienhügel* (Abb. 84), der die Anlage des *Corpus striatum* darstellt. Ursprünglich noch durch eine später verschwindende Längsrinne an der Ventrikelseite unterteilt, grenzt sich der Hügel durch den Sulcus terminalis gegen den Thalamus ab. In ihm treten vorübergehend (wie in der Kleinhirnanlage) Lücken auf, die sich später wieder schließen. Durch Fasern des Stabkranzes, die durch den Hügel hindurchwachsen und die Capsula interna bilden, wird der Hügel in *Nucleus caudatus* und *Putamen* des Nucleus lentiformis unterteilt (das *Pallidum* leitet sich vom Zwischenhirn ab). Da diese Unterteilung nicht vollständig durchgeführt wird, bleiben streifenförmige Verbindungen aus grauer Substanz bestehen, die dem ganzen Ganglienhügel den Namen Corpus striatum eingetragen haben.

Das *Pallium* läßt sich in drei Abschnitte gliedern, von denen der älteste, das Palaeopallium, nur im Dienste des Riechapparates steht. Es wird beim Menschen durch den *Lobus olfactorius* und die basale Rinde vertreten. Der zuerst hohle Lobus olfactorius tritt am Boden der Hemisphären vor dem Ganglienhügel als eine nach vorn gerichtete Ausstülpung auf, die bei makrosmatischen Säugern und im 3. Entwicklungsmonat auch beim Menschen ansehnlich ist.

Das *Archipallium* läßt sich als Gyrus dentatus und Hippocampusformation andeutungsweise bereits bei Reptilien nachweisen, wird beim Säuger stark entfaltet und beim Menschen durch die Entwicklung des *Neopalliums* unter starker Reduktion auf die Innenseite des Temporallappens verdrängt.

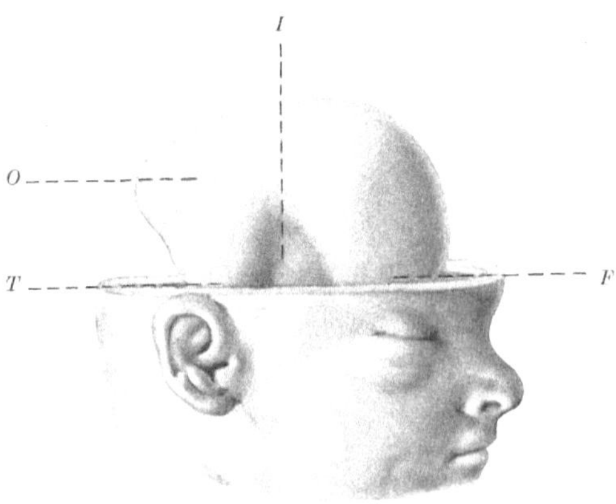

Abb. 85. Ansicht der rechten Großhirnhemisphäre eines 5 Monate alten menschlichen Embryo. *F* Frontalpol; *I* Insel; *O* Occipitalpol; *T* Temporalpol

Bei den Reptilien tritt auch zum erstenmal ein vom Riechapparat unabhängiger Teil der Rinde, ein *Neopallium*, auf, das aber erst bei den Säugetieren deutlich ausgebildet ist und beim Menschen auf den höchsten Stand der Entwicklung gebracht wird. Archi- und Neopallium sind auch im histologischen Bau der Rinde durchaus verschieden, das letztere viel höher organisiert.

Die seitliche Ausladung der Hemisphäre (ihr Breitenwachstum) bleibt im Bereich des Ganglienhügels geringer als in dessen Umgebung; dadurch sinkt dieser Teil der Oberfläche scheinbar ein (Bildung der *Fossa lateralis Sylvii*, Abb. 78) und wird zur *Insel*, während die Umgebung sich zuerst wallartig erhebt (Abb. 85) und schließlich die Insel als *Operculum insulae frontale, parietale und temporale* überlagert. Die Opercula wachsen einander entgegen, bis sie sich berühren.

Die Bildung der *Hirnrinde* geht von der Ventrikelseite der Hemisphärenblasen aus. Von hier wandern Zellen an die äußere Oberfläche und bilden zuerst eine zweischichtige Lage, deren weitere Differenzierung bis zum 6.–7. Monat zur Sechsschichtigkeit fortschreitet und zur Ausbildung der Rindenfelder führt. Der allmähliche Ausbau dieser Felder, besonders die Markreifung der Nervenfasern, reicht aber weit in das extrauterine Leben und gelangt vielleicht erst mit dem 40. Lebensjahr, wenn überhaupt völlig, zum Abschluß.

Durch ein besonders intensives und vorzugsweise flächenhaftes Wachstum der Rinde entstehen erst in der zweiten Hälfte der Schwangerschaft *Hirnwindungen* und *Furchen*. An drei Stellen führt das Wachstum der Hemisphäre auch zur Vorwölbung des Bodens einer Furche nach innen, gegen den Ventrikel; es sind dies der Sulcus hippocampi, calcarinus und collateralis. Sie erzeugen den Pes hippocampi, das Calcar avis und die Eminentia collateralis. Noch einige andere Furchen sind schon am Beginn der Furchenbildung immer vorhanden: der Sulcus corporis callosi, cinguli, adolfactorius posterior, parieto-occipitalis und centralis. Sie werden als *Primärfurchen* bezeichnet; ihnen stehen die später auftretenden, auch sonst regelmäßig gebildeten Furchen als *Sekundärfurchen* gegenüber (es sind die noch mit eigenen Namen bezeichneten); die zuletzt erscheinenden sehr variablen Furchen, die dem Gehirn den individuellen Charakter geben, heißen *Tertiärfurchen*. Aber alle Furchen werden noch bis zum 7. Fetalmonat gebildet.

An der medialen Seite der Hemisphäre stülpt sich die epithelial verdünnte Wand in den Ventrikel hinein zur Bildung der Lamina epithelialis des vorüber-

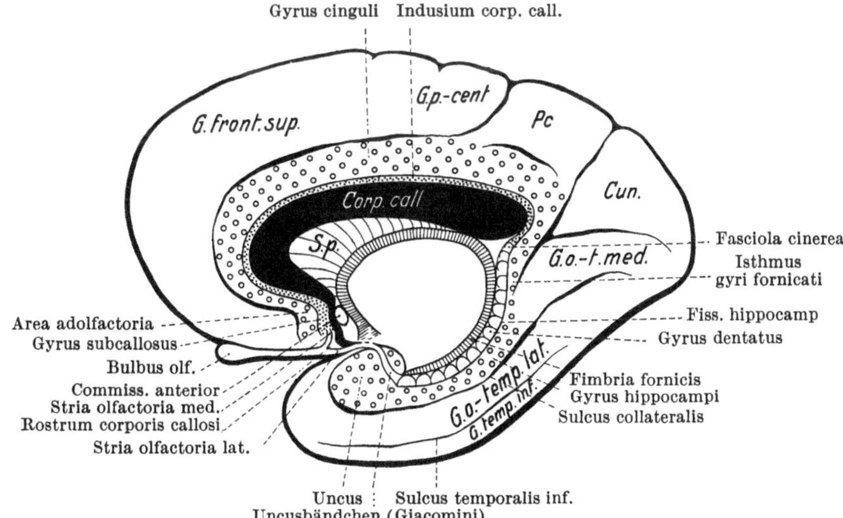

Abb. 86. Schematische Darstellung des äußeren und inneren Randbogens einer erwachsenen rechten Hemisphäre; *Cun* Cuneus; *G front sup* Gyrus frontalis superior; *G o-temp lat, med* Gyrus occipito-temporalis lateralis, medialis; *G p-cent* Gyrus paracentralis; *G temp inf* Gyrus temporalis inferior; *Pc* Praecuneus; *Sp* Septum pellucidum. Durch Kreise bezeichnet: Gyrus fornicatus. Etwa ½ nat. Größe

gehend sehr voluminösen *Plexus chorioideus ventriculi lateralis* (Abb. 84 stellt nicht das Maximum der Entfaltung des Plexus dar). Diese Wucherung, anfangs auf ein sehr kleines Gebiet der medialen Wand beschränkt, erstreckt sich mit zunehmender Vergrößerung und Krümmung der Hemisphärenblase bogenförmig an der Grenze von Zwischen- und Endhirn immer weiter gegen das Unterhorn und umgreift mit ihrer Ursprungslinie als *Fissura chorioidea* den Hemisphärenstiel. Der außen angrenzende Hemisphärenrand wird als *Randbogen* bezeichnet und durch die Bildung der Commissuren des Endhirnes in einen inneren und äußeren Randbogen unterteilt.

Die *Commissuren* entstehen dorsal-rostral von der Lamina terminalis des Zwischenhirns in einer Verdickung der medianen Hirnwand (*Commissurenplatte*, Abb. 79), in der zuerst die Querfasern der *Commissura anterior* auftreten. Dorsal von ihr bildet eine zweite Fasergruppe die zuerst sehr kleine Anlage

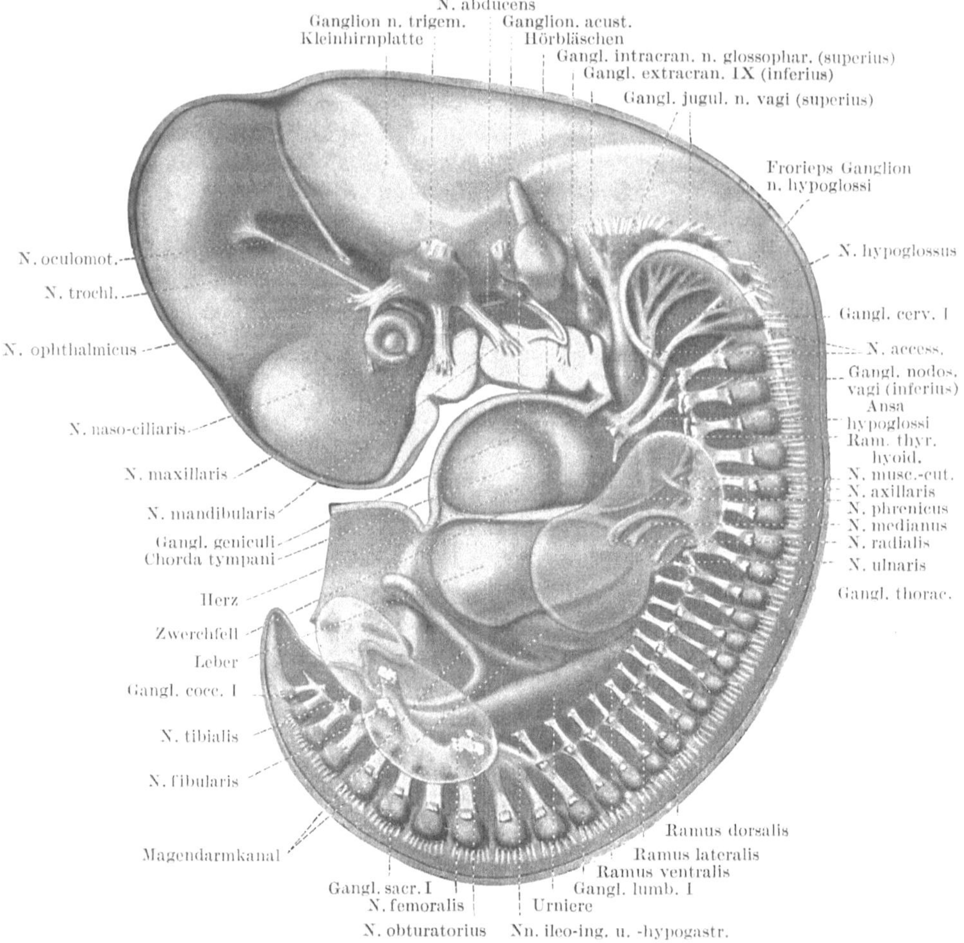

Abb. 87. Rekonstruktion des cerebrospinalen Nervensystems eines 10 mm langen menschlichen Keimlings. Vergr. 10 ×. (Nach STREETER)

des (für die Säugetiere charakteristischen) *Corpus callosum*. Angrenzend an die Fissura chorioidea treten am Hemisphärenrand (Abb. 84) längsverlaufende Fasern auf, die Anlage des *Fornix*, die an der Ventrikelseite der Commissurenplatte weiter vordringen bis in das Zwischenhirn, wo sie im Corpus mammillare enden. Die Fornixfaserung bildet nur den *inneren Randbogen* (Abb. 86). Die Balkenanlage verlängert sich peripher (dorsal) vom Fornix durch ständige Zunahme ihrer Faserzahl caudalwärts über das Zwischenhirndach hinweg und trennt dadurch den noch von Rinde bedeckten Randstreifen der Hemisphäre, den *äußeren Randbogen*, von dem nur von Fasern gebildeten inneren Bogen; vom Splenium angefangen nach unten (und, im Schläfenlappen, nach vorn) bleiben beide Randbogen aneinander gelagert und werden in Fortsetzung des Sulcus corporis callosi durch die Fissura (Sulcus) hippocampi nach außen begrenzt. Der äußere Randbogen bleibt beim Menschen in der Entwicklung bald zurück; aus ihm gehen im Bereich des Schläfenlappens der Gyrus dentatus (Fascia dentata), über dem Balken die Striae longitudinales mit dem Indusium griseum corporis callosi hervor. Durch die Stria olfactoria medialis (die zum Gyrus sub-callosus verläuft) und die Stria olfactoria lateralis mit dem Uncusbändchen (zum Gyrus dentatus) wird der äußere Randbogen zum Ring um den Hemisphärenstiel geschlossen. In dem Gebiet zwischen Balken und Fornix treten in der Commissurenplatte Lücken auf, die zum *Cavum septi pellucidi* zusammenfließen; dessen Seitenwände verdünnen sich zum *Septum pellucidum*.

Mit 10—11% des Körpergewichtes hat das Gehirn beim Neugeborenen 379 g (♂), d. h. nur ein Drittel bis ein Viertel seines Endgewichtes erreicht. Nach 6 bzw. 12 Monaten ist sein Geburtsgewicht verdoppelt bzw. zur $2^1/_2$fachen Größe angewachsen. Ein erstes Hauptstadium der Hirnentwicklung führt zur Bereitstellung der Zellzahl und ihrer topographischen Verteilung. Das zweite Hauptstadium reicht vom 7. Fetalmonat bis zum 2. Lebensjahr und ist also durch eine besonders starke und rasche Massenentfaltung, aber auch durch eine Oberflächenvergrößerung des Großhirns von 700 qcm auf 1600 qcm charakterisiert.

Die bei Tieren oft in Tagen sprunghaft gefundene Hirnentwicklung nach der Geburt mit ihrer „kritischen Phase", ist beim Menschen auf den 2. bis 7. Lebensmonat gedehnt. Sie ist durch eine starke Markbildung, d. h. relative Wasserverarmung und Anreicherung von Protein- und Lipoidstoffen gekennzeichnet. Die Myelinisierung erfaßt vom Rückenmark bis zum Diencephalon zunächst palaeencephale Strukturen und beschränkt sich beim Neugeborenen im Telencephalon auf wenige Anteile der Seh- und Hörbahn. Projektionsbahnen (beginnend mit Anteilen für die untere Extremität), das Corpus callosum und die cortico-pontocerebellaren Bahnen erhalten ihr Mark erst im ersten Lebensjahr. Parallel zur Myelinisierung läuft die Ausbildung des Neuropils, d. h. der Fasermassen aus Neuriten und Dendriten und deren Synapsen zwischen den Zellkörpern, deren Zahl jenseits des 8. Fetalmonats nicht mehr wächst. Das Neuropil aber dehnt sich bis zum 2. Lebensjahr auf das 3—4fache aus, was mit einer entsprechenden Vermehrung der verschiedenen Synapsenstoffe einhergeht. Funktionell ist daher bei der Geburt die Großhirnrinde noch weitgehend inaktiv. Bedingte Reflexe treten erst ab des ersten Vierteljahres auf und ein dem adulten Zustand in etwa entsprechendes Elektrencephalogramm reift erst bis zum Ende des ersten Lebensjahres aus. Charakteristisch für die frühe postnatale Hirnentwicklung ist eine Verdreifachung der Capillarisierung bis zum 4. Lebensjahr von 100 Capillaren pro mm³ auf 300, wofür offensichtlich eine drei- bis vierfache Steigerung der O_2-Bedarfs als Auslöser fungiert. Das Neugeborenenhirn zeigt eine gewisse Anoxietoleranz, die durch einen mehr anaeroben Energie-Stoffwechsel erklärt wird. Nach verschiedenen pathologischen und experimentellen Befunden darf diese Steigerung der postnatalen Hirndurchblutung als sekundäre *Adaptation* an eine Hirnhypoxaemie im Gegensatz zur Myelinisierung angesehen werden. Letztere läuft als *autonomer* Prozeß ab und hängt somit in seiner Entwicklung und funktionellen Konsequenz unmittelbar vom Conceptionsalter ab. Das Frühgeborene ist trotz eher einsetzender Einflüsse des endgültigen Lebensmilieus in seiner Lernfähigkeit durch dieses Myelinisierungskalendarium beschränkt. Mit der Myelinisierung wird nicht nur eine höhere Erregungsleitungsgeschwindigkeit erreicht, sondern die myelinisierten Fasern lassen auch höhere Aktionspotentiale an die Synapsen gelangen, was für die funktionelle Fortentwicklung ebenso von Bedeutung ist.

Die Hirnhäute

Die *Hirnhäute* entstehen aus dem Mesenchym in der Umgebung der Hirnanlage (Abb. 84). Da das Gehirn gegenüber der Schädelkapsel lange Zeit im Wachstum zurückbleibt, haben die Hirnhäute Platzhalterfunktion. Die zunächst einheitliche Mesenchymhülle gliedert sich in eine äußere *Pachymeninx*. Sie formt sich durch besondere Verdichtung des Bindegewebes in die Dura mit ihren in den Schädelraum eingreifenden Fortsetzungen, Falx und Tentorium um. Das Periost der Schädelkapsel und die Dura sind zunächst von einem mächtigen epiduralen Venenplexus getrennt, ein beim Rückenmark sich erhaltender Zustand. Beim Gehirn wird der Plexus auf die Sinus durae matris reduziert und im übrigen eine enge Verbindung zwischen Dura und Periost hergestellt. Die innere *Leptomeninx* bildet durch entsprechende Auflockerungen ein weitausgedehntes Spaltensystem, das — von Liquor cerebro-spinalis erfüllt — eine äußere Grenzlamelle, die Arachnoidea, von der inneren dem Gehirn unmittelbar aufliegenden Pia mater trennt.

Die peripheren Nerven

Ihrer Herkunft und Bedeutung nach kann man unter den peripheren Nerven folgende Gruppen unterscheiden:

a) Sinnesnerven   I II   VIII
b) Augenmuskelnerven   III IV   VI
c) Branchialnerven   V   VII   IX X + XI
d) Spinalnerven   XII

$$C_{1-8}, Th_{1-12}, L_{1-5}, S_{1-5}$$

a) Die *Fila olfactoria* stellen die Nervenfortsätze der Riechzellen, primärer Sinneszellen dar, die als Abkömmlinge der Nasenplacoden sekundär Verbindung mit dem Bulbus olfactorius aufnehmen. In der Entwicklung ist nicht nur der oberste Teil der Nasenhöhle, sondern auch das Jacobsonsche Organ (Abb. 110), eine kleine Epitheltasche am Nasenseptum, mit Riechzellen versorgt.

Der *N. opticus* stellt die Verbindung zweier Hirnteile dar, der Retina und des Zwischenhirns. Er verhält sich wie eine zentrale Faserbahn.

Der *N. statoacusticus* besteht aus den afferenten Neuriten der bipolaren Zellen des Ganglion vestibulare und cochleare, die sich ihrerseits vom Epithel des Ohrbläschens ableiten.

b) Die *Augenmuskeln* leiten sich von der Prächordalplatte ab. Sie haben wie ihre *Nerven* eine nicht völlig geklärte Sonderstellung.

c) Die *Kiemenbogennerven* V, VII, IX, X und XI leiten sich in ihren viscerosensiblen (Schleimhautsensibilität V, VII, IX + X) und somatosensiblen (Hautsensibilität in V und X) Anteilen von der Neuralleiste ab. Ihre visceromotorische Komponente (Kiemendarmmuskulatur) entsteht aus auswachsenden Neuriten zentraler Rhombencephalonneurone. Ihre Neurone der Geschmackssensibilität werden den Verhältnissen bei niederen Formen entsprechend auf die Epibranchialplacoden zurückgeführt. Äste der Nn. VII, IX und X können noch als typische Branchialnervenelemente erkannt werden. So gilt beim VII der Hauptstamm mit der Chorda tympani als Ram. posttrematicus hinter der zugehörigen Kiementasche, der N. petrosus major als Komplex von Ram. pharyngeus und praetrematicus. Der Ram. auricularis vagi entspricht einem Ram. dorsalis. Eine ungeklärte Sonderstellung hat der erste Ast des Trigeminus.

Der *N. hypoglossus* wird durch die Einbeziehung von Wirbelelementen in den Schädel aus einem Spinalnerven zu einem Hirnnerven. In der Entwicklung zeigt er noch ein sensibles Ganglion, das sich später verliert. Bei den Spinalnerven entstammen — und zwar jeweils mit ihrem Gliamaterial — die sensiblen Elemente der Neuralleiste und die motorischen dem Rückenmark. Ihre segmentale Anordnung sowie ihre Verästelung folgt der Gliederung der Muskulatur. Der autochthonen Rückenmuskulatur entspricht der Ramus dorsalis, der ventrolateralen Rumpfmuskulatur der Ramus ventralis. Auch im Bereich der Extremitäten folgt die Nervengliederung der der Muskulatur. Entsprechend der Stellung der Ex-

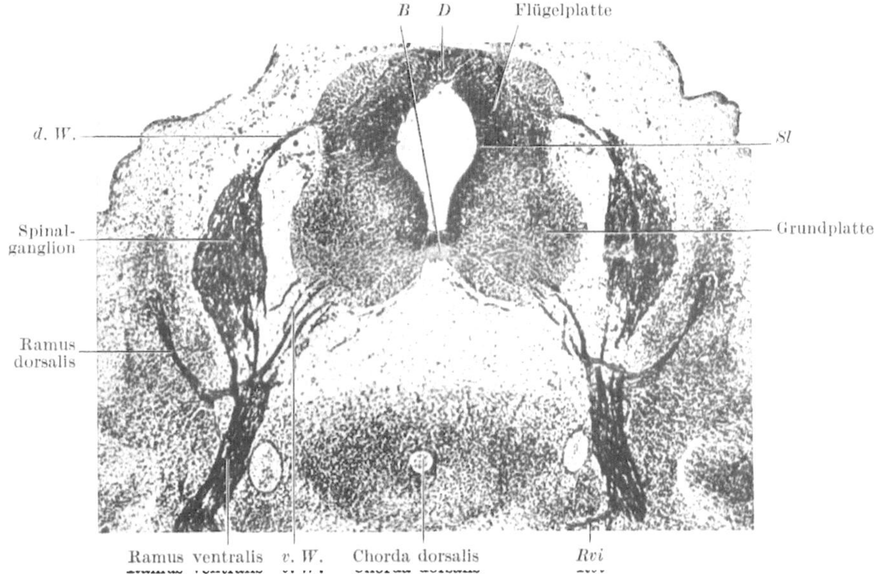

Abb. 88. Querschnitt durch das Rückenmark eines menschlichen Embryo von 13 mm gr. L. (Gh 1942). Versilberung nach Agduhr. *B* Bodenplatte; *D* Deckplatte; *d.W.* dorsale Wurzel; *Rvi* Ramus visceralis; *Sl* Sulcus lateralis; *v.W.* ventrale Wurzel. 54fache Vergrößerung

tremität an der ventrolateralen Rumpfseite beteiligen sich nur die Rami ventrales an den Extremitätenplexus, die sich dann wieder der weiteren Muskelgliederung in Beuger und Strecker nach Beuger- und Streckernerven aufteilen.

Bis zur 12. Woche haben die peripheren Gliaelemente die Aufgabe dicht gepackte Bündel auswachsender Axone zu umhüllen. Jenseits der 12. Woche kommt es zur zunehmenden Trennung der einzelnen Axone bis zur individuellen Umhüllung, wobei eine intensive Vermehrung der Gliazellen einsetzt. Erst dann (etwa 22 Wochen) beginnt an den dicken Axonen die Myelinbildung. In allen Entwicklungsstadien sind auswachsende Nervenfasern gegenüber anderen Geweben durch Schwannsche Zellen abgegrenzt.

Ebenfalls aus der Neuralleiste leiten sich die Sympathicoblasten und die Anlagen der Paraganglien ab. Die Sympathicoblasten, die anfangs neben den inneren Organen ungemein zahlreich erscheinen, bilden die Kette der Grenzstrangganglien (primäre Sympathicusganglien), dann die prävertebrale Reihe (sekundäre Ganglien), von der hauptsächlich das Ganglion coeliacum erhalten bleibt, und schließlich die Organganglien (tertiäre Ganglien). Auch die Paraganglien erscheinen im Lauf der Entwicklung zuerst ungemein massig, um schrittweise noch im fetalen Leben und in der Kindheit wieder bis auf das Mark der Nebenniere (S. 159) rückgebildet zu werden. Von den in der Kindheit noch nachweisbaren Paraganglien sind das *P. aorticum supracardiale* und *P. aorticum abdominale* zu nennen; das *Glomus caroticum* ist wahrscheinlich wie das suprakardiale Paraganglion ein (in der Hauptsache nicht chromierbares) Gebilde, das dem Parasympathicus, einer anatomisch vom IX und X bzw. den Kopfnerven überhaupt nicht recht abgrenzbaren Formation, zugehörig ist.

Sehorgan

Das Auge wird bereits vor dem Schluß der Neuralrinne an einer vorher konvex gestalteten Stelle als Vertiefung, als (paarige) *Augengrube* oder *Sehgrube*, im vordersten Teil der Hirnanlage angelegt (vgl. Abb. 47a, noch ohne Sehgrube, mit 73 und 74). Nach Vereinigung der Ränder der Hirnanlage, aber noch vor dem Schluß des vorderen Neuroporus bildet die Augenanlage eine fast ganz terminal gelegene relativ große seitliche Ausstülpung des Prosencephalon, die *primäre Augenblase* (Abb. 75 und 89). Die Wandlung der paarigen Augenanlage in eine unpaare s. S. 28. Dort, wo die Augenblase mit ihrer Seitenwand das Ektoderm berührt, induziert sie in diesem die Anlage der Linse, zunächst in Form der Linsenplatte (Abb. 89). An der Augenblase, die dem Gehirn gegenüber im Wachstum stark zurückbleibt (vgl. Abb. 89 mit 90 und 75 mit 87 und 76), stülpt sich die laterale Wand in die mediale Hälfte ein, so daß aus der einfachen

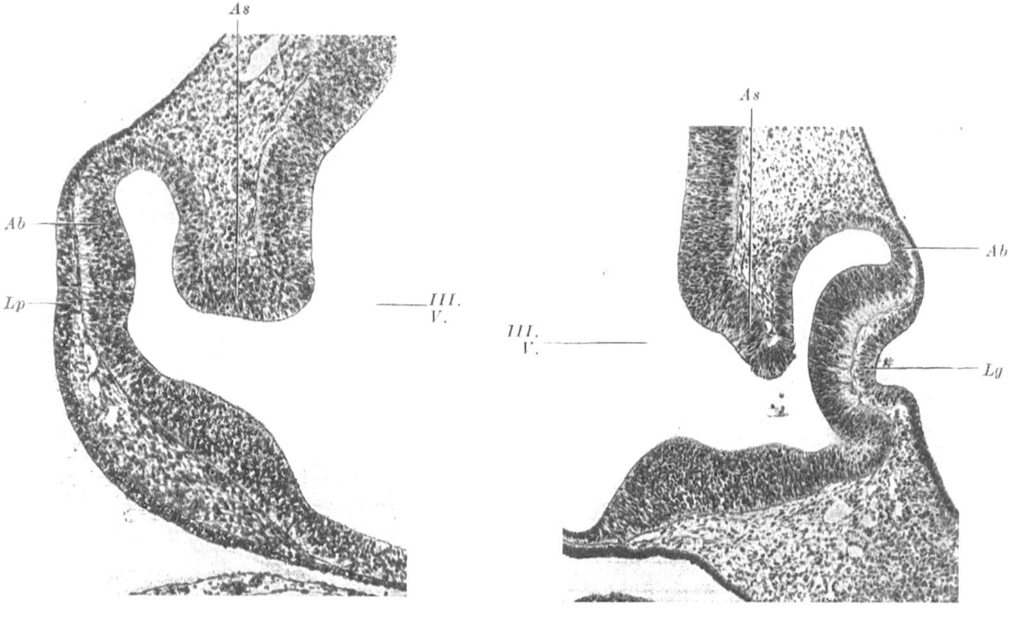

Abb. 89. Schnitt durch das Auge eines menschlichen Embryo von 6 mm gr. L. (I 1524). *Ab* Augenblase; *As* Augenblasenstiel; *Lp* Linsenplatte; *III. V.* dritter Ventrikel. 81fache Vergrößerung

Abb. 90. Schnitt durch das Auge eines menschlichen Embryo von 6,5 mm gr. L. (Bb 354). *Ab* Augenbecher; *As* Augenbecherstiel; *Lg* Linsengrube; *III. V.* dritter Ventrikel. 72fache Vergrößerung

Augenblase der *Augenbecher* entsteht (Abb. 90, 91); das innere Blatt desselben wird dick und mehrschichtig und liefert die Retina, während das äußere Blatt sich verdünnt und zum Pigmentepithel wird (Abb. 94); Pigment tritt darin schon am Beginn des zweiten Monats auf. Der Hohlraum der Augenblase (der *Sehventrikel, Ventriculus opticus*) wird zu einem unregelmäßigen Intercellularspalt reduziert. Die Enden von Stäbchen und Zapfen werden von Fortsätzen der Pigmentzellen umfaßt.

Der ursprünglich hohle Stiel der Augenblase (Abb. 90, 91 und 77) verliert sein Lumen mit dem Auswachsen der Sehnervenfasern und wird zum Nervus opticus (S. 87).

Aus dieser Entwicklung erklärt sich die vom Lichteinfall abgewandte und dem Pigmentepithel zugekehrte Lage des Sinnesepithels der Retina. Denn die auf dem Stadium der Neuralplatte nach außen gekehrte, freie Seite der Platte

(Abb. 73 und 74) wird beim Schluß des Hirnrohres nach innen, gegen den Ventrikel, gewendet und bildet daher auch im Sehventrikel die Innenseite. Bei der Bildung des Augenbechers (Abb. 91) wird die ventrikelnahe Seite des Retinablattes, an der sich später die Sinneszellen differenzieren, mit ihrer konvexen Seite dem Pigmentblatt angelegt. Funktionell hat diese Lage den Vorteil, daß

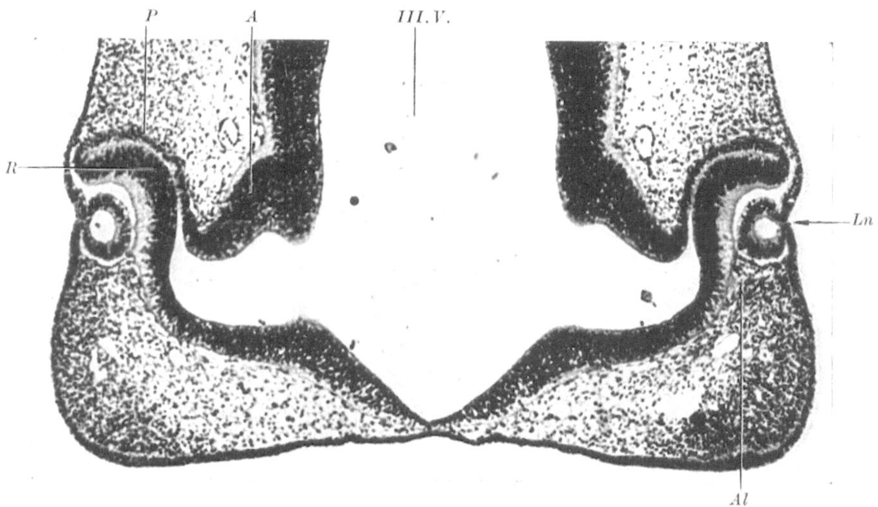

Abb. 91. Schnitt durch die Augen eines menschlichen Embryo von 7,5 mm gr. L. (Cn 2043). Der Schnitt geht beiderseits durch die Augenbecherspalte. *A* Augenbecherstiel; *Al* Arteria lentis; *Ln* Abschnürungsstelle des Linsenbläschens; *P* Pigmentepithel; *R* Retina; *III.V.* dritter Ventrikel. 62fache Vergrößerung

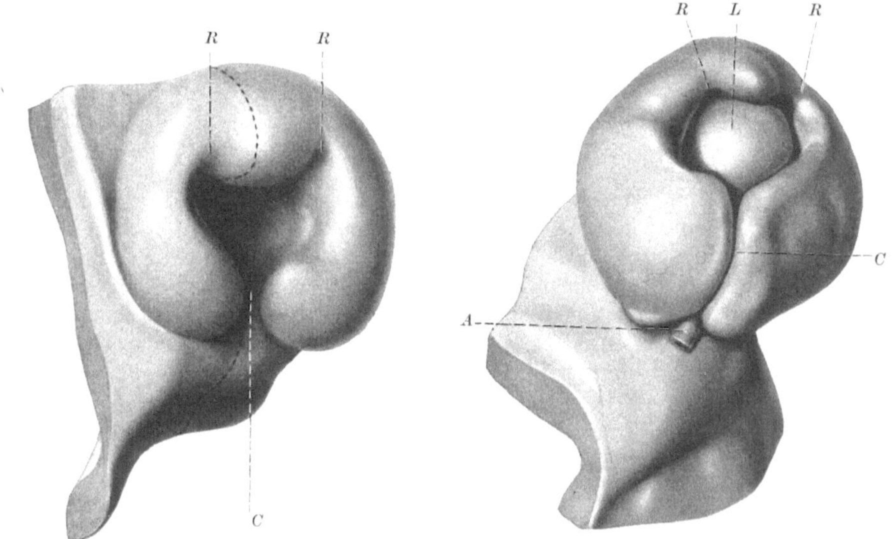

Abb. 92. Modell des Auges der Abb. 91. *C* Colobom (Augenbecherspalte); *R* Randkerben des Augenbechers; die gestrichelte Linie gibt die Richtung an, in welcher der Schnitt der Abb. 91 geführt ist

Abb. 93. Modell des Auges eines menschlichen Embry voon 9,5 mm gr. L. (Dd). *A* Arteria hyaloidea; *C* Colobom (in Verwachsung); *L* Linse; *R* Randkerben des Augenbechers

das Sinnesepithel den Gefäßen der Choriocapillaris, der Nährstoffquelle, zugewendet ist. Das Ventrikellumen geht damit verloren und das den Vertebraten eigene inverse Auge ist angelegt.

7 Grosser-Ortmann, Grundriß der Entwicklung des Menschen, 7. Aufl.

Auswachsende Nervenfasern bedürfen einer mechanischen Leitstruktur und können auf ihrem Weg keinen freien Raum passieren. Wäre die Einstülpung der lateralen Hälfte der Augenblase in ihrem ganzen Umfang gleichmäßig erfolgt, so wären die auswachsenden Opticusfasern gezwungen, über den Rand des Augenbechers hinweg dem Gehirn zuzuwachsen. Dies wird vermieden durch die Bildung der *fetalen Augenspalte*, des (physiologischen) *Coloboms* (Abb. 91, 92 und 93). Es besteht darin, daß an der ventralen Seite auch die äußere Wand des Bechers derart mit eingestülpt wird, daß ein Spalt in den Augenbecher hineinführt; er

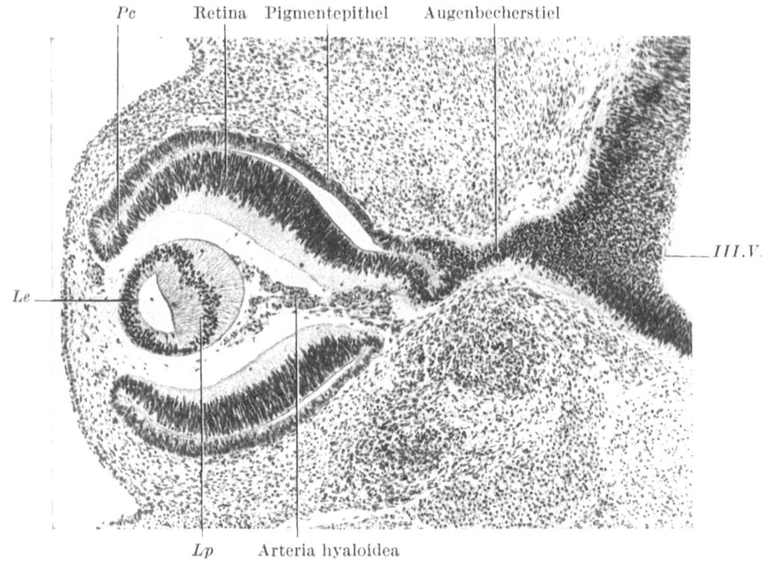

Abb. 94. Schnitt durch das Auge eines menschlichen Embryo von 13 mm gr. L. (Dn 3723). *Le* Linsenepithel; *Lp* Linsenfaserpolster; *Pc* pars caeca retinae; *III.V.* dritter Ventrikel. 75fache Vergrößerung

setzt sich eine Strecke weit auf den Augenblasenstiel als Rinne fort. Diese Rinne und den Spalt benutzen Gefäße, die *Vasa hyaloidea* (Abb. 93, 94), um, von wenig Mesoderm begleitet, in den Augenbecher einzuwachsen; die aus der Retina auswachsenden Sehnervenfasern treten am Grunde des Spaltes in den Sehnerven unmittelbar über (Papilla nervi optici). Normalerweise verwächst das Colobom mit Ausnahme des Gefäßeintrittes völlig derart, daß sich jeweils an den Übergangsstellen Retinablatt und Pigmentblatt voneinander trennen und sich über dem vorausgehenden Spalt hinweg homolog (Retina mit Retina, Pigmentblatt mit Pigmentblatt) vereinigen. Die Gefäßeintrittszone wird später auf den Nervus opticus zurückverlegt. Das Colobom kann als Hemmungsmißbildung erhalten bleiben.

Mit der Geburt ist der Aufbau der Retina aus drei Neuronen (Sinneszellen, bipolare und multipolare Ganglienzellen) vorhanden. Der charakteristische Bau der Fovea centralis, der Stelle des schärfsten Sehens, wird aber erst mit 6 Monaten angelegt. Die Myelinisierung der Opticusfasern zieht sich bis ins zweite, abschließend bis ins zehnte Lebensjahr hin. Die wahrscheinlich mit verschiedenen Funktionen ausgestatteten feinen, mittelstarken und dicken Fasergruppen reifen zu unterschiedlicher Zeit. Beim Säugling sind nur die dicken Fasern voll ausdifferenziert und dürften damit nur ein Hell-Dunkel-Sehen ermöglichen. Der Beginn des Ansprechens auf bewegte Objekte mit Blickfolge zwischen der 2. und 8. Woche entspricht einer Ausreifung der mittelstarken Fasern. Ein voll funktionsfähiges Bewegungs- und Orientierungssehen soll erst mit der Ausbildung der Markscheiden an den dünnen Fasern kaum vor dem 6. bis 9. Monat, eine volle Sehschärfe erst mit 4 bis 5 Jahren möglich sein.

Während der Ausbildung des Augenbechers hat sich die Linsenplatte zu einem *Linsengrübchen* (Abb. 90) eingesenkt, das sich zu einem *Linsenbläschen*

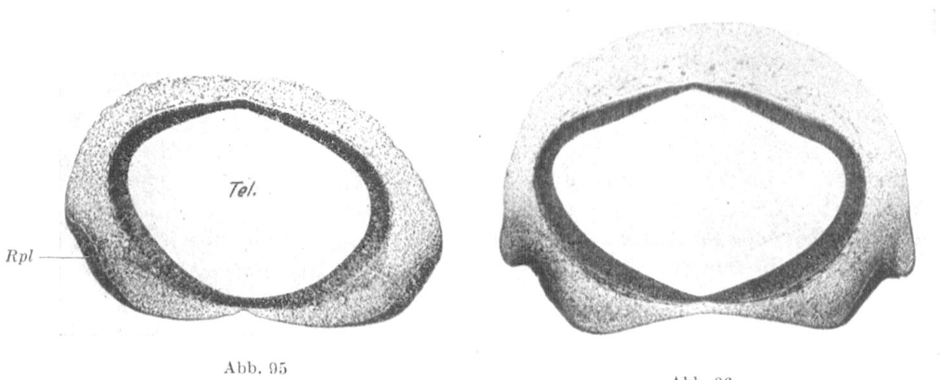

Abb. 95. Telencephalon (*Tel*) und Riech-
placode (*Rpl*) eines 5,8 mm langen
Keimlings.
Vergr. 35 ×

Abb. 96. Riechgrübchen eines 7,8 mm
langen Keimlings. Beginn der Hemi-
sphärenbildung am Telencephalon.
Vergr. 25 ×

Abb. 97. Primitive Nasenhöhle (*pr Nh*)
eines 10,3 mm langen Keimlings. *A-Nr*
Augen-Nasenrinne; *Hem* Hemisphären-
bildung; *N-G-R* Nasen-Gaumenrinne,
Epithelmauer zwischen den Gesichts-
fortsätzen. Vergr. 20 ×

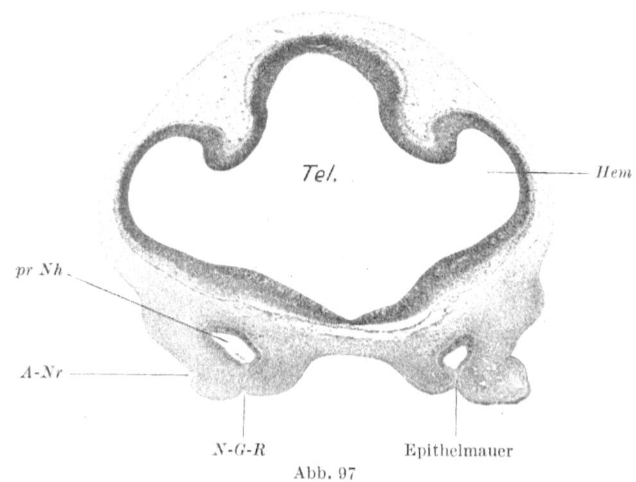

schließt und vom Ektoderm ablöst (Abb. 91). Die Bildung der Linse aus dem Ektoderm unter Einfluß des Augenbechers ist eines der charakteristischsten Beispiele einer abhängigen Differenzierung. Die *Induktion der Linsenbildung* durch den Augenbecher ist in ihren qualitativen, quantitativen und zeitlichen Verhältnissen bei niederen Formen bestens untersucht und darf in gleicher Weise für den Menschen vorausgesetzt werden. Störungen in der Linsenentwicklung lassen sich auf Virusinfektionen der Mutter zurückführen und lassen eine enge Korrelation des Zeitpunktes der mütterlichen Erkrankung zu bestimmten Entwicklungsstadien erkennen. Das Linsenbläschen senkt sich in den Augenbecher ein und wird allmählich von dessen Rändern umfaßt (Abb. 93, 94). Die mediale (innere) Wand des Bläschens wird hochprismatisch (Abb. 94) und bildet

7*

die Linsenfasern, wodurch allmählich das Lumen des Bläschens verlorengeht; die laterale (vordere) Wand wird zum kubischen Linsenepithel. In radiärer Richtung wächst die Linse dadurch, daß in ihren Randteilen immer neue Zellen durch Teilung gebildet, zu Linsenfasern umgewandelt und auf die vorhandenen aufgelagert werden. So besteht die Linse aus schalenartigen Zonen gleich alter Fasern. Da die Teilungen aber am Rand der Linse in radiärer Richtung fortschreiten, so liegen die nacheinander aus den gleichen Stammzellen entstandenen Fasern in radiären Reihen. An der Außenseite der Linse entsteht als Basalmembran die Linsenkapsel; die Aufhängefasern der Linse werden als spezielle Kollagenfasern gedeutet.

Der *Glaskörper* ist ein Produkt von Mesodermzellen des Augenbechers. Er wird von einem Kanal durchzogen, durch welchen die Art. hyaloidea (s. S. 98) zur Linse zieht. Hier löst sich die Arterie in ein Gefäßnetz auf *(Membrana vasculosa lentis)*, das die Linse rings umgibt und ernährt. Dieses Netz schwindet mit der Art. hyaloidea zuerst an der Innenseite der Linse; einige Wochen vor der Geburt schwindet dann auch der äußere Abschnitt, der bis dahin auch von Ciliararterien gespeist und als *Membrana pupillaris* bezeichnet wird. Von den Vasa hyaloidea bleiben nur die für das innere Blatt der Retina bestimmten Zweige mit dem Anfangsstück des Stammes als *Art. centralis retinae* und deren Begleitvene erhalten.

Die Linse wächst rascher als der Rand des Augenbechers, der dadurch die Linse von außen überlagert. Er bildet sich in die *Pars caeca retinae* um (Abb. 94), die sich dann in Pars ciliaris und iridica differenziert. Aus dem Außenblatt der letzteren geht der *Musc. dilatator pupillae* hervor, aus dem Rand des Augenbechers der *M. sphincter pupillae*, der von dort in das mesodermale Irisstroma einwächst. Von den glatten Muskeln des Auges sind somit zwei ektodermaler Herkunft; der *M. ciliaris* aber stammt wie andere glatte Muskeln aus dem Mesoderm.

Aus dem Mesoderm stammen auch die äußere und mittlere Augenhaut, die entlang des Nervus opticus mit der Dura und Leptomeninx zusammenhängen. Die *Sklera* erscheint frühzeitig als Zellverdichtung, während die *Chorioidea*anlage bald durch ihren Gefäßreichtum auffällt. Das Bindegewebe, welches zwischen Oberflächenepithel (Ektoderm) und Augenbecher bzw. Linse eindringt (Abb. 94), fügt sich zuerst zum Hornhautendothel und der Descemetschen Membran zusammen, während das Oberflächenepithel das *Cornealepithel* liefert; erst nachträglich dringt Mesoderm zwischen Epithel und Endothel ein zur Bildung der Corneallamellen. Einwärts von der Hornhaut entsteht durch Abhebung der Hornhaut von der Linse die *vordere Kammer*, welche durch seitliche Ausdehnung die Iris von der Hornhaut weiter abspaltet. Die *hintere Kammer* entsteht durch Abhebung der Iris vom Aufhängeband der Linse und tritt verhältnismäßig spät, durch den Schwund der Pupillarmembran, in offene Verbindung mit der Vorderkammer.

Die *Augenlider* entstehen im zweiten Monat als Hautfalten (Abb. 106); sie verkleben epithelial mit dem Bulbus und im dritten Monat auch mit ihren freien Rändern untereinander, so daß der menschliche Fetus intrauterin vorübergehend „blind" ist wie viele Säuger bei der Geburt (Abb. 107). Die Lösung erfolgt im siebten oder achten Monat. — Die *Tränendrüse* geht aus mehreren zapfenförmigen Wucherungen des Epithels am Fornix conjunctivae hervor. Die Entstehung der ableitenden Tränennasenwege wird später besprochen (S. 105).

Gehör- und Gleichgewichtsorgan

Aus plattenförmigen Verdickungen des Ektoderms, sog. Placoden, entstehen die Anlagen zweier großer Sinnesorgane, des Geruchs- und Gehörorganes, sowie die Geschmacksneurone. Die Placoden lassen nicht allein Sinneszellen aus sich hervorgehen, sondern können auch zur Bildung von Ganglienzellen führen (Geschmacksneurone und Statoacusticusganglien).

Die Anlage des *Innenohres* beginnt mit der Ohrplacode als Epithelverdickung des äußeren Keimblattes. Diese senkt sich zum *Hörgrübchen* ein (Abb. 98), das sich als *Hörbläschen*, richtiger *Labyrinthbläschen* (Abb. 99), völlig vom Ektoderm abschnürt, erfüllt von Flüssigkeit, die zur Endolymphe wird. Aus dem Bläschen wächst an der medialen Seite dorsalwärts ein schlauchförmiger,

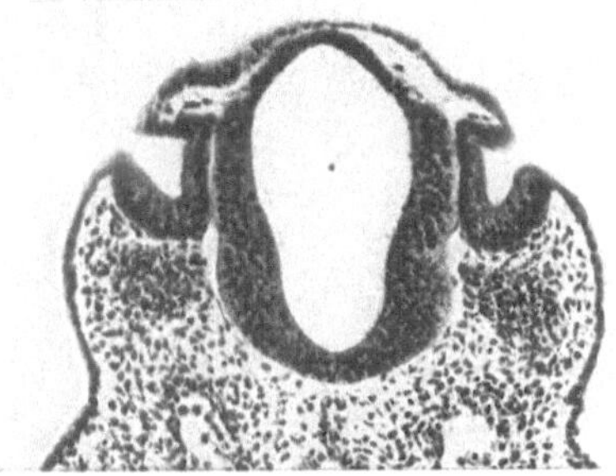

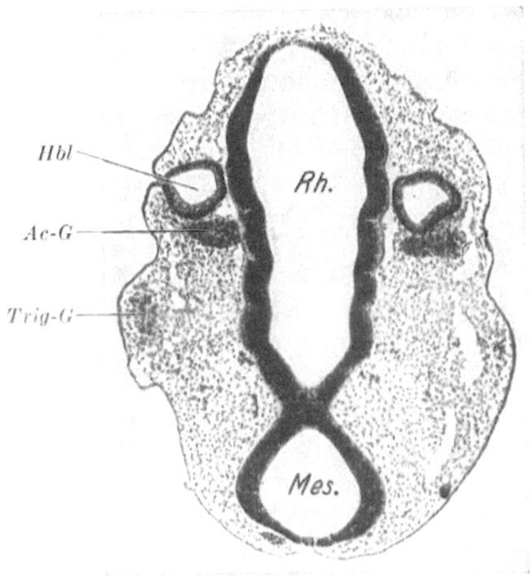

Abb. 98. Hörgrübchen eines 3,2 mm langen Keimlings mit 22 Ursegmentpaaren. In der Mitte das Rhombencephalon. Vergr. 75 ×

Abb. 99. Hörbläschen (*Hbl*) eben in Abschnürung bei einem Keimling von 3,6 mm, mit 28 Ursegmentpaaren. *Ac-G* Acusticus-Ganglion, *Mes* Mesencephalon; *Rh* Rhombencephalon; *Trig-G* Trigeminus-Ganglion. Vergr. 50 ×

an seinem Ende etwas erweiterter Gang hervor, der *Recessus labyrinthi*, der sich in den *Ductus* und *Saccus endolymphaticus* umwandelt (Abb. 87 und 100). Das Labyrinth (Abb. 101) gliedert sich in einen dorsalen und ventralen Abschnitt, von denen der erstere den Utriculus und die Bogengänge, der letztere den Sacculus und die (phylogenetisch aus ihm ableitbare) Cochlea liefert. Beide Abschnitte lösen sich so weit voneinander, daß sie schließlich nur durch einen ganz engen, auf den Ductus endolymphaticus verschobenen Gang (Ductus utriculosaccularis) zusammenhängen; die Anlage der Schnecke löst sich vom Sacculus bis auf den engen

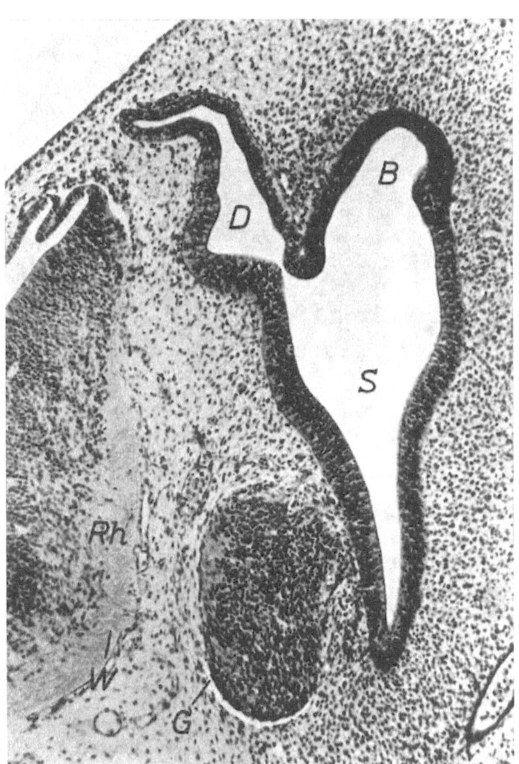

Abb. 100. Querschnitt durch die Innenohranlage eines menschlichen Embryo von 10 mm. *S* Anlage von Sacculus und Utriculus, *B* Anlage eines Bogenganges, *D* Ductus endolymphaticus, *Rh* Rhombencephalon, *G* Ganglion acustico-faciale, *W* Statoacusticus-Wurzel. (70fach)

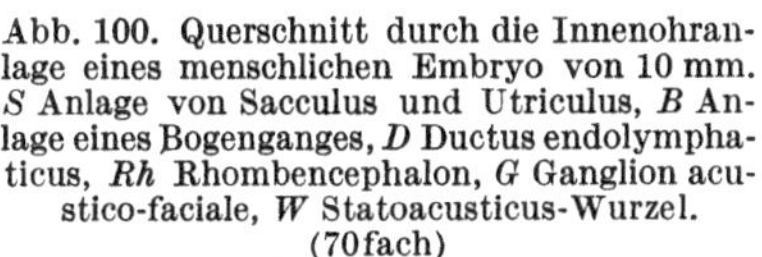

Ductus reuniens und wächst zu einem spiralig gewundenen Schlauch von $2^1/_2$ Windungen aus (Abb. 101). Aus dem dorsalen Abschnitt gehen in der Weise die Bogengänge hervor, daß am dorsalen Rand und an der lateralen Seite je eine Epithelfalte *(Bogengangsfalte)* aufgeworfen wird (Abb. 101 a und b). Indem sich die Seitenwände der Falten unter Offenhaltung des Randes aneinanderlegen, miteinander verschmelzen und in der Mitte resorbiert werden, entstehen aus den Randteilen der Falten die Bogengänge. Da die dorsale Falte an zwei Stellen durchbrochen wird, liefert sie die beiden vertikalen, anfangs in *einer* Ebene stehenden Bogengänge, deren Crus commune aus dem Mittelteil der Falte hervorgeht, während an den Enden die Ampullen entstehen; die Falte der lateralen Wand liefert den horizontalen Bogengang. Das anfänglich durchwegs hohe Epithel des Labyrinthbläschens behält diesen Charakter nur im Bereich der Nervenendstellen (Maculae, Cristae ampullares, Organon spirale) und wird

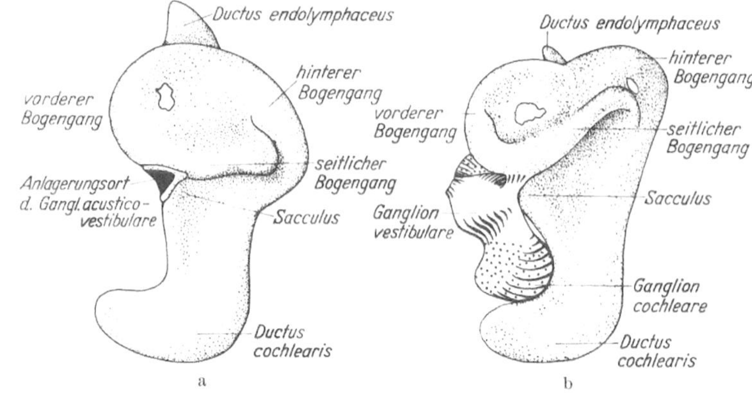

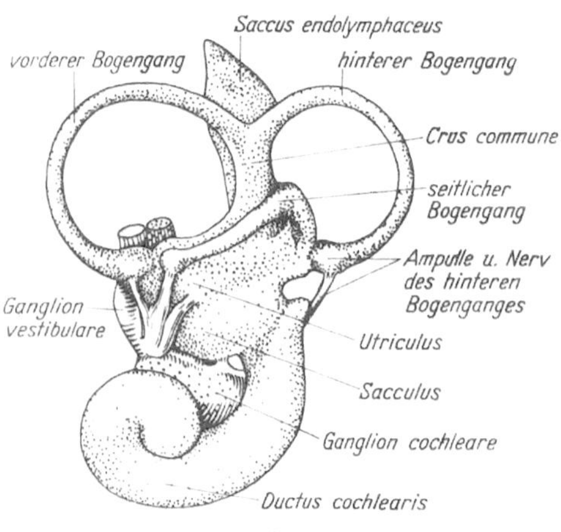

Abb. 101 a—c. Modelle der linken Labyrinthanlage von Keimlingen von 11, 13 und 20 mm Länge, von der lateralen Seite gesehen. Nervus vestibularis schraffiert N. cochlearis punktiert. Vergr. bei a und b 25 ×, bei c 20 ×. (Nach STREETER[1])

im übrigen stark abgeflacht. Die Ausbildung der Nervenendstellen ist von der Verbindung mit dem Ganglion statoacusticum (Abb. 100 und 101) abhängig, das aus dem Ohrbläschen hervorgegangen ist und sich in ein Ganglion vestibulare und cochleare differenziert. — Unter Einfluß des Labyrinthes verdichtet sich das umgebende Mesoderm und bildet die knorpelige, später knöcherne Labyrinthkapsel; zwischen ihr und dem membranösen Labyrinth bleibt eine Schicht lockeren mesodermalen Gewebes stehen (Abb. 102), dessen Intercellularlücken immer weiter werden und zum perilymphatischen Raum zusammenfließen. Nur unmittelbar am epithelialen Labyrinth und an der Kapsel verdichtet sich das perilymphatische Gewebe zur Membrana propria des häutigen Labyrinths bzw. zum Perichondrium (Periost).

---

[1] G. L. STREETER 1873—1948, langjähriger Leiter des Department of Embryology der Carnegie Institution of Washington. Initiator der größten Sammlung menschlicher Embryonen an der Carnegie Institution.

Das *Mittelohr* stammt aus der ersten Schlundtasche (S. 129), die sich an ihrem lateralen Ende zur *Paukenhöhle* erweitert, während aus dem Anfangsstück die *Tuba auditiva (Ohrtrompete)* hervorgeht. Das Bindegewebe unter dem Epithel der Paukenhöhle ist vom 4. Monat an sehr aufgelockert und lückenreich (peritympanales Gallertgewebe); durch Schwund dieser Gallerte gegen Ende der

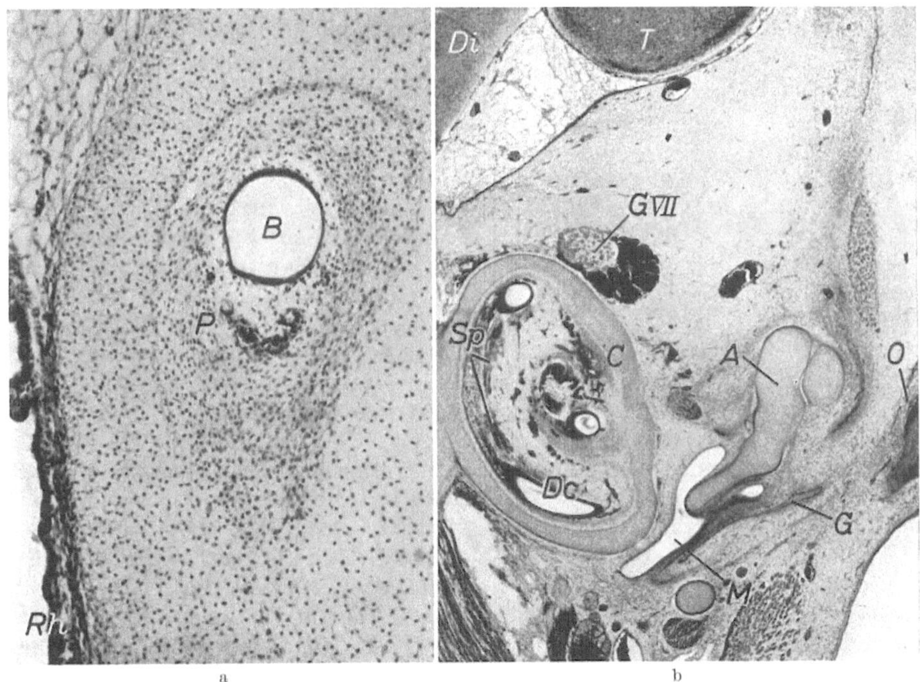

Abb. 102a u. b. Schnitt durch die Ohranlage eines menschlichen Embryos von 46 mm. a Querschnitt durch einen hinteren Bogengang (*B*) mit dem umgebenden perilymphatischen Gewebe (*P*), das durch ein dichteres Perichondrium von der umgebenden Ohrkapsel abgesetzt ist. *Rh* Rhombencephalon mit Plexus chorioideus ventric. IV. b Querschnitt durch die Innen- und Mittelohrregion in Höhe der Schneckenanlage. *C* Cochlea mit vier Anschnitten des Ductus cochlearis (*Dc*), *Sp* Ganglion spirale, *A* Anschnitt des Amboß mit rechts anschließendem Hammer-Amboß-Gelenk, *M* Mittelohrraum, *G* Anlage des obliterierten äußeren Gehörganges, *O* Anschnitt des Ohrknorpels, *G VII* Ganglion geniculi, *Di* Diencephalon, *T* Telencephalon. (a 90fach, b 15fach)

Gravidität wird die Ausdehnung der Paukenhöhle bewirkt und die (im Laufe der ersten Stunden nach der Geburt erfolgende) Luftfüllung vorbereitet; bis dahin ist der Raum von Fruchtwasser erfüllt.

Unter den Wänden der Paukenhöhle stammt die orale vom ersten, die aborale vom zweiten Kiemenbogen; in ihnen treten die entsprechenden Skeletstücke auf, Hammer und Amboß in dem ersten, der Stapes in dem zweiten (S. 130). Sie werden von der sich ausdehnenden Paukenhöhle umgriffen und mit Schleimhaut bekleidet. Diese dehnt sich auch gegen den (vor der Geburt sehr kleinen) Warzenfortsatz aus und bildet das *Antrum mastoideum*, von dem erst allmählich in postnataler Zeit der Hauptteil der *Cellulae mastoideae* auswächst, während der Rest vom Boden der Paukenhöhle aus entsteht.

Die *Ohrmuschel* entsteht aus der Vereinigung der Auricularhöcker (S. 59 und Abb. 54), der äußere *Gehörgang* in seinem lateralen (ungefähr dem knorpeligen Teil entsprechenden) Abschnitt aus der ersten äußeren Kiemenfurche. Der mediale Anteil (etwa die spätere Pars ossea) geht aus einer zuerst soliden Epithelplatte *(Gehörgangsplatte)* hervor, die sich vom Grunde der äußeren Kiemenfurche in das

Mesoderm einsenkt und mit dem Epithel der ventrolateralen Paukenhöhlenwand eine Mesodermscheibe einschließt, die bindegewebige Anlage des Trommelfells, in welche auch das Manubrium mallei einbezogen wird. Die Gehörgangsplatte (Abb. 102, *G*) erhält erst im siebten Fetalmonat ein Lumen.

Nasenhöhle mit Gesichts- und Gaumenbildung

Die *Riechplacode* erscheint bei sehr jungen Embryonen (von 4—5 mm) zu beiden Seiten des Vorderkopfes als *Riechplatte* (Abb. 95 und 103) und senkt sich alsbald zum *Riechgrübchen* (Abb. 104 und 97) ein. Um die Riechgrübchen und die Mundspalte herum bilden sich regionale Mesenchymverdichtungen, die einerseits für die Abgrenzung von Mund- und Nasenhöhle, andererseits für die Gesichtsbildung bedeutsam werden. Sie heißen Gesichtsfortsätze. Zwischen den Riechgrübchen erhebt sich ein Stirnfortsatz (mittlerer Nasenfortsatz, Abb. 103 und 104). Erhöhung der Ränder und Vertiefung des

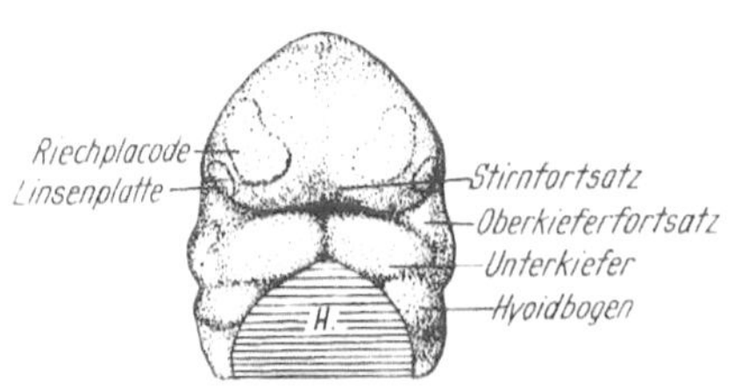

Abb. 103. Vorderkopf und Gesicht eines 4,9 mm langen Keimlings nach dem Modell von PETER. *H* Schnittfläche des Herzens. Vergr. 15 ×

Riechgrübchens lassen dieses zum Riechsäckchen werden. Vom caudalen Rand des Einganges in dasselbe angefangen legen sich die Ränder des Grübchens aneinander und verschmelzen mit ihren Epithelflächen, so daß das immer besser sich abgrenzende Riechsäckchen durch eine auf der freien Oberfläche senkrecht stehende Epithelplatte (*Epithelmauer*, Abb. 97 und 105 c) mit dieser Oberfläche in Verbindung bleibt. Dem Ansatz der Platte entspricht außen eine Rinne, welche von der erhalten bleibenden Öffnung des Riechsäckchens, dem späteren *äußeren Nasenloch,* in den Mund verläuft und als *Nasen-Gaumenrinne* bezeichnet wird (Abb. 104 d und 97). Am Ende dieser Rinne, am Dach der Mundhöhle, legt sich das Riechsäckchen dem Epithel der Mundhöhle unter Ausbreitung der Epithelmauer flächenhaft an; die so entstandene doppelte Epithelmembran *(Membrana bucconasalis)* (Abb. 105 d) reißt ein, und die Öffnung stellt die *primitive Choane* dar (Abb. 109). Schon vorher wird der vordere Teil der Epithelmauer unter dem Riechsäckchen von Mesoderm durchwachsen und zerstört, so daß die *primitive Nasenhöhle* jetzt einen Epithelschlauch darstellt, der von der Vorderfläche des Kopfes in die primitive Mundhöhle leitet. Infolge dieser bindegewebigen Durchwachsung der Epithelmauer kommt es zu einer mesenchymalen Verbindung des medialen Nasenfortsatzes einerseits und des lateralen Nasenfortsatzes und des Oberkieferfortsatzes andererseits, einer Erscheinung, die als Entwicklung des primären Gaumens bezeichnet wird.

Der seitlich von der Nasen-Gaumenrinne gelegene Teil des Gesichtes wird von dem seitlichen Nasenfortsatz und dem Oberkieferfortsatz gebildet. Diese beiden Fortsätze sind durch eine Furche getrennt, welche wir als *Grenzfurche des Oberkieferfortsatzes* (Abb. 108) bezeichnen wollen. Bei Embryonen von etwa 10 mm Länge erscheint kranial von dieser eine zweite Furche, die *Tränen-Nasenrinne* (Abb. 108), welche somit in den vom seitlichen Nasenfortsatz gebildeten lateralen Nasenwall einschneidet. Während die Tränen-Nasenrinne an Tiefe zunimmt, verstreicht die Grenzfurche des Oberkieferfortsatzes. Die Tränen-Nasenrinne ist somit nicht die Grenze zwischen Oberkieferfortsatz und lateralem Nasenfortsatz, sondern geht quer durch den letzteren, während das ursprünglich zwischen Tränen-Nasenrinne und Grenzfurche gelegene Gebiet dem Oberkieferfortsatz zugeteilt wird. Die Tränen-Nasenfurche ist in ihrem nasenwärtigen

Anteil tief und schmal, während sie sich gegen das Auge zu verbreitert und abflacht. Vom Grund der Rinne senkt sich ein Epithelstrang in das Bindegewebe ein. Nachdem er sich — unter weiterer Längenzunahme — von dem Epithel der Furche gelöst hat, liegt er als Y-förmiger Strang in der Tiefe der Weichteile

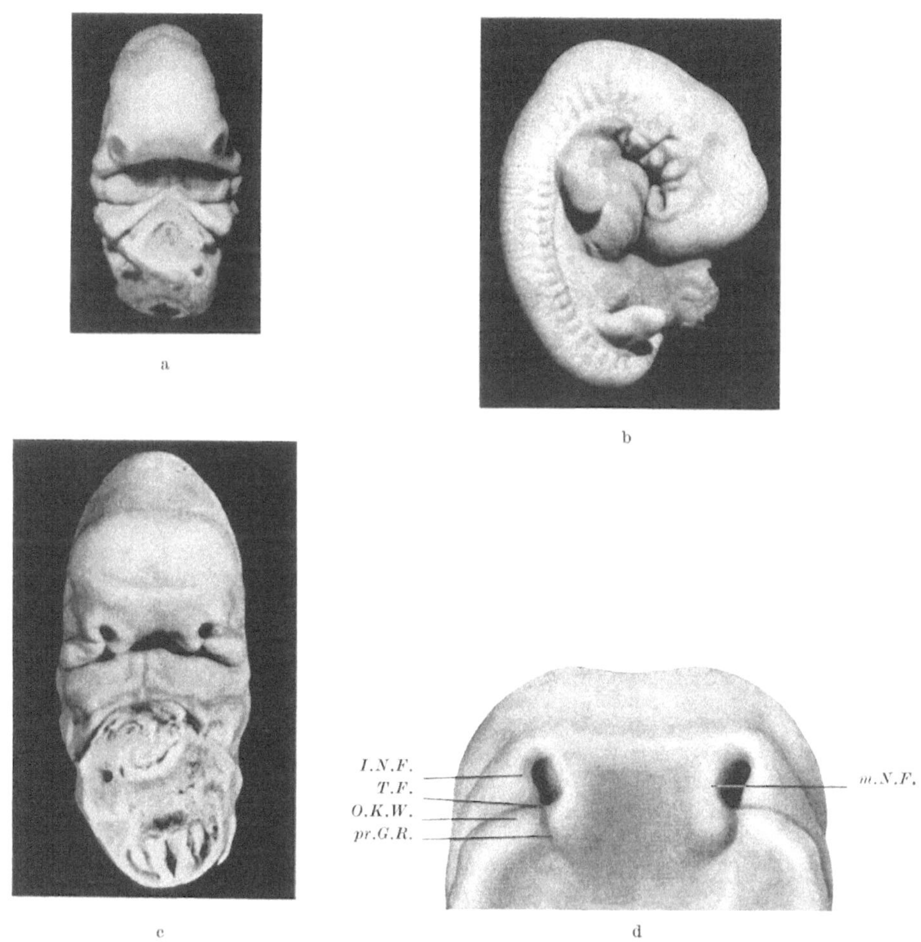

Abb. 104a—d. a Frontalansicht des Kopfes eines Keimlings von 8—9 mm. Vergrößerung 7,5fach, b Seitenansicht eines Keimlings von 9 mm. Vergr. 5fach. c Frontalansicht eines Keimlings von 9,8 mm. Vergr. 7,5fach, d Modell des Vorderkopfes eines Keimlings von 11 mm. Vergr. 25fach (nach HOCHSTETTER 1944). *I.N.F.* lateraler Nasenfortsatz; *m.N.F.* medialer Nasenfortsatz; *O.K.W.* Oberkieferfortsatz; *pr.G.R.* primitive Nasen-Gaumenrinne; *TF* Grenzfurche des Oberkieferfortsatzes

des Gesichtes. Sein unteres Ende verbindet sich mit dem hutkrempenförmig erhobenen Rande des unteren Nasenganges, während sein oberes zweigeteiltes Ende die Verbindung mit der unteren bzw. oberen Hälfte des Conjunktivalsackes herstellt. Nachdem er eine zentrale Lichtung gewonnen hat, wird er zum *Tränennasengang*, dem *Tränensack* und den *Tränenröhrchen*, d. h. den *ableitenden Tränenwegen*. Die Tränen-Nasenfurche ist inzwischen längst eingeebnet. Der Anteil des seitlichen Nasenfortsatzes und des Oberkieferfortsatzes an dem Gesicht des Erwachsenen kann nicht festgestellt werden, da die Grenzfurche des Oberkieferfortsatzes frühzeitig schwindet. Aber auch die Lage der Tränennasenfurche, welche diese Grenze *nicht* darstellt, kann nur beiläufig angegeben werden. Sie führt von irgendeiner Stelle der Nasen-Gaumenrinne zu irgendeiner Stelle des unteren Lidrandes.

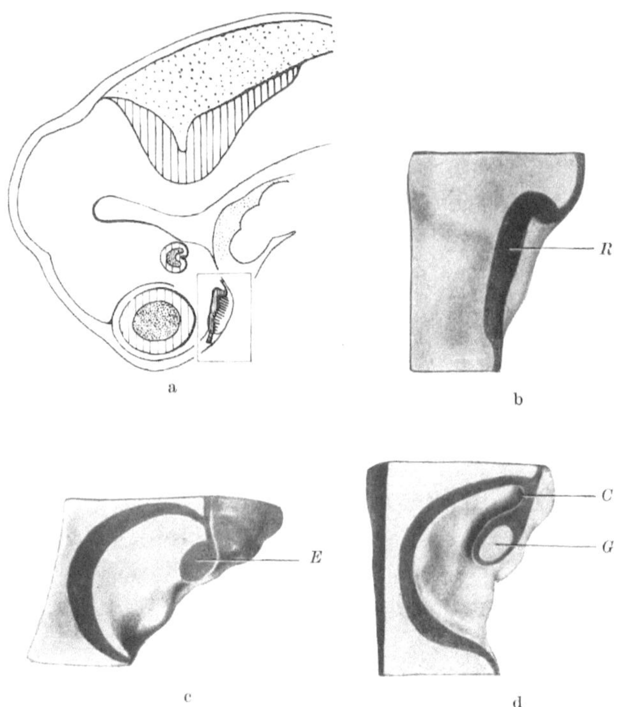

Abb. 105a—d. Darstellung der Entwicklung der Nasenhöhle auf Sagittalschnitten. (a) Lageskizze der folgenden Modelle nach Embryonen von 8,5 mm, (b) 10 mm, (c) und 12 mm (d). *C* Membrana bucconasalis; *E* Epithelmauer; *G* primärer Gaumen; *R* Riechgrube (a nach KOLLMANN, b—d nach GROSSER)

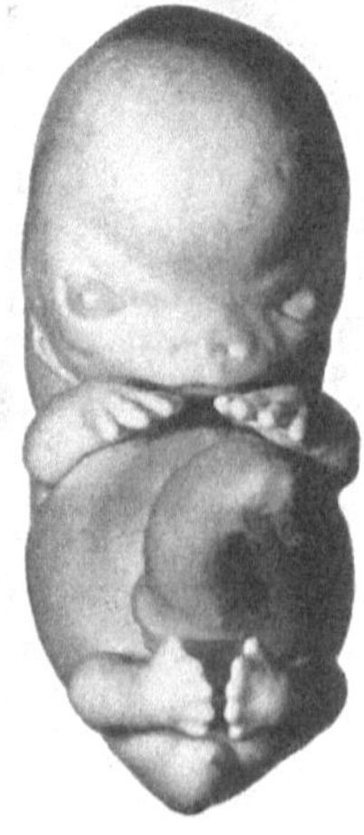

Abb. 106. Ansicht eines Keimlings von 21 mm Länge von vorn. Augen noch schräg seitwärts gerichtet, Kiefergegend schnauzenförmig. Nasenloch epithelial verschlossen. Obere Extremitäten proniert, untere noch nicht. Vergr. 3 ×

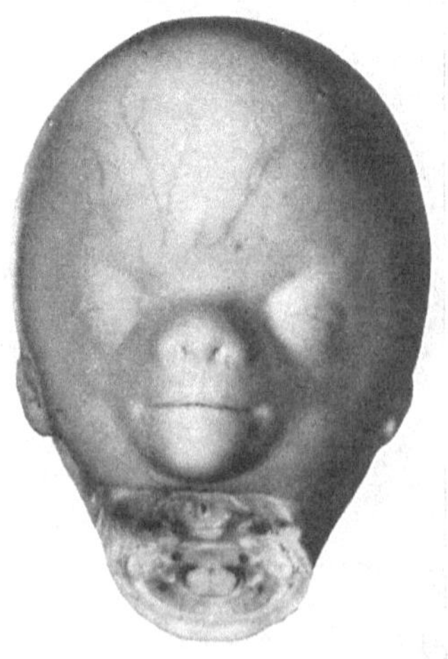

Abb. 107. Gesicht eines 52 mm langen Keimlings von vorn. Augen geschlossen, Kiefer stark vorspringend Nasenloch frontal gestellt, epithelial verschlossen. Vergr. 2 ×

Bei der Verwachsung der Gesichtsfortsätze untereinander verschwinden die äußeren Trennungsfurchen. Es wird angenommen, daß aus dem Stirnfortsatz Nasenrücken und der Mittelteil der Oberlippe mit dem Philtrum hervorgehen.

Zur Ausbildung des *menschlichen Gesichtes*, das im wesentlichen einer frontal eingestellten Ebene entspricht, ist nun noch eine Reihe von Verschiebungen der Teile notwendig. Denn die Augen sind zuerst rein seitwärts gerichtet (Abb. 54 und 106), die spätere Ohröffnung, die aus der Gegend der ersten äußeren Kiemenfurche hervorgeht, liegt caudal von der Mundöffnung am Hals (Abb. 54) und die Nasenöffnungen sind frontal gestellt (Abb. 103 und 106). Während das Auge allmählich nach vorn (Abb. 54 e und f, 106 und 107) und das äußere Ohr nach aufwärts hinter die Mundspalte wandert (Abb. 54 e, 107), grenzt sich der Nasenrücken durch eine *quere Nasenfurche* (Abb. 54 e, f, 107) von der Stirngegend ab. Im Zusammenhang mit der Anlage der Zähne wächst die Kiefergegend

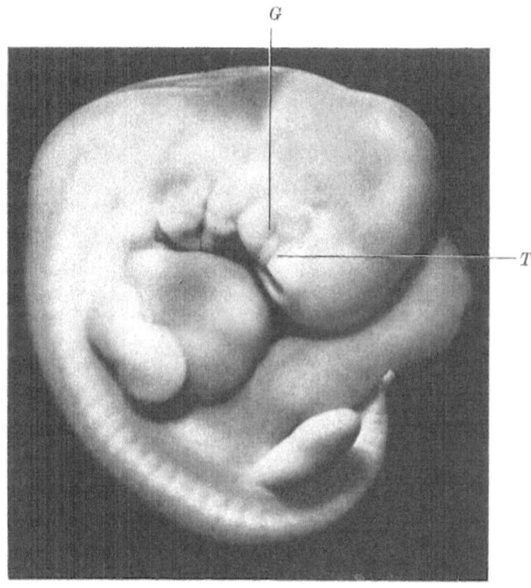

Abb. 108. Seitenansicht eines 10 mm langen menschlichen Embryo (Gr). *G* Grenzfurche des Oberkieferfortsatzes; *T* Tränennasenfurche
Vergr. 12 ×

schnauzenartig vor (Abb. 54 e, 106, 107) und das am Ende der Schnauze frontalstehende Nasenloch wird epithelial verschlossen (Abb. 106 und 107). Erst allmählich treten die Kiefer mit dem Wachstum des Gehirnes und der Stirnregion des Gesichtes wieder in das Gesichtsniveau zurück, während die äußere Nase frei vorwächst und das Nasenloch nach unten wendet.

Vom Mundeingang bis zur primitiven Choane erstreckt sich der *primäre Gaumen* (Abb. 105 und 109). Hinter der primären Choane aber reicht die *primitive Mundhöhle* dorsalwärts bis an die Schädelbasis, der auch die Zunge anliegt (Abb. 122 und 109).

Zu beiden Seiten der Zunge bilden sich die zunächst vertikal eingestellten *Gaumenfortsätze* (Abb. 110). In einem späteren Stadium (etwa 25 mm und darüber) sehen wir, daß die Zunge abgesunken ist und nunmehr zwei horizontal gestellte *Gaumenfortsätze* vorhanden sind (Abb. 111). In welcher Weise die Überführung der vertikalen in die horizontale Lage der Gaumenfortsätze erfolgt, ist zwar bisher nicht erwiesen, aber das zeitliche Zusammentreffen erster reflektorischer Mundöffnungsbewegungen (25—26 mm!) weist auf die Bedeutung aktiver Zungensenkung hin. Die Gaumenfortsätze wachsen nunmehr medianwärts vor und verschmelzen in der Medianebene, wobei sich das Nasenseptum von oben her kommend gleichfalls mit den beiden Gaumenplatten vereinigt (Abb. 111). Es entsteht auf diese Weise eine T-förmige Naht, welche anfänglich durch Epithelplatten markiert ist, die späterhin verschwinden. Im vorderen Teil der Mundhöhle erfolgt die Verwachsung der Gaumenfortsätze in anderer Weise. Die Platten erreichen die Medianebene nicht, so daß sich das Nasenseptum von oben her zwischen sie einschiebt (Abb. 112). Die Epithelnaht hat demnach V-Form. Der gaumenbildende Anteil des Nasenseptums stellt die Papilla palatina dar. Durch den Schluß dieses *sekundären Gaumens* werden die definitiven Verhältnisse in der Mundhöhle geschaffen. Der Zusammenhang der Nasenhöhle mit der Rachenhöhle wird nunmehr durch die *sekundären Choanen* gebildet.

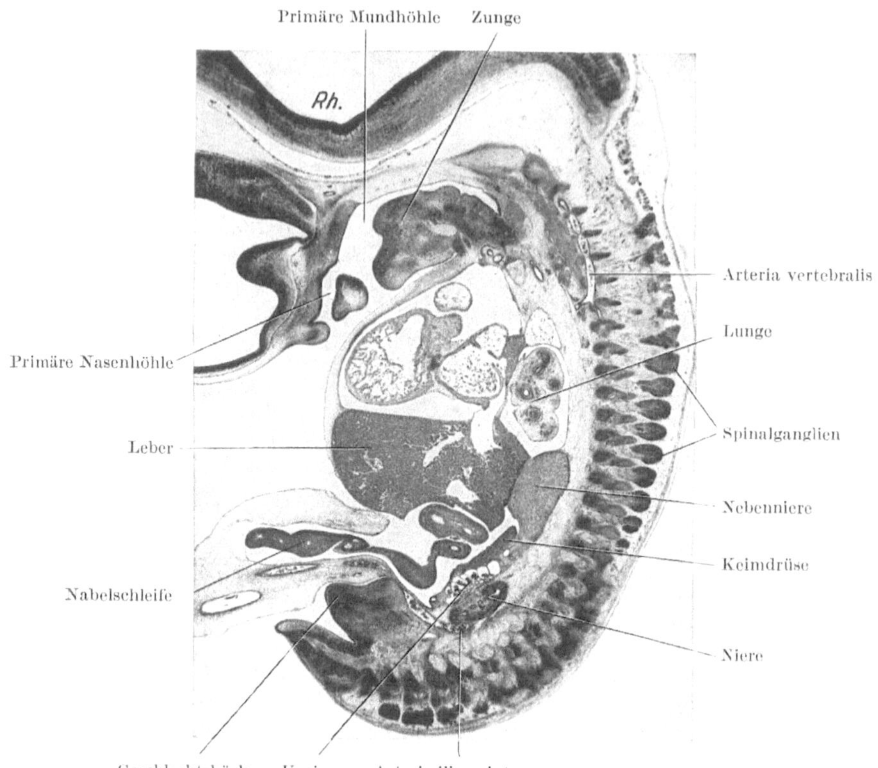

Abb. 109. Etwas lateral von der Medianebene geführter Sagittalschnitt durch einen Keimling von 13,3 mm Länge. Der Schnitt geht durch die primitive Nasen- und Mundhöhle. *Rh* Rhombencephalon; Vergr. 12 ×

Unterbleibt die Bildung des primären Gaumens oder — was wohl häufiger der Fall ist — wird die Epithelmauer nur unvollkommen durch Bindegewebe ersetzt und öffnet sich später, dann entsteht die *Hasenscharte*. Sie kann von verschiedener Ausdehnung sein, von leichten Kerben im Lippenrot angefangen kann sie bis ins Nasenloch reichen. Die Lippen-Kieferspalte führt etwa durch die Mitte der Anlage des lateralen Schneidezahnes. Dieser kann demnach verdoppelt sein, kann medial bzw. lateral von der Spalte liegen oder er kann ganz fehlen. Die Lage der Kieferspalten entspricht also nicht den wesentlich später entstehenden Knochengrenzen von Maxillare und Prämaxillare, da der laterale Schneidezahn immer im Prämaxillare liegt. Unterbleibt die Verwachsung der Gaumenfortsätze untereinander bzw. mit dem Nasenseptum, dann entsteht eine Gaumenspalte oder der Wolfsrachen.

Die erste Entwicklung der Nasenmuscheln (Conchae nasales) geht auf längsgestellte Epithelverdickungen zurück, die sich bei Embryonen von 15—30 mm Länge an der lateralen Wand in der Tiefe des Riechsackes (Abb. 112a—c) finden. Die Reihenfolge ihrer Erscheinung und der weiteren Differenzierung schreitet von der unteren zu den oberen Muscheln fort. Sie wachsen von der seitlichen Nasenwand gegen das Nasenseptum und den Nasenboden zu vor und bilden damit die drei evtl. vier Nasengänge. Ihr Knorpelskelet wird später knöchern ersetzt.

Die Entwicklung der Nasennebenhöhlen geht von Schleimhauttaschen des mittleren und der oberen Nasengänge aus. Die größere Tasche unter der mittleren Muschel (Ethmoturbinale I) zeigt bei 93 mm SSL (Abb. 113) einen Recessus frontalis und einen Recessus maxillaris als erste Andeutung der entsprechenden, sich später abschnürenden Sinus. Hinter dem Recessus frontalis läßt die gleiche

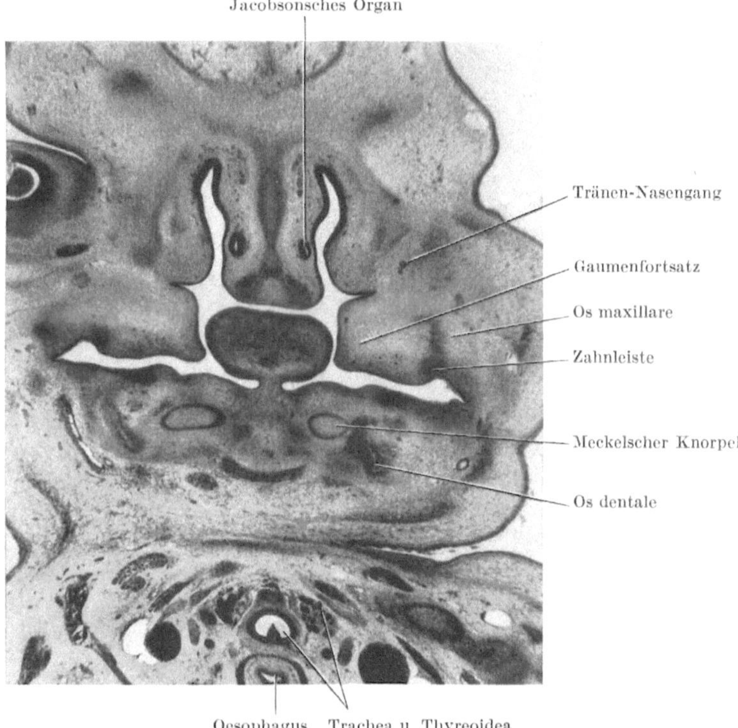

Abb. 110. Frontalschnitt durch den Vorderkopf und Hals eines 21,5 mm langen Keimlings. Gaumenfortsätze in Ausgangsstellung. Vergr. 15 fach

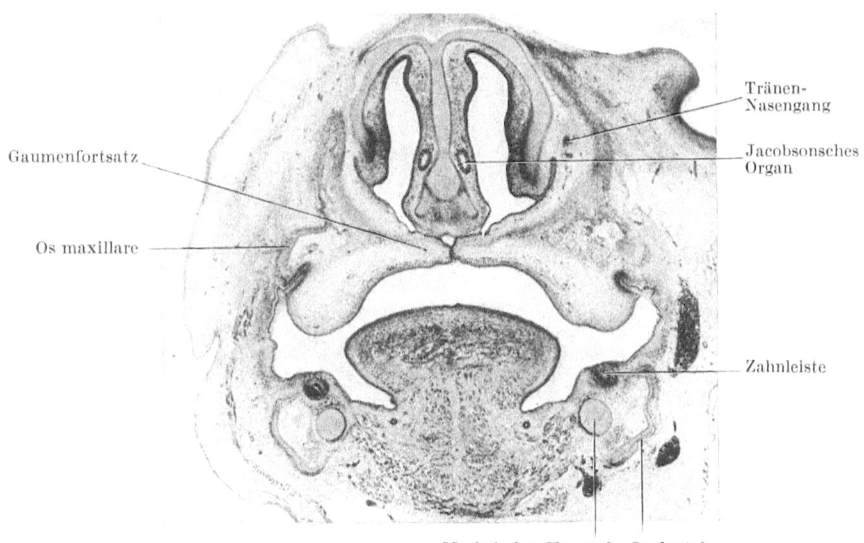

Abb. 111. Frontalschnitt durch den Vorderkopf eines 30,3 mm langen Keimlings. Gaumenfortsätze umgelegt Vergr. 15 ×

Tasche noch die vorderen Siebbeinzellen und die Zelle der Bulla ethmoidalis entstehen. Der Recessus des Ethmoturbinale II (obere Muschel) und des Ethmoturbinale III (oberste Muschel) führen zur Bildung der hinteren Siebbeinzellen. Für den Sinus sphenoidalis zeigt sich eine eigene Tasche an der Hinterwand

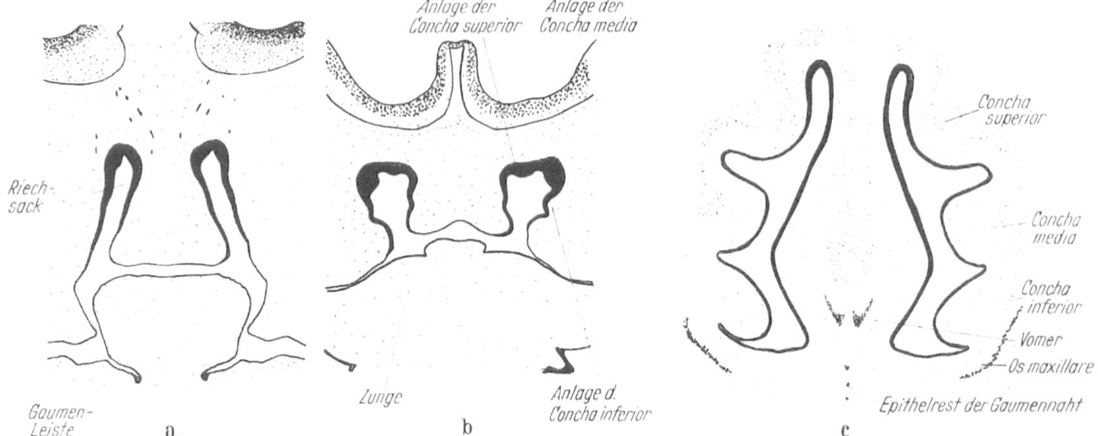

Abb. 112a—c. Skizzen nach Originalschnitten durch die Nasenhöhle bei Embryonen zwischen 18 und 40 mm Länge. Epithel schwarz, Bindegewebe, Knorpel und Knochen punktiert

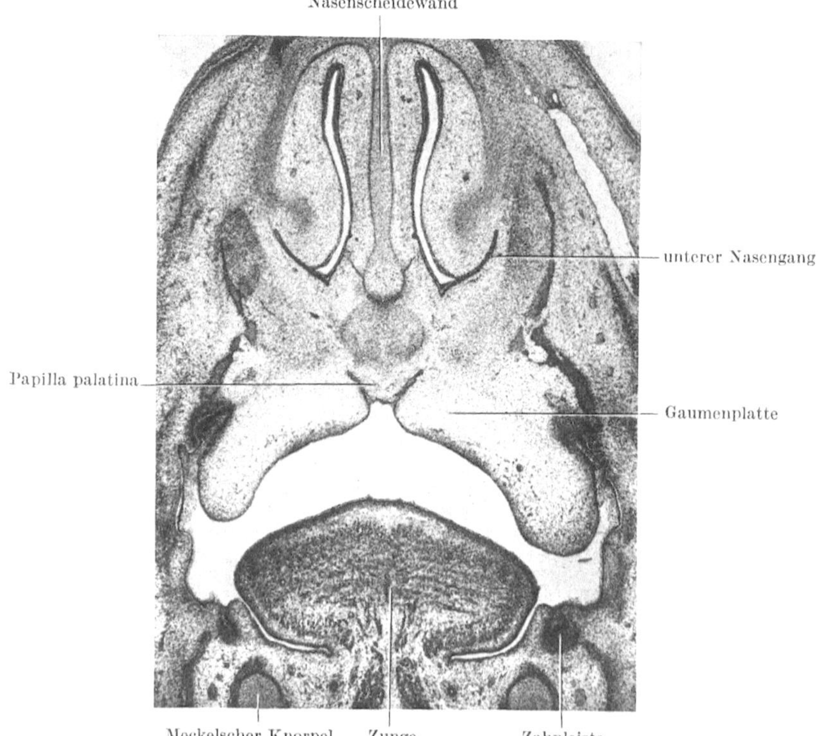

Abb. 112d. Frontalschnitt durch die Mund- und Nasenhöhlen eines menschlichen Embryo von 33 mm SSL (Ee). (2033). 22fache Vergrößerung

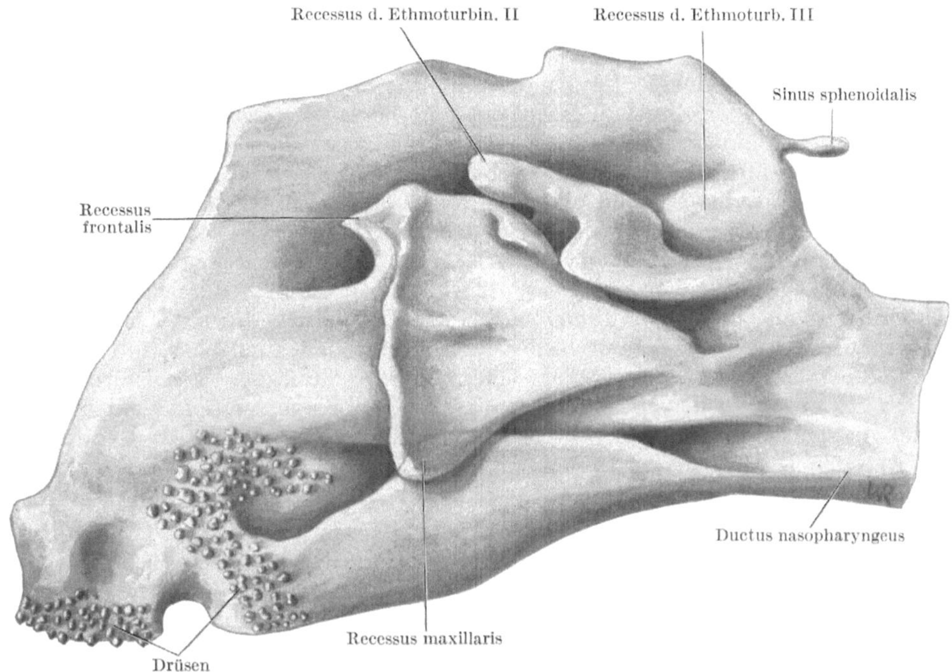

Abb. 113. Schleimhaut der linken Nasenkapsel eines Embryo von 93 mm SSL von lateral. Plattenmodell bei 25 facher Vergrößerung. (Aus RHEINBACH 1963)

der Nasenhöhle. Alle Sinus erfahren ihre endgültige Entwicklung erst in postnataler Zeit.

Geschmacksorgan

Die *Geschmacksknospen* kommen zwar im Bereich der Papillae vallatae an der Zunge gehäuft vor, sind aber überhaupt am Zungenrücken, dann am Zungengrund und auch am Gaumen zu finden. Sie gehören somit sowohl entodermalen wie ektodermalen Epithelgebieten an (über die Grenze s. unten) und entstehen wahrscheinlich unter dem Einfluß der das Epithel erreichenden Geschmacksfasern des Glossopharyngicus und Facialis durch Differenzierung des Oberflächenepithels.

B. Atmungs- und Verdauungstrakt

Kopfdarm

Der Kopfdarm geht aus der ektodermalen Mundbucht und der entodermalen vorderen Darmbucht hervor (vgl. auch S. 53); die Grenze, die Rachenmembran, reißt schon bei Keimlingen von $2^1/_2$ mm Länge ein und verschwindet bald völlig, so daß eine Keimblattgrenze später nicht mehr sicher anzugeben ist. Sie ist nur dadurch einigermaßen bestimmbar, daß Hypophyse, Nasenhöhle, Zähne und Speicheldrüsen ektodermaler, Ohrtrompete, Gaumenmandel und Zungengrund mit der Schilddrüsenanlage entodermaler Abkunft sind; die Grenze geht somit vom Rachendach durch den weichen Gaumen und quer über die Zunge, bildet aber keine Ebene, sondern eine kompliziert gebogene Fläche.

Lippen, Zähne, Munddrüsen

Der Eingang in den frühembryonalen Mund ist vom Stirnfortsatz, den Oberkieferfortsätzen und dem Unterkiefer umrahmt (Abb. 103) und von ektodermalem Epithel bekleidet. In diesem Epithel entsteht nach Verwachsung der Gesichtsfortsätze mundhöhlenwärts eine bogenförmige Furche, die *Zahnfurche*, der eine in das Bindegewebe sich einsenkende Epithelleiste, die *Zahnleiste* (Abb. 110, 111, 114) entspricht. Lateral von ihr bildet die Mundhöhle bei Embryonen unter 21 mm einen horizontal gestellten Spalt, dessen Ober- und Unterwand seitlich in einem Sulcus buccalis ineinander übergehen (Abb. 110). Von diesem Sulcus buccalis geht auch die Anlage der Parotis aus. Später (25—26 mm) kommt es durch Senkung des Unterkiefers zu einer Erweiterung und Formveränderung des seitlichen Mundhöhlenanteiles (Abb. 111). Der bisher horizontale Spalt stellt sich nun sagittal ein und bildet damit die erste Anlage einer oberen und unteren Vorhofsfurche, die durch Höhenzunahme von Kiefer- und Lippenbegrenzung vertieft werden. Von einer Aufspaltung einer Wangen- bzw. Lippenleiste kann kaum die Rede sein.

Die Zahnleiste verläuft entlang der Kieferanlage; an ihrer labialen Seite entstehen im zweiten Monat fast gleichzeitig in jeder Kieferhälfte fünf umschriebene kolbenförmige Anschwellungen, die *Schmelzknospen* (Abb. 110, 114 und 115), aus denen die Anlagen der *Milchzähne* hervorgehen, während die Zahnleiste sich an der lingualen Seite der Zahnanlagen weiter in das Mesoderm einsenkt (Abb. 116), mit dem Wachstum der Kiefer sich nach rückwärts verlängert und schrittweise die Anlagen der bleibenden oder *Ersatzzähne* entstehen läßt, weshalb sie dann auch als *Ersatzleiste* bezeichnet wird (Abb. 115).

Die *Schmelzknospen* bilden glockenförmige Organe (Abb. 116), die in ihrer Form und Größe der Zahnkrone entsprechen. Die Zähne können als Hartgebilde (wie der Knochen) nicht interstitiell wachsen; sie können aber wegen ihrer Außenbekleidung mit Schmelz auch nicht appositionell wachsen, sondern müssen gleich in der endgültigen Größe gebildet werden. Deshalb können die Zähne einer Generation auch nur nacheinander durchbrechen, um den Kiefern Zeit zum Wachstum zu geben, insbesondere sind die Ersatzzähne z. Z. ihres Durchbruches relativ für den kindlichen Kiefer zu groß. Die Schmelzglocken lösen sich von der Zahnleiste ab (die Milchzahnanlagen etwa im vierten Monat, die Ersatzzahnanlagen z. T. erst nach der Geburt, wobei in der Regel ein vierter Molar angelegt wird) und differenzieren sich in ein *äußeres Schmelzepithel* an der Außenfläche, eine lockere, aus verzweigten Zellen bestehende *Schmelzpulpa*, und ein hochzylindrisches *inneres Schmelzepithel*; von letzterem geht die Bildung des Schmelzes und die Kontrolle der gesamten Zahnform einschließlich der Wurzel aus (Abb. 117). Schon vorher hat sich das Mesoderm unterhalb der Schmelzknospe verdichtet (Anlage der *Zahnpulpa*), am Rand der Verdichtung eine faserige Differenzierung angenommen und das *Zahnsäckchen* gebildet (Abb. 114). In der Zahnpapille ordnen sich die Mesodermzellen (Mesektoderm aus der Neuralleiste) an der Grenze gegen das Schmelzorgan palisadenartig (epithelähnlich) an und beginnen als *Odontoblasten* (Abb. 115—117) mit der Bildung des Dentins, dessen Ablagerung ebenso wie die des Emails zuerst an den Kronenspitzen auftritt. Die Ränder des Schmelzorganes wachsen nun ohne Bildung von Schmelzpulpa weiter nach abwärts und bestimmen die Form des Zahnhalses und, als *Wurzelscheide* (Abb. 117), auch die Form der Wurzel; bei geteilten Wurzeln teilt sich auch die Wurzelscheide entsprechend. Ihr entlang wird das Zahnbein der Wurzel angelegt, doch wird von ihr kein Schmelz gebildet; die Wurzelscheide zerfällt später, und dort, wo sie war, wird durch die Zellen des Zahnsäckchens Zement (Knochensubstanz) auf das Dentin abgelagert. Nach Maßgabe der Bildung der

Wurzel wird die Zahnkrone gehoben, bis sie, nach Atrophie des Schmelzorganes, auch das Zahnfleisch durchschneidet und in der Mundhöhle frei liegt; während des Durchbruches der Krone wird die Pulpahöhle an der Wurzelspitze bis

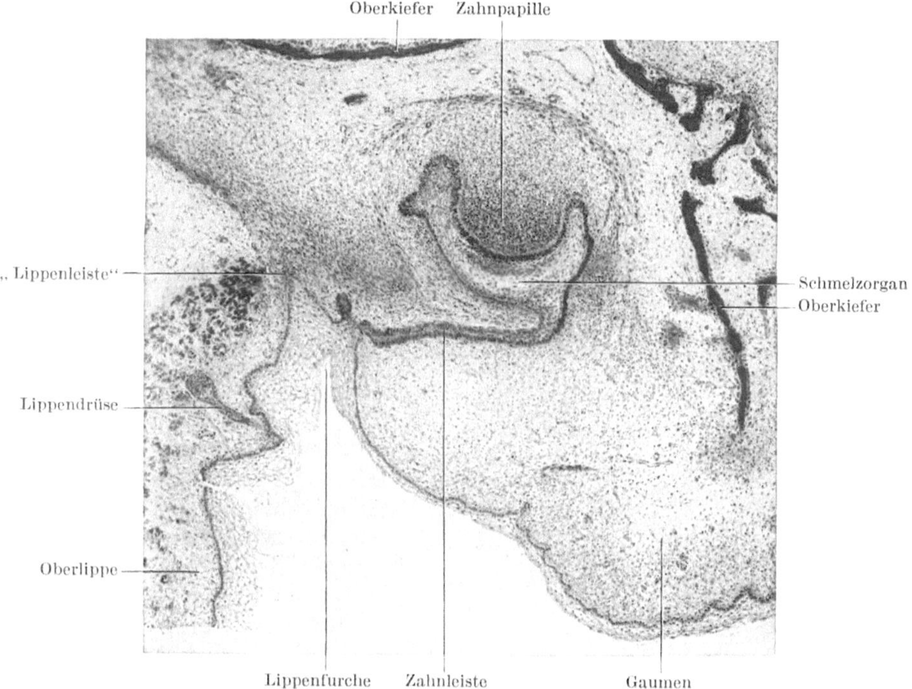

Abb. 114. Zahn- und Lippenanlage eines Keimlings von 80 mm Länge (2. Milchmolar). Vergrößerung 40 ×

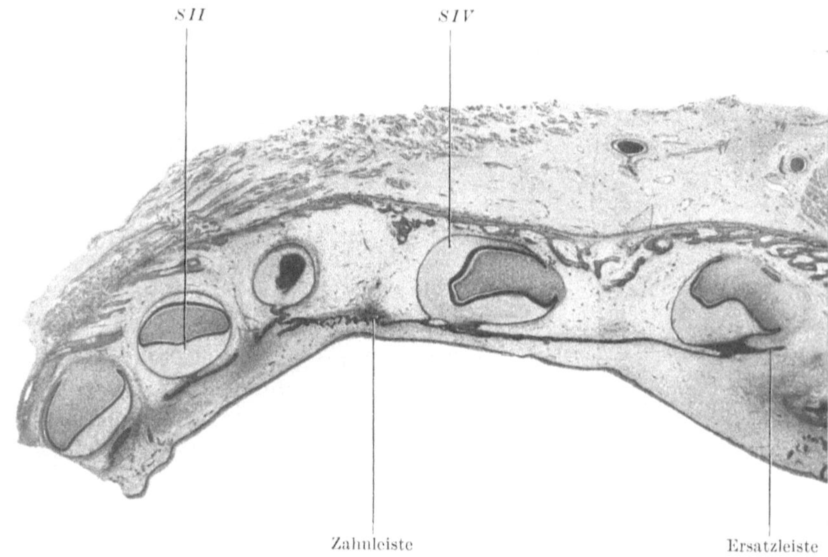

Abb. 115. Horizontalschnitt durch den Unterkiefer eines 3 Monate alten menschlichen Embryo. *SII, SIV* Schmelzorgane des lateralen Milchschneidezahnes und des ersten Milchmahlzahnes; 11 fache Vergrößerung

8   Grosser-Ortmann, Grundriß der Entwicklung des Menschen, 7. Aufl.

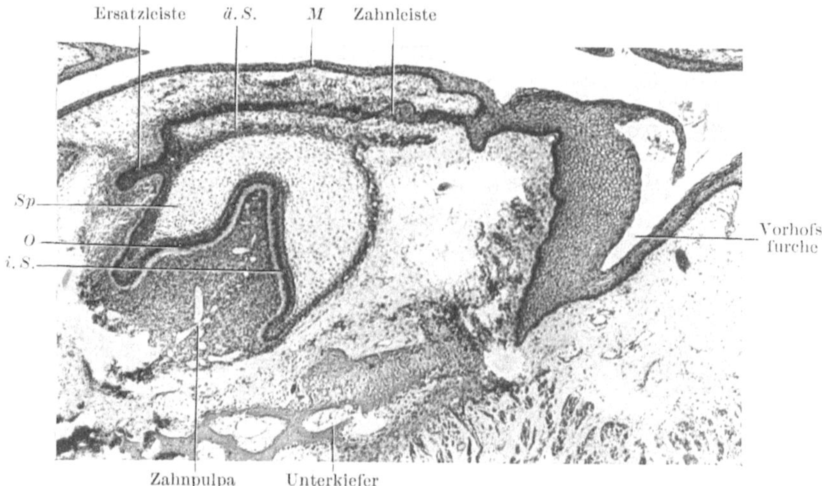

Abb. 116. Schnitt durch einen Unterkieferzahn eines menschlichen Embryo von 105 mm SSL (171 mm SFL.) *ä. S.* äußeres Schmelzepithel; *i. S.* inneres Schmelzepithel; *M* Epithel der Mundhöhle; *O* Odontoblastenschicht; *Sp* Schmelzpulpa; (531) 37fache Vergrößerung

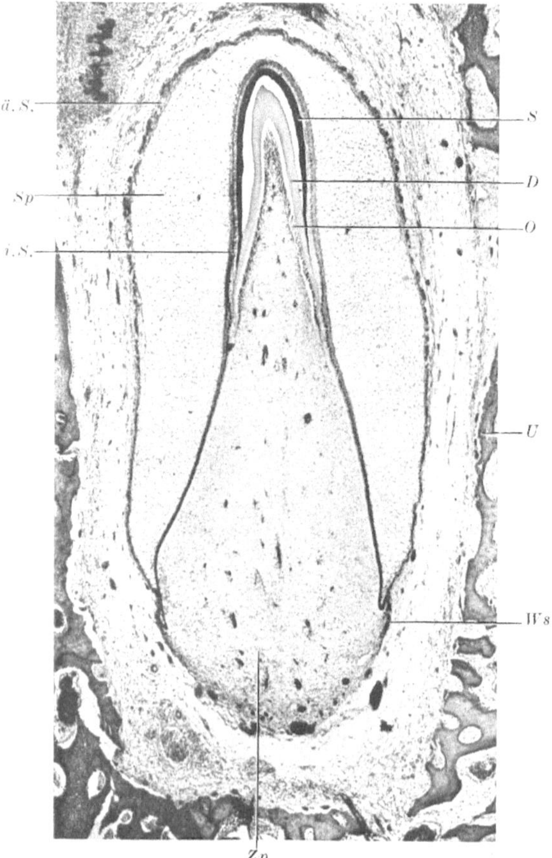

Abb. 117. Schnitt durch einen Unterkieferzahn eines menschlichen Embryo von 375 mm SFL. *ä. S.* äußeres Schmelzepithel; *D* Dentin; *i. S.* inneres Schmelzepithel; *O* Odontoblastenschicht; *S* Schmelz; *Sp* Schmelzpulpa; *U* Unterkiefer; *Ws* Wurzelscheide; *Zp* Zahnpulpa. (122) 38fache Vergrößerung

auf das Foramen apicis dentis geschlossen. Beim Emporsteigen der Ersatzzähne werden die Wurzeln der Milchzähne resorbiert, bis die Kronen nur mehr am Zahnfleisch hängen und schließlich ausfallen.

Der Durchbruch der Milchzähne beginnt normalerweise in der Mitte des ersten Lebensjahres mit den unteren mittleren Schneidezähnen und ist am Ende des zweiten Lebensjahres mit den zweiten Mahlzähnen beendet. Von den bleibenden Zähnen bricht der erste Mahlzahn hinter den Milchzähnen etwa mit 6 Jahren durch, dann beginnt der Zahnwechsel an den mittleren Schneidezähnen im 7.—8. Jahr. Er ist mit rund 14 Jahren beendet; im 13.—14. Jahr erscheint der zweite Molar und Anfang der Zwanzigerjahre, aber mit beträchtlichen zeitlichen Schwankungen, sehr oft auch nach Form und Größe rückgebildet oder selbst ganz unterdrückt, der dritte Molar. Sehr selten kommt hinter ihm noch ein vierter Molar zur Ausbildung; das wechselnde Verhalten des hinteren Endes der Zahnreihe ist der Ausdruck der an dieser Stelle erfolgten und offenbar noch im Fluß befindlichen Reduktion des menschlichen Gebisses.

Aus dem Epithel der Mundhöhle gehen als solide Aussprossungen auch die verschiedenen *Drüsen* hervor. Die großen *Speicheldrüsen* (Parotis, Submandibularis, die Gll. sublinguales) erscheinen schon am Ende des zweiten Monats und wachsen bis an die späteren Lagerstätten der Drüsen vor; dort verzweigt sich der Epithelsproß und bildet den Drüsenkörper. Nachträglich werden die soliden Sprossen ausgehöhlt. Die kleinen Munddrüsen erscheinen zumeist erst im vierten Fetalmonat, die Talgdrüsen an der Innenseite der Lippen und Wangen erst z. Z. der Pubertät.

Der Darm und seine Drüsen

Während die Abgrenzung des Darmes vom Dottersack im Gang ist, besteht der selbständig gewordene Teil des Darmes aus einer *vorderen* und *hinteren Darmbucht* (Abb. 46); er folgt dabei fast geradlinig oder in leicht dorsal konvexem Bogen (Abb. 118) dem Verlauf der Chorda dorsalis, die sich jetzt allmählich aus ihm ausschaltet (Abb. 48). Sobald aber der Darmnabel dem Verschluß entgegengeht, wächst der Darm stärker als der Körper und bildet eine Schleife vor der Wirbelsäule, die anfangs sagittal eingestellt ist und von deren Kuppe der Dottergang abgeht (Abb. 119, 124a), die *Nabelschleife*. Sie hat ihren Namen davon, daß sie sich in eine Ausstülpung der Bauchhöhle in den Anfangsteil des Nabelstranges erstreckt, in das *Nabelstrangcoelom* (Abb. 122, 123b, 124b, 128), wodurch die im zweiten und dritten Monat der intrauterinen Entwicklung bestehende *physiologische Nabelhernie* zustande kommt. Sie wird auch von außen als Verdickung des Anfangsteiles des Nabelstranges kenntlich (Abb. 54d). Kranial von der Nabelschleife liegen der Kiemendarm, das Gebiet der Lungenentwicklung, Magen- und Leberanlage, caudal der Hinterdarm, der auch die Ausführungsgänge des Urogenitalsystems aufnimmt und dadurch zur Kloake wird (S. 53 und 148).

Der *Magen* bildet zuerst eine spindelförmige, seitlich platt gedrückte Erweiterung des Darmrohres (Abb. 123a und 124a); er weitet sich dann längs seiner dorsalen Kante zur großen Kurvatur aus (Abb. 124b und die folgenden). Das *Colon* ist anfangs eher dünner als der *Dünndarm*; die Grenze zwischen beiden wird frühzeitig durch einen zuerst buckelförmigen Auswuchs, die Anlage des *Caecums* und des Wurmfortsatzes (Abb. 124a), bezeichnet. Der Wurmfortsatz ist noch beim Neugeborenen nicht scharf vom Caecum abgesetzt, sondern besitzt einen trichterförmigen Abgang.

Bei dem Wachstum des Darmes kommt es am Ende des ersten und im zweiten Monat an verschiedenen Stellen, am stärksten im Bereich des Duodenums und des Oesophagus, zu so starken Epithelwucherungen, daß das Lumen völlig verlegt wird oder doch nur aus unregelmäßigen Lücken besteht (*physiologische Atresie des Duodenums*, Abb. 121). Bei weiterem Wachstum lösen sich die epithelialen Verklebungen wieder.

In späteren Zeiten des Fetallebens besteht der Darminhalt aus verschluckter Amnionflüssigkeit, welcher Sekrete des Amnionepithels (Fetttröpfchen), abgestoßene Amnion- und Epidermiszellen, Haare, Darmepithelien und Sekrete der Verdauungsdrüsen beigemischt sind; durch Galle grün oder, im Enddarm, fast schwarz gefärbt, wird die eingedickte Masse als *Kindspech (Meconium)* im Darm zurückbehalten und normalerweise erst nach der Geburt entleert.

Im Zeitplan der Differenzierung der Darmwand geht die rein morphologische Ausgestaltung voraus. Dann erfolgt die Ausstattung mit den für die einzelnen Abschnitte charakteristischen Fermenten. Experimente an Versuchstieren haben ergeben, daß der Darm in gewissen Grenzen schon vor der Geburt in der Lage ist, Verdauungs- und Resorptionsaufgaben zu übernehmen, wie es im übrigen auch das Frühgeborene erweist. Mit der Geburt ist die Fermentausstattung aber noch nicht vollständig. Die lebensnotwendigen Kohlehydrate können als Mono- und Disaccharide resorbiert werden. Die Möglichkeit zur Fettverdauung und Resorption hängt deutlich vom Reifegrad des Neugeborenen ab. Der Darm muß für den Neonatus als ein oder der Hauptort der Begegnung mit Antigenen angesehen werden. Erst 14 Tage nach der Geburt finden sich in der Darmschleimhaut die ersten Plasmazellen als Vorläufer einer körpereigenen Antikörperbildung. Auch wenn in den letzten Tagen des intrauterinen Lebens täglich vom Darm bis zu einem halben Liter Amnionflüssigkeit aufgenommen werden, so ist die erste Nahrungsaufnahme Anstoß und Steuerung für weitere Entwicklungsschritte der chemischen Differenzierung.

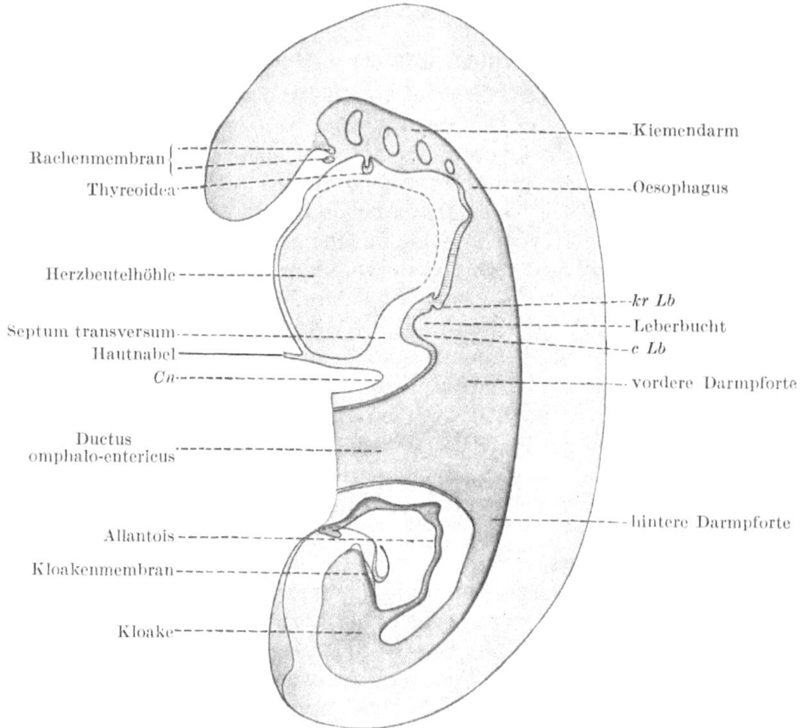

Abb. 118. Medianschnitt eines Keimlings von 23 Ursegmentpaaren mit graphischer Rekonstruktion des Darmkanals. *Cn* Coelomnabel; *c Lb*, *kr Lb* caudale, kraniale Leberausbuchtung (Ductus cysticus, D. hepaticus); Vergr. 30 ×. (Nach THOMPSON)

Der ganze Darm vom Oesophagus bis zum Enddarm besitzt ursprünglich ein einheitliches dorsales Mesenterium (Gekröse) (Abb. 124a). Im Bereich des Septum transversum, einer etwa querstehenden Bindegewebsplatte caudal des Herzens (Abb. 118) hat der Magen- und Duodenalteil auch eine Verbindung zur vorderen Bauchwand. Der anfänglich symmetrische Darm verläßt bei weiterem Wachstum die Mediane und führt zu mannigfachen Veränderungen seiner Verbindungswege zur Bauchwand.

Vielleicht ausgelöst durch die asymmetrische Entwicklung des Herzens (Rechtsverlagerung der Sinus-Vorhofverbindung), entwickelt sich die Leber hauptsächlich nach rechts, wodurch der Magen nach links, das Duodenum nach rechts verlagert und die Nabelschleife veranlaßt wird, sich zu drehen. Damit lassen sich am Darmkanal zwei Drehungen unterscheiden, die zur Entstehung des Bauchsitus führen, die *Magendrehung* und die *Nabelschleifendrehung*. Gesondert zu betrachten sind die Verwachsungen, die das Ergebnis der Drehungen festhalten und erst die schwere Übersehbarkeit des Endzustandes des Eingeweidesitus bedingen; sie können unabhängig von den Drehungen variieren.

Die Verbindungen des kranialen Darmteiles zur Vorder- und Rückwand der Leibeshöhle sind anfangs breit (Abb. 123a). Die Beweglichkeit des Magens ist daher durch die breitflächige Haftung an der Leber (Abb. 123a) und deren ausgedehnten Kontakt mit der vorderen Bauchwand und mit dem Septum transversum (Abb. 120d u. e) zunächst nur gering. Eine von caudal nach kranial vorgreifende Taschenbildung, der *Recessus hepato-entericus*, macht den Magen

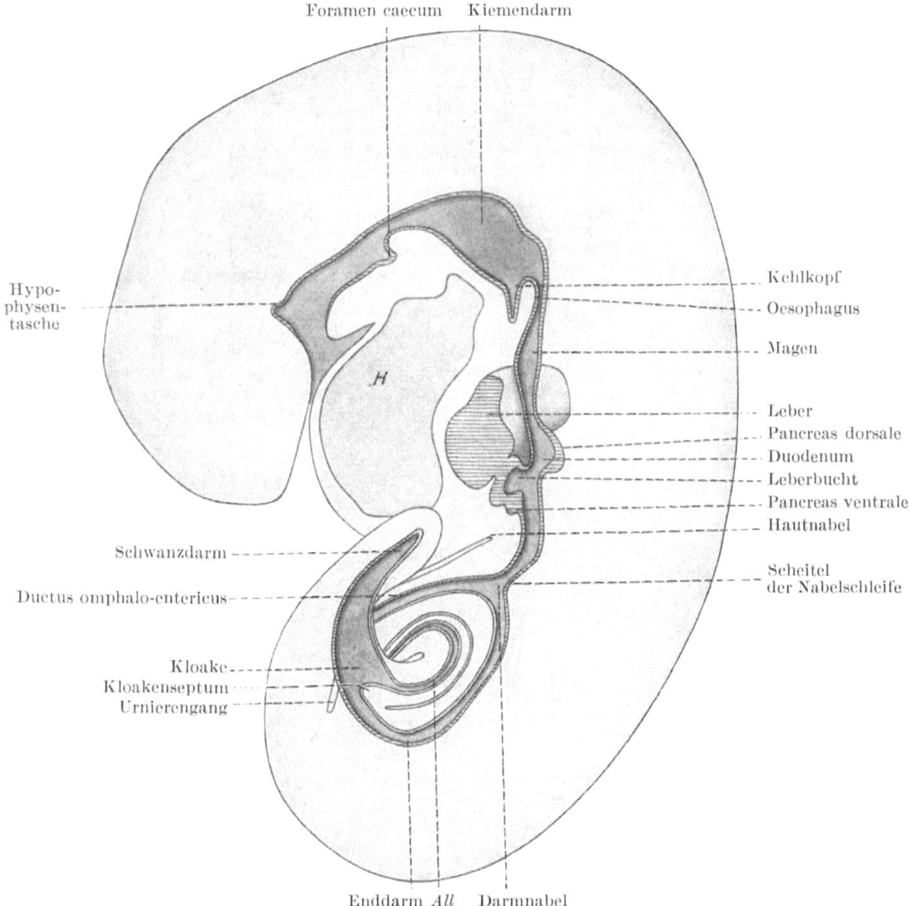

Abb. 119. Medianschnitt eines Keimlings von 4,9 mm Länge, mit graphischer Rekonstruktion des Darmkanals. *H* Herz; *All* Allantois. Vergr. 20 ×. (Nach INGALLS)

frei und ermöglicht die Fixation des großen Leberorganes an der hinteren Bauchwand. Der Recessus unterteilt nämlich die einheitliche Gewebeplatte vom dorsalen Mesenterium und Magen zur Leber (Abb. 123a) in zwei sagittal stehende Platten (Abb. 120a u. d, 124a). Die rechte, das sog. *Nebenmesenterium*, tritt vorzugsweise in den Dienst der Leber und sorgt für deren ursprünglich nicht vorhandene Verbindung zum Retroperitonealraum. Die Verbindung wird dabei so breit, daß sie als Platte später nicht wiederzuerkennen ist (Abb. 120f). Die linke Platte umschließt den Magen und wird dorsal und ventral von diesem zu dünnen Membranen, dem sog. *dorsalen* und *ventralen Mesogastrium*, ausgezogen. Sie machen den Magen nach Lage und Form völlig frei beweglich. Die vordere Membran wird durch die

Magendrehung frontal gestellt und wird zum *Omentum minus*. Die ursprünglich breitflächige Verbindung der Leber zur Bauchwand und zum Septum transversum — das ist im vorderen Teil des späteren Zwerchfelles — wird zum *Lig. falciforme hepatis* reduziert. Der dorsale Anteil wird durch die Magendrehung nach links ausgezogen. In seinem hinteren Teil entwickelt sich ein Teil des Pankreas und die Milz (Abb. 120f). Dieser Teil verlötet sekundär mit der hinteren Bauch-

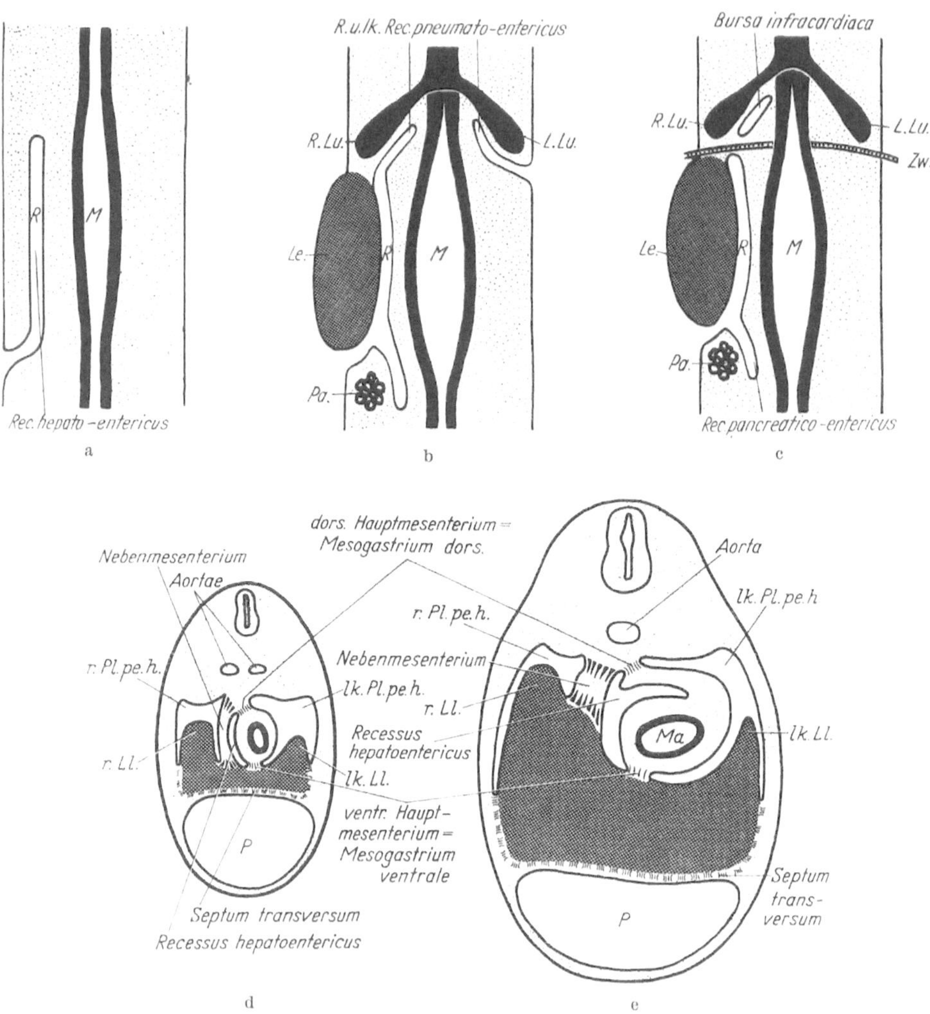

Abb. 120a—f. Schemata und Halbschemata zum Verständnis der Gekröseverhältnisse im Oberbauch. a—c: Schematische Frontalschnitte durch Magen und Duodenum mit begleitenden Mesenterialstrukturen. a Abgrenzung eines Nebenmesenteriums vom Hauptgekröse durch einen Recessus hepato-entericus, dessen Eingang zum späteren Foramen epiploicum wird. b Auftreten der Lungenanlagen und Ausdehnung des Recessus hepato-entericus in einen Recessus pneumato-entericus und pancreatico-entericus. c Linker Recessus pneumato-entericus geht verloren. Rechter *R.* pneumato-entericus wird durch die Zwerchfellbildung zur Bursa infracardiaca abgegliedert. In b und c gewinnt die Leber über das Nebenmesenterium breitflächige Verbindung mit der hinteren Bauchwand. Die halbschematischen Querschnitte d—f zeigen für Embryonen von 3, 4 und 17 mm bei 30facher Vergr. die Verlagerung der Leberfixation von der vorderen Bauchwand auf die Rückseite mittels des Nebenmesenteriums. Weiter .ist die Ausgestaltung des Recessus hepato-entericus zur Bursa omentalis und deren Veränderungen durch die Magendrehung zu verfolgen. Die noch ausstehende Verlötung der dorsalen Pankreasanlage (im dorsalen Mesogastrium) mit der hinteren Bauchwand ist vorwegnehmend schon angedeutet (nach BROMAN 1938 [1])

---

[1] IVAR BROMAN 1868—1946, Leiter des Tornblad-Institutes für vergl. Embryologie in Lund.

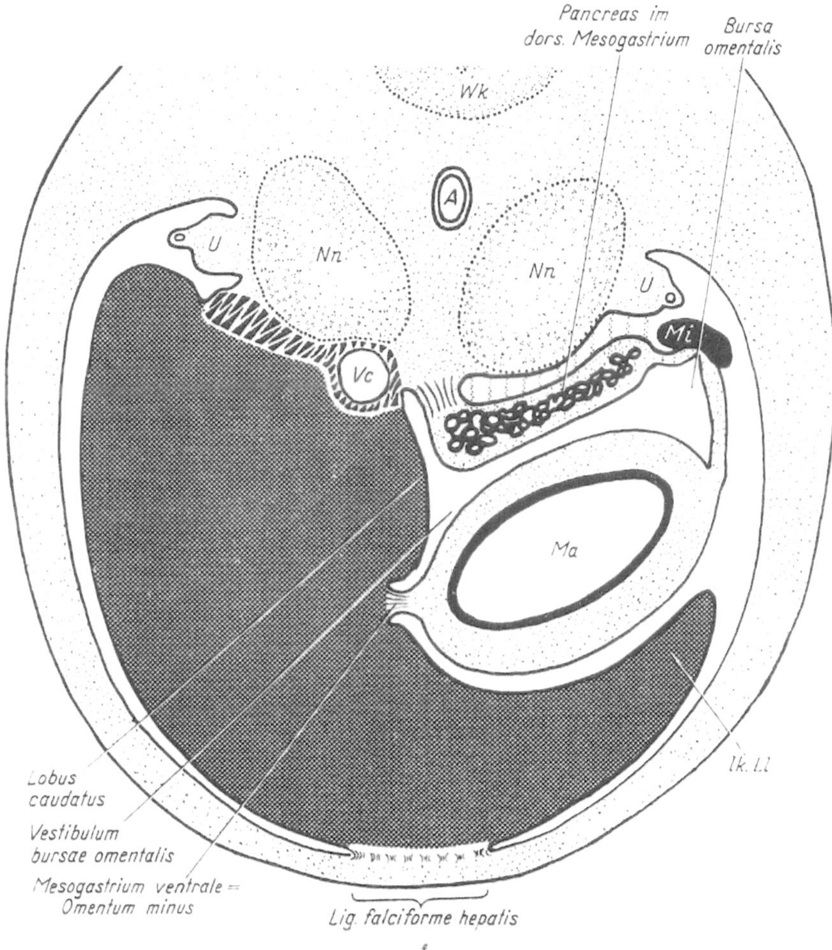

wand. Der Rest wird durch ein mächtiges Wachstum zum *Omentum majus* umgestaltet. Eine Erweiterung des Recessus hepato-entericus nach kranial greift als Recessus pneumato-entericus bis an die Lungenanlagen heran (Abb. 120b). Die Entwicklung des Zwerchfells (Abb. 120c) führt zu seiner Abgliederung *(Bursa infracardiaca)*. Die Drehung des Magens führt zu einer Erweiterung und Gliederung des Recessus hepato-entericus. Der links vom Magen gelegene Teil wird zur *Bursa omentalis*. Der rechts vom Magen, dorsal vom Omentum minus gelegene Anteil wird mit dem Recessus pancreatico-entericus zum *Vestibulum bursae omentalis*. Die Bursa und ihr Vestibulum werden unvollständig voneinander getrennt durch von der Mittellinie vorspringende Bauchfellfalten, die *Plicae gastropancreaticae*, in welchen die Art. gastrica sin. von der kranialen Seite her an die kleine Kurvatur des Magens gelangt. Das ventrale Mesogastrium, das überhaupt der Leber seine Erhaltung verdankt, reicht caudalwärts bis an den Leber-Ausführungsgang, den Ductus choledochus, der am freien, nach der Magen- und Duodenaldrehung rechten Rand des Lig. hepato-duodenale gelegen ist (Abb. 124a). An der restlichen Verbindung der Leber zur ventralen Bauchwand, dem Lig. falciforme hepatis, bildet die linke Vena umbilicalis (das spätere *Lig. teres hepatis*) den

freien Rand. Durch stärkeres caudal gerichtetes Wachstum des dorsalen Magengekröses entsteht das *Omentum maius* (Abb. 125), das wieder aus zwei Blättern
besteht, zwischen welche sich der Recessus caudalis der Bursa omentalis erstreckt; das vordere Blatt des großen Netzes geht von der großen Kurvatur des Magens und der Pars gastrolienalis aus, das hintere Blatt von der hinteren Bauchwand bzw. von dem in das Magengekröse vorgewachsenen und mit ihm fixierten Schweif des Pankreas; beide Blätter hängen am freien Rand des Netzes zusammen.

Die Rechtsdrehung des Duodenum ist wohl die auslösende Ursache der *Drehung der Nabelschleife* (Abb. 124). Sie erfolgt um den Dottergang, dessen Anfang als Meckel-sches Divertikel 80—120 cm oral von der Valva ileocolica erhalten bleiben kann, und die Dottergefäße als Achse, entgegen dem Sinne des Uhrzeigers, in mehreren Schritten. Man kann an der Nabelschleife einen zuführenden Schenkel, dann die Kuppe mit dem Dottergang und schließ-lich einen rückführenden Schenkel mit

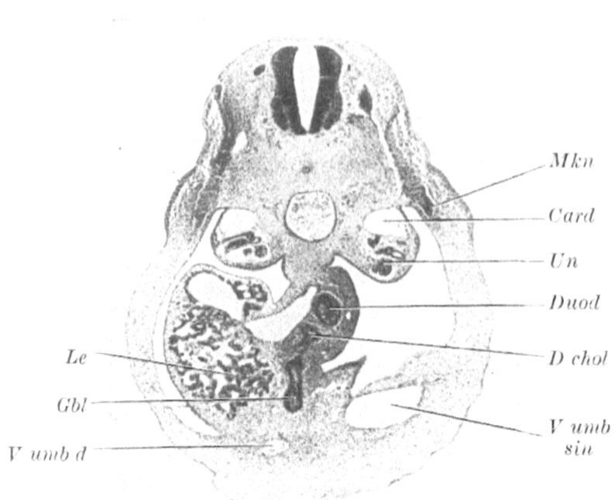

Abb. 121. Physiologische epitheliale Atresie des Duodenums bei einem Keimling von 6,6 mm Länge. *Card* Vena cardinalis caudalis; *D chol* Ductus choledochus; *Duod* Duodenum; *Gbl* Gallenblase; *Le* Leber; *Mkn* Muskelknospe; *Un* Urniere; *V umb d, sin* Vena umbilicalis dextra sinistra. Vergr. 25 ×

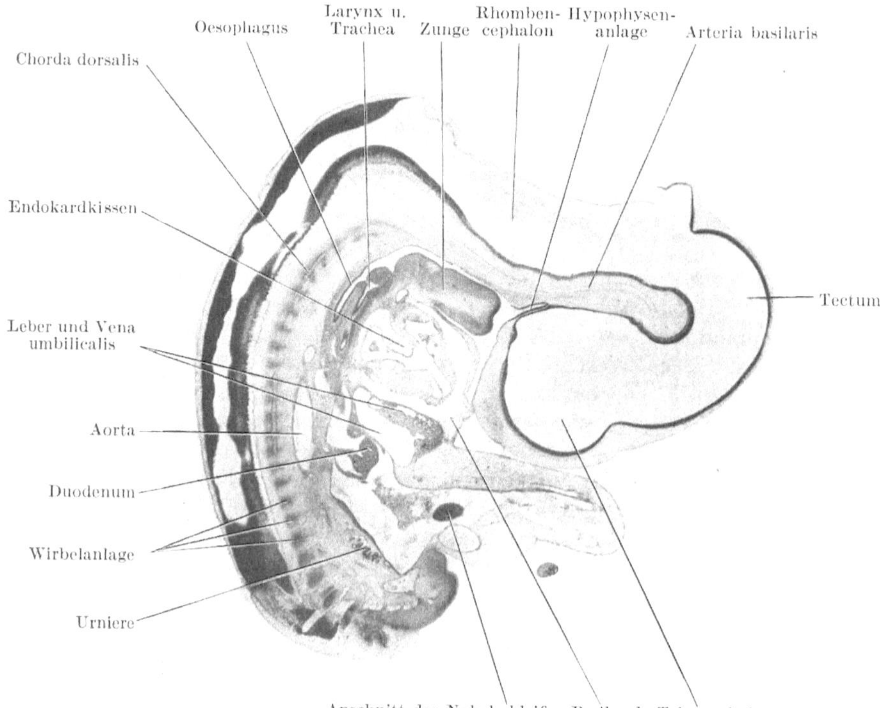

Abb. 122. Medianschnitt durch den Embryo E 10,4 mm (Prof. HOCHSTETTER, Wien). Vergr. etwa 10fach

der Caecumanlage unterscheiden. Zuerst stellt sich die Nabelschleife quer, das Caecum liegt links (Abb. 124b, Drehung um 90°). Dann wächst der Dünndarm stark in die Länge und bildet eine Anzahl von Schlingen, während das Colon geradlinig an die hintere Bauchwand zieht (Abb. 124c)

Abb. 123a und b. Querschnitte durch die Magengegend; a eines Keimlings von 3,6 mm, 40mal vergrößert. b eines Keimlings von 21,5 mm, 15mal vergrößert. Der Schnitt a fällt in das Gebiet des Septum transversum; *Lz-B* Leberzellbalken; *V card caud d, sin* Vena cardinalis caudalis dextra, sinistra; *Vo m d, sin* Vena omphalo-mesenterica dext., sin; *V umb d, sin* Vena umbilicalis d., sin., *Vent.* Ventriculus cordis

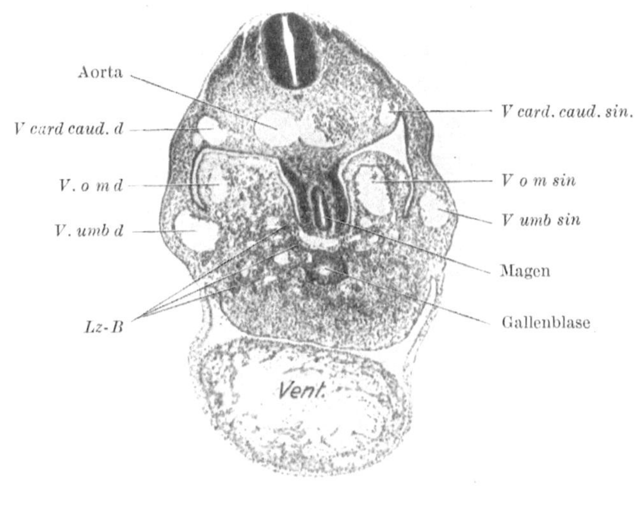

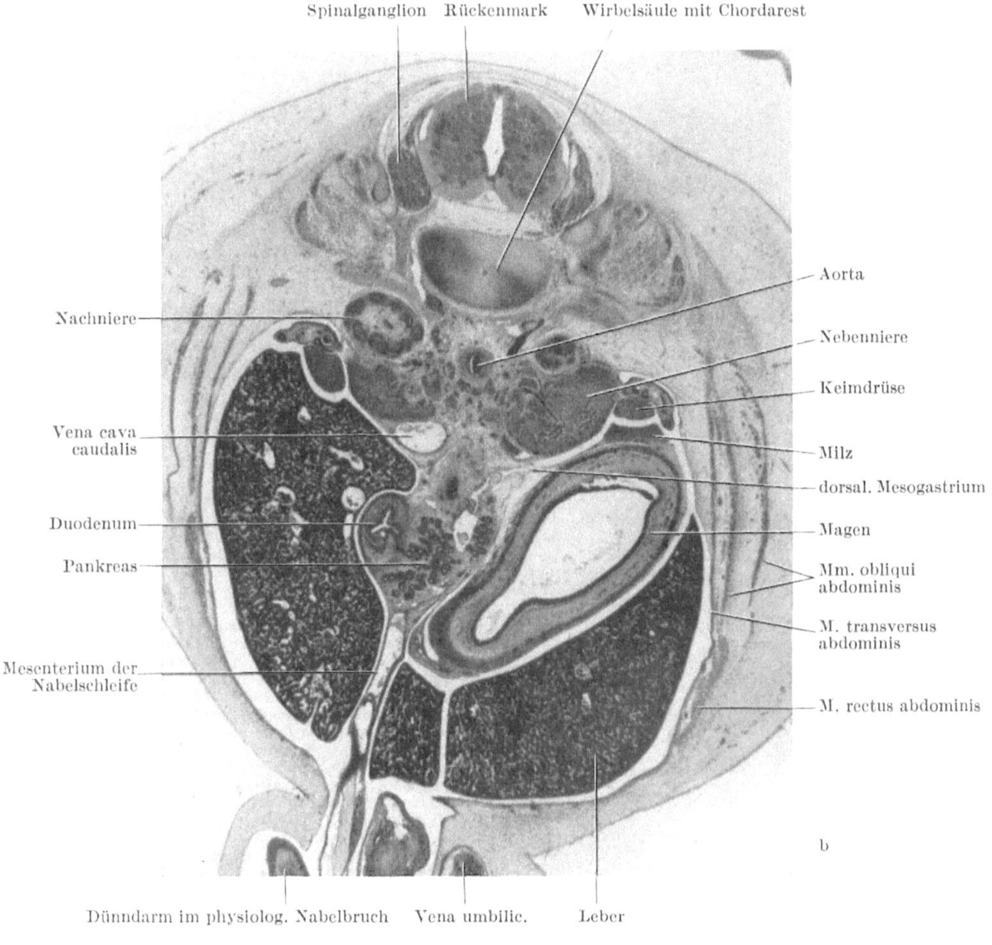

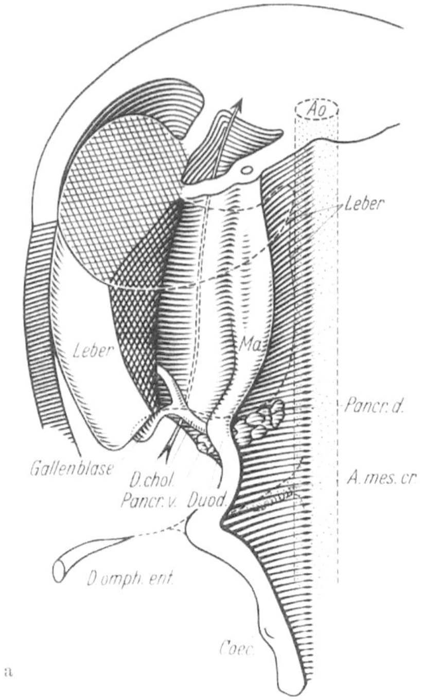

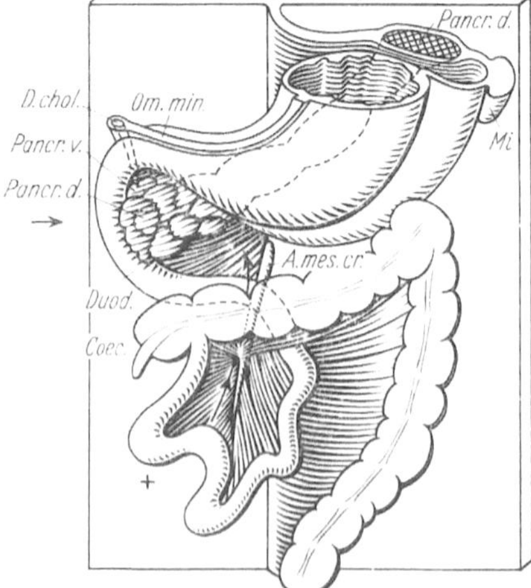

Abb. 124a—e. Halbschematische Darstellung der Drehung der Nabelschleife und der Peritonealverhältnisse des Magens. Bei + Abgangsstelle des Dotterganges. a Sagittal eingestellter Darm bei 3—4 mm Länge des Keimlings. Pfeil im Recessus hepatoentericus. Von der Leber führt linkerseits (vom Beschauer aus) das Nebenmesenterium zur hinteren Bauchwand, rechts das Omentum minus und das dorsale Mesogastrium ebendahin. Linker Teil der Leber ist weggenommen bzw. durchsichtig gezeichnet. Im einheitlichen Dorsalmesenterium ist die dorsale Pankreasanlage und die Arteria mesenterica cranialis angegeben. Die kleine Verdickung der absteigenden Nabelschleife entspricht dem Ort des späteren Coecums. b Drehung um 90° bei 15—20 mm, Eintritt der Nabelschleife in das Coelom des Nabelstrangs. Die Rechtswendung der Duodenumschleife (s. Querschnitt unten) und die Frontalstellung des Magens (s. Querschnitt oben) ist schon erfolgt. Das omentum minus ist an der kleinen Kurvatur kurz abgetrennt. c Colon überkreuzt den Dünndarm (Drehung 180°). Rückkehr des Dünndarms aus der physiologischen Nabelhernie (bei etwa 40 mm). Das Duodenum wird an die rechte Bauchwand geschlagen. Erste Ausbildung einer Bursa omentalis. d Das Duodenum wird überkreuzt. Das Coecum ist um mehr als drei rechte Winkel gedreht und in die rechte Fossa iliaca verlagert. Beginn der Fixation des dorsalen Mesogastriums an die hintere Bauchwand; Zustand bei etwa 60 mm. e Verwachsungsstellen des Mesenteriums an der hinteren Bauchwand punktiert. Angewachsen sind Colon und Mesocolon ascendens und descendens. Freibewegliche Mesenterien schraffiert. Die Radix des Mesocolon transversum zieht über die pars tecta des Duodenum. Ausbreitung des Omentum majus über das Colon transversum. *A. mes. cr.* Arteria mesenterica cranialis (superior); *Ao.* Aorta; *Coec.* Coecum; *Col. asc.* Colon ascendens; *Col. desc.* Colon descendens; *D. chol.* Ductus choledochus; *D. omph. ent.* Ductus omphalo-entericus; *Duod.* Duodenum; *Ma.* Magen; *Mes. col. tr.* Mescolon transversum; *Mi.* Milz; *Om. min.* Omentum minus; *Pancr. d.* dorsale Pankreasanlage; *Pancr. v.* ventrale Pankreasanlage

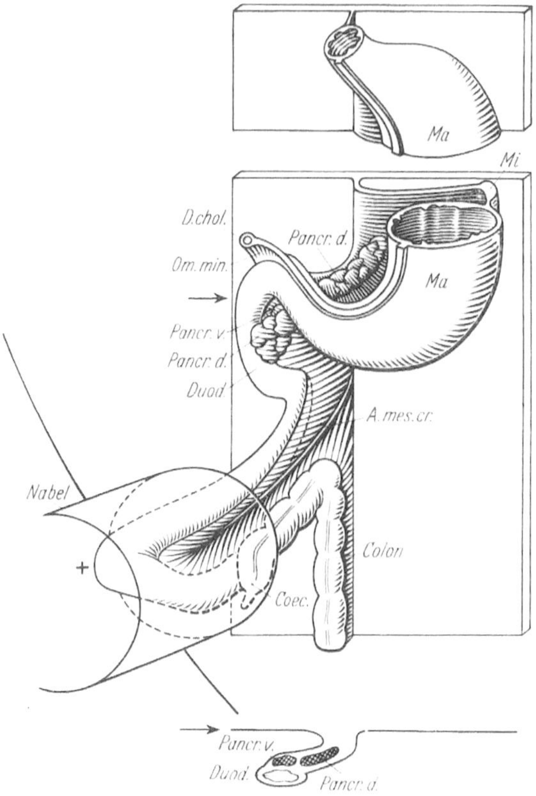

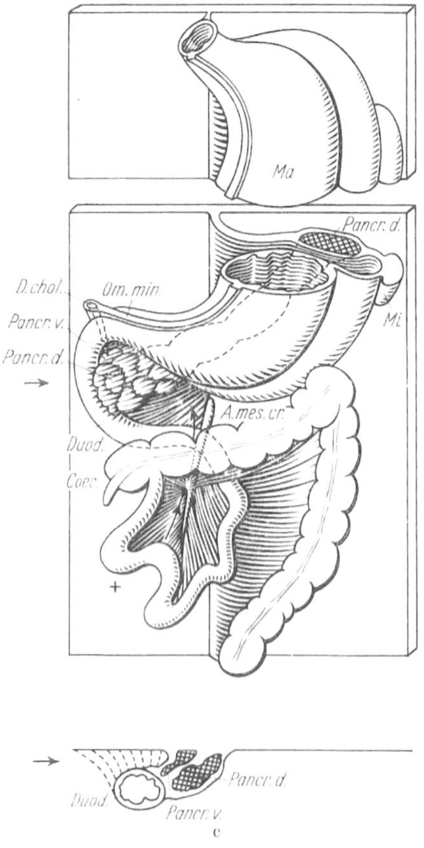

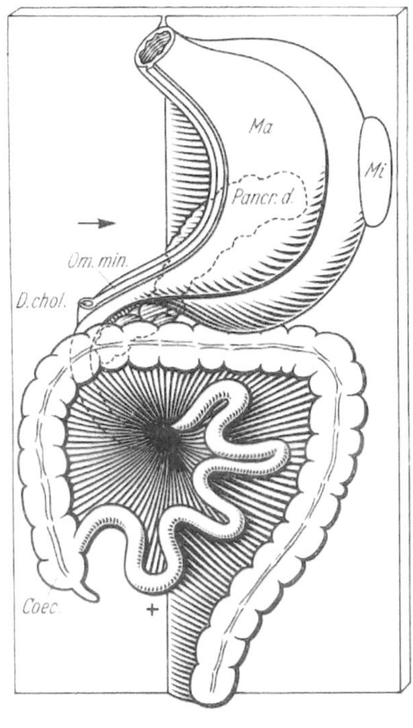

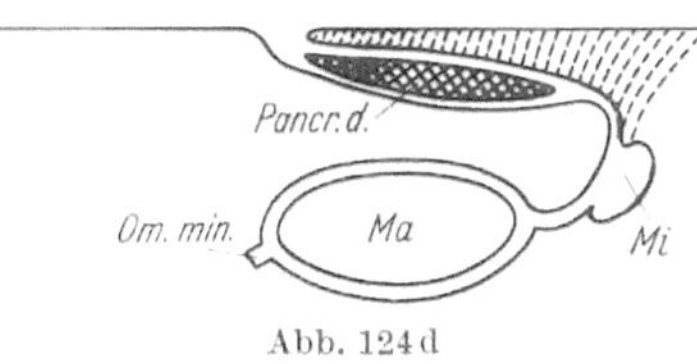

Abb. 124 d

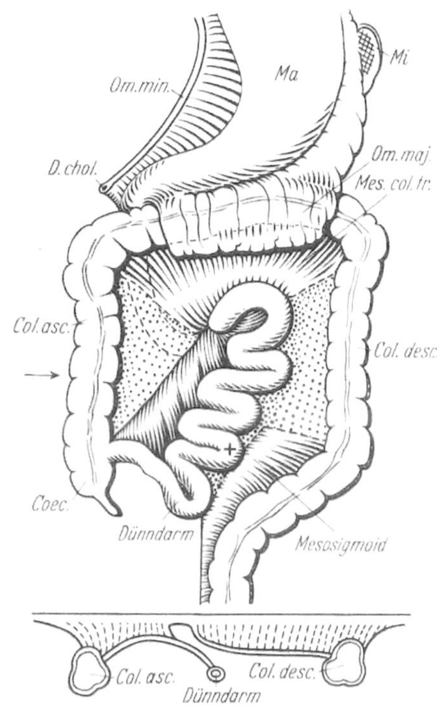

Abb. 124 e

und dort rechtwinklig umbiegt. Mit
der Vergrößerung des Bauchraumes
zieht sich der Darm verhältnismäßig
rasch aus der physiologischen Nabelhernie (dem Nabelstrangcoelom) zurück, und dabei wird das Colon in
einem Zuge über den Dünndarm
hinüber nach rechts geschlagen, so
daß es das Duodenum überkreuzt
(Abb. 124 d); das Caecum liegt dabei
anfangs rechts oben unter der Leber,
um erst in der zweiten Hälfte der

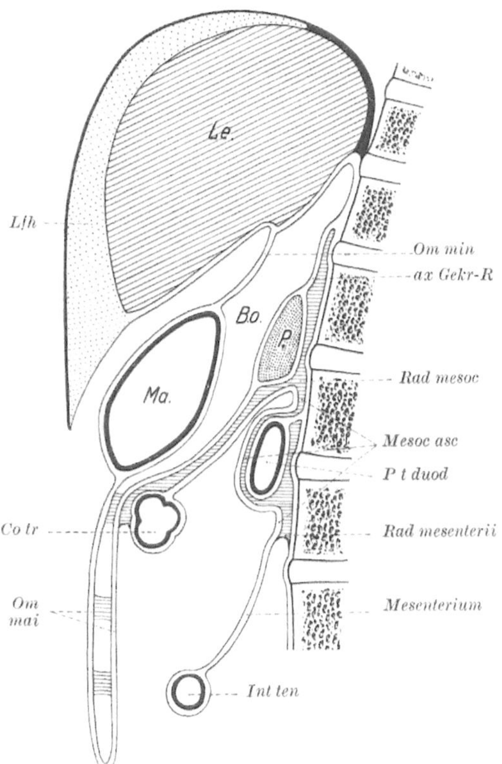

Abb. 125. Schematischer Sagittalschnitt durch die
Bauchhöhle eines Erwachsenen, zur Darstellung
des Endzustandes der Gekröse. *B o* Bursa omentalis; *Co tr* Colon transversum; *ax Gekr-R* axialer
Gekröserest (dorsal angewachsen); *Int ten* Inte-
stinum tenue; *Ma* Magen; *Mesoc asc* Mesocolon
ascendens (dorsal angelötet); *Om min* Omentum
minus (Lig. hepatogastricum); *P* Pankreas; *Om
mai* Omentum maius; *P t duod* Pars tecta duodeni;
Rad mesoc Radix mescoli transversi; *Rad mesenterii* Radix mesenterii; *Lfh* Lig. falciforme hepatis

Schwangerschaft und nach der Geburt an seinen endgültigen Ort abzusteigen; im ganzen beträgt die Drehung der Nabelschleife etwas mehr als drei rechte Winkel oder rund 300°.

Auf die Drehung der Nabelschleife folgt die Verwachsung bestimmter Abschnitte mit der hinteren Bauchwand (Abb. 124e). Sie betrifft das Duodenum und sein Mesenterium mitsamt dem Pankreas, wodurch diese Organe in sekundär retroperitoneale Lage (d. h. hinter der freien Bauchhöhle) kommen (Abb. 124c u. d, Querschnitte), ferner das Colon und Mesocolon ascendens und descendens, wobei die Grenzen der Anwachsung der Gekröse weiterhin als sekundäre Ursprungslinien *(Radices)* der freigebliebenen Mesenterialabschnitte erscheinen. So entspringt dann das Mesenterium des Jejuno-Ileum von der schrägverlaufenden *Radix mesenterii*, das Mesocolon transversum von der quer oder leicht nach links aufsteigenden *Radix mesocoli transversi*, welche aus einer rechten und linken Hälfte, der kranialen Anwachsungsgrenze des Mesocolon ascendens und descendens, besteht. Da das Colon ascendens über das Duodenum hinweggeschlagen wurde, müssen beide Radices das Duodenum überkreuzen; der zwischen ihnen gelegene Darmabschnitt ist die *Pars tecta duodeni*, welche, vom Mesocolon ascendens bedeckt, von der freien Bauchhöhle überhaupt gänzlich ausgeschlossen (tertiär retroperitoneal gelegen) ist (s. Abb. 124e und 125). — Die Anwachsung des Mesocolon descendens reicht caudal bis an das freibleibende Mesocolon sigmoideum, das frühzeitig zu einer Colonschlinge auswächst und sich daher mit seinem Mesenterium der hinteren Bauchwand nicht anlegen kann. Den Abschluß der Verwachsungen bildet die noch in früher Fetalzeit erfolgende Vereinigung der hinteren Platte des großen Netzes mit dem Mesocolon transversum (Abb. 125) und die postfetale Verklebung der vorderen Platte mit der hinteren Platte, so daß bei Emporheben des Netzes immer auch das Colon transversum aufgehoben werden muß und der Magen mit dem Colon transversum durch die verklebten beiden Platten des großen Netzes indirekt verbunden wird (Pars gastro-mesocolica).

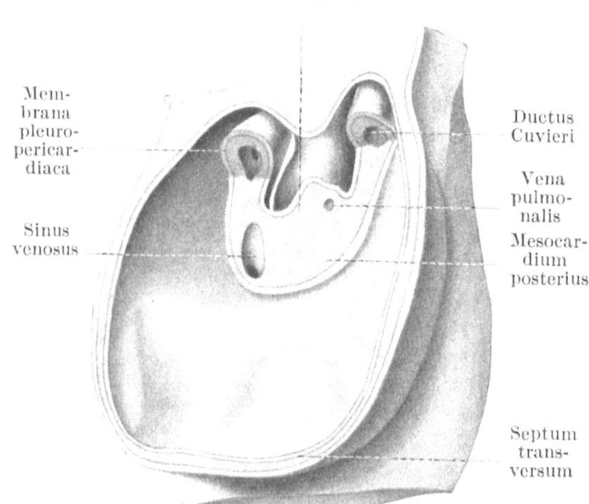

Abb. 126. Ansicht der Dorsalwand des Herzbeutels und der Plicae pleuropericardiacae. Nach dem Modell eines menschlichen Embryos von 6,8 mm gr. L. von PIPER. Aus FISCHEL

Leibeshöhle und Zwerchfell

Die Leibeshöhle tritt beim Menschen zuerst im extraembryonalen Mesoderm als extraembryonales Coelom auf (Abb. 38); erst nach Bildung des Primitivstreifen-Mesoderms, bei dessen Gliederung in Ursegmente und Seitenplatten, entsteht auch das *embryonale Coelom* durch Spaltung der Seitenplatten in Somato- und Visceropleura (Abb. 48, 49) und gewinnt Anschluß an das extraembryonale Coelom. Vorher schon erscheint bei Säugetier und Mensch im Bereich des Kopfmesoderms als anfangs selbständiger Hohlraum die *Perikardialhöhle* (Abb. 168), die durch Zusammenfließen von einzelnen Lücken entsteht und sich dann caudalwärts paarig in das Coelom öffnet *(Ductus pleuro-pericardiaci)*. Die Perikardialhöhle reicht caudalwärts bis zur vorderen Darmpforte, an der eine stärkere

Entwicklung von Mesenchym das *Septum transversum* bildet (Abb. 118, 120 d und e). Durch dieses Mesenchym ziehen die Dottervenen aus dem visceralen Mesoderm zu dem kranial davon gelegenen Venensinus des Herzens (Abb. 184 a). Auch die Venen der seitlichen Leibeswand (kraniale und caudale Cardinalvenen) münden in den Venensinus mittels eines gemeinsamen Stückes (Ductus Cuvieri) über eine Brücke, welche an der vorderen Darmpforte kranial von den sich eben voneinander lösenden Seitenplatten bestehen bleibt und anfangs auch von den Umbilicalvenen, benutzt wird, die ursprünglich in der Seitenwand des Körpers im parietalen Mesoderm verlaufen. Der nach lateral und dorsal sich herumziehende Teil des Septum transversum gabelt sich dorsal beiderseits in eine kraniale und eine caudale Lamelle. Letztere wird zur Membrana pleuroperitonealis (s. unten). In der kranialen Lamelle liegt der Ductus Cuvieri, der sich mit der Zeit aus einer zunächst queren in eine Längsrichtung einstellt. Eine vom Ductus Cuvieri[1] hervorgerufene Falte ist die Membrana pleuro-pericardiaca. Zwischen Membrana pleuro-peritonealis und pleuro-pericardiaca bildet sich ein zunächst planer, dann nach medial offener Hohlraum, der der von medial vorwachsenden Lungenknospe entspricht und durch capillare Spalten Verbindung zur Peritonealhöhle hat. Dies ist die erste Anlage der Pleurahöhle, die nun einer Trennung von den Nachbarhöhlen entgegengeht (Abb. 127 a). Die Membrana pleuro-pericardiaca (Abb. 126) stellt sich zunehmend in frontale Richtung ein und verwächst dorso-lateral vom Ductus Cuvieri im Stadium von 10—12 mm flächenhaft mit der Seite des (Pulmo-)Trachealwulstes und stellt damit den Schluß der Pleuro-periperikardialverbindung her. Der freie Rand der Membrana pleuro-pericardiaca wird also in die Dorsalwand der Perikardhöhle einbezogen, ihr dorso-lateraler Teil (das spätere Septum pleuro-pericardiacum) bildet die endgültige Trennwand zwischen der Perikardialhöhle und den dorsal gelegenen paarigen Pleurahöhlen. Diese stehen noch durch paarige, gangartige Verschmälerungen dorsal vom Septum transversum (Ductus pleuro-

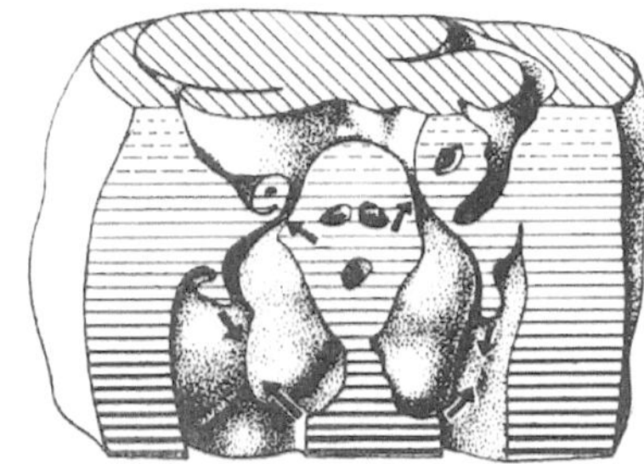

Abb. 127 a. Trennung der Pleurahöhlen von der Perikardial- und Peritonealhöhle, nach einem Plattenmodell eines Embryos von 7,9 mm. Ein etwa frontaler und etwas gewölbter Schnitt legt von dorsal die Lungenanlage frei. Er trifft außerdem die dorsale Aufgabelung des Septum transversum in eine kraniale Membrana pleuro-pericardiaca mit dem Ductus Cuvieri und die caudale Membrana pleuro-peritonealis. Die kraniale Schnittfläche zeigt Kammern und Vorhöfe der Herzanlage sowie die Perikardialhöhle. Die oberen Pfeile bezeichnen die kommende Verwachsungsstelle zwischen Pleuro-Perikardialmembran und (Lungen-)Trachealwulst, also die Trennungsstelle von Pleura und Perikardialhöhle. Die beiden caudalen Pfeile deuten die bald folgende Trennung von Pleura und Peritonealhöhle an. (Nach FRICK 1949)

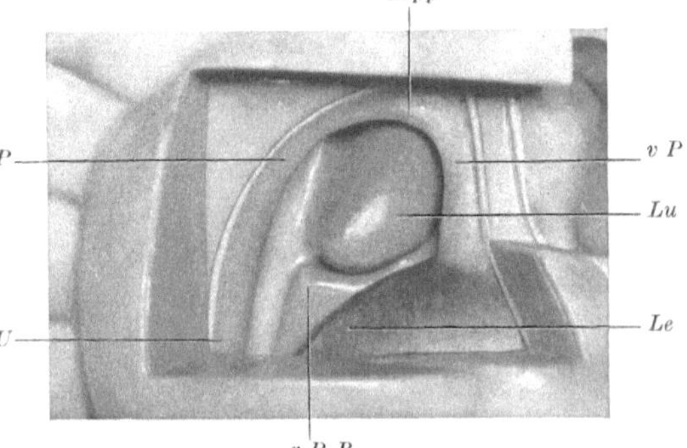

Abb. 127 b. Ansicht eines Modelles desselben Embryo wie Abb. 126, nach Entfernung der seitlichen Körperwand. *d P* dorsaler Zwerchfellpfeiler; *Le* Leber; *Lu* Lunge; *Mpp* Membrana pleuroperitonealis; *r P B* rechter Pleurahöhlenboden; *U* Urnierenfalte; *v P* ventraler Zwerchfellpfeiler

peritoneales, s. Abb. 128) mit der Bauchhöhle in Verbindung. Die Peritonealhöhle hat in diesem kranialen Teil durch den Kontakt von Magen und Duodenum mit dem Septum transversum (Abb. 123 a) paarigen Charakter, ist aber weiter caudal unpaar. In das Septum transversum ist die Leber eingewachsen.

---

[1] G. CUVIER 1769—1832.

Das weitere Schicksal der Pleuroperitonealverbindung wird durch die Abb. 127b veranschaulicht. An der Urogenitalfalte ist eine Vorwölbung, der

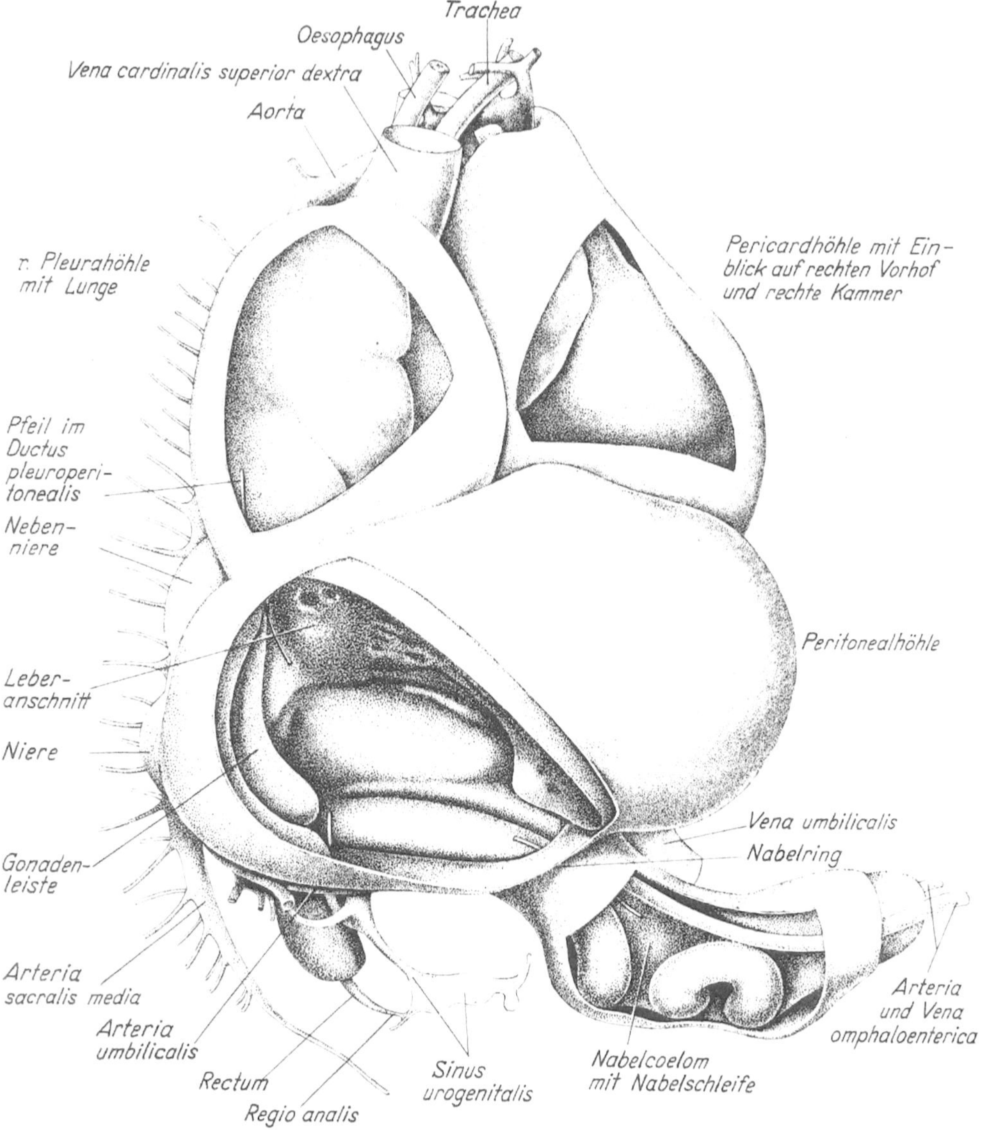

Abb. 128. Modell der Leibeshöhlen eines Embryos von 17,5 mm. Man beachte das Größenverhältnis der drei Haupthöhlen zueinander und vergleiche die Dicke von Gefäßen und Darmkanal. Alle diese, vom erwachsenen Zustand abweichenden Maßbeziehungen kennzeichnen den noch notwendigen Entwicklungsweg, wenn auch die Elementarorgane schon angelegt sind. Die linke, obere Sonde steckt im Pleuro-Peritonealkanal, die linke untere führt in den noch sehr engen Peritonealraum des kleinen Beckens; durch eine dritte Sonde am Nabelring ist der Eingang in die Coelomhöhle des Nabelstranges gekennzeichnet. Der dort befindliche Darm demonstriert den Zustand einer physiologischen Nabelhernie. (Nach BLECHSCHMIDT 1963)

dorsale Zwerchfellpfeiler, aufgetreten, welcher bogenförmig in den an der ventralen Körperwand vorspringenden, *ventralen Zwerchfellpfeiler* (*Uskowsche Pfeiler* genannt) übergeht. Der obere Teil dieses Bogens, die *Membrana pleu-*

roperitonealis, nimmt an Länge zu, wodurch die ursprünglich breite Pleuroperitonealverbindung in den dünnen Ductus pleuroperitonealis übergeführt wird.
Indem sich nun die Wände dieses Ductus verschließen, ist eine Sonderung von
Pleural- und Peritonealhöhle erfolgt und der dem Septum transversum entstammende Teil des Zwerchfells vervollständigt worden. Die den Verschluß durch-
führende Pleuro-Peritonealmembran ist ursprünglich mehr vertikal eingestellt.
Bei ihrer späteren Lageverschiebung spielt die Rückbildung des kranialen Teiles
der Urniere und die Größenzunahme der Lunge eine entscheidende Rolle.

Es entsteht also das *Zwerchfell*, das eine Eigentümlichkeit der Säugetiere ist,
aus mehreren Anlagen. Der mittlere Teil etwa, entsprechend dem vom Perikard
eingenommenen Teil, stammt vom Septum transversum, die Seitenteile von den
Pleuroperitonealmembranen. Weitere Zuschüsse liefern das dorsale Mesenterium
und die seitliche Rumpfwand. Eine angeborene Lücke im Zwerchfell geht auf
mangelhaften Verschluß des Ductus pleuroperitonealis zurück. — Die Zwerchfell-
anlage liegt wie das Herz beim jungen Keimling hoch oben am Hals und wird von
dort (aus dem 3. bis 5. Cervicalsegment) muskularisiert; sie rückt später nach
abwärts und nimmt ihre Nerven, die *N. phrenici* (Abb. 87), dabei mit. Das
Centrum tendineum entsteht nachträglich durch Reduktion eines Teiles der
Muskulatur.

Das Raumverhältnis der drei Leibeshöhlen entspricht in der Entwicklung nicht
dem endgültigen Zustand (Abb. 128 und 109). Außerdem wird die Bauchhöhle
vorübergehend in das Nabelstrangcoelom erweitert. Lunge und Pleuraraum zeigen
bis weit über die Geburt hinaus ein sehr intensives, relatives Wachstum, das zur
Ausweitung der Pleurahöhle um das Perikard herumführt. Das Auftreten eines
Platzhaltermaterials, eines eigenartigen weitmaschigen Mesenchyms (Abb. 139)
unterhalb von 23 mm-Stadien, weist darauf hin, daß zumindest bis zu diesem Zeitpunkt die Größenzunahme von Pleurahöhle und Brustwand unabhängig ist von
der der Lunge.

Leber und Pankreas

Die Leber stellt anfangs eine breite Platte aus hohen Entodermzellen am
Eingang in die vordere Darmbucht dar, angelagert an die dicke mesodermale
Unterlage des Herzens, das Septum transversum (Keimlinge mit 10—12 Ursegmentpaaren); die Anlage vertieft sich zu einer Bucht (Abb. 118 und 119), aus deren
kranialem Anteil Zellbalken aussprossen, die das Lebergewebe aufbauen (Abb. 123a
und 121), während der caudale Teil die Gallenblase liefert und der Eingang in die
Leberbucht sich zum Ductus choledochus verengt. Die an den Proliferationsstellen
auftretenden Zellbalken bilden sich bald zu netzartig verbundenen Zellplatten in
einer Stärke von 4—5 Zellen um. Gemeinsam mit den Parenchymzellen entstehen
am Ort aus dem Mesenchym weite Gefäßräume (Sinusoide). Erreicht die vorwach-
sende Leberanlage die Dottersackvenen und später die Umbilicalvenen, so lösen
sich diese in ein sinusoides Netzwerk auf, an das die am Ort entstandenen Gefäße
Anschluß finden. Von der linken Umbilicalvene bildet sich aber bald eine besonders
starke Gefäßverbindung durch das Lebergewebe hindurch zur unteren Hohlvene
aus, der *Ductus venosus* (S. 177), der etwa $^1/_7$ des Nabelvenenblutes faßt. Der
Hauptteil des Blutes fließt vorzugsweise durch den linken Leberlappen, während
das Pfortaderblut mehr den rechten Leberlappen durchströmt. So ergeben
sich bezüglich der Blutbildung und des Stoffwechsels im rechten und linken
Leberlappen etwas verschiedene Bedingungen.

In den primären Leberzellbalken sind frühzeitig Lichtungen zu sehen; später
sind solche nicht nachweisbar. Die Vermehrung des Lebergewebes geschieht
von besonderen, die Pfortaderäste umgebenden Zellplatten. Dabei werden die

zuerst gebildeten, um die Pfortaderäste angeordneten primären Leberläppchen postfetal in die sekundären, um Zweige der Vena cava geordneten Läppchen umgewandelt, ein Prozeß, der beim reifen Neugeborenen schon 6 Stunden nach der Geburt einsetzt, beim Frühgeborenen aber erst später erfolgt. Lumina in den größeren Gallengängen werden erst in der zweiten Hälfte der Schwangerschaft

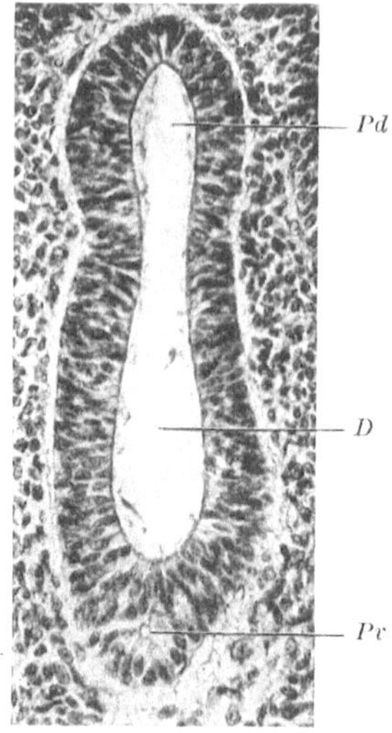

Abb. 129. Querschnitt durch das Duodenum eines menschlichen Embryo von 5 mm gr. L. (G 863).
D Duodenum; *Pd* Pankreas dorsale; *Pv* Pankreas ventrale. 170fache Vergrößerung

deutlich. — Das Gefäßsystem zwischen den Leberbalken beginnt schon kurz nach dem Auftreten dieser Balken mit der Bildung von Blutzellen, so daß die Leber bald als Nachfolgerin des Dottersackes zum Hauptorgan der embryonalen Blutbildung wird (S. 171). Die ungewöhnliche Größe des Organes in der fetalen Entwicklung findet so eine Erklärung. Aber auch beim Neugeborenen beträgt die Lebergröße noch 6 % des Gesamtgewichtes und geht bis zum adulten Zustand auf 3 % zurück. Das mitotische Wachstum kommt im wesentlichen pränatal zur Ruhe. Der Eiweißstoffwechsel der Neugeborenenleber ist höher als beim Erwachsenen und führt in der ersten postnatalen Woche zu einer Verdreifachung des Proteingehaltes. Der Glykogengehalt der Leber scheint in einem vicariierenden Verhältnis zu dem der Placenta zu stehen. Einem Glykogenreichtum in den Frühstadien der Placenta steht die relative Glykogenarmut der Leber gegenüber. Gegen Ende der Gravidität kehrt sich das Verhältnis um. Außerdem zeigen Tierversuche, daß der Glykogengehalt der Leber auch schon im Fetalleben von der Sekretion von ACTH und Nebennierenrindenhormon abhängig ist.

Das *Pankreas* entsteht im selben Niveau wie die Leber. Es besteht aus einer geräumigen mehr kranial gelegenen Bucht des Duodenum, dem *dorsalen Pankreas* und einem in der Caudalwand der Leber-Gallenblasen-Anlage gelegenen, den Winkel zwischen ihr und dem Duodenum ausfüllenden dünnen Kanal, dem *ventralen Pankreas* (Abb. 1 und 129)[1]. Die dorsale Anlage wächst als von Anfang an hohler Drüsenbaum in das dorsale Mesogastrium, somit dorsokranialwärts, vor. Das ventrale Pankreas (Abb. 130a—c), gleichfalls mit deutlichem Lumen, wird zusammen mit der Mündung des Leberganges von der ventralen an die rechte Seite des Duodenum verschoben (nach der Duodenaldrehung ist dies

---

[1] Bei vielen Wirbeltieren finden sich eine dorsale und zwei ventrale Pankreasanlagen.

die dorsale Seite des Darmes geworden). Es kommt durch Auswachsen mit dem dorsalen Pankreas in Berührung, verschmilzt mit ihm und verbindet sich mit seinem Hauptgang. Dadurch wird die Hauptmasse des Sekretes über das ventrale Pankreas abgeleitet; die ursprüngliche Hauptmündung (die der dorsalen Anlage) kann obliterieren (Abb. 130d) oder als akzessorischer Gang erhalten bleiben. — Die histogenetische Ausbildung des Pankreas geschieht durch stückweise Differenzierung des Gangsystems erst um die Zeit der Geburt; die *Inseln* entstehen schon in der Fetalzeit als besondere Sprossen der Drüsenzweige, vorwiegend aus dem dorsalen Pankreas. A- und B-Zellen sind schon bei Embryonen zwischen 15 und 20 Wochen unterscheidbar und offenbar schon früh in der Fetalzeit endokrin tätig. Zur Zeit der Geburt verhalten sie sich noch wie 1 : 1 und gehen erst im 1. Lebensjahrzehnt zum endgültigen Verhältnis von 1 : 4 über. In der Fetalzeit spielt der endokrine Anteil des Pankreas die wesentliche Rolle. Er teilt sich mit dem exokrinen Anteil und dem Bindegewebe zu je $1/3$ in die Gesamtmasse des Organes. Daher liefert das fetale Pankreas eine relativ stärkere Hormonausbeute als das des Erwachsenen.

Kiemendarm und branchiogene Organe

Die vordere Darmbucht ist gegen die Mundbucht vorerst durch die zweiblätterige Rachenmembran abgeschlossen (Abb. 46). Hinter ihr treten nacheinander Ausstülpungen der seitlichen Darmwand auf (Abb. 118), denen Einbuchtungen des äußeren Keimblattes entgegenkommen (s. S. 58 und Abb. 131); so entstehen die entodermalen *Kiementaschen (Schlundtaschen)* und die ektodermalen (äußeren)

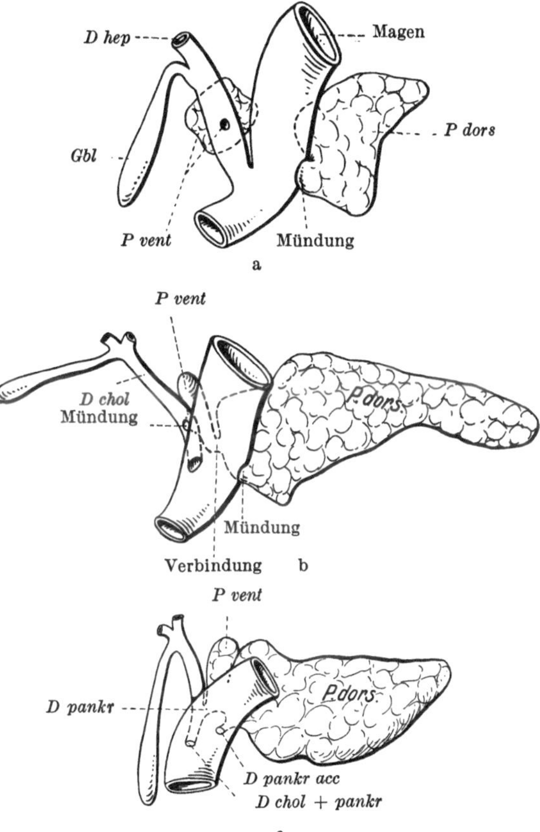

Abb. 130a—c. Rekonstruktion des Pankreas bei Embryonen von 9,2, 14 und 16 mm Länge. a (rechte) ventrale und dorsale Anlage getrennt, bei b beide Anlagen durch eine schmale Brücke vereinigt; bei c breit verwachsen. *D chol* Ductus choledochus; *D hep* Ductus hepaticus; *D pankr* Ductus pankreaticus (der ventrale Gang); *D pankr acc* Ductus pancreaticus accessorius (der dorsale Gang); *Gbl* Gallenblase; *P dors, vent* Pankreas dorsale, ventrale. Vergr. 50 ×

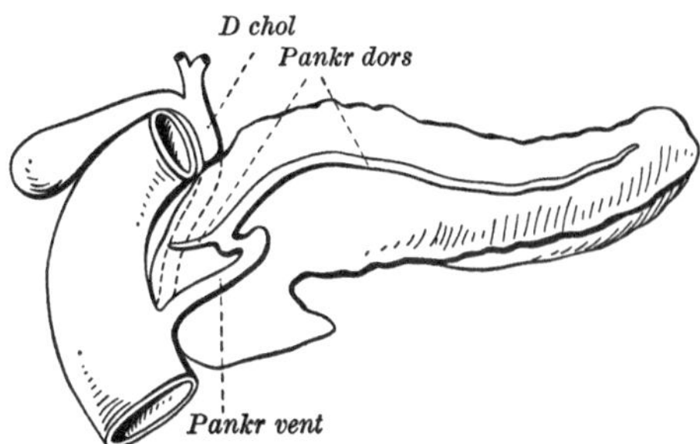

Abb. 130d. Pankreasgänge vom Erwachsenen, halbschematisch. Der dorsale Gang an seiner Mündung obliteriert. Bezeichnung wie in Abb. 130a—c

Kiemenfurchen, die sich unter Verdrängung des Mesoderms schließlich flächenhaft in den *Verschlußmembranen* berühren (Abb. 131, 132 und 134). Regelmäßig werden vier solcher Taschen gebildet, zu denen eine rudimentäre fünfte kommen kann.

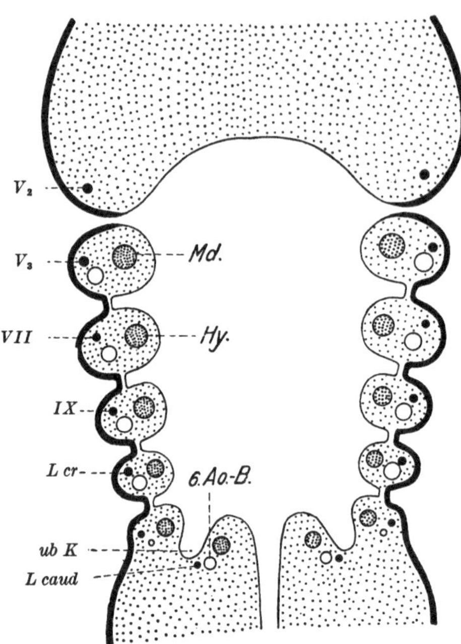

Abb. 131. Schema der Kiemenbogen. Ektoderm dick, Entoderm dünn ausgezogen, Knorpel dicht punktiert, Nerven schwarz, Arterienbogen als Kreise. *Hy* Hyoidbogen; *Md* Mandibularbogen; *L cr, caud* Nervus laryngicus cranialis, caudalis; *ub K* ultimo-branchialer Körper; *6. Ao-B.* 6. Aortenbogen; *V—IX* die branchialen Hirnnerven

Zum Durchbruch der Verschlußmembran und zur Ausbildung einer wirklichen *Kiemenspalte* kommt es vorübergehend an der zweiten Tasche; sehr bald aber wird die Berührung der epithelialen Keimblätter wieder von einwachsendem Mesoderm aufgehoben. Die bleibende Bedeutung der Schlundtaschen, die eine ungemein auffallende phylogenetische Erinnerung darstellen, liegt am kranialen Ende in den Räumen, die aus ihnen hervorgehen, am caudalen Ende in den epithelialen Organen, die sich von ihnen ableiten. Zwischen den Schlundtaschen bzw. Kiemenfurchen liegen die *Kiemenbogen* oder *Schlundbogen* (auch *Visceral-* oder *Branchialbogen* genannt, s. auch S. 58), zu denen je ein Skeletstück, ein Arterienbogen und ein Kiemennerv gehören.

Durch starkes Breitenwachstum der beiden ersten Bogen (des Mandibular- und Hyoidbogens, Abb. 132 und 133) wird die erste Schlundtasche stark in die Breite ausgezogen und bildet als *tubo-tympanaler Raum* die Anlage der Paukenhöhle und Ohrtrompete; durch die Versenkung der Außenfläche der caudalen Kiemenbogen in die Tiefe des *Sinus cervicalis* (S. 58, Abb. 132) bewirkt. Das Trommelfell ist aber nicht unmittelbar aus der Verschlußmembran der ersten Tasche hervorgegangen; das Lumen der ersten äußeren Kiemenfurche wird vorübergehend in eine solide Epithelplatte, die *Gehörgangsplatte*, umgewandelt. Diese stellt sich parallel zur Seitenwand der Paukenhöhle ein und grenzt eine zwischen Ekto- und Entoderm liegende Bindegewebsschicht ab, die den Hammergriff einschließt und so zum *Trommelfell* wird. Die zweite Schlundtasche wird zur *Fossa tonsillaris*; unter ihrem Epithel wuchert das Mesenchym, wird zu lymphoreticulärem Gewebe und bildet die *Tonsilla palatina*. Die folgenden Schlundtaschen liefern die Epithelkörperchen und den Thymus, die man nach ihrer Herkunft als *branchiogene Organe* bezeichnet. Beim Menschen werden die *Epithelkörperchen* (Parathyreoideae) von den dorsalen Divertikeln der dritten und vierten Schlundtasche gebildet; hingegen entsteht der *Thymus* im allgemeinen nur aus der dritten Schlundtasche, während die Bildung eines Thymus IV eine recht seltene Variation darstellt.

An der dritten und vierten Tasche entsteht je eine ventrale und dorsale Ausstülpung, von denen die letztere sich frühzeitig in eine mit sauren Farben nicht färbbare (acidophobe) Zellgruppe, *Epithelkörperchen* oder *Parathyreoidea*, umwandelt, während die ventrale Ausstülpung der dritten Tasche sich caudalwärts beträchtlich verlängert und zum *Thymus* wird. Die vierte Schlundtasche besteht aus dem Epithelkörperchen IV und dem nicht besonders differenzierten Schlundtaschenrest. Ihr liegt der *ultimobranchiale (telobranchiale) Körper* an (Abb. 132 und 133), der als zur V. Schlundtasche gehörig angesehen wird. Dieses Gebilde legt sich der Thyreoidea von hinten an, und zwar so, daß der ultimobranchiale Körper der Schilddrüse am nächsten zu liegen kommt (Abb. 133); er wird späterhin von Thyreoideagewebe eingescheidet. Der ultimobranchiale

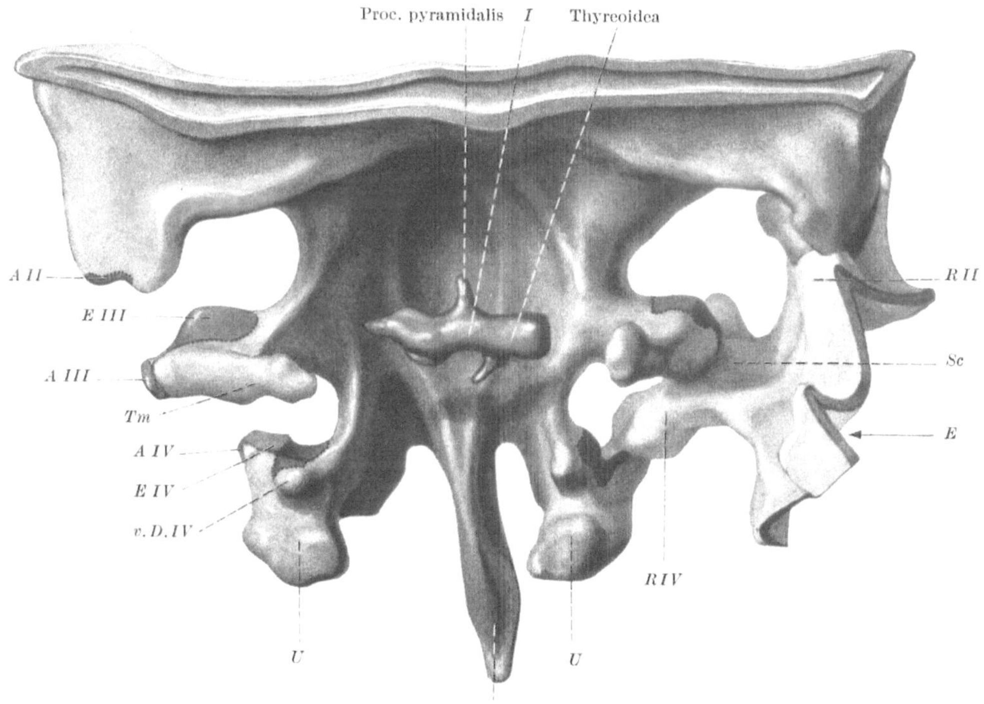

Abb. 132. Modell des Pharynx und der branchiogenen Organe eines menschlichen Embryo von 9 mm gr. L. (Fe). *A II, A III, A IV* Anlagerungsstellen der Schlundtaschen an die Kiemenfurchen. *E* Eingang in den Sinus cervicalis; *E III, E IV* Epithelkörperchen der dritten bzw. der vierten Schlundtasche. *I* Isthmus; *R II, R IV* Ductus ectobranchialis der zweiten bzw. der vierten Kiemenfurche; *Sc* Sinus cervicalis; *Tm* Thymus; *U* Ultimobranchialer Körper; *v.D.IV* ventrales Divertikel der vierten Schlundtasche (in Rückbildung)

Körper zerfällt in Stränge, die vorerst durch ihre Dicke von Thyreoideasträngen unterscheidbar sind; später jedoch gleichen sie sich dem Schilddrüsengewebe vollkommen an. Durch diese Einbeziehung eines Teiles des Kiemendarmgebietes (vierter Schlundtaschenrest plus ultimobranchialer Körper) gelangt das Epithelkörperchen der vierten Schlundtasche in seine endgültige Lage (Abb. 133), d. h. an die dorsale Seite der Schilddrüse, relativ weit kranial, etwa in die Mitte ihres dorsalen Randes. Das mit der dritten Schlundtasche abgestiegene Epithelkörperchen bleibt an der Dorsalseite der Thyreoidea, aber weiter caudal liegen. Die Epithelkörperchen haben damit ihre Lage vertauscht. Das der dritten ist beiderseits zum caudalen, das der vierten zum kranialen geworden. Nach morphologischen und physiologischen Untersuchungen nehmen die Epithelkörperchen ihre endokrine Funktion erst nach der Geburt auf.

Die Thymusanlage der dritten Tasche wandert caudalwärts (Abb. 133) in die Brusthöhle. Dabei wird die epitheliale Wucherung durch einwanderndes Bindegewebe zerteilt, und die Epithelzellen werden durch Lymphocyten, die sich

9*

zwischen sie eindrängen, derart auseinandergezogen, daß sie nur mehr ein Netz (Reticulum) bilden, in dessen Maschen die Lymphocyten dicht gepackt liegen (lymphoepitheliales Gewebe). Durch stellenweise stärkere Wucherung der Epithelzellen werden die Hassallschen konzentrischen Körperchen, deren Aufgabe unklar ist, gebildet.

Die *Schilddrüse* (Abb. 118, 132 und 133) wird zuerst wie eine Drüse mit Ausführungsgang in der Medianlinie, zwischen erstem und zweitem Schlundbogen,

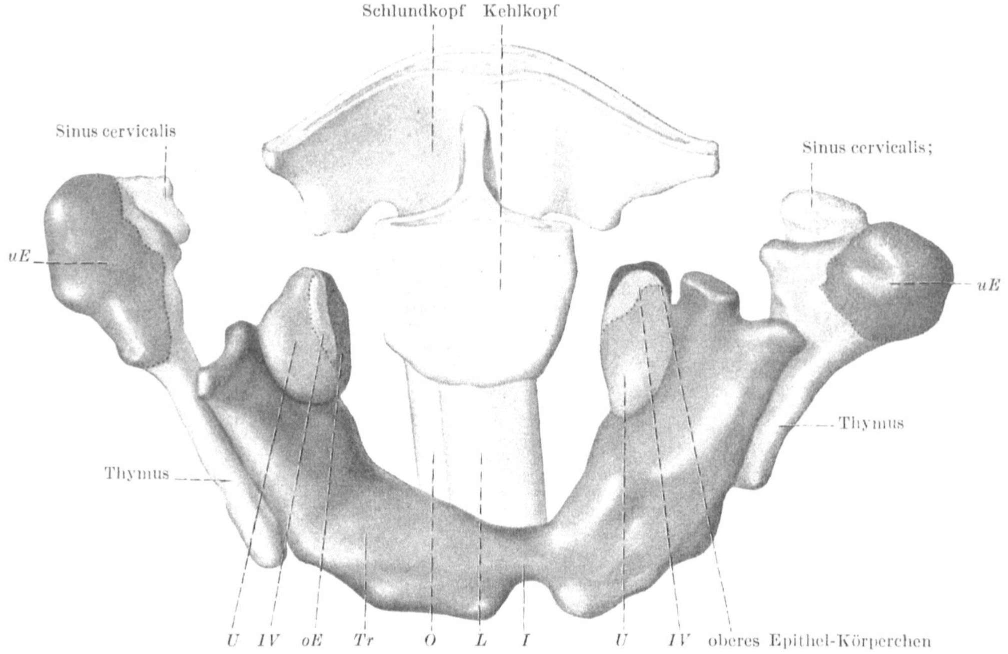

Abb. 133. Modell des Pharynx und der branchiogenen Organe eines menschlichen Embryo von 13,5 mm gr. L. (Cp). *I* Isthmus; *L* Luftröhre; *O* Oesophagus; *o E* oberes Epithelkörperchen; *Tr* Thyreoidea; *U* ultimobranchialer Körper; *u E* unteres Epithelkörperchen; *IV* Rest der vierten Schlundtasche

als Epithelverdickung, dann als Aus- oder Einstülpung angelegt; sie steht eine Zeitlang durch einen Epithelstrang *(Ductus thyreoglossus)* mit dem Entoderm in Verbindung, löst sich aber als Bläschen vom Epithel ab und wandert caudalwärts, wobei die Ablösungsstelle als *Foramen caecum linguae* (Abb. 134) kenntlich bleibt und in der Tiefe, noch innerhalb der Zungenmuskulatur, Thyreoideagewebe bilden kann, das bei Vergrößerung zum Zungenkropf wird. Die Anlage selbst wird zweilappig (Abb. 132, 133), verliert ihr Lumen und wandelt sich in anastomosierende Zellstränge um, in welchen perlschnurartig Lumina auftreten, die nach Zerfall der Stränge in Teilstücke die Follikel der Schilddrüse bilden. Aus dem Ductus thyreoglossus können auch selbständige *akzessorische Schilddrüsen* vor dem Kehlkopf oder der *Lobus pyramidalis* hervorgehen. Kolloidfollikel entstehen bei Embryonen von 60—80 mm. Parallel dazu setzt die Jodkonzentrationsfähigkeit der Drüse ein. Während ihre ersten Entwicklungsschritte offenbar unabhängig von der Hypophyse erfolgen, steht die Ausbildung und weitere Ausgestaltung derartiger Funktionsstrukturen (Follikel, Kolloid) unter hormonalem Einfluß der Hypophyse. — Die Lumina der caudalen Schlundtaschen werden zeitweilig zu längeren *Ductus entobranchiales* oder *pharyngobranchiales* ausgezogen; ähnlich gehen aus den äußeren Kiemenfurchen gangartige Verbindungen *(Ductus ectobranchiales)* zum Sinus cervicalis hervor (Abb. 133). Alle diese Gänge sowie der Sinus und der ihn mit der Oberfläche verbindende Ductus

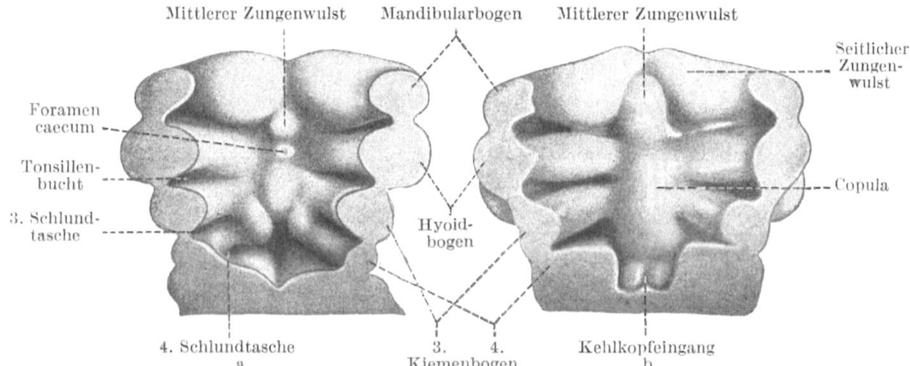

Abb. 134 a u. b. Rekonstruktion des Bodens der Mundhöhle bei 4,9 und 6 mm langen Embryonen. Vergr. 30 × bzw. 25 ×. (Nach Modellen von PETER)

cervicalis (S. 58) verschwinden normalerweise; ihre Persistenz kann zu Kiemengangsfisteln, die sich am Vorderrand des M. sternocleidomastoideus öffnen können, oder zu Kiemengangscysten und -tumoren Anlaß geben.

Zunge

Die Zunge ist ein in der Stammesgeschichte verhältnismäßig spät (bei den Landtieren) entstandenes kompliziertes Gebilde des Mundhöhlenbodens, das Schleimhautanteile des 1.—4. Kiemenbogens umfaßt, während die Muskulatur von der caudalen Seite her aus ursprünglichem Rumpfgebiet, das dem Schädel zugeschlagen wurde (von occipitalen Myotomen her, S. 199), eingewandert ist. Die sensible Versorgung der Zunge durch vier Kiemenbogennerven (V, VII, IX und X) und ihre motorische Innervation durch den spinalnervenähnlichen N. hypoglossus beweist diesen Entwicklungsweg.

Zwischen den ventralen Enden der Schlundbogen entsteht an deren oraler Fläche eine sagittal verlaufende Längsverbindung *(Copula,* im weiteren Sinne Abb. 134), die sich in den *mittleren Zungenwulst* zwischen den Mandibularbogen, das in der Form individuell variable *Tuberculum thyreoideum* mit dem *Foramen caecum* (der Thyreoideaanlage) und die eigentliche *Copula* der folgenden Kiemenbogen gliedert. Aus den mundhöhlenwärts gerichteten Teilen der Mandibularbogen entstehen die paarigen seitlichen Zungenwülste, aus denen der Hauptteil des Zungenkörpers hervorgeht, während die Copula hauptsächlich die Basis linguae bildet; aus dem vierten Bogen (Gebiet des N. vagus) entsteht das Gebiet der Vallecula epiglottica und eine schmale Zone davor. In einiger Entfernung vor der Reihe der Papillae vallatae scheint die Grenze zwischen Ektoderm und Entoderm zu liegen (Ansatzstelle der Rachenmembran, vgl. S. 54). — Die Zungenpapillen erscheinen vom zweiten Fetalmonat an, die Drüsen im zweiten und dritten Monat als anfangs solide Epithelsprossen. Geschmacksknospen sind anfangs über die ganze Oberfläche reichlicher verbreitet als später, ohne Rücksicht auf die Herkunft des Epithels.

Atmungsapparat

Die *Lungen* entstehen caudal von der Kiemenregion; ob sie von Schlundtaschen abzuleiten sind, bleibt zweifelhaft. Die erste Anlage der Lungen ist eine
bilaterale Verdickung des Entoderms (Abb. 137); aus ihr geht zuerst eine unpaare
Ausbuchtung des Darmrohres her-
vor (Abb. 135a), die sehr bald deutlich paarig wird. Es bilden sich zwei
Lungenknospen mit kolbig verdickten Enden aus (Abb. 172, 135b), von
denen die rechte, etwas größere,
schräg caudalwärts, die linke zuerst
fast rein quer gerichtet ist. An
diesen Knospen treten Seitenknospen
auf, rechts eine dorsale und ventrale

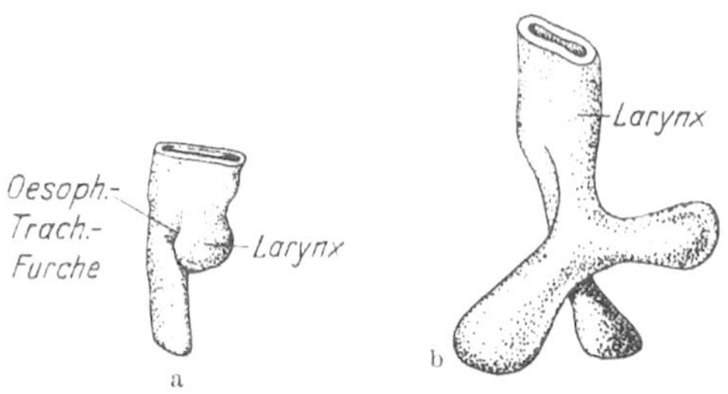

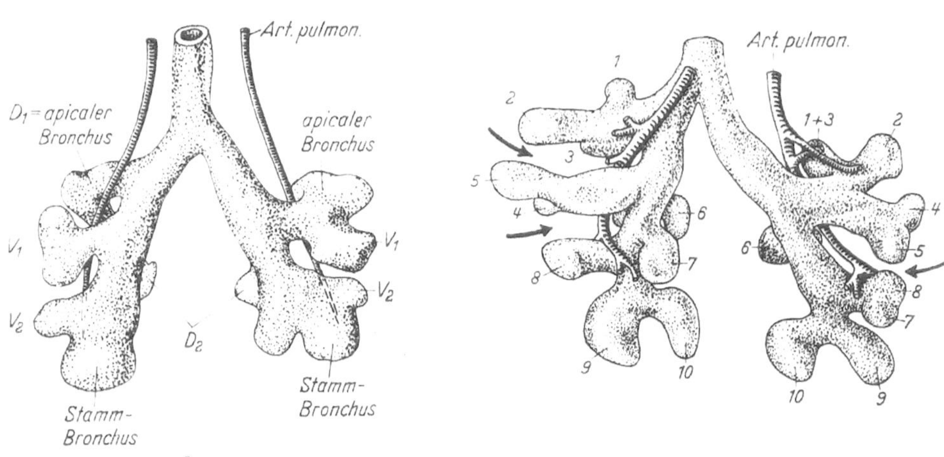

Abb. 135a—d. Modelle der epithelialen Lungenanlagen menschlicher Keimlinge von 4,5, 5, 12,5 und 13,7 mm Länge
von der Ventralseite her. D_1, D_2 dorsale Bronchien, V_1, V_2 ventrale Bronchien. Arabische Ziffern 1—10 in Abb. d
bezeichnen die Anlagen der zehn Lungensegmente. Die Pfeile bezeichnen die einschneidenden Interlobärspalten.
Vergrößerung 40fach. (Abb. a—c nach GROSSER, Abb. d nach BOYDEN 1955.)

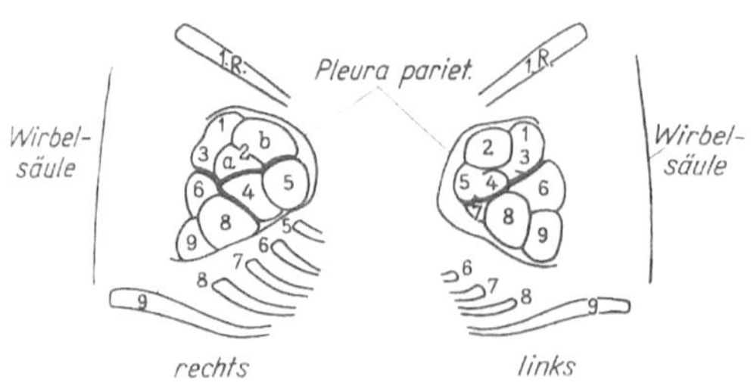

Abb. 136a. Darstellung der Lungensegmente bei einem menschlichen Embryo von 17 mm von rechts und von links. Das
zehnte Segment ist nach medial versteckt. Vergrößerung 8fach.
(Nach BOYDEN 1955.)

Abb. 136b. Lungensegmente eines menschlichen Embryo von etwa
20 mm SSL. Ansicht von rechts lateral. Die Ziffern der einzelnen
Segmente können an der entsprechenden Seite der Abb. 136a ohne
Schwierigkeiten entnommen werden. Abweichungen bestehen insofern, als das Segment 3 schon unterteilt ist und Segment 10 am
unteren Rand sichtbar wird. Die Lappengrenzen sind durch Pfeile
markiert. Vergr. etwa 10fach (Orig.)

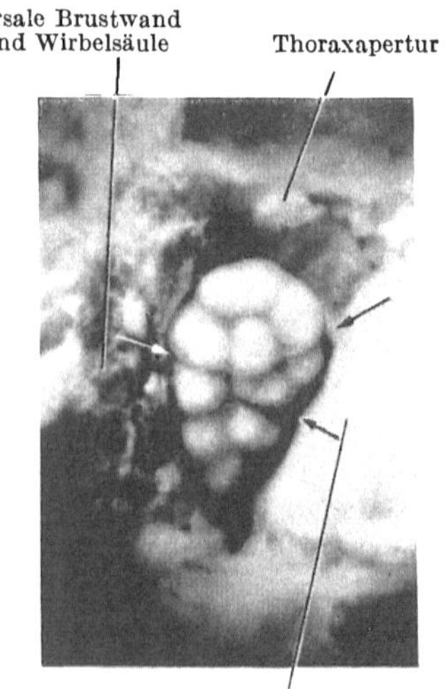

(Abb. 135c), zwischen denen die Lungenarterie verläuft, als Anlage des rechten Ober- und Mittellappens, während links die der dorsalen räumlich entsprechende Knospe ausfällt bzw. auf die ventrale verschoben erscheint, so daß der linke Spitzenbronchus ventral von der Arterie („hyparteriell") verläuft; die Ursache dieser Asymmetrie ist Platzmangel in der Spitzengegend infolge des Verlaufes des linken sechsten Aortenbogens (des Ductus arteriosus Botalli) über die Lungenspitze. Dadurch entfällt links die Unterteilung des ersten Lungenstockwerkes; der erste ventrale Bronchus versorgt den einheitlichen Oberlappen. Deshalb entspricht der linke Oberlappen morphologisch eher dem Mittel- als dem Oberlappen der rechten Seite. An den vorwachsenden Knospen des Stammbronchus entstehen weitere Seitenknospen; die ursprünglich sehr regelmäßige Folge dorsaler und ventraler Knospen wird beim Menschen caudalwärts noch einmal wiederholt (Abb. 135c), so daß außer Knospen eines ersten Stockwerkes (D_1, V_1) auch solche eines zweiten Stockwerkes (D_2, V_2) unterscheidbar sind, weiterhin aber ist infolge kraniocaudaler Verkürzung des Rumpfes und der Lunge diese Anordnung weitgehend verwischt. Die Sonderung der großen Lappenanlagen erfolgt nicht allein

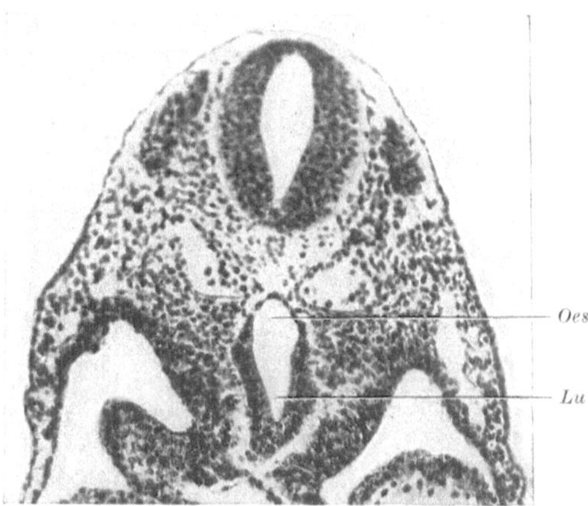

Abb. 137. Querschnitt durch die erste Lungenanlage eines Keimlings von 3,2 mm Länge, mit 22 Ursegmentpaaren. *Oes* Oesophagus; *Lu* Lungenanlage. Vergr. 100 ×

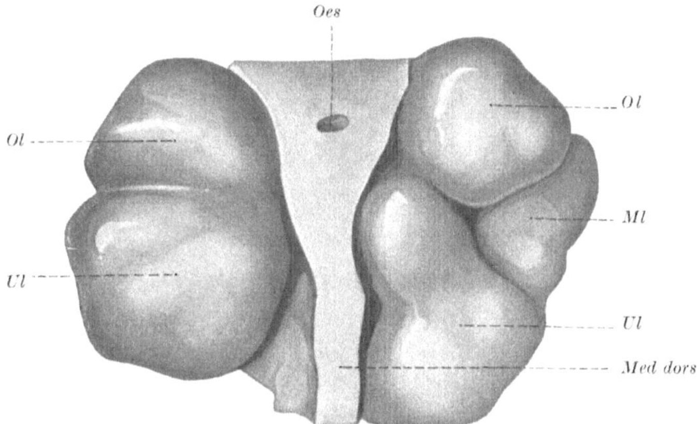

Abb. 138. Modell der mesodermalen Lungenanlage eines Keimlings von 12,5 mm Länge, von der Dorsalseite (vgl. die Ventralansicht des zugehörigen Bronchialbaumes Abb. 135c). *Ol, Ml, Ul* Ober-, Mittel- und Unterlappen; *Med dors* Mediastinum dorsale; *Oes* Oesophagus (Epithelrohr). Vergr. 40 ×

durch die Differenzierung des Bronchialbaums, sondern auch durch die tief einschneidende Pleura visceralis (Abb. 138). Diese liefert als Coelomabkömmling die in der Entwicklung auffälligen Bindegewebsmassen der Lungenanlage (Abb. 139 und 140), d. h. für die ausdifferenzierte Lunge alles außer den speziell epithelialen Anlagen (Alveolarepithel, Epithel der Bronchialgänge und Drüsen). Innerhalb der großen Lappenanlagen lassen sich bei Embryonen von 13 mm an sowohl von der Oberfläche her (Abb. 136) wie vom Bronchialbaum her (Abb. 135d) die Anlagen für die späteren zehn *Lungensegmente* erkennen. Rechts bilden die ersten drei den Oberlappen und stammen aus dem ersten dorsalen Stockwerk. Viertes und fünftes Segment bilden den Mittellappen und gehen auf das erste ventrale Stockwerk zurück. Die Segmente 6—10 entsprechen dem zweiten ventralen und dorsalen Stockwerk sowie weiteren Differenzierungen

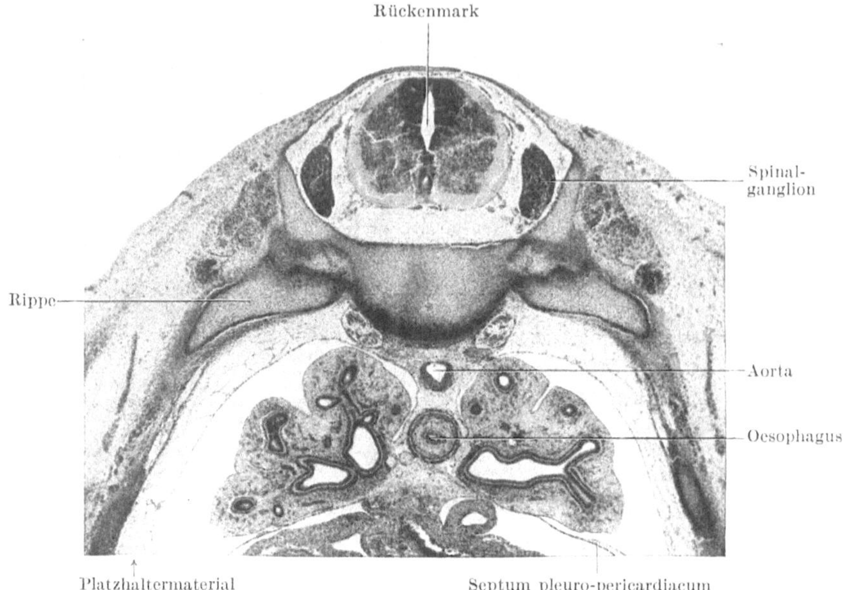

Abb. 139. Querschnitt der Lungenanlage eines Keimlings von 15,5 mm Länge. Man beachte das reiche Bindegewebe zwischen den epithelialen Anlagen. Vergr. 25 ×

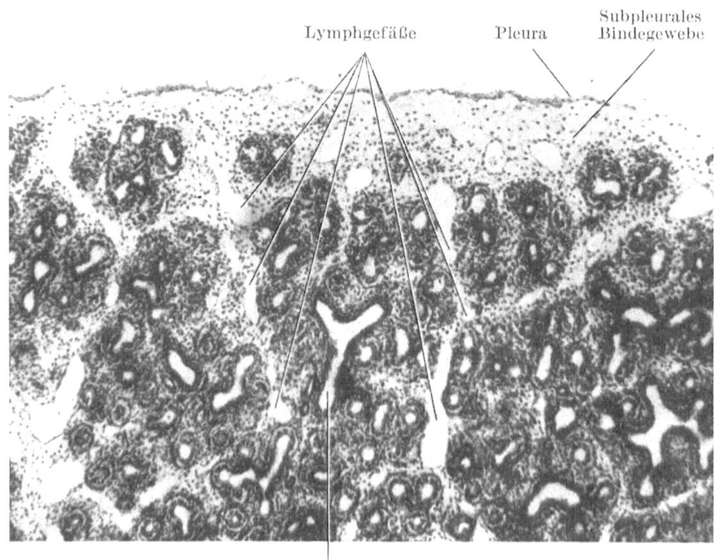

Abb. 140. Histologischer Schnitt durch die Lunge und Pleura eines Embryos von 10 cm Scheitel-Steiß-Länge. Man beachte die deutlich dichotome Verzweigungsform des Bronchialbaumes und die Begrenzung der Läppchenstrukturen durch weite Lymphgefäße. Etwa 45fach

des Stammbronchus. Sie bilden zusammen den Unterlappen. Auf der linken Seite macht der erste ventrale Bronchus durch eine reiche Differenzierung in

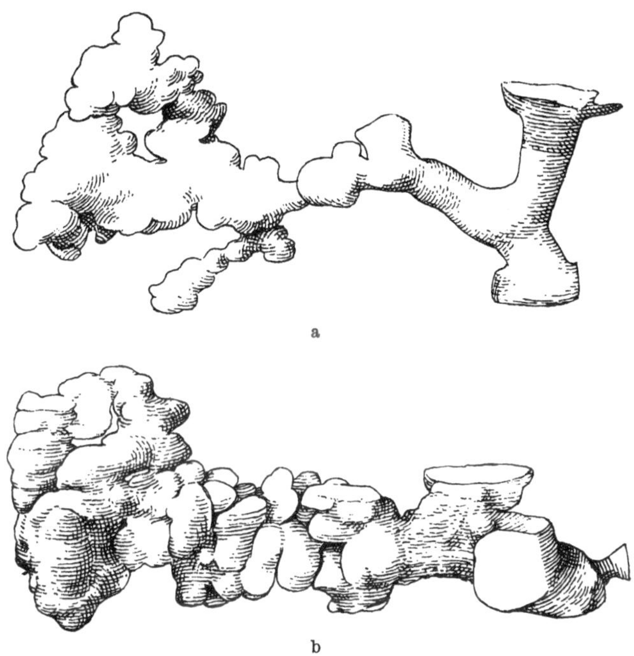

a

b

Abb. 141 a u. b. a Endtraube der Atemwege der beatmeten Neugeborenenlunge. b Endgebiet der Atemwege eines Kindes von 2 Monaten. Beachte die relativ geringe Zunahme der Alveolen im äußersten Endgebiet, dagegen die reiche Aussproßung von Alveolen am Gangsystem. (Nach Wachsplattenrekonstruktionen von BOYDEN u. TOMPSETT 1965, aus REUCK u. PORTER 1967).

fünf Segmente das Fehlen eines dorsalen ersten Stockwerkes wett. Die Differenzierung und Zusammenfassung der übrigen Segmente entspricht der der rechten Seite. Entwicklungsvarianten in diesen Stadien werden demnach die praktisch wichtige Segmentierung der erwachsenen Lunge entscheidend beeinflussen.

Zwischen der 10. und 14. Woche setzt ein starkes, dichotomes Verzweigungswachstum des Bronchialbaumes ein, dessen Grundaufbau mit der 16. Woche abgeschlossen ist. Die Zahlen der dabei auftretenden Verzweigungsgenerationen schwanken in verschiedenen Lungenabschnitten zwischen 20—25 in den basalen Segmenten oder der Lingula und 15 in den cranialen Segmenten. Beschränkung des verfügbaren Entwicklungsraumes der Lunge, etwa durch das Vordringen von Baucheingeweiden bei einer Zwerchfellhernie läßt weniger Teilungsschritte zustande

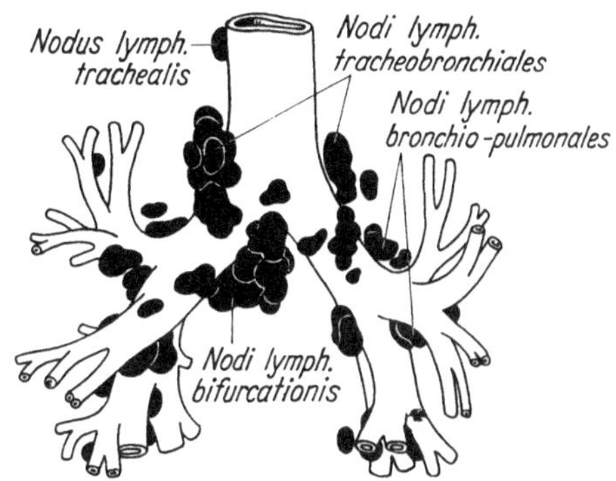

Abb. 141 c. Anlage und Verteilung von Lymphknoten an Bronchien und Trachea bei einem menschlichen Fetus von 19,5 cm SSL (aus SCHMIDT, Z. Anat. 1955)

kommen, ohne daß andere Differenzierungsprozesse davon berührt werden. Da nach der Geburt keine neuen Bronchialwege entstehen, liegt zu diesem Zeitpunkt auch die Zahl der Segmente, der Lobuli und der Acini fest. Das zunächst

reichlich als Platzhalter zwischen den Bronchialverzweigungen angelegte Bindegewebe (Abb. 139) wird relativ schon bis zur Geburt sehr stark eingeschränkt;
nach dieser setzt im wesentlichen erst die Bildung der Alveolen ein, deren Zahl
bis zum 8. Lebensjahr ansteigt und deren Einzelgröße sodann bis zur Maximal-
entfaltung des Brustkorbes noch zunimmt. So wird insgesamt eine Volumenver-
größerung der Neugeborenen-Lunge bis zum Status des Erwachsenen um das 22-
fache erreicht. Die Vermehrung der Lungenbläschen in den ersten Lebensjahren
kommt nicht nur durch den Ausbau des Alveolensystems an den letzten Verzwei-
gungsgliedern des Bronchialbaumes, sondern auch durch die Ausstattung von
Bronchialästen geringeren Ranges mit seitlich auswachsenden Alveolenbläschen
zustande (Abb. 141). Die Blutgefäße erfahren postnatal entsprechend dem Umbau
des Alveolensystems starke Veränderungen, wobei die neu entstehenden Arterien
sich nicht immer streng an die Grenzen respiratorischer Einheiten halten.

Der Entwicklungsweg der Lunge findet sein Spiegelbild im histochemischen
Verhalten seiner Elemente. Die im Tierversuch in vitro festgestellte Führungsrolle
der Epithelstrukturen entspricht einer Glykogenanreicherung in den Frühstadien.
Wie sich Succinodehydrogenasen, Phosphatasen und Esterasen nur vor dem 8.
Monat finden, so sind die Schleimsubstanzen den älteren Stadien vorbehalten. Die
Drüsen, deren Sekretion schon in utero von Bedeutung ist, entstehen zu $^3/_4$ zwi-
schen der 14. und 28. Woche. Die funktionell wichtigen elastischen Bausteine der
Lunge formen sich in vier Schüben:

1. an den großen Gefäßen vom 3. Embryonalmonat an;

2. an der Trachea, den Bronchien und Bronchiolen in der Reihenfolge ihrer
Nennung zwischen dem 4. und 6. Monat;

3. an den Capillaren;

4. an den Alveolen dagegen erst mit Ende der Gravidität und unter starker
postnataler Ausgestaltung.

An der Elastica-Entwicklung kann somit gewissermaßen eine Reifung des Lun-
gengewebes abgelesen werden.

Die fetale Lunge zeigt gegenüber dem Erwachsenen eine absolut reichlichere
Ausstattung mit Lymphknoten (Abb. 141c), wie auch die Lymphgefäße einen
relativ weiten Raum einnehmen.

Der erste Atemzug wird durch die Chemoreceptoren ausgelöst. Die Erweiterung
der postnatalen Lungenventilation entspricht der Zunahme des Körpergewichtes
und der Körperoberfläche.

Kehlkopf und Trachea sind anfangs als ventrale Ausbuchtung des Oesophagus *(Laryngo-Trachealrinne)* angelegt. Durch eine caudo-kranialwärts fort-
schreitende Vereinigung der Ränder der von außen kenntlichen Grenzrinne (*Oeso-
phago-Trachealfurche*, Abb. 135a) werden Luftröhre und Kehlkopf vom Oesophagus
abgelöst; das Lumen der Trachea bleibt dabei offen und rundlich, das des
Kehlkopfes wird spaltförmig und durch epitheliale Verklebung verschlossen.
Die Kehlkopfanlage wird kranialwärts in das Gebiet der caudalen Schlundbogen verschoben, so daß deren Knorpel das Kehlkopfskelet bilden können
(S. 196). Im dritten Monat löst sich die epitheliale Verklebung des Kehlkopfes,
und die innere Modellierung des Lumens (Stimmbänder, Ventrikel) beginnt. Der
Kehlkopf des Neugeborenen ist relativ merklich größer als später, was auf die
Wichtigkeit des Organes für das Neugeborene (Äußerung seiner Bedürfnisse) zu-
rückzuführen ist.

C. Urogenitalapparat und Nebenniere

Die Somitenstiele lassen, wie der Name Nephrotom bereits anzeigt, die einander folgenden Generationen der Niere: *Vorniere, Urniere* und *Nachniere* aus

sich hervorgehen. Besonders im Zeitpunkt der Hochentwicklung der Urniere wölbt sich die sie enthaltende dorsale Leibeshöhlenwand mächtig als Urnierenfalte in die Leibeshöhle vor. Die Keimdrüse verrät ihre Zugehörigkeit zu demselben System wie die Nieren, dem *Urogenitalsystem*, durch ihre Lage im medianen Abschnitt der Urnierenfalte, die deshalb mit Recht auch den Namen *Urnieren-Keimdrüsenfalte* führt. Endlich werden späterhin — besonders beim Manne — enge Beziehungen zwischen Keimdrüse und Urniere geschaffen, da die Keimdrüse Teile der Urniere als Ausführungssystem übernimmt.

In diesem Zusammenhang soll auch die *Nebenniere* besprochen werden, obwohl sie trotz ihrer engen Lagebeziehungen zu Urniere und Nachniere keine genetischen Beziehungen zu diesen Organen besitzt. Ihre Rinde entstammt vielmehr der Coelomwand, demnach dem Mesoderm, ihr Mark steht dem Sympathicus nahe, somit einem Organ ektodermalen Ursprungs.

Harnapparat

Die erste Generation der paarigen Nierenorgane beim Menschen wird durch die allerdings nur sehr mangelhaft ausgebildete *Vorniere* dargestellt. Sie besteht aus den *Vornierenkanälchen* mit ihren in das Coelom führenden Öffnungen, den *Nephrostomata*, dem *Vornierengang* und den *äußeren Glomeruli*. Die letzteren werden von lateralen Ästen der Aorta gebildet und wölben sich (ohne Bowmansche Kapseln) in die

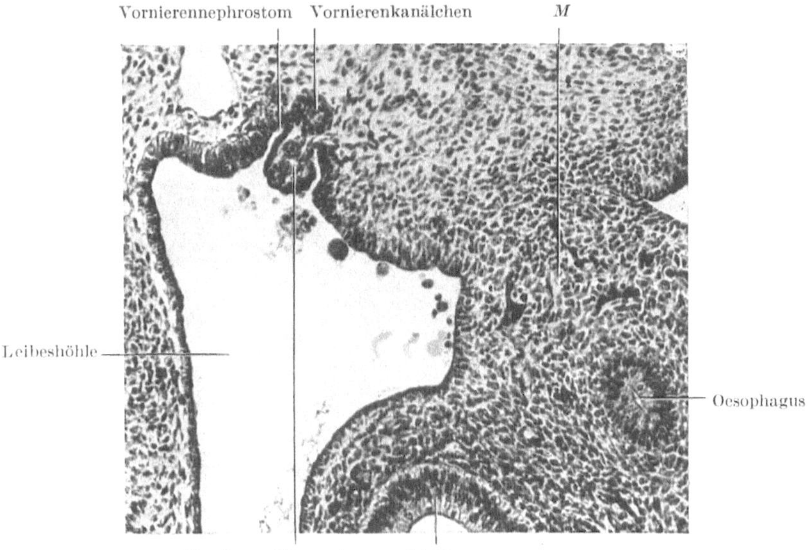

Abb. 142. Schnitt durch den rechten Teil der Leibeshöhle eines menschlichen Embryos von 7 mm gr. L. (Cz 917). *M* dorsales Mesoesophageum; 152fache Vergrößerung

Bauchhöhle vor. In vollentwickelten Vornieren wird der Harn von diesen Glomeruli in das Coelom ausgeschieden, von hier durch die Nephrostomata in die Vornierenkanälchen aufgenommen und in den Vornierengang abgeführt. Beim Menschen sind alle diese Organe nur mangelhaft ausgebildet. Da jedoch der Urnierengang aus dem Vornierengang hervorgeht und von bleibender Bedeutung ist, muß die Entstehung der Vorniere hier besprochen werden. Wie aus Abb. 26 ersichtlich ist, führt die Segmentierung der Stammplatte zur Bildung von Somiten und Somitenstielen (Nephrotomen). Jedes Nephrotom bildet somit ein strangartiges Gebilde, welches die Verbindung zwischen Urwirbel und Leibeshöhle herstellt.

Das Vornierenkanälchen ist in jedem Körpersegment in der Einzahl vorhanden. Die Verbindung mit dem Urwirbel geht bald verloren, der Rest des strangförmigen Gebildes wird zum Vornierenkanälchen. Sein blindes (mediales) Ende biegt dorsalwärts und nachher caudalwärts um und wächst auf das gleichartige vom nächsten Segment gebildete Kanälchen zu (Abb. 143b). Diese Längskanälchen verwachsen miteinander und bilden den Vornierengang. Die Vorniere entsteht im Bereiche des Kopfes und Halses, eventuell der obersten Thoraxsegmente; der Vornierengang hingegen wächst aus eigener Kraft über die Vorniere caudalwärts hinaus bildet den *Urnierengang*. Der Name *Wolffscher Gang* [1] wird nicht nur für den Vornieren-, sondern auch für den Urnierengang verwendet. Die Vorniere sowie auch der kraniale Teil des Wolffschen Ganges werden sehr früh zurückgebildet, hingegen finden sich äußere Glomeruli und geringe Reste von Vornierenkanälchen auch noch bei älteren Embryonen (Abb. 142, 7 mm langer Embryo). Sie liegen meistens in der Höhe der Lungen, wohin sie vermutlich durch sekundäre Verlagerung gelangen. Bei manchen Tieren finden sich auch innere Vornierenglomeruli ähnlich den unten zu besprechenden Urnierenglomeruli, doch kommen sie beim Menschen nicht vor.

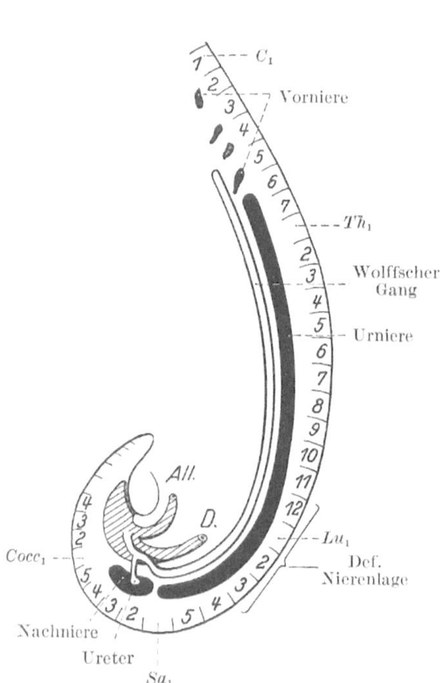

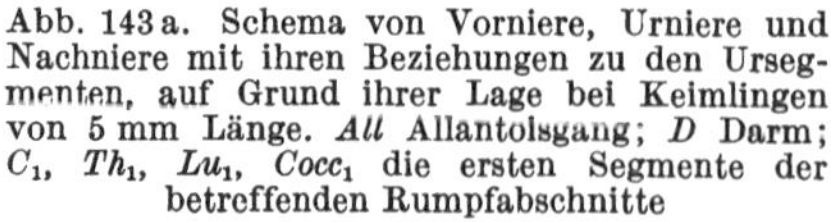

Abb. 143a. Schema von Vorniere, Urniere und Nachniere mit ihren Beziehungen zu den Ursegmenten, auf Grund ihrer Lage bei Keimlingen von 5 mm Länge. *All* Allantoisgang; *D* Darm; C_1, Th_1, Lu_1, $Cocc_1$ die ersten Segmente der betreffenden Rumpfabschnitte

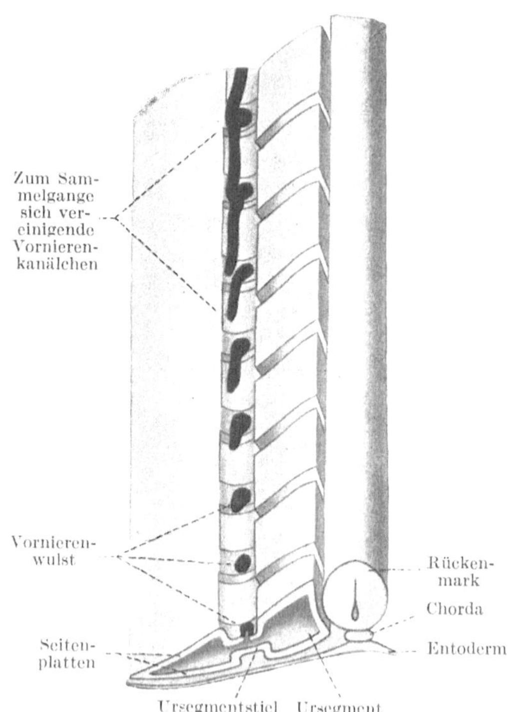

Abb. 143b. Schema der Entwicklung der Vorniere und des Vornierenganges. (Nach FELIX)

Beim Überblick über die Wirbeltiere ergibt sich eine eigenartige, wohl auf der Phylogenese beruhende Stufenfolge des Auftretens der genannten Teile. Bei niederen Wirbeltieren (Branchiostoma, Cyclostomen) und bei den Knochenfischen wird eine Vorniere gebildet; bei Knorpelfischen und den Amphibien funktioniert meist die Vorniere während einer Larvenperiode, die Urniere später zeitlebens, ohne daß eine Nachniere entsteht, und bei den Amnioten (S. 37) ist die Vorniere rudimentär, die Urniere wechselnd ausgebildet, die Nachniere aber das eigentliche

―――――――――

[1] C. FRIEDR. WOLFF 1733—1794.

Harnorgang. Doch haben Vor- und Urniere auf jeden Fall wichtige Beziehungen zur Keimdrüse; ihr Ausführungsgang übernimmt beim männlichen Geschlecht überall auch die Ableitung der Geschlechtsprodukte, des Samens.

Im Bereiche der *Urnierenentwicklung,* welcher etwa die Thorax- und Lendensegmente umfaßt, liegt der vom Vornierengang gebildete Urnierengang zwischen Somitenstiel und dorsalem Oberflächenektoderm. Trotz seiner engen Nachbarbeziehungen zum Ektoderm wird jedoch ein Zellzuschuß von letzterem in Abrede gestellt. Der Wolffsche Gang wächst caudalwärts, immer streng dem Ektoderm angeschmiegt, der Körperkrümmung folgend vor und erreicht die Kloake bei Embryonen von 28 Urwirbeln zu beiden Seiten der Kloakenmembran. In späteren Stadien rückt er von seiner ursprünglichen Lage dicht unterhalb des Oberflächenektoderms ab und begibt sich in seinem kranialen Bereiche in die lateralen Teile der Urnierenfalte. Das caudale Ende mit Ausnahme der Anlagerungsstelle an die Kloake wird jedoch (Abb. 143) stärker abgedrängt — vermutlich durch das dichte Blastem der Beinanlage. Bei Embryonen von 6—7 mm Länge öffnet sich der Wolffsche Gang in die Kloake.

Das Material der Somitenstiele ist in diesem Bereiche nicht mehr segmental unterteilt. Es formt vielmehr einen Strang — den mesonephrogenen Strang —, welcher späterhin in eine Reihe von perlschnurartig aufgereihten Kugeln, die *Urnierenkugeln,* zerfällt. Diese Kugeln sind im Bereiche jedes Segmentes nicht mehr in der Einzahl vorhanden, sondern auf jedes Segment entfallen zwei bis sechs (oder auch mehr) Urnierenkugeln, wobei diese Zahl caudalwärts zunimmt (vgl. den schrägen Sagittalschnitt der Abb. 144a). Die *Urnierenkanälchen* entstehen nun aus dem nephrogenen Strang, bzw. den Urnierenkugeln, dadurch, daß diese sich aushöhlen, in die Länge strecken und in den Urnierengang einpflanzen. Das hohle Bläschen wird von der medialen Seite her durch ein Gefäß eingestülpt und wird dadurch zum *Urnierenkörperchen,* der eingestülpte Teil zum inneren *Glomerulus,* der Rest wird zum Urnierenkanälchen; das Ganze bildet eine Baueinheit, ein *Nephron* der Urniere. Dabei geht die Differenzierung des Kanälchens derart vor sich, daß es etwa in der Mitte seines Verlaufes an die Glomeruluskapsel angeheftet bleibt (*Kontaktpunkt,* Abb. 144 und 149) und darin mit den Nachnierenkanälchen übereinstimmt, während an den Vornierenkanälchen weder bei niederen Wirbeltieren noch in den gelegentlich beim Menschen ausgebildeten Fällen ein Kontaktpunkt auftritt.

Die Bildung von Urnierenkanälchen beginnt in den untersten Halssegmenten und reicht bis zum 4. Lendensegment; in diesem Gebiet (von 18—19 Segmenten) werden im ganzen nacheinander über 80 Kanälchen gebildet, die alsbald so viel Raum einnehmen, daß die Urniere die Urnierenfalte aufwirft und beträchtlich in das Coelom vorspringt (Abb. 121 und 148). Doch beginnt die Rückbildung des kranialen Endes so frühzeitig, daß nie mehr als etwa 30 Kanälchen gleichzeitig vorhanden sind, von denen wieder nur etwa 20 (aus der Lumbalgegend) länger erhalten bleiben. Die kranialen von ihnen (Abb. 158) treten als *Epigenitalis* in Beziehung zur Keimdrüse (S. 153),

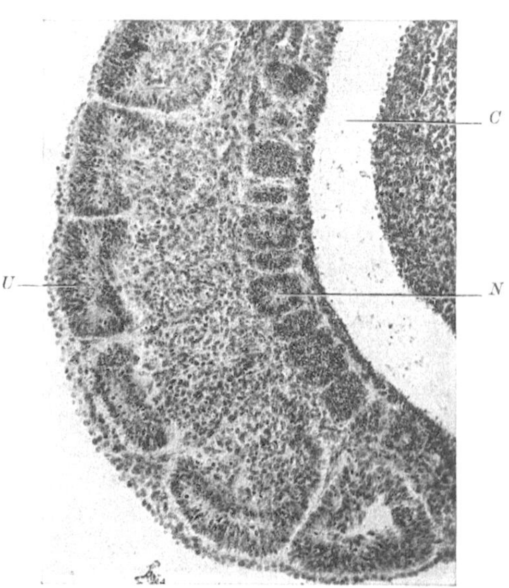

Abb. 144 a. Sagittalschnitt durch einen menschlichen Embryo von 5 mm gr. L. (H 645). *C* Coelom; *N* Urnierenkugeln; *U* Urwirbel. 84fache Vergr.

die caudalen werden rückgebildet, ohne ganz zu verschwinden, und bleiben als *Paragenitalis* in der Nähe der Keimdrüse liegen. Es gibt deutliche Anzeichen einer Sekretionstätigkeit der Urniere, wenn auch angenommen werden muß, daß die Ausscheidung harnpflichtiger Substanzen im wesentlichen auf dem Wege über die Placenta zustande kommt.

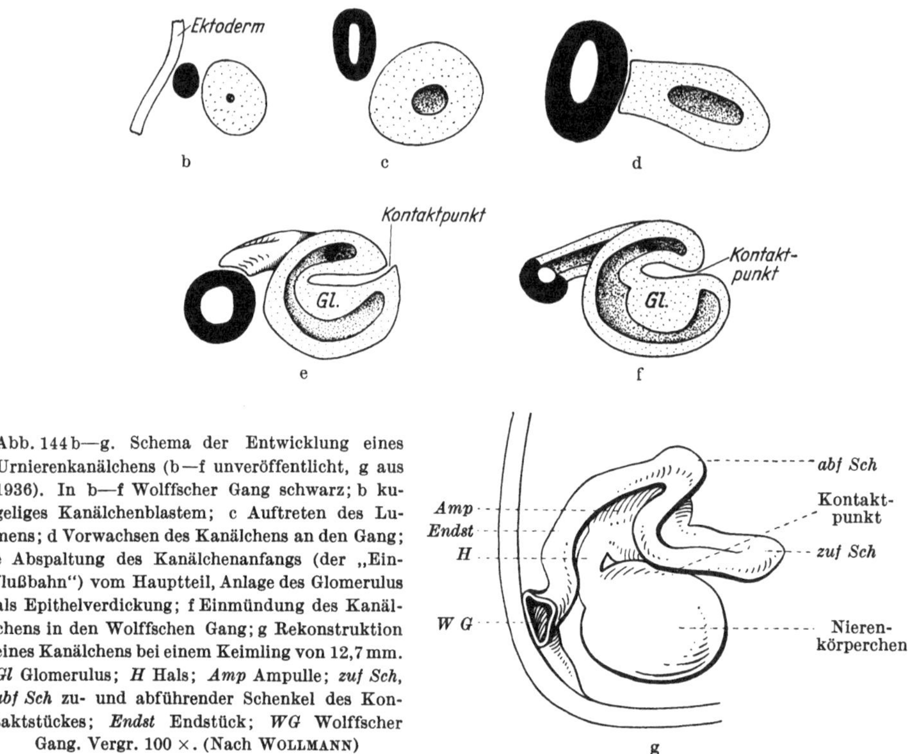

Abb. 144 b—g. Schema der Entwicklung eines Urnierenkanälchens (b—f unveröffentlicht, g aus 1936). In b—f Wolffscher Gang schwarz; b kugeliges Kanälchenblastem; c Auftreten des Lumens; d Vorwachsen des Kanälchens an den Gang; e Abspaltung des Kanälchenanfangs (der „Einflußbahn") vom Hauptteil, Anlage des Glomerulus als Epithelverdickung; f Einmündung des Kanälchens in den Wolffschen Gang; g Rekonstruktion eines Kanälchens bei einem Keimling von 12,7 mm. *Gl* Glomerulus; *H* Hals; *Amp* Ampulle; *zuf Sch*, *abf Sch* zu- und abführender Schenkel des Kontaktstückes; *Endst* Endstück; *WG* Wolffscher Gang. Vergr. 100 ×. (Nach WOLLMANN)

Der sacrale Teil des nephrogenen Stranges hat durch die ventrale Ablenkung des Urnierenganges (S. 141 und Abb. 143 a) keine Verbindung mit diesem, so daß auswachsende Harnkanälchen den Ausführungsgang nicht mehr finden könnten. Diesem sacralen Bildungsmaterial wächst ein eigener Seitensproß des Wolffschen Ganges entgegen, die *Ureterknospe* (Abb. 143 a, 147 und 152 b); sie erweitert sich ein wenig an ihrem freien Ende *(Vorbecken)* und wird vom nephrogenen Gewebe kappenartig umgeben. Damit ist die Anlage der *Nachniere*, Metanephros, gegeben, die somit aus zwei anfangs deutlich getrennten Anlagen entsteht, der Ureterknospe, die außer dem Nierenbecken und den Kelchen auch die Sammelröhren liefert, und dem metanephrogenen Blastem, aus dem die eigentlichen Harnkanälchcn hervorgehen. Dieses Blastem stammt aus dem 2.—5. Sacralsegment.

Eine Differenzierung des metanephrogenen Gewebes erfolgt unter Induktion der Ureterknospe, deren Verlust zu einer mangelnden Ausbildung der Nachniere führt. Die Aufklärung der Induktion des metanephrogenen Gewebes durch die Ureterknospe ist weit vorwärts getrieben und mag als Beispiel für viele andere Induktionsverhältnisse näher dargestellt sein.

Die glückliche Entwicklung einer Untersuchungstechnik trug insofern besonders zum Erfolg bei, als sich die Rückenmarksanlage des Hühnchens als vollkommener Ersatz der Ureterknospe bei der Mäuseniere herausstellte und damit ein beliebig oft reproduzierbares Induktionsexperiment in vitro ermöglichte.

Der erste sichtbare Schritt dieser Induktion ist die Aggregation von einer Anzahl Zellen des metanephrogenen Gewebes zu einem abgerundeten Verband (Abb. 145a). Diese Zellkugel erhält epithelialen Charakter mit polarisierten Zellen,

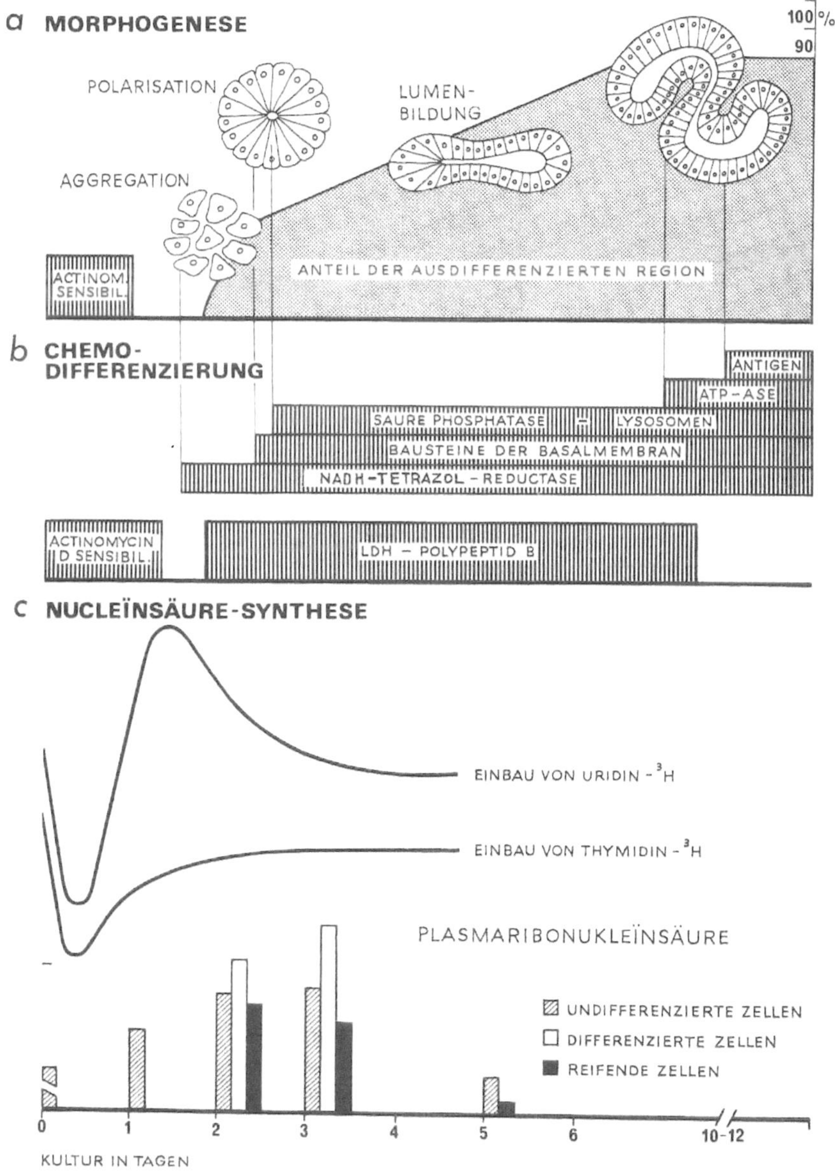

Abb. 145a—c. Übersicht über die morphologischen (a) chemischen (b) und speziell die den Nucleinsäurestoffwechsel betreffenden (c) Differenzierungsschritte bei der Induktion des metanephrogenen Gewebes der Maus in vitro. Die Zeit der Actinomycin-D-sensiblen Phase ist jeweils auf der Grundlinie in a und b eingetragen. (Nach Saxen, Koskimies, Lathi, Miettinen, Rapola u. Wartiovaara 1968)

an deren Außenseite eine Basalmembran gebildet wird. Die Umbildung der Zellkugel zu einem Röhrchen, das sodann doppel-S-förmig gekrümmt wird, erfolgt nach Art des Schemas Abb.149b. Nun zeigt sich, daß parallel zu solcher morphologischen Differenzierung eine Reihe von Teilschritten der Chemodifferenzierung ablaufen, die an eine vorausgehende Nucleinsäuresynthese gebunden sind (Abb. 145b u. c). Schon bevor der erste Effekt der Induktion sichtbar wird, kann der Induktor entfernt werden, ohne daß der vorerst unsichtbar eingeschlagene Differenzierungsweg in seiner weiteren Entwicklung gestört würde. Wird aber die erreichte Zellaggregation künstlich zerstört, so finden die zerstreuten Zellen nicht ohne Induktor wieder zu der schon einmal erreichten Einheit zusammen. Der Induktionsvorgang zur Einleitung der Zellaggregation bedarf einer Mindestzeit und unterliegt einem (Konzentrations- ?) Gradienten, derart daß die dem Induktor naheliegende Zelle eher zur Gruppierung schreiten. Bei Verwendung eines eingeschobenen Filters wird die notwendige Zeit verringert, wenn das Filter mit dem Induktor vor der Kombination mit dem zu induzierenden Gewebe schon vorinkubiert wird. Bei Eintritt in die Zellgruppe verlieren die primären Mesenchymzellen ihre Beweglichkeit und gestatten nach fertiger Aggregation keinen Zutritt weiterer Zellen. Zellteilungen beschränken sich auf zwei Perioden der betrachteten Vorgänge. Mitosen sind reichlich im undifferenzierten Mesenchym, spärlich in abgerundeten Zellbläschen und werden erst wieder reichlicher im Stadium seiner Verlängerung zum Tubulus. Der Differenzierungsschritt selbst scheint eine Mitosetätigkeit auszuschließen. Wird die zu letzteren Mitosen zugehörige DNA-Synthese gemindert, wird natürlich auch die Tubulusdifferenzierung gehemmt. Dem entscheidenden Schritt der Aggregation geht eine starke Vermehrung der RNA voraus, die sich teils als auch elektronenoptisch sichtbare Ribosomen-RNA nachweisen, teils als Messenger RNA wahrscheinlich machen ließ. Der kausale Zusammenhang ergibt sich aus Versuchen mit Actinomycin D, das die RNA-Synthese hemmt und vor dem Induktionsschritt angewendet die Zellaggregation unmöglich macht. Eine spätere Einwirkung von Actinomycin D läßt die weitere Differenzierung unbeeinflußt. Es ist also wahrscheinlich, daß der morphologisch erkennbare Induktionsschritt mit einer Aktivierung des Genoms verbunden ist. Solches scheint auch für die anschließenden Differenzierungsschritte wie das Erscheinen der Lactatdehydrogenase der Fall zu sein (Abb.145b). Da die verschiedenen Typen der LDH sich in verschiedenen Differenzierungsvorgängen als phasenspezifisch und von bestimmten Genen abhängig erwiesen haben, ist das erste Erscheinen der LDH und seiner Steuerung eine geeignete Kennmarke für die Differenzierung des Niernbläschens. Der Anstieg der NADH-tetrazolium-Reduktase scheint zeitlich mit einer Änderung des endoplasmatischen Reticulums korreliert zu sein. Das Elektronenmikroskop kann für die Entstehung des Tubulus lumens auch eine zentrale Sekretionsarbeit des Golgiapparates wahrscheinlich machen. Endlich stellt sich auch ein organspezifisches Antigenprotein ein, das immunhistochemisch nachzuweisen ist.

Durch Wachstumsverschiebungen wird die Nachniere an der Ventralseite der Art. iliaca communis vorbei (Abb. 109), über die Grenze des kleinen Beckens hinweg in die Lumbalgegend verlagert (*Ascensus der Niere*). Dabei erreicht die linke Niere nach ihrer Ausbildung mit ihrem oberen Pol die 11., die rechte die 12. Rippe. Eine große Anzahl von Lageanomalien wie z. B. die Beckenniere, finden so als Hemmungsmißbildungen ihre Erklärung. Selbst eine Verlagerung einer ganzen Niere auf die entgegengesetzte Seite kommt vor und wird so verständlich (Abb. 146). Während des normalen Ascensus dreht sich die Niere so, daß der Hilus, der anfangs breit offen und rein ventral gerichtet ist (Abb. 147), medialwärts gewendet wird, wobei er sich zum Sinus renalis verschmälert und eingebuchtet wird.

Schon am Beginn des Ascensus streckt sich das erweiterte Ende der Ureterknospe, das *Vorbecken*, in der Körperachse, wobei das nephrogene Blastem kappenartig die Enden bekleidet. Dann entstehen eine kraniale und caudale Polröhre und an diesen 7—10 Zentralrohre. Letztere gliedern sich entsprechend der zugehörigen Polröhre in eine kraniale (etwas zahlreichere) und caudale Gruppe und innerhalb beider in eine dorsolaterale und ventrolaterale Reihe (entsprechend der späteren Vascularisierung). Von ihnen sprossen die Sammelröhren aus, die sich an der Spitze immer wieder dichotomisch teilen (Abb. 149a und b) und vom metanephrogenen Blastem bekleidet werden. Von der Peripherie zentralwärts vordringende Teilungen bestimmen schließlich die Anzahl der auf einer Papille mündenden Sammelröhren, während die endgültige Zahl der Nierenpapillen

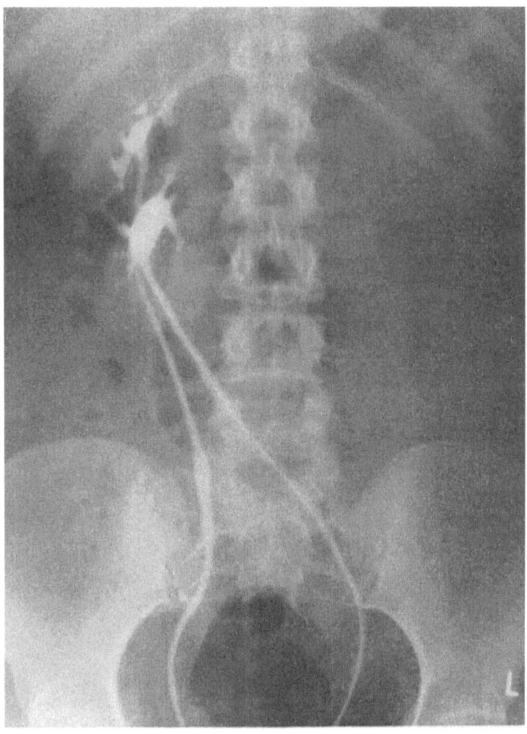

Abb. 146. Kreuzung eines linken Ureters über die Mittellinie und doppelte Nierenanlage auf der rechten Seite Der Ascensus der linken Niere hat hier zu einer Verlagerung auf die Gegenseite geführt (♀, 20 Jahre)

(16—20) durch verschieden weit getriebene Unterteilungen der Zentralrohre bestimmt wird. Durch die Verdoppelung oder frühzeitige Spaltung der Ureterknospe kann es zur Bildung eines zweifachen Ureters mit mehr oder weniger deutlicher Teilung des Nierenorgans kommen.

Die den Endverzweigungen der Sammelröhren aufsitzenden Blastemkappen (Abb. 148) gliedern fortlaufend an ihrer Außenseite Zellgruppen ab, die zuerst kugelige Körper, dann Bläschen darstellen (Abb. 149a) und sich ähnlich wie bei der Urniere in Nierenkörperchen mit Glomeruli und Harnkanälchen umwandeln; die letzteren kehren bei ihrem Längenwachstum einmal an das Nierenkörperchen zurück *(Kontaktpunkt)* und setzen sich durch ihr Endstück (Schaltstück) mit dem Sammelrohr in Verbindung (Abb. 149b—d). Hier findet demnach die Einpflanzung des Nierenkanälchens in einen Seitenzweig des Ausführungsganges statt. Bald (36 mm) lassen sich an den Kanälchen nach Form, Dicke und histochemischen Reaktionen ein an den Glomerulus anschließender Teil (Abb. 149d, punktiert) und

ein vor das Schaltstück sich einordnender Teil (Abb. 149d, schrägschraffiert)
unterscheiden. Diese entsprechen dem späteren ersten und zweiten Hauptstück.

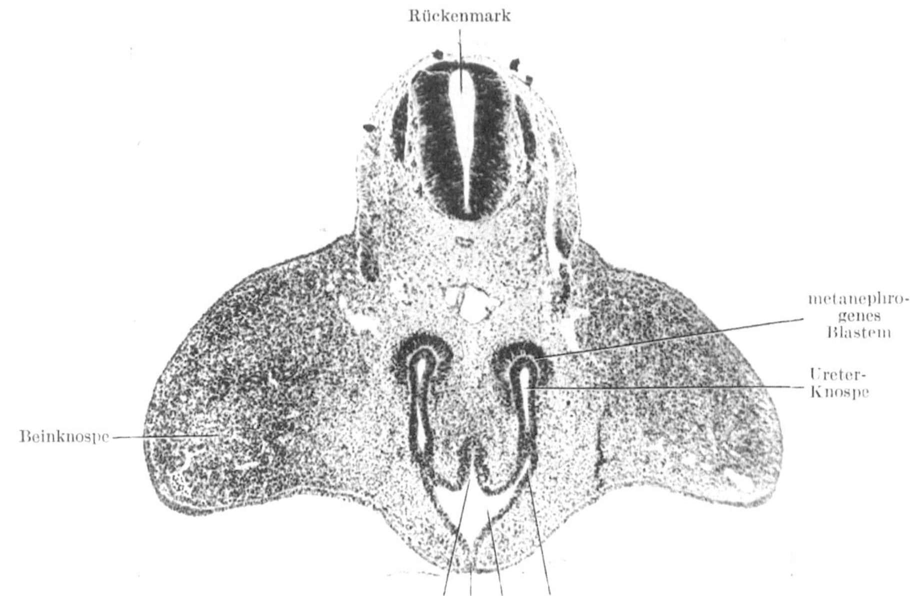

Abb. 147. Schnitt durch einen menschlichen Embryo von 7,5 mm gr. L. (Hk 932). *K* Kloake; *Km* Kloakenmembran; 51fache Vergrößerung

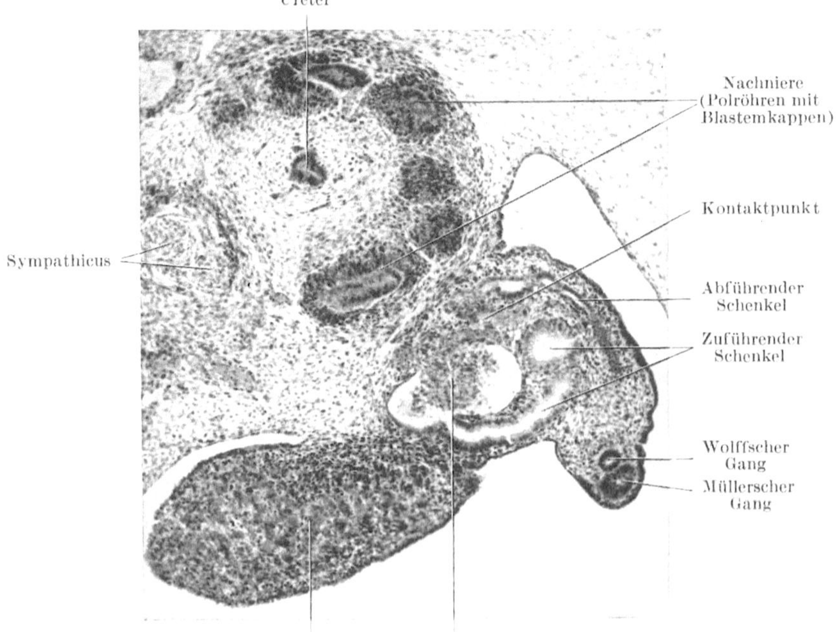

Abb. 148. Ein Urnierenkanälchen nebst Nachnierenanlage und Keimdrüse bei einem Keimling von 15,5 mm
Länge im Schnitt. Man beachte die verschiedene Stellung der Nierenanlage beim Embryo von 7,5 mm (Abb. 147,
Öffnung nach ventral) und von 15,5 mm (Abb. 148, Öffnung nach medial-ventral). Vergr. 80mal

Beide Anteile beteiligen sich an der ins Mark absteigenden Henleschen Schleife, die auch in diesem Stadium schon einen Zwischenabschnitt (Abb. 149 d, weiß) erkennen läßt, der ihrem späteren dünnen Abschnitt entspricht. Mit der Ausdifferenzierung dieser drei Kanälchenabschnitte und des Glomerulus beginnt auch schon die sekretorische Tätigkeit des Nephrons. Die in der Rinde der fertigen Nachniere übereinandergeschichteten Glomeruli und Tubuli werden in der Reihenfolge von innen nach außen gebildet, derart, daß bei einem 25 mm-Embryo von außen nach innen sämtliche Ausbildungsstadien nebeneinander beobachtet

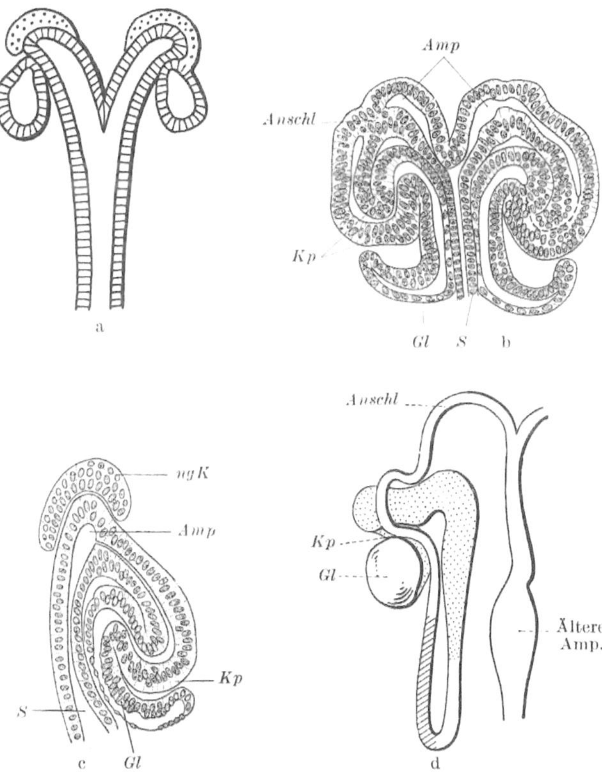

Abb. 149 a—d. Ausbildung der Nachnierenkanälchen, a—c nach HEIDENHAIN 1936, d nach FELIX 1911, alle geringfügig abgeändert. a Ureterzweig geteilt, mit Nierenbläschen und nephrogenen Gewebskappen. Vergr. etwa 50×. b Zwei Nephrone im Stadium des S-förmigen Kanälchens, links das Lumen noch nicht angeschlossen, rechts in das Sammelrohr durchgebrochen. Bei *Kp* Kontaktpunkt; *Gl* Glomerulus; *Amp* Ampullen der Sammelröhren; *S* gemeinsames Sammelrohr; Vergr. 180×. c Sammelrohr mit Ampulle und S-förmigem, eben angeschlossenem Kanälchen. Nephrogene Kappe (*ng K*) ergänzt; Vergr. 190×. d Etwas älteres Nephron. Die Henlesche Schleife in Bildung begriffen. *Anschl* die Anschlußstelle des Kanälchens an das Sammelrohr. Vergr. 200

werden können, von dem Blastembläschen bis zum fertigen Nephron. Das nephrogene Blastem wird kurz nach der Geburt aufgebraucht, so daß eine Neubildung von Niereneinheiten (eine Regeneration) im späteren Leben nicht mehr stattfinden kann. Obwohl die Nachniere schon vor der Geburt Harn sezernieren kann, so ist doch mit der Geburt noch kein Nephron voll ausdifferenziert. Somit sind auch Clearance und Konzentrationsfähigkeit noch unvollkommen. Die Glomerulusdurchmesser sind beim Neugeborenen halb so groß wie beim Erwachsenen. Die proximalen Tubulusanteile sind noch sehr klein und unreif, was sich im Laufe einer raschen postnatalen Nachreifung mit reichlich Mitosen bis zu den ersten Lebensmonaten ausgleicht. Die Zunahme der Organfunktion steht in Beziehung zur wachsenden Körperoberfläche. Für die Erreichung einer Konzentrationsfähigkeit

10*

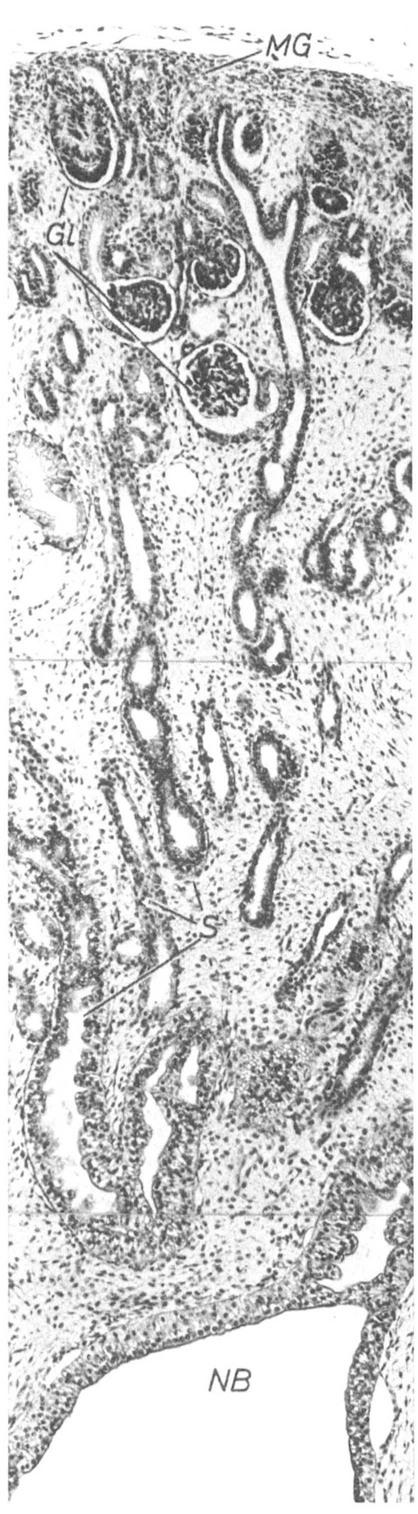

Abb. 150. Querschnitt durch die Nachnierenanlage eines Embryos von 89 mm SSL. *NB* Nierenbeckenanlage, *MG* Metanephrogenes Gewebe, *Gl* verschiedene Stadien der Glomerulusentwicklung, *S* Anlagen von Sammelrohren. Man beachte das relativ reichliche interstitielle Bindegewebe. Haematox.-Eosin. 90fach. Orig.

des Erwachsenen fehlt dem Neugeborenen auch noch die Sekretion der Hinterlappenhormone (Adiuretin), die erst nach der Geburt einsetzt und an der Niere wirksam werden kann. Die Agenesie (fehlende Ausbildung) der Nachniere ist bis zur Geburt mit dem Leben vereinbar, führt dagegen nach der Geburt in wenigen Tagen zum Tode. Die Beobachtung kann nur so gedeutet werden, daß auch zur Zeit der „fertigen" Nachniere vor der Geburt die Placenta die Ausscheidung der Stoffwechselendprodukte hauptsächlich tragen muß.

Harnblase und Sinus urogenitalis

Der gemeinsame Endraum von Urogenitale und Darm wird als *Kloake* bezeichnet (S. 53) und die aus Ekto- und Entoderm gebildete Verschlußmembran desselben dementsprechend *Kloakenmembran* genannt. Aus dem ventralen Teil dieses Endraumes geht, wie auf S. 39 geschildert, die Allantois hervor. Das Bindegewebsseptum, das von Entoderm bedeckt in die Kloake vorspringt, wird als *Septum uro-rectale* bezeichnet. Dieses wächst gegen die Kloakenmembran vor (Abb. 152b) und trennt, vorerst unvollkommen, die *Kloake* in einen dorsalen Abschnitt, das *Rectum*, und in einen ventralen, den *ventralen Kloakenrest*. Sobald das Septum (Abb. 154) der Kloakenmembran nahekommt, geht diese in ihrem dorsalen Abschnitt zugrunde, so daß das Septum oberflächenbildend wird. Da dorsal vom Septum uro-rectale das *Rectum* im *Anus*, ventral der ventrale Kloakenrest im *Orificium sinus urogenitalis* ausmünden, stellt das dazwischengelegene Kloakenseptum den *Damm*, *Perineum* dar. Dieser ist (Abb. 154) demnach zunächst von entodermalem Epithel bekleidet *(Primärer Damm)*. Dann rückt das ektodermale Epithel zu beiden Seiten medianwärts vor (Abb. 151a) und schaltet den medianen entodermalen Epithelbezirk aus

(Abb. 151 a). Damit ist der *definitive* oder *sekundäre* Damm gebildet, der nunmehr durchwegs von Ektoderm bekleidet ist.

Manchmal unterbleibt der in Abb. 151 a wiedergegebene Vorgang, dann findet sich ein medianer Schleimhautstreifen, welcher Rectum und Vulva verbindet.

Inzwischen haben sich im Endgebiet des Wolffschen Ganges wichtige Veränderungen vollzogen. Der Wolffsche Gang ist an seiner Mündungsstelle durch ein *Klappensegel (Mündungsleiste)*, welches den Rest der seinerzeit durchbrochenen Kloakenwand darstellt, unvollkommen gegen den ventralen Kloakenrest abgeschlossen. Ein Stück höher mündet in den Wolffschen Gang der Ureter ein. Es besitzt somit der Wolffsche Gang ein gemeinsames Endstück mit dem Ureter (Abb. 151 b). Das beide Gänge

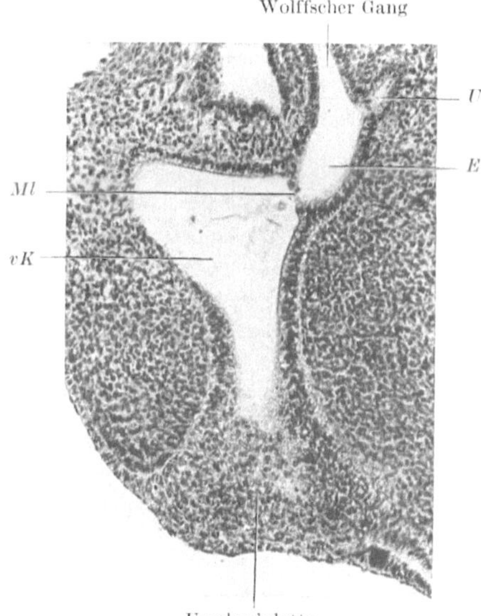

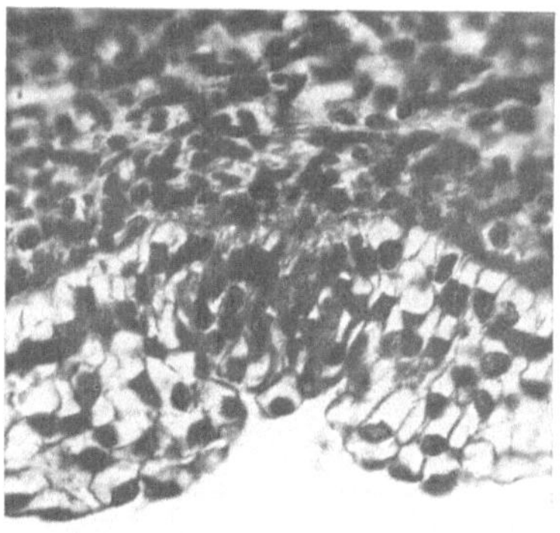

Abb. 151 a. Querschnitt durch die Gegend der Peniswurzel eines menschlichen Embryo von 39 mm SSL (B 1144). Das ektodermale (blasige) Epithel zu beiden Seiten des medianen Entodermstreifens schiebt sich über diesen hinweg. 295fache Vergrößerung

Abb. 151 b. Sagittalschnitt durch einen menschlichen Embryo von 7 mm gr. L. (K. 1722). *E* Endstück des Wolffschen Ganges; *Ml* Mündungsleiste; *U* Ureter; *vK* ventraler Kloakenrest. 103fache Vergrößerung

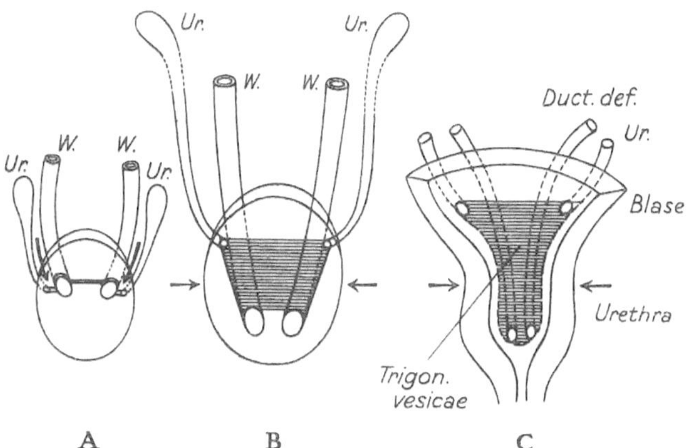

Abb. 152a. Veränderungen der endgültigen Mündung von Wolffschem Gang (Ductus deferens) und Ureter am ventralen Kloakenrest beim männlichen Geschlecht. In *A* hat der herabwachsende Uretersporn zu einer getrennten Mündung von Wolffschem Gang und Ureter geführt. Durch ein starkes Wachstum der stark ausgezogenen Region in *A* zu dem gestrichelten Feld in *B* und die Abgrenzung des Blasenausgangs in Höhe der Pfeile bleiben die Ureteren-Mündungen im Blasengebiet liegen, die Öffnungen des Ductus deferens werden aber in die spätere pars prostatica der Harnröhre verlagert. Die Verhältnisse beim Neugeborenen (*C*) lassen die Beziehung der Wachstumszone zum Trigonum vesicae erkennen. (*A* u. *B* nach CHWALLA 1927). *Ur* Ureterknospe; *W* Wolffscher Gang

trennende Bindegewebsseptum, der *Uretersporn*, wächst nun auf das Klappensegel zu und verschmilzt mit ihm. So erhält der Ureter eine eigene Mündung,
die vorerst noch durch eine Membran verschlossen ist. Diese wird späterhin

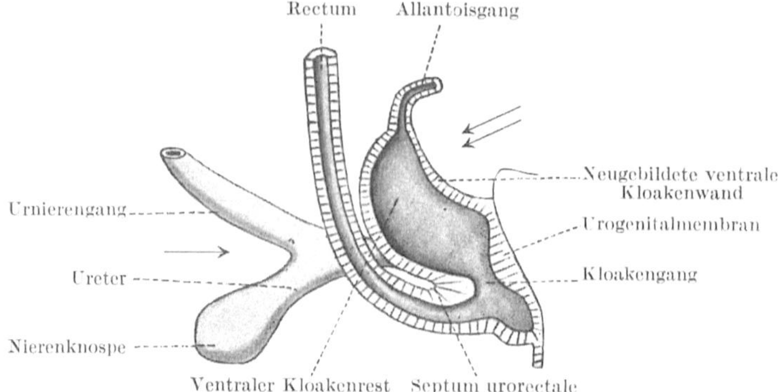

Abb. 152b. Median halbiertes Modell (linke Hälfte) des Enddarmes, des Urnierenganges und der Ureterknospe
eines Keimlings von 7 mm Länge. Der einfache Pfeil (links) weist die Richtung an, in der der Uretersporn (s. u.)
auf den ventralen Kloakenrest vorwächst. Der Doppelpfeil zeigt die Blickrichtung der Abb. 152a an. Vergr. etwa
50×. (Nach FELIX)

aufgelöst. Der ventrale Kloakenrest wird durch die Einmündungsstelle der Wolff-
schen Gänge in zwei Teile zerlegt. Der caudal von dem Mündungsniveau liegende
Abschnitt heißt *Sinus urogenitalis*, der kranial davon gelegene umfaßt *primäre
Urethra*, *Blase* und *Urachus*, die sich später dadurch voneinander sondern lassen,

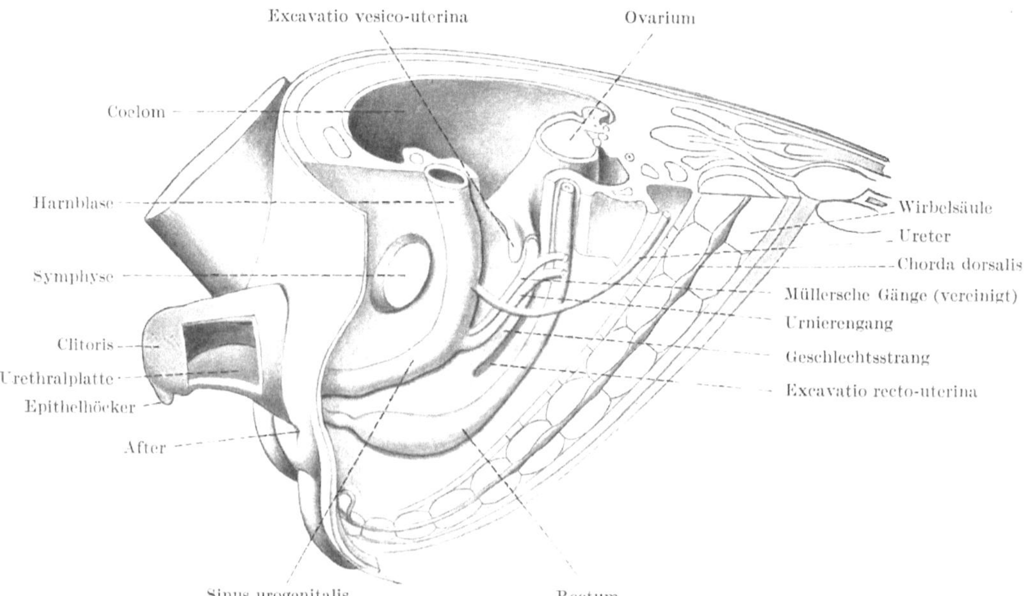

Abb. 153. Modell der Beckenorgane eines weiblichen Keimlings von 25 mm Länge. Vergr. 36 ×. (Nach KEIBEL)

daß die Harnblase an Volumen zunimmt, während die beiden anderen zu Gängen
werden. Der Urachus verödet hierauf und wird zur *Chorda urachi* (Lig. umbilicale
medianum). Die wesentlichen Veränderungen im Bereiche der Blase sind kom-
plizierte Wachstumsvorgänge der Wand, welche die ursprünglich eng neben-

einander liegenden Mündungen der Wolffschen Gänge nach caudal in den Anfang
der Harnröhre, die Ureterostien dagegen nach lateral in die Ecken des Trigonum
vesicae (Abb. 152a) verlagern.

Der Sinus urogenitalis besteht aus einem kraniodorsalen weiten Hohlraum
und aus dem erhalten gebliebenen Teil der Kloakenmembran, der *Urogenitalmembran* (Abb. 154). Aus dem Sinus urogenitalis entsteht, wie noch später

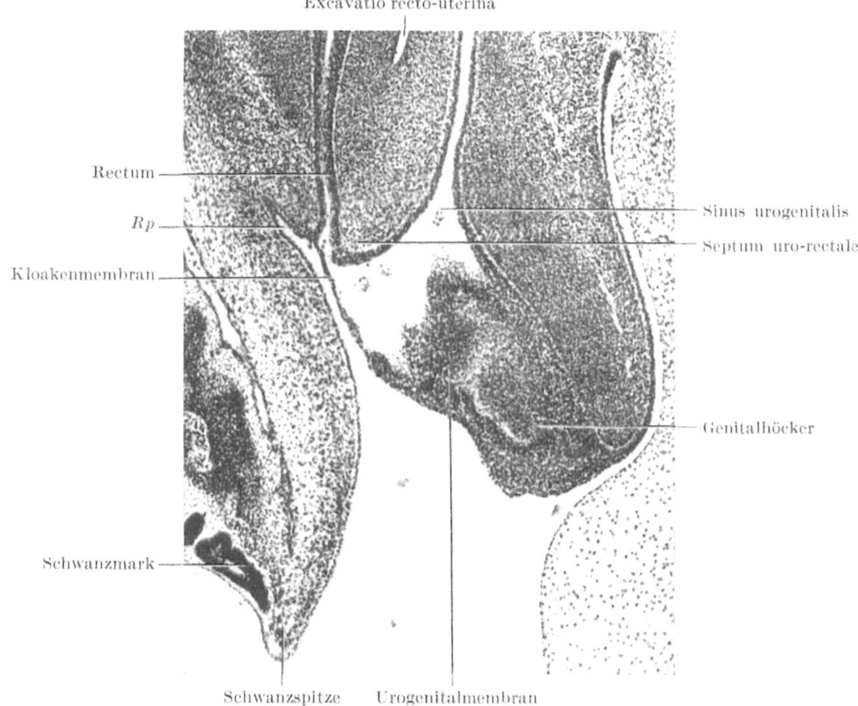

Abb. 154. Sagittalschnitt durch den menschlichen Embryo von 16 mm gr. L. (Bp 4622). *Rp* Recessus praecaudalis
57fache Vergr.

geschildert werden wird, beim Manne die Urethra vom Colliculus seminalis an
distalwärts, bei der Frau das Vestibulum vaginae (Vulva). Die Epithelverhältnisse
sind bezüglich ihrer Keimblattzugehörigkeit nicht klar. So mag das Trigonum
vesicale entodermalen Ursprungs sein, wie der Rest der Harnblase, oder auch
mesodermal, d. h. aus dem Uretersporn hervorgegangen, sein. Ebenso ist die
genaue Führung der Ekto-Entodermgrenze weder im Bereiche der Pars cavernosa
urethrae noch im Bereiche der Vulva bestimmbar.

Geschlechtsorgane

Keimdrüsen

Die *Geschlechtszellen* sind im Gegensatz zu anderen Körperzellen befähigt, ein
ganzes neues Individuum hervorzubringen. Es wird angenommen, daß sie nicht
innerhalb der Geschlechtsdrüsen entstehen, sondern schon in frühen Entwicklungsstadien von den übrigen Somazellen abgetrennt werden (sog. *Keimbahn*)[1]

---

[1] A. WEISMANN 1834—1918.

und in die Anlage der Geschlechtsdrüsen einwandern, in denen sie eine Art
Sonderdasein führen. Während bei manchen niederen Tieren und Vögeln diese
Verhältnisse experimentell sichergestellt sind, sind sie für Säugetiere nur er-
schlossen; doch findet man auch schon in sehr jugendlichen menschlichen Keimlingen (Stadium des Primitivstreifens, etwa gleich Abb. 39—41) im inneren
Keimblatt (bei besonders guter Fixierung) große helle Zellen mit großen bläschen-
förmigen Kernen und deutlich sichtbaren Cytozentren mit Centriolenplatte, die
man als *Urgeschlechtszellen (Urkeimzellen)* auffaßt (Abb. 155). Diese Zellen
zeigen eine auffallend starke Phosphatase-Reaktion und sind zuerst immer wieder
nur im Entoderm auffindbar. Sie wandern bei Embryonen von wenigen
Millimetern Länge aus dem inzwischen gut abgegrenzten Hinterdarm durch
das Gekröse in die hintere Bauchwand und in den Bereich der Urnierenfalte
(Abb. 156) ein. An deren medialer Seite hat ein längs verlaufender Streifen
des Peritonealepithels hohe zylindrische Beschaffenheit angenommen (Abb. 156)
und wird als *Keimepithel* bezeichnet. Unter diesem Epithel verdichtet sich
das Bindegewebe blastemartig und wölbt das Epithel zur *Keimleiste
(Genitalleiste)* auf. Dabei geht die basale
Epithelgrenze vorübergehend verloren, so daß
wahrscheinlich Epithelzellen in die Tiefe
auswandern; die Urgeschlechtszellen sind nun
teils im Epithel, teils im verdichteten Bindegewebe zu finden (Abb. 157). Ähnlich wie
die Urniere geht auch die Keimdrüse im
kranialen Rumpfbereich zugrunde; der bleibende Endteil gehört der Lumbalgegend an
(Abb. 123b und 109). Die Keimdrüse hebt
sich dann durch ein bandartiges Gekröse
von der Urniere ab (Abb. 123b, 148 und 162).
Eine geschlechtliche Differenz ist grobmor-

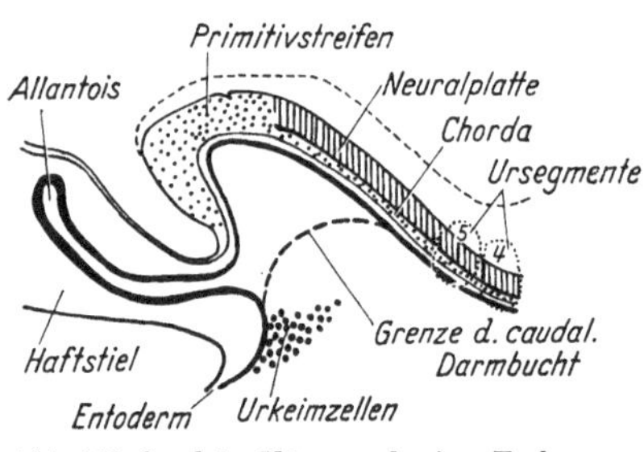

Abb. 155. Caudales Körperende eines Embryos
mit 5 Somiten. Lage der *Urkeimzellen* im
Entoderm nahe der Allantoiswurzel. 50fach
(nach SCHENK 1954).

phologisch anfangs weder an den Drüsen noch sonst im Körper nachweisbar
(indifferentes Stadium).

Seit uns die Cytologie auf Grund des sog. Sex-chromatins, das man auf die
sicher vorhandenen Unterschiede der Chromosomenbestände bezieht, in die Lage
versetzt hat, das genetische Geschlecht trotz des indifferenten Stadiums der
Keimdrüse an einer Reihe von anderen Gewebsformen zu bestimmen, hat sich
unser Bild von der ersten Sexualdifferenzierung der Keimdrüsen etwas gewandelt.
An der indifferenten Gonade von 10—11 mm Embryonen bildet sich in beiden
Geschlechtern ein Rinden- und Markanteil. Bei 17 mm-Stadien bleibt der
Markanteil in beiden Geschlechtern erhalten, während sich das Verhältnis der
Rindenkomponente zum bedeckenden Keimepithel beim männlichen Indivi-
duum zu dieser Zeit grundsätzlich ändert. Der Rindenanteil wird hier vom
Keimepithel durch Bindegewebe getrennt und mit der Markkomponente un-
mittelbar verlötet. Im weiblichen Geschlecht dagegen bleibt die ursprünglich
enge Beziehung des Rindenanteils zum Keimepithel weiterhin erhalten.

Bei *männlichen* Keimlingen differenzieren sich in der Keimdrüse Epithelstränge, die als *Hodenstränge* bezeichnet werden und die solide Anlage der Hodenkanälchen darstellen (Abb. 162). In ihnen sind die Urgeschlechtszellen zu finden;
diese liefern später die Spermatogonien, während die übrigen Zellen der Stränge
wahrscheinlich nur die Sertolischen Stützzellen bilden. Das Gewebe zwischen den
Strängen wandelt sich zumeist in Leydigsche Zwischenzellen um, die in der zweiten
Hälfte der Gravidität einen großen Teil der Hodenmasse ausmachen. — Ob die
Hodenstränge durch Wucherung aus dem Keimepithel hervorgegangen oder durch

Differenzierung des Blastems der Keimdrüse (ähnlich den Nierenkanälchen) entstanden sind, ist noch strittig. Dasselbe gilt für ein am Hilus des Hodens gelegenes Kanälchengebiet, die *Markstränge* oder *Restestränge*, aus denen das Rete testis hervorgeht und die sich einerseits mit den Hodenkanälchen, andererseits

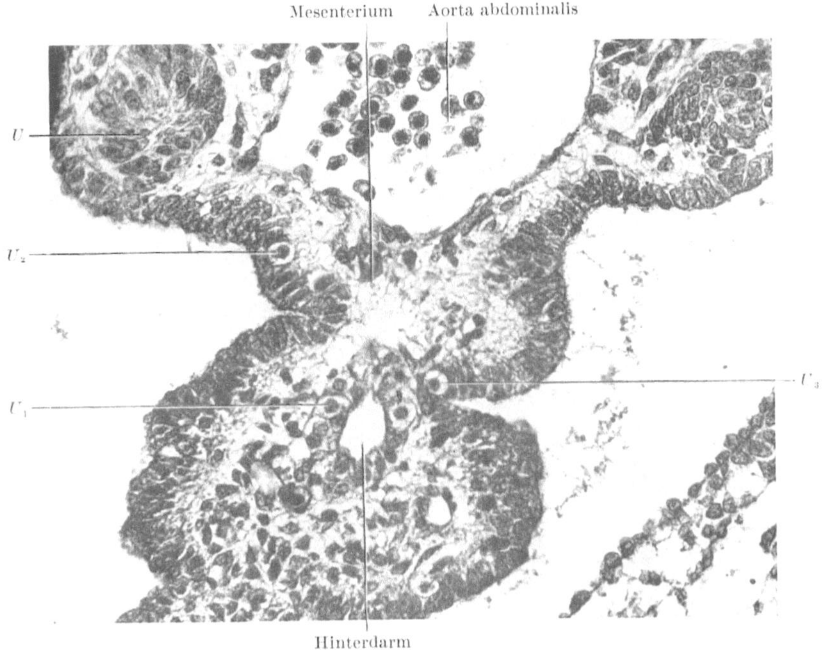

Abb. 156. Querschnitt durch einen menschlichen Embryo von 4 mm gr. L. (Bs 2516). *U* Urnierenkugel; *U*₁ Urgeschlechtszelle im Epithel des Hinterdarmes; *U*₂, *U*₃ Urkeimzellen im Mesenterium. 260fache Vergrößerung

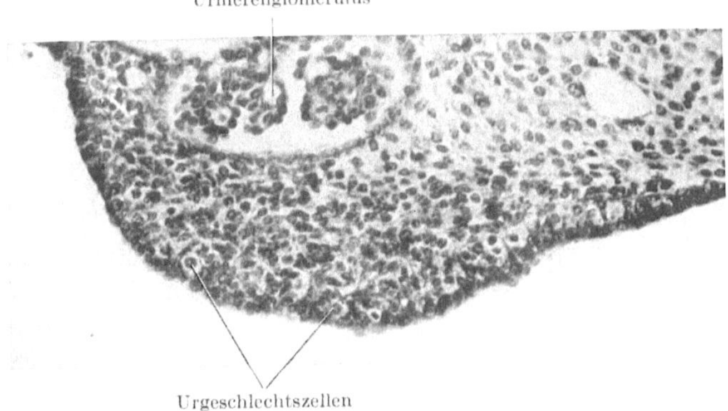

Abb. 157. Keimleiste eines Keimlings von 10,3 mm Länge, mit Urgeschlechtszellen. Vergr. 200 ×

mit dem kranialen Anteil der erhaltenbleibenden Urnierenkanälchen in offene Verbindung setzen. Die betreffenden Urnierenkanälchen (die *Epigenitalis* der Urniere, S. 141 und Abb. 158 und 159) werden unter Verlust ihrer Nierenkörperchen im Bereich der Epididymis zu den Ductuli efferentes testis, während die noch weiter caudal liegenden Urnierenkanälchen (die *Paragenitalis*) als Paradidymis ein Konvolut von blind endigenden Epithelkanälchen am Anfang des Samenstranges bilden.

Im Rindenanteil der *weiblichen Keimdrüse* werden Gruppen von Urgeschlechtszellen mit umgebenden epitheloiden Zellen zu Strängen und *Eiballen* zusammengefaßt, während zwischen ihnen spärliches Bindegewebe stehen bleibt. Hier erfolgt die Bildung solcher Eiballen im Zusammenhang mit dem Keimepithel auch weiterhin in der Fetalzeit, vielleicht auch noch im ersten Lebensmonat. Später scheint allerdings eine postnatale Ovogenese — jedenfalls für den Menschen — wenig wahrscheinlich. Die Eiballen werden (unter Rückbildung zahlreicher Eizellen auch schon in den frühen Stadien) schrittweise in Primärfollikel (mit niedrigem einfachen Epithel um eine Eizelle) zerlegt. Schon während der Fetalzeit können sich einzelne Primärfollikel zu Bläschenfollikeln weiter entwickeln, doch gehen Follikel aller Stadien durch Atresie zugrunde. Im Hilus ovarii auftretende Epithelstränge *(Reteststränge)* erlangen beim Menschen keine besondere Entwicklung. — Aus der Epigenitalis der Urniere entstehen die Querkanälchen des *Epoophoron* und aus dem caudalen Teil (Paragenitalis) das *Paroophoron.*

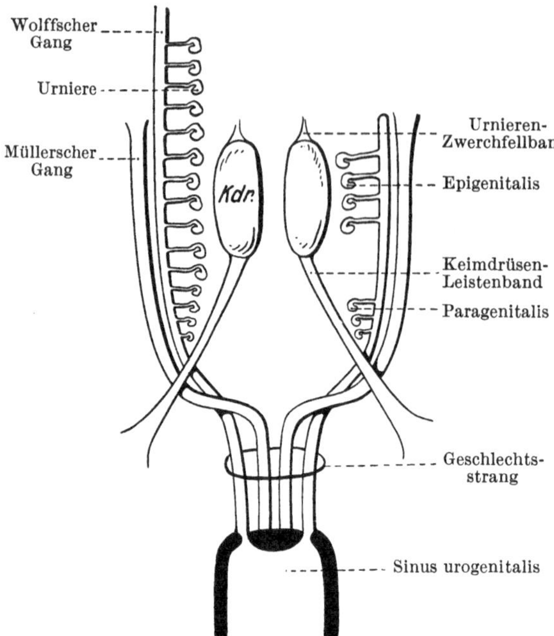

Abb. 158. Schema der Urniere und Keimdrüse (*Kdr*) und der Ableitungswege (indifferentes oder bisexuelles Stadium). Schwarz in Abb. 158—160: Entoderm

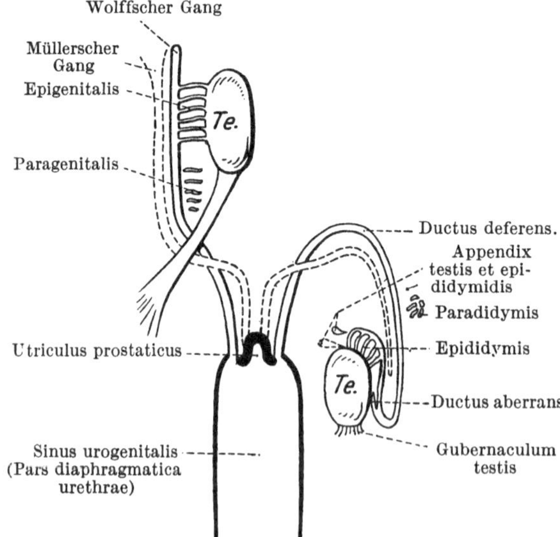

Abb. 159. Schema der Differenzierung der Urniere und der Ableitungswege beim männlichen Geschlecht; links vor, rechts nach dem Descensus der Keimdrüse. *Te* Testikel

Ableitende Geschlechtswege

Die Entstehung des Wolffschen Ganges wurde oben (S. 140) beschrieben. Nachdem der Wolffsche Gang seine ursprüngliche Lage nahe dem dorsalen Oberflächenektoderm verlassen hat, liegt er im lateralen Bereiche der Urnierenfalte. Das Coelomepithel der seitlichen Kante der Urnierenfalte liegt ihm dicht an und ist von ihm nur durch eine deutliche Basalmembran getrennt. An der Anlagerungsstelle ist das Coelomepithel höher als anderswo; dieser verdickte und leicht vorgewölbte Epithelstreifen heißt *Tubenleiste.* In dem Niveau der Umbiegungsstelle der Zwerchfellpfeiler (S. 126, Abb. 127b) bildet sich ein Grübchen in der Tubenleiste, dessen Grund caudalwärts zwischen Tubenleiste und Wolffschem Gang zum Müllerschen[1] Gang auswächst. Das jeweilige caudale Ende des Müllerschen Ganges, welcher entlang dem Wolffschen Gange vorwächst, steht mit dem Epithel des Wolffschen Ganges in engster Beziehung, so daß ein gewisser Beitrag von Zellen aus dem Wolffschen Gange zur Bildung des Müllerschen Ganges höchstwahrscheinlich ist. Kranial von dieser Stelle der engsten Nachbarschaft zwischen den beiden Gängen dringt Bindegewebe zwischen Wolffschem Gang und Müllerschem Gang einerseits, Müllerschem Gang und Tubenleiste andererseits ein. Nahe dem Ende der Urniere kreuzt der ursprünglich lateral vom Wolffschen Gange liegende Müllersche Gang ventral vom Wolffschen Gange auf dessen mediale Seite hinüber (Abb. 158 und 163) und verschmilzt mit dem Müllerschen Gang der Gegenseite. Die — caudal vereinigten — Müllerschen Gänge (Abb. 163) bilden gemeinsam mit den Wolffschen Gängen den *Geschlechtsstrang* oder *Genitalstrang* (Abb. 158 und 163). Das Ende des Geschlechtsstranges legt sich an eine leicht vorgewölbte Stelle der Dorsalwand des Sinus urogenitalis,

den *Müllerschen Hügel*, an. An dieser Stelle münden die Wolffschen Gänge aus, während die Müllerschen Gänge nicht durchbrechen, sondern blind enden. Nun wächst vom Epithel des Müllerschen Hügels eine Epithelplatte vor, welche in dorsokranialer Richtung die vereinigten Müllerschen Gänge vor sich emporschiebt; es ist die *Vaginalplatte*, deren Epithelabkunft beim Menschen unsicher ist (Wolffscher Gang?). Aus ihr bildet sich die ganze Vagina (Abb. 160), beim Manne der rudimentäre Utriculus prostaticus (Abb. 159).

In der Abb. 160 ist die Grenze zwischen Entoderm und Mesoderm in der Mitte der Vagina eingetragen, wie das bei gewissen Säugetieren die Regel ist. So ist z. B. beim Schwein der entodermale Beitrag zur Vagina äußerst gering, während die Vaginalplatte beim Menschen nicht nur das Epithel der ganzen Vagina bildet, sondern möglicherweise noch auf den Uterus übergreift.

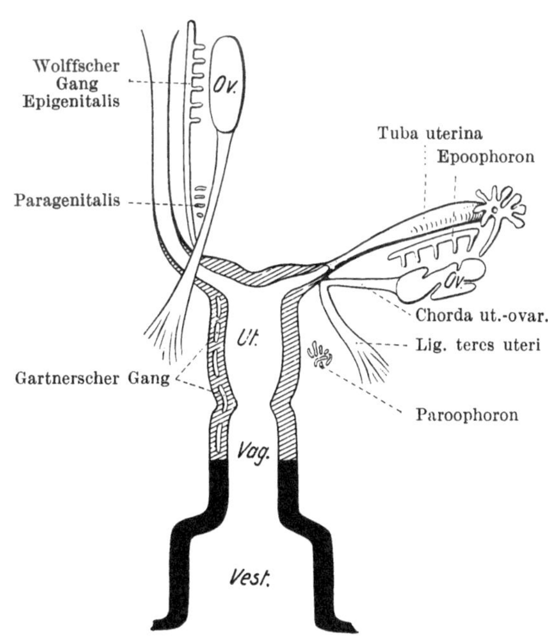

Abb. 160. Schema der Differenzierung der Geschlechtswege beim weiblichen Geschlecht. *Ov* Ovarium; *Ut* Uterus; *Vag* Vagina; *Vest* Vestibulum vaginae (Sinus urogenitalis)

Beim männlichen Geschlechte geht der Müllersche Gang zugrunde. Angeblich soll sein kraniales Anfangsstück die Appendix testis (Abb. 159) bilden.

Der Wolffsche Gang wird beim männlichen Geschlecht (Abb. 159), wie bereits erwähnt, durch die Herstellung einer Verbindung zwischen Rete testis und Epigenitalis zum Ausführungsgang des Hodens oder zum *Samenleiter*; aus seinem vor der Einmündung in die Urethra sich verdickenden Ende differenziert sich die *Ampulla ductus deferentis*, und seitlich sproßt die *Glandula vesiculosa* (Vesicula seminalis) aus. Beim weiblichen Geschlecht (Abb. 160) wird der Wolffsche Gang

---

[1] Joh. Müller 1801—1858, Physiologe in Berlin.

funktionslos; der Anfangsteil bleibt als *Ductus longitudinalis epoophori* erhalten, von der Fortsetzung kann ein Stück neben dem Uterus oder in dessen Wand, besonders im Bereich der Cervix, als *Gartnerscher Gang* bestehen bleiben. Die Entwicklung der ableitenden Geschlechtsorgane ist abhängig von der Funktion endokriner Organe, der Hypophyse und der Gonaden. Verlust des Ovars führt beim weiblichen Geschlecht zur reduzierten Entwicklung des normalen Genitalapparates. Die Ausschaltung der Hoden führt zu Embryonen mit weiblichen Merkmalen. Testosterongaben stimulieren zwar die männlichen Züge, verhindern aber nicht immer die Entwicklung von Uterus und Tuben. Die Maskulinisierung des Genitaltraktes ist an eine kritische Zeit gebunden, die mit einer sprunghaften Differenzierung von Leydigschen Zellen im Hoden und einer Glykoproteinbildung im Hypophysenvorderlappen einhergeht. In dieser Zeit führt eine Hypophysektomie zu ähnlichem Effekt wie die Hodenentfernung. So erklärt sich, warum keimdrüsenlose Individuen bezüglich der ableitenden Genitalwege meist weiblich differenziert sind, obwohl in einem Teil der Fälle sicher ein männlicher Chromosomenbestand vorhanden ist.

Descensus und Bänder der Keimdrüsen

Die in der Lendengegend ausgebildeten Keimdrüsen (S. 152) wandern nach abwärts (*Descensus* der Keimdrüsen), nehmen aber bei den beiden Geschlechtern verschiedene Wege, die auch zu verschiedener Ausbildung ihrer Bänder führen.

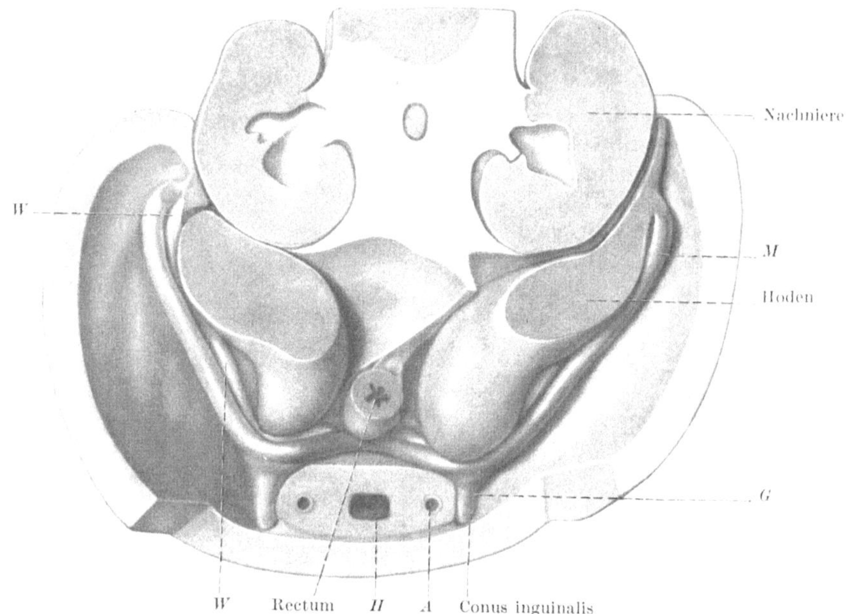

Abb. 161. Modell der Beckenorgane eines menschlichen Embryo von 45 mm SFL. *A* Arteria umbilicalis; *G* Gubernaculum Hunteri; *H* Harnblase; *M* Müllerscher Gang; *W* Wolffscher Gang

An jener Stelle, an welcher späterhin der Wolffsche Gang vom Müllerschen Gang überkreuzt wird, entwickelt sich ein von dorsal nach ventral verlaufendes, aus dichtem Bindegewebe bestehendes Band, das caudale Urnieren- oder Keimdrüsenband, das den Boden des Beckens leicht emporwölbt (Abb. 161). Dort, wo es an der Vorderwand des Beckens inseriert, ist es von einem halbmondförmigen Peritonealvorsprung, dem *Conus inguinalis* umgeben. Das *Urnierenband*

(Gubernaculum Hunteri) strahlt (Abb. 162) in die vordere Bauchwand aus und
endet in der Subcutis. Durch Schwund der Urniere und Größenzunahme der
Keimdrüse geht das Band auf letztere über und wird zum *Keimdrüsenband*
(Abb. 159 und 160). Beim männlichen Geschlecht verdickt sich dieses Band unter
Aufquellung und reicht als *Gubernaculum testis* vom unteren Pol des Hodens in
den sich nach außen umstülpenden Conus inguinalis (Abb. 163), der nun eine

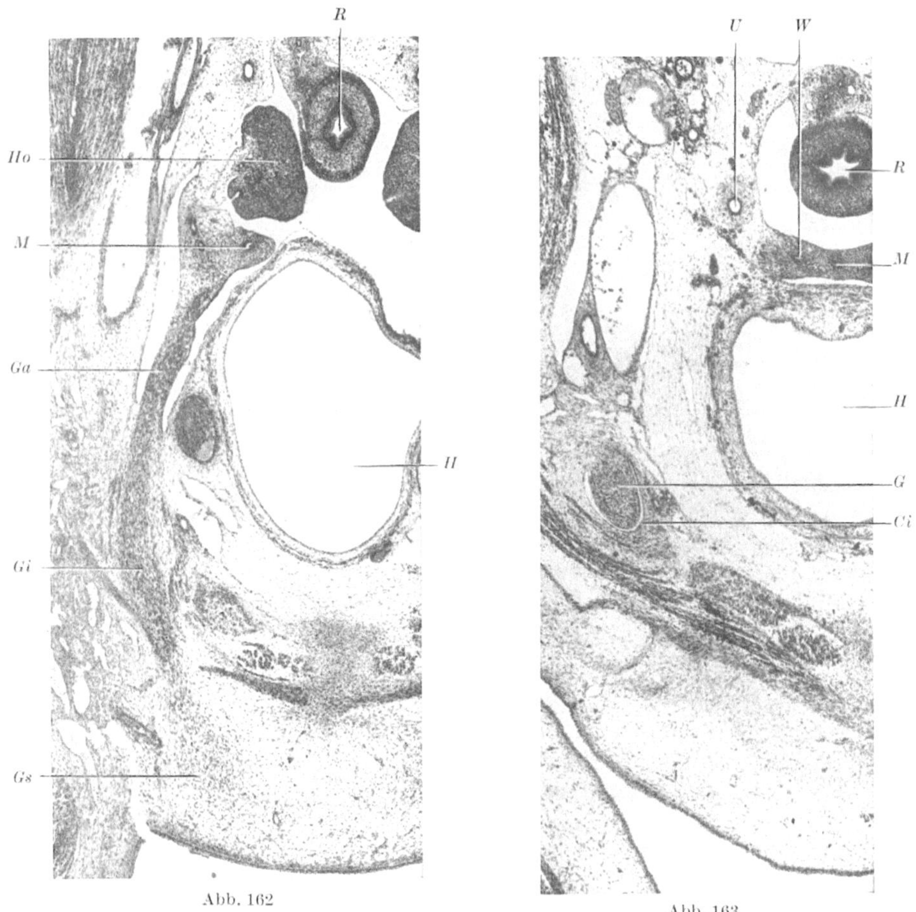

Abb. 162 u. 163. Querschnitt durch das Becken eines Embryo von 40 mm gr. L. (Dr 7113) bzw. 41 mm gr. L.
(Fk 22711). *Ci* Conus inguinalis; *G* Gubernaculum; *Ga* Pars abdominalis gubernaculi; *Gi* Pars intramuralis guber-
naculi; *Gs* pars subcutanea gubernaculi; *H* Harnblase; *Ho* Hoden; *M* Müllerscher Gang; *R* Rectum; *U* Ureter;
W Wolffscher Gang. 26fache Vergrößerung

Aussackung des Peritonealraumes, den *Processus vaginalis peritonei*, enthält.
Unter Schwund des Bandes rückt der Hoden in der zweiten Hälfte der Schwangerschaft beständig, durch ein immer breiter werdendes Mesorchium an die hintere
Wand des Processus vaginalis angeschlossen, aus der freien Bauchhöhle in den
Processus vaginalis bis an dessen Fundus herunter. Nach Abschluß des Descensus,
der einige Zeit vor der Geburt beendet sein soll, obliteriert der Processus vaginalis
mit Ausnahme seines distalsten Abschnittes, in welchem das Peritoneum als
Periorchium, der Hohlraum als *Cavum vaginale* erhalten bleibt. Das Gubernaculum
schwindet bis auf ein paar unscheinbare Falten am caudalen Pol des Testikels.

Beim weiblichen Geschlecht geht der Descensus der Keimdrüse ins kleine
Becken. Das Keimdrüsenband, das vom Müllerschen Gang etwa in seiner Mitte

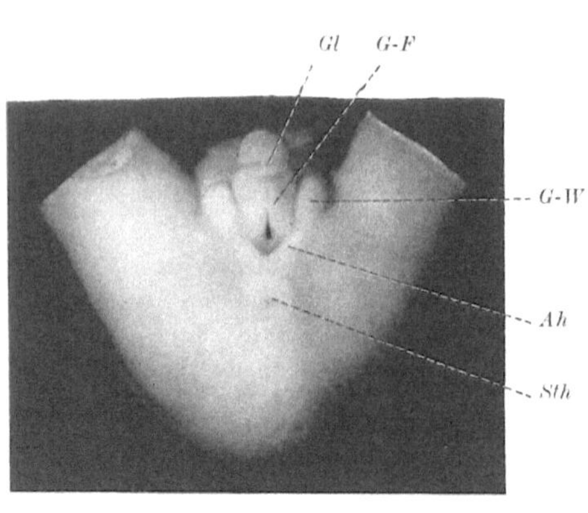

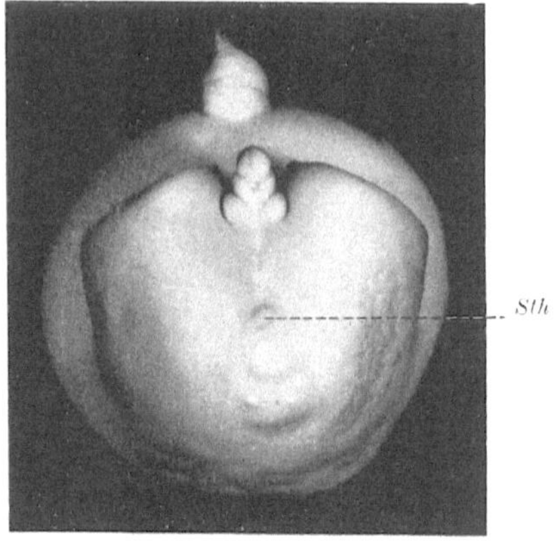

gekreuzt wird, verbindet sich mit diesem (Abb. 160)
an der Stelle des späteren Tubenwinkels des Uterus
und wird dadurch in das *Lig. ovarii proprium* und
das *Lig. teres uteri* geteilt. Auch bei weiblichen Keimlingen wird ein Conus inguinalis und später ein Processus vaginalis gebildet, der aber normalerweise
völlig verschwindet. Das Lig. teres uteri (das runde
Mutterband) geht durch den Leistenkanal der Frau
und strahlt in den Geschlechtswulst (das spätere
Labium maius) aus.

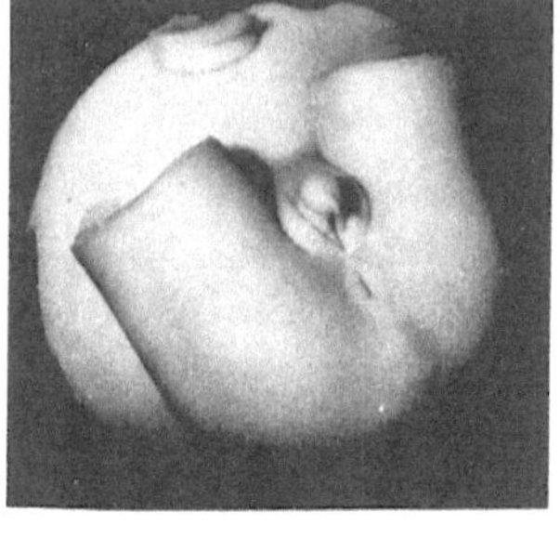

Äußeres Genitale

Wie das innere, so ist auch das äußere Genitale
vorerst nicht geschlechtlich differenziert. Bei 20 mm
langen Embryonen sollen angeblich schon gewisse
Unterscheidungsmerkmale vorhanden sein, doch
werden diese erst bei 40 mm langen Embryonen
eindeutig.

Zur Seite der langgestreckten schmalen *Urogenitalmembran* (S. 151) erheben sich (Abb. 164a) die
Geschlechtsfalten, weiter außen die *Geschlechtswülste*;
vor der Membran wächst der *Geschlechtshöcker*
(*Phallus*, s. auch Abb. 154) aus, auf den die Ge-

Abb. 164a—c. Zweigeschlechtliche
Anlage und sexuelle Differenzierung
des äußeren Genitales, a bei 23 mm,
bisexuell, 8mal vergrößert, b bei
45 mm, männlich, c bei 52 mm, weiblich differenziert; b und c 3mal vergrößert. Bei b vor dem Anus die
Crista scroti et penis; die Urethral-
öffnung noch an der Unterseite des
Penis; bei c die Clitoris noch auffallend groß. *Ah* Analhöcker;
G-F Geschlechtsfalten; *G-W* Geschlechtswülste; *Gl* Glans; *Sth*
Steißhöcker

schlechtsfalten auslaufen und an dessen Unterseite die Urogenitalmembran in eine
sagittal gestellte, in das Mesoderm des Höckers eingesenkte Epithelplatte, die
Urethralplatte (Abb. 153), sich fortsetzt. Zu beiden Seiten des Anus treten die
paarigen *Analhöcker* auf, die sich später zu einem Ringwall um den Anus verbinden und die Anlage des Sphincter ani enthalten. Hinter dem Anus liegt der
Steißhöcker, der letzte Rest des Schwanzes, dessen Endstück bei Embryonen von
etwa 25 mm als *Schwanzfaden* oder *Schwanzquaste* abgestoßen wird, während
daran anschließend noch etwa 4 Segmente rückgebildet werden.

Von diesem indifferenten Stadium ausgehend, sind die Veränderungen beim
weiblichen Geschlecht verhältnismäßig gering. Der Geschlechtshöcker (Abb. 164c)
wird zur *Clitoris*; die Urethralplatte spaltet sich und nur eine Rinne an der

Unterseite der Clitoris bildet den Rest der ersteren. Die Genitalfalten werden zu den *Labia minora*, der Zwischenraum zwischen ihnen zum *Vestibulum vaginae*. Die Geschlechtswülste bilden die *Labia maiora*. Beim männlichen Geschlecht sind die Veränderungen weitgehender Natur (Abb. 164b). Im Bereiche des Dammes wölbt sich der vordere Abschnitt desselben stärker vor, wobei die dorsalen Teile der Geschlechtswülste in diese Vorwölbung mit aufgenommen werden. Aus diesen Vorwölbungen entsteht der *Hodensack*, das *Scrotum*. Die Urethralplatte wird wie bei der Frau gespalten, jedoch nachher wieder zu einem Rohr geschlossen, welches an der Glans ausmündet. Dies ist die Sekundär-urethra, welche vom Orificium sinus urogenitalis (Abb. 164a) bis zur Spitze des Penis reicht. Sie entspricht der *Pars spongiosa urethrae*. Ob diese Röhrenbildung durch Verwachsung der durch die Spaltung der Urethralplatte hervorgegangenen Ränder (Concrescenzhypothese) oder durch Vorschieben der perinealen Verschlußlippe (Konvergenzhypothese) zustande kommt, ist noch strittig. Die sog. Raphe perinei (Raphe = die Naht) ist ebenso wie die Raphe scroti, nur im abgeleiteten Sinne eine Naht, da es weder Perinealfalten noch Scrotalfalten gibt, die miteinander verwachsen. Nahe der Spitze des Geschlechtshöckers entsteht eine halbmondförmige Epithelplatte, die *Glandarlamelle*; durch ihre Spaltung bildet sich das *Präputium*.

Die akzessorischen Geschlechtsdrüsen entstehen durch Aussprossung aus dem Epithel ihrer späteren Mündungsstellen. Die Corpora cavernosa penis und clitoridis entstehen aus dem Bindegewebe des Geschlechtshöckers, das Corpus spongiosum urethrae bzw. die Bulbi vestibuli aus dem Material der Geschlechtsfalten.

Nebenniere

Die beiden Anteile der Nebenniere sind verschiedener Herkunft. Die *Rinde* stammt vom Peritonealepithel, aus dem sie bei etwa 7—8 mm langen Embryonen in der Lendengegend aussproßt (Abb. 165); sie bildet einen in der Fetalzeit auffallend großen retroperitonealen Körper. Das *Mark* stammt aus der Neuralleiste. Vom Ende des zweiten Monats an wandern aus den Bauchganglien des Sympathicus Zellen in Form von Klumpen und Ballen *(Markinseln)* von der medialen Seite her in die anfangs kompakte mesodermale Rindenanlage ein. Sie verteilen sich erst diffus über die ganze Nebennierenrinde (Abb. 166) — ein Zustand, welcher bei Reptilien dauernd erhalten bleibt — und sammeln sich dann im Zentrum als *Nebennierenmark* an, wobei sie sich in Ganglienzellen und chromaffine Zellen differenzieren. Nicht selten, besonders entlang dem männlichen Genitale, bis zum Nebenhodenkopf, sind *akzessorische Nebennieren* zu finden, die mit dem Descensus der Keimdrüsen verschleppt werden, aber fast stets nur aus Rindensubstanz bestehen.

Bei niederen Wirbeltieren sind die beiden Bestandteile getrennt. Der Rindenanteil bildet die *Interrenalkörper*, und nach ihnen heißen die akzessorischen Nebennieren, soweit sie nur aus Rinde bestehen, *Corpora interrenalia accessoria*. Der selbständige chromaffine Anteil wird als *Suprarenalkörper* bezeichnet. Die Bildung von Nebennierenrindenhormonen und Adrenalin läßt sich schon im 5. Embryonalmonat nachweisen. Schon vor der Geburt läßt die Entwicklung und Funktion der Nebennierenrinde eine deutliche Abhängigkeit vom Hypophysenvorderlappen erkennen. Umgekehrt führt Anencephalie (s. S. 28) über den Mangel an ACTH vom 4. Entwicklungsmonat ab zu einer Nebennierenatrophie. Spätestens bei Embryonen von 60 mm zeigt die Rinde eine Innen- und Außenzone und erfährt im letzten Drittel der Gravidität eine solche Entfaltung, daß sie 85 % des Gesamtorgans einnimmt. Nebennierenrinde, Keimdrüsen und Placenta bilden hinsichtlich des Steroidstoffwechsels auch schon vor der Geburt eine Funktionseinheit. Die Innenzone verfällt nach der Geburt einer weitgehenden Rückbildung und führt in den ersten 14 postnatalen Tagen zu einer Reduktion der Gesamtrinde auf die Hälfte. Die Differenzierung der Außenzone führt nach der Geburt im Laufe der Kinderjahre zur Ausbildung der drei Rindenzonen des Erwachsenen.

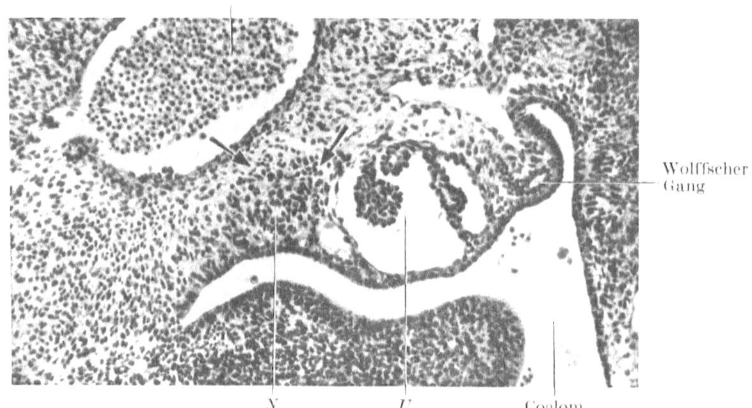

Abb. 165. Querschnitt durch die Gegend der linken Nebenniere eines menschlichen Embryo von 8 mm gr. L. (Et 2123). *N* und Pfeile Nebennierenrinde; *U* Urnierenglomerulus; 94fache Vergrößerung

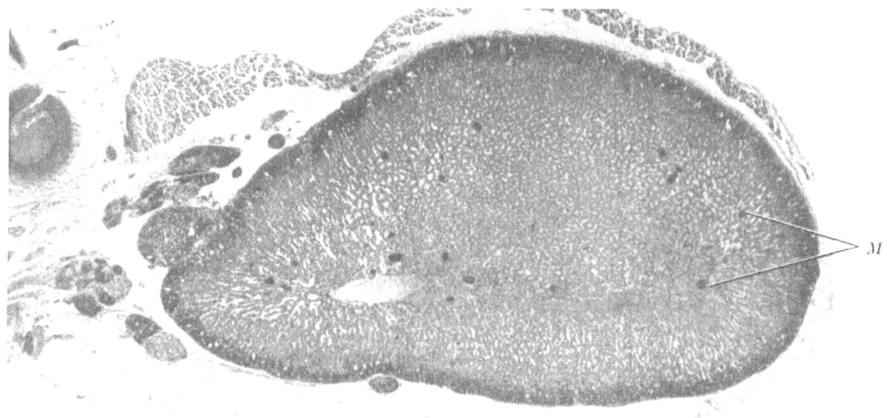

Abb. 166. Schnitt durch die linke Nebenniere eines menschlichen Embryo von 85 mm SSL und 130 mm SFL. *M* Markinseln. 16½fache Vergrößerung

D. Kreislaufapparat

Die Wand aller Gefäße, einschließlich des Herzens, wird zunächst als Endothelrohr angelegt. Diese *primäre Gefäßwand* bleibt auch als gemeinsamer Baustein aller noch so verschiedenen Gefäßabschnitte beim Erwachsenen erhalten. Alle übrigen Wandbestandteile der verschiedenen Gefäßtypen des Erwachsenen werden dagegen als *sekundäre Gefäßwand* — wohl unter dem Einfluß der unterschiedlichen Strömungsmechanik — später hinzugefügt und aus dem umgebenden Bindegewebe ausdifferenziert.

Herz

Es wurde auf S. 24 beschrieben, daß bei Amphibien der freie Rand des Mesoderms, der zwischen Ektoderm und Entoderm nach ventral und kranial mit der Gegenseite verwächst, die Elemente der Herz- und Gefäßbildung in sich trägt (Abb. 19). Er verschmilzt in caudo-cranialer Richtung, indem er erst die Vena subintestinalis, dann das anlagegemäß paarige Herz bildet. Die Verhältnisse bei den Vögeln sind ähnlich, jedoch durch den großen Dottergehalt des Vogeleies modifiziert. Auch hier enthält der freie Rand der Area vasculosa Gefäßanlagen, welche jedoch caudal vorerst noch weit auseinanderliegen, während cranial die engere Nachbarschaft der paarigen Herzanlage bereits eine Verschmelzung ermöglicht.

Zur Zeit der Herzbildung (Auftreten der ersten Ursegmente) liegt der Keimling der Amnioten flach auf dem relativ groß gewordenen Dottersack. An der Grenze der vorderen Darmbucht, im Bereich der Darmlippen, lösen sich aus dem visceralen Mesoderm die *Herzbildungszellen* (Abb. 167a), die sich zu Strängen zusammenschließen; in diesen Strängen treten Lichtungen auf, und so entsteht das anfangs paarige Endothelrohr des Herzens (das *Endokard*). Das viscerale

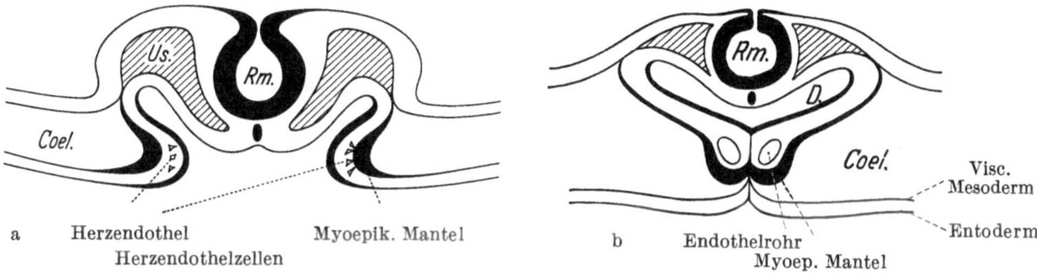

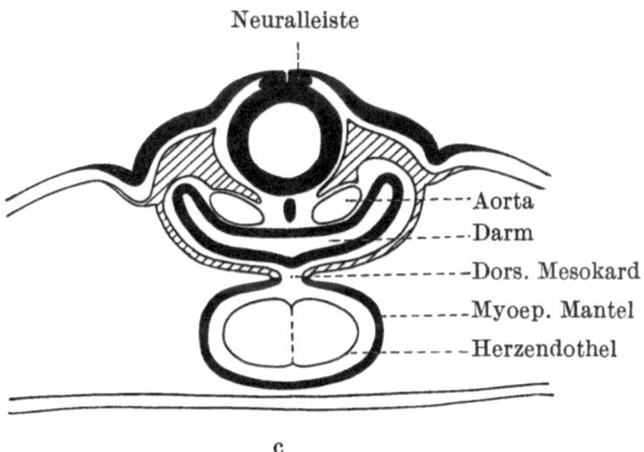

Abb. 167 a—c. Schema der doppelten Herzanlage der Amnioten, nach Querschnitten vom Huhn. a Doppelte Herzanlage innerhalb der Darmlippen; rechts Auswanderung der Herzendothelzellen aus dem visceralen Mesoderm (aus einem zum myoepikardialen Mantel verdickten Bezirk), links sind Herzzellen frei geworden. b Vereinigung der Darmlippen und der myo-epikardialen Mäntel; Endothelrohr doppelt. Ventrales Mesokard (rasch vergänglich) gebildet. c Schwund der Scheidewand der vereinigten Endothelrohre; Mesocardium dorsale. Die Perikardialhöhle wird erst in einem nachfolgenden Stadium abgegrenzt. *Coel* Coelom; *D* Darm; *Rm* Rückenmark; *Us* Ursegment

Mesoderm verdickt sich im Bereich dieser Stränge und bildet eine Umhüllung des Endothels, die als *myo-epikardialer Mantel* bezeichnet wird, da aus ihr die Herzmuskulatur und das Epikard hervorgehen. Mit der Vereinigung der Darmlippen legen sich die Endothelrohre aneinander (Abb. 167b) und verschmelzen zu einem einfachen Schlauch; auch die myo-epikardialen Mäntel legen sich anein-

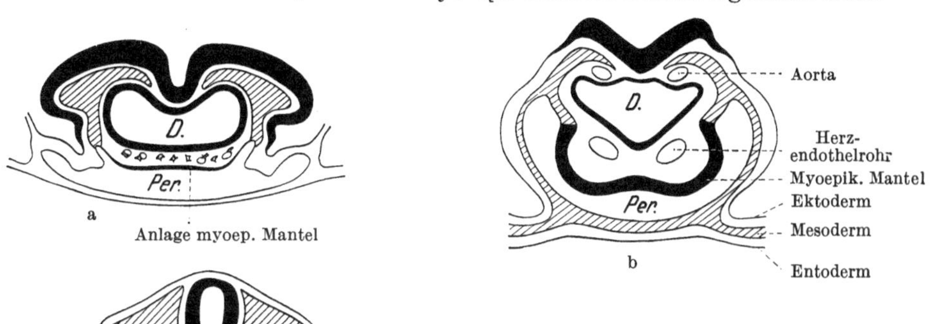

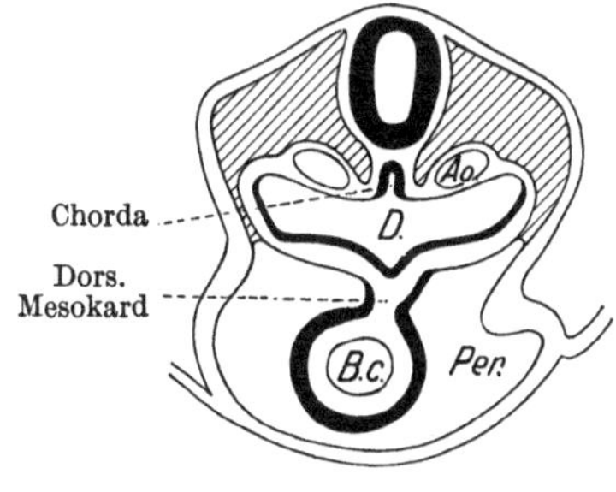

Abb. 168a—c. Schema der doppelten Herzanlage des Menschen, bei Keimlingen a mit 4 Ursegmenten, b mit 6, c mit 10 Ursegmenten. Bei a freie Herzzellen und kleine Endothelbläschen unterhalb der vorderen Darmbucht; bei b paariges Endothelrohr; bei c dorsales Mesokard (im Bulbusabschnitt). Perikardialhöhle schon vor Auftreten der Herzzellen abgegrenzt bzw. selbständig entstanden. Abb. 168a nach STERNBERG, vereinfacht. *Ao* Aorta; *D* Darm; *B c* Bulbus cordis; *Per* Perikardialhöhle

ander, wobei ein sofort wieder verschwindendes *ventrales* und ein gleichfalls bald rückgebildetes *dorsales Mesokard* (Herzgekröse) entsteht (Abb. 167 b und c). Das Herz bildet nun einen anfangs fast geraden, nur an seinen Enden fixierten Schlauch.

Beim *Menschen* sind gewisse zeitliche Verschiebungen in der Bildung der einzelnen Teile eingetreten (Abb. 168 a—c und 169 a und b). Die Perikardialhöhle (vgl. auch vorn S. 124) entsteht (wie übrigens auch bei anderen Säugern) selbständig im Bereich des Kopfmesoderms und wird bei Ausbildung der vorderen

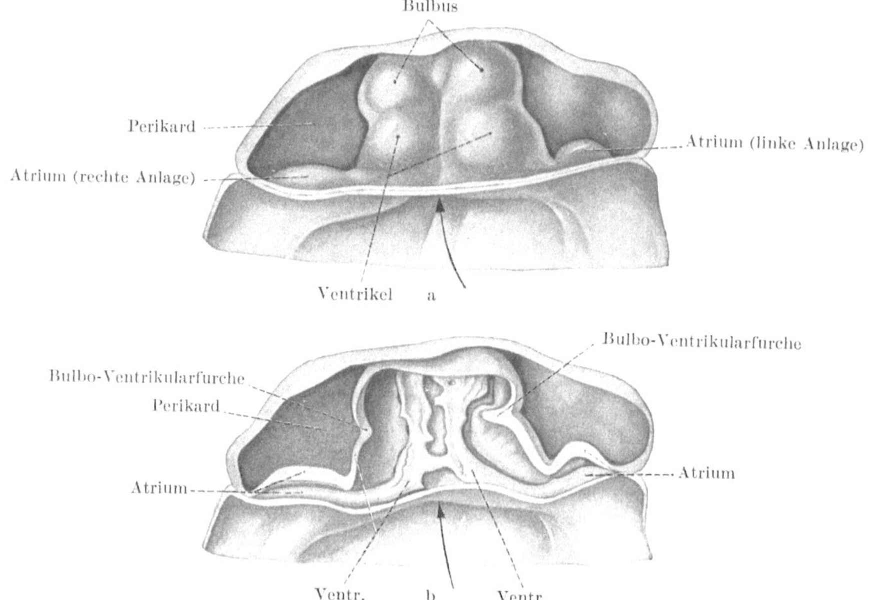

Abb. 169 a u. b. Modell der Herzanlage eines Keimlings mit 6 Ursegmentpaaren und 1,8 mm Länge (Fall der Abb. 168 b). In Abb. 169 b ist der myo-epikardiale Mantel entfernt und das noch größtenteils doppelte Endothelrohr dargestellt. Der Pfeil unter der Herzanlage zeigt auf die vordere Darmpforte. Vergr. 75 ×. (Nach DAVIS 1927)

Darmbucht unter diese verlagert. Zwischen der verdickten dorsalen Wand des Perikardialraumes (Splanchnopleura) und dem Entoderm erscheinen die ersten Angioblasten, die sich zu teilweise hohlen Strängen zusammenschließen und so die primäre Gefäßwand des Herzens bilden. Die verdickte Wand wird zum myo-epikardialen Mantel, der sich in die Perikardialhöhle vorwölbt und zum muskulösen Herzschlauch schließt; ein ventrales Mesokard wird nicht einmal vorübergehend gebildet. Innerhalb des Muskelmantels ist aus den Endothelzellen ein anfangs paariger, dann durch Verschmelzung unpaar gewordener Endothelschlauch hervorgegangen. Die Verschmelzung beginnt im späteren Ventrikelabschnitt (Abb. 169 b) und schreitet von hier auf- und abwärts fort; doch sind die Vorhofsanlagen dabei anfangs stark im Rückstand (Abb. 170).

Das Herz fängt nun durch Eigenwachstum an sich zu krümmen (die erste Asymmetrie des Embryonalkörpers, Abb. 170 und 171) und läßt durch Einschnitte an den Knickungsstellen die Gliederung des Schlauches erkennen. Am caudalen Ende münden anfangs symmetrisch Dotter- und Allantoisvenen (s. auch Abb. 184 a, *V. umb*) in einen Abschnitt, der als *Sinus venosus* bezeichnet wird; er geht zuerst ohne scharfe äußere Grenze in den *Vorhof (Atrium)* über, der sich durch eine Furche *(Atrioventrikularfurche)* deutlich von dem (zunächst einheitlichen) *Ventrikel* absetzt. Das Verbindungsstück wird als *Ohrkanal (Canalis auricularis)* bezeichnet. Der Ventrikel wird durch eine vorübergehend scharf lokalisierte Umfangsverjüngung vom *Bulbus cordis* (B. C.), dem ziemlich dickwandigen Ausströmungsteil des Herzens, abgegrenzt; der Bulbus geht dann in den Anfangsteil der Aorta, den *Truncus arteriosus*, über; dieser hat bereits den Bau eines Gefäßrohres. Das Längenwachstum des Herzschlauches führt zur Bildung der *Ventrikelschleife*, an der ein absteigender und ein aufsteigender Schenkel Pro- und Metampulle (Abb. 171, XIV, *Pr* und *Mt*), die Anlagen von linkem und rechten Ventrikel zu unterscheiden

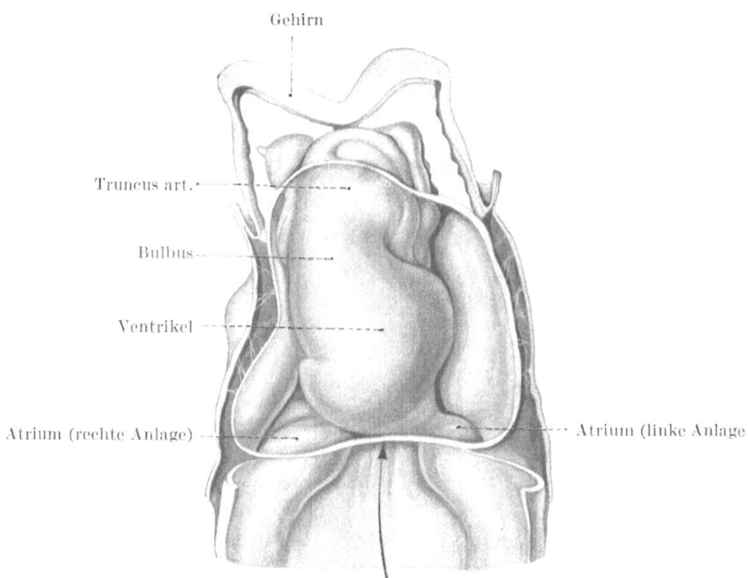

Abb. 170. Modell des Herzens eines Keimlings mit 9 Ursegmentpaaren. Atriumanlagen noch nicht median verschmolzen. Beim Pfeil Eingang in die vordere Darmpforte. Vergrößerung 75 ×. (Nach DAVIS)

sind; die Umbiegungsstelle entspricht der späteren Herzspitze. Gleichzeitig findet eine Verschiebung der Teile, die anfangs in caudo-kranialer Reihenfolge hintereinander liegen, derart statt, daß durch Höherrücken des caudalen Herzendes der Sinus dorsal vom Vorhof, dieser aber dorsokranial vom Ventrikel zu liegen kommt.

Parallel dazu läuft die schärfere Abgrenzung der Herzabschnitte voneinander. Durch eine quere, von links einschneidende tiefe Falte wird der Sinus vom Vorhof abgegrenzt und die Sinusmündung nach rechts verschoben; an der Sinusmündung entstehen zwei Einfaltungen der Wand, die als *rechte* und *linke Sinusklappe* in den Vorhof vorspringen und frühembryonal völlig schlußfähig und funktionell wichtig sind (Abb. 173—175). Sie setzen sich ventralwärts in eine hohe gemeinsame Falte fort *(Septum spurium)*, die später mit den ventralen Abschnitten der Sinusklappen zugleich reduziert wird. Der Sinus besteht nun aus einem Querstück (dem späteren *linken Sinushorn*), das die Venen der linken Seite aufnimmt, und einem sagittal eingestellten Stück (dem *rechten Sinushorn*), in das am kranialen Ende die rechten Körpervenen (die spätere obere Hohlvene), am caudalen die (später entstandene, s. S. 178 ff.) untere Hohlvene einmünden.

Die anfänglich enge Mündung des Sinus in den Vorhof erweitert sich, so daß die Räume zusammenfließen. Die Grenze bleibt äußerlich durch den *Sulcus terminalis*, innerlich durch die *Crista terminalis* kenntlich; die ursprüngliche Sinuswand bleibt glatt, die ursprüngliche Vorhofswand bildet die Mm. pectinati (Trabeculae carneae) aus. Die linke Sinusklappe wird an das Septum atriorum angelegt, mit dem sie verwächst und wobei sie den Limbus foraminis ovalis (S. 167) ergänzt. Die rechte Klappe verschwindet gleichfalls im Bereich der oberen Hohlvene, zusammen mit dem Septum spurium (bis auf die Crista

11*

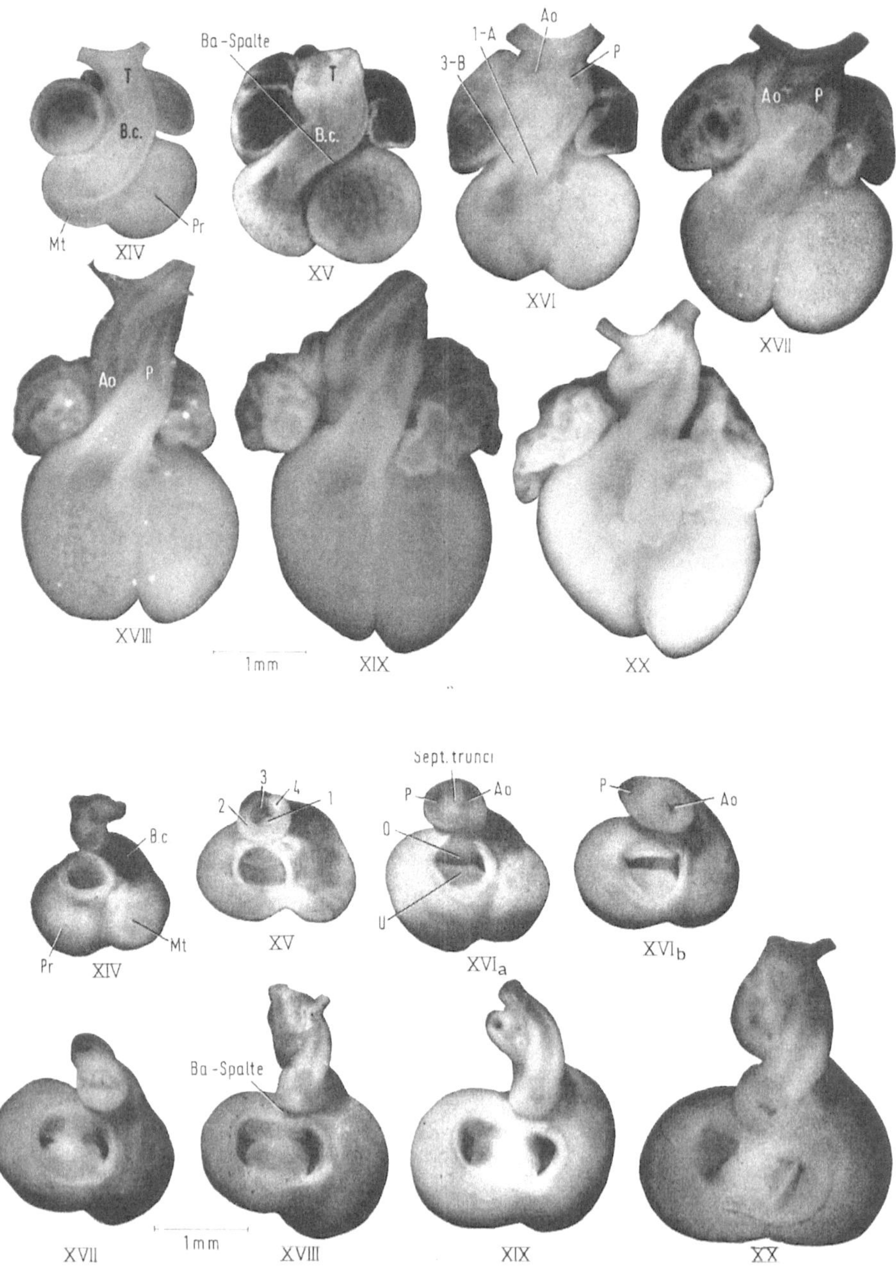

Abb. 171a u. b. a Ventralansichten frei präparierter Herzen menschlicher Embryonen der Entwicklungsstadien XV—XX (nach STREETER, s. S. 60). Man beachte die Größenverschiebungen von Vorhof und Kammeranlagen, Form-, Stellungs- und Größenveränderungen von Bulbus (*B.c.*) und Truncus arteriosus (*T*) sowie die Stellungsänderungen von Arteria pulmonalis (*P*) und Aorta (*Ao*). Ba-Spalte = Bulboauricular-Spalte; *3-B* rechte Bulbusleiste B-3; *1-A* linke Bulbusleiste A-1. 12,5fach. b Formwandel der Herzkammerbasis in der Ansicht von oben und hinten nach Entfernung der Vorhöfe. Die ventrale Seite ist nach oben gerichtet. Bei den Stadien XV—XVII sind die Ostia arteriosa durch Querschnitte oberhalb der Bulbus-Truncus-Grenze freigelegt. *Pr* Proampulle (Anlage des linken Ventrikels), *Mt* Metampulle (Anlage des rechten Ventrikels), *Sept. trunci* Septum trunci, *O, U* oberes und unteres Endokardkissen, *1, 2, 3, 4* distale Bulbuswülste 1—4; andere Bezeichnungen siehe unter a. 12,5-fach. (Nach ASAMI 1969)

terminalis); an der unteren Hohlvene bleibt sie als *Valvula venae cavae*, am
linken Sinushorn, das nach Verlust der Einmündung der linken Körpervenen
(S. 166) zum *Sinus coronarius cordis* geworden ist, als *Valvula sinus coronarii*
erhalten. Auch der linke Vorhof wird durch Einbeziehung eines ihm ursprünglich
fremden Bezirkes vergrößert; der Stamm der anfangs einfachen *Vena pulmonalis*,
dann der rechte und linke, zuerst einfache Lungenvenenstamm werden in den

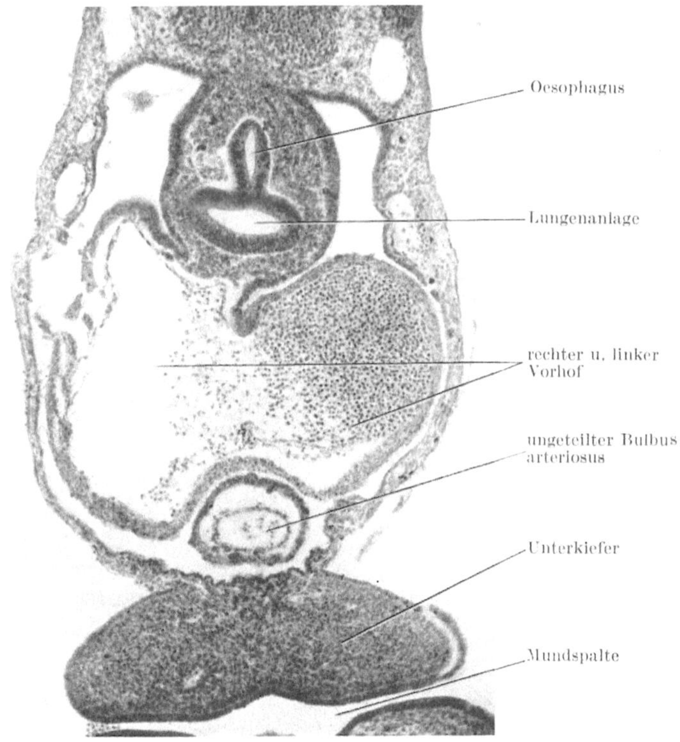

Abb. 172. Querschnitt durch die Herzregion des Embryo Ert, 3,8 mm (Prof. HOCHSTETTER, Wien)

Vorhof einbezogen, so daß das Gebiet zwischen den Mündungen der vier Lungenvenen, das wieder zeitlebens glatt bleibt, ursprünglich Lungenvene ist, während der
ursprüngliche Vorhofsteil wieder Mm. pectinati (Trabeculae carneae) entwickelt.

Die *bleibenden Herzklappen* entstehen nicht wie die Sinusklappen aus Einfaltungen der Wand, sondern aus Endothelwucherungen, die man am Atrio-
ventrikularostium als *Endokardkissen*, an der Arterienwurzel als *Bulbuswülste*
bezeichnet. Die Endokardkissen (Abb. 122 und 174) sitzen am zunächst runden
Ohrkanal (Abb. 171b, XV), hauptsächlich am ventralen und dorsalen Rand des
schlitzförmigen, quergestellten Ostium atrioventriculare commune (Abb. 171b,
XVI) und verschmelzen in der Mitte miteinander (Abb. 171b, XVII und XVIII)
(und mit dem Septum atriorum primum, S. 166), wodurch dieses Ostium in ein
rechtes und linkes geteilt wird (Abb. 176a). Eine mächtige Verbreiterung der Kis-
sen und ihrer Verwachsungszone läßt die nunmehr getrennten Blutwege weit aus-
einanderrücken (Abb. 171b, XIX und XX). Die Endokardkissen werden dann
von der Ventrikelseite aus unterminiert (Abb. 175), wobei Muskelbalken aus-
gespart werden, welche später zu den *Chordae tendineae* und *Musculi papillares*
werden; so entsteht rechts die *Valva tricuspidalis*, links die *Valva mitralis*. Das

Schicksal der Bulbuswülste wird erst weiter unten im Zusammenhang mit der Aortenteilung zu besprechen sein.

Die *Herzscheidewand* baut sich aus drei Teilstücken auf: Dem *Vorhofsseptum*, das selbst wiederum aus zwei Anlagen hervorgeht, dem *Ventrikelseptum* und dem *Bulbusseptum*; der Treffpunkt derselben ist das spätere *Septum interventriculare*, das von der Muskulatur nicht völlig durchwachsen wird (Abb. 176).

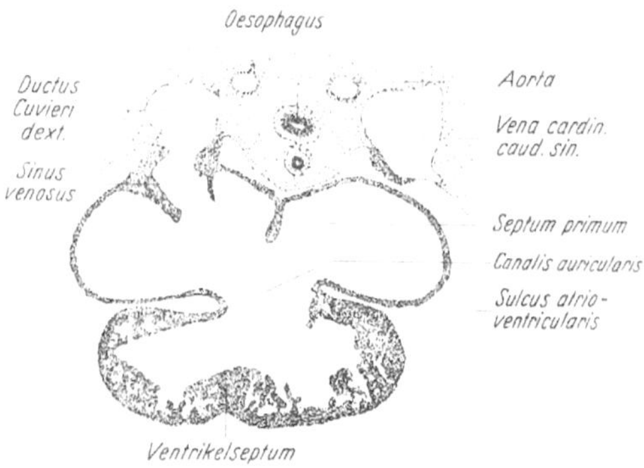

Abb. 173. Frontalschnitt durch das Herz eines Keimlings von 8,7 mm Länge. Septum atriorum I und Septum ventriculorum angelegt. Vergr. 20 ×

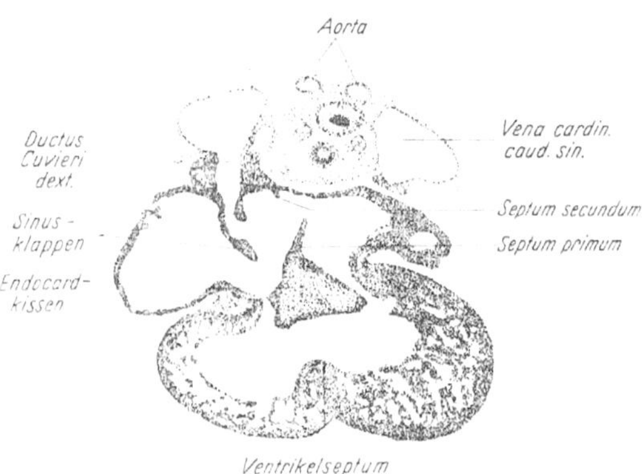

Abb. 174. Frontalschnitt durch das Herz eines Keimlings von 10,5 mm Länge. Foramen ovale, Septum atriorum II Teilung des Ohrkanals in Ostium venosum dextrum und sinistrum. Vergr. 20 ×

Während die doppelte Herzanlage naturgemäß keine phylogenetische Vorstufe hat, sondern eine Anpassung an den Dotterreichtum der Amniotenvorfahren darstellt, entspricht die ontogenetische Teilung des einfachen Herzens weitgehend der phylogenetischen Teilung desselben. Einfache Herzen haben die Fische; bei den Amphibien wird die Vorhofsteilung, bei den Reptilien die Ventrikelteilung schrittweise durchgeführt, aber erst bei den Warmblütern (Vögeln und Säugetieren) vollendet. Während des Umbaues muß aber das Herz nicht nur funktionsfähig, sondern bei den freilebenden Tieren sogar stets überlegen leistungsfähig bleiben.

Die *Scheidung der Vorhöfe* wird eingeleitet durch das Vorwachsen eines *Septum primum* links von der Sinusmündung (Abb. 173). Das Septum I wächst bis zum Ohrkanal herunter, mit dessen Endokardkissen es verschmilzt (S. 165, Abb. 174), so daß es an der Teilung des Ohrkanals in ein rechtes und linkes venöses Ostium teilhat. Das Septum würde aber die linke Vorhofshälfte, an welcher eben die zuerst einfache und nur sehr kleine *Vena pulmonalis* aufgetreten ist, praktisch völlig vom Blutzufluß absperren, wenn es sich nicht an seinem Ursprung ventrokranial wieder von der Vorhofswand abgelöst hätte; durch das so entstandene *Foramen ovale* (Abb. 174) gelangt das Blut wieder vom rechten in den linken

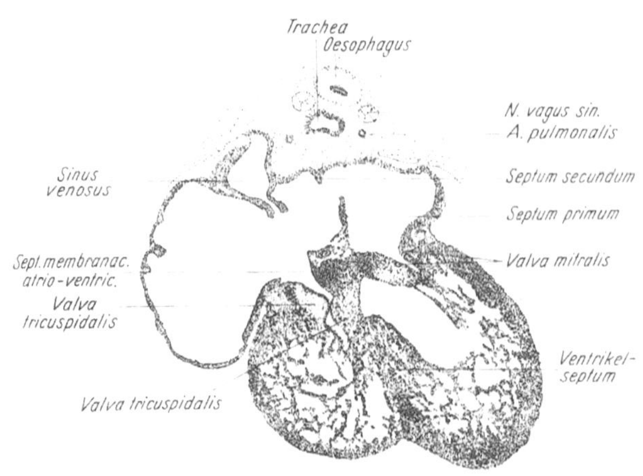

Abb. 175. Frontalschnitt durch das Herz eines Keimlings von 13,4 mm Länge. Pars atrioventricularis und interventricularis septi membranacei, Anlage der Segelklappen, noch schlußfähige Sinusklappen. Vergr. 20 ×

Vorhof. Die Vorbereitung des späteren Verschlusses der Öffnung wird eingeleitet durch die Ausbildung des *Septum secundum*, welches *rechts* vom Septum I an dessen kranialer und *ventraler* Seite vorwächst (Abb. 174 und 175). Dadurch, daß es sich zuerst basal über die Atrio-Ventrikulargrenze hinweg, dann neben dem Septum I dorsalwärts verlängert, bildet es den *Limbus foraminis ovalis*; das Septum I wird zur *Valvula foraminis ovalis* (s. auch Abb. 186).

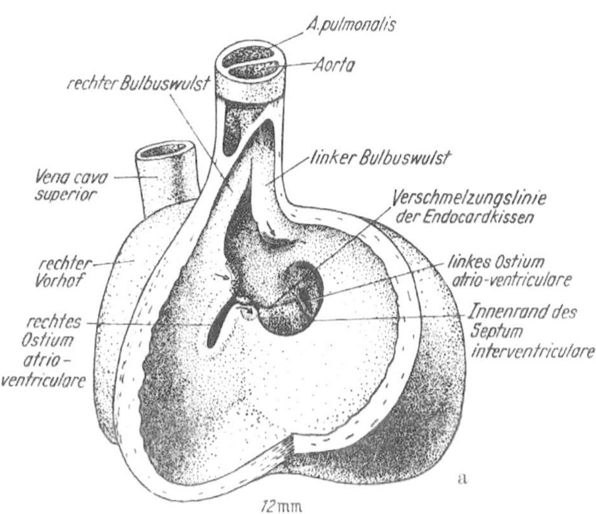

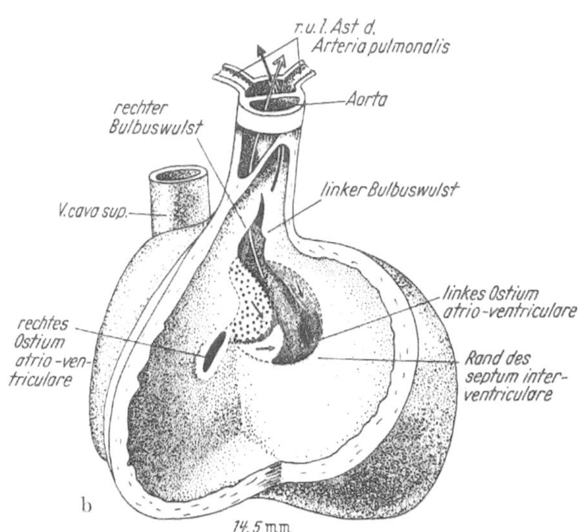

Abb. 176 a—c. Schemata zur Demonstration der Entwicklung des Bulbusseptums und des Septum interventriculare bei Embryonen von 12 mm, 14,5 mm und 17 mm. Einblick von rechts in die rechte Herzkammer durch Wegnahme der Kammerwand. 3 kleine Pfeile bezeichnen Ausgangspunkt und Wachstumsrichtungen der Proliferationsstellen für den Schluß des Foramen interventriculare. Die Spiraltour von Aorta (weißer langer Pfeil) und Art. pulmonalis (schwarzer Pfeil) ist das Ergebnis der spiraligen Anlage der Bulbuswülste und ihrer Verschmelzung. (Nach ODGERS 1938 aus BOYD, HAMILTON u. MOSSMANN 1946)

Das *Ventrikelseptum* entsteht am konvexen (caudalen) Rand der Ventrikelschleife (Abb. 173) und wächst in der Sagittalebene kranialwärts (Abb. 176). Gleichzeitig zieht sich der Sporn der Ventrikelwand, der ursprünglich von oben in die Ventrikelschleife einschneidet, zurück; ohne diesen Vorgang würde der Blutstrom einfach in der Mitte abgesperrt werden, zumal ja der Vorhof bei anfangs links gelegenem Ohrkanal (Stadium Abb. 171a XV)

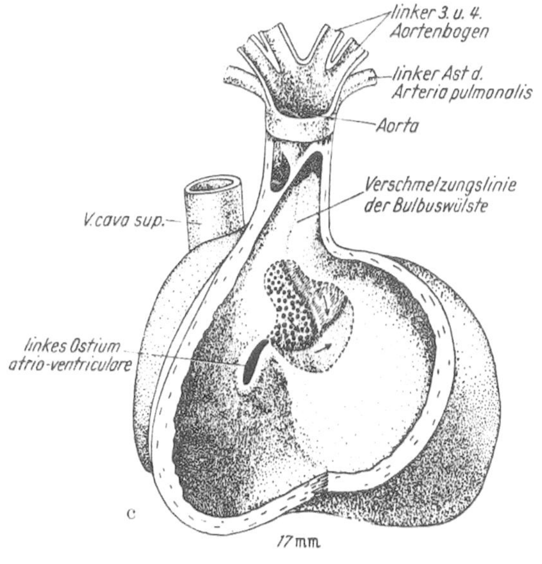

zuerst nur in den linken (absteigenden) Schenkel der Ventrikelschleife einmündet. Parallel mit dieser Rückbildung des Sporns geht nun eine Verschiebung des Ostium atrioventriculare commune nach rechts, aber nur so weit, daß das Ventrikelseptum auf das Ostium asymmetrisch, rechts von

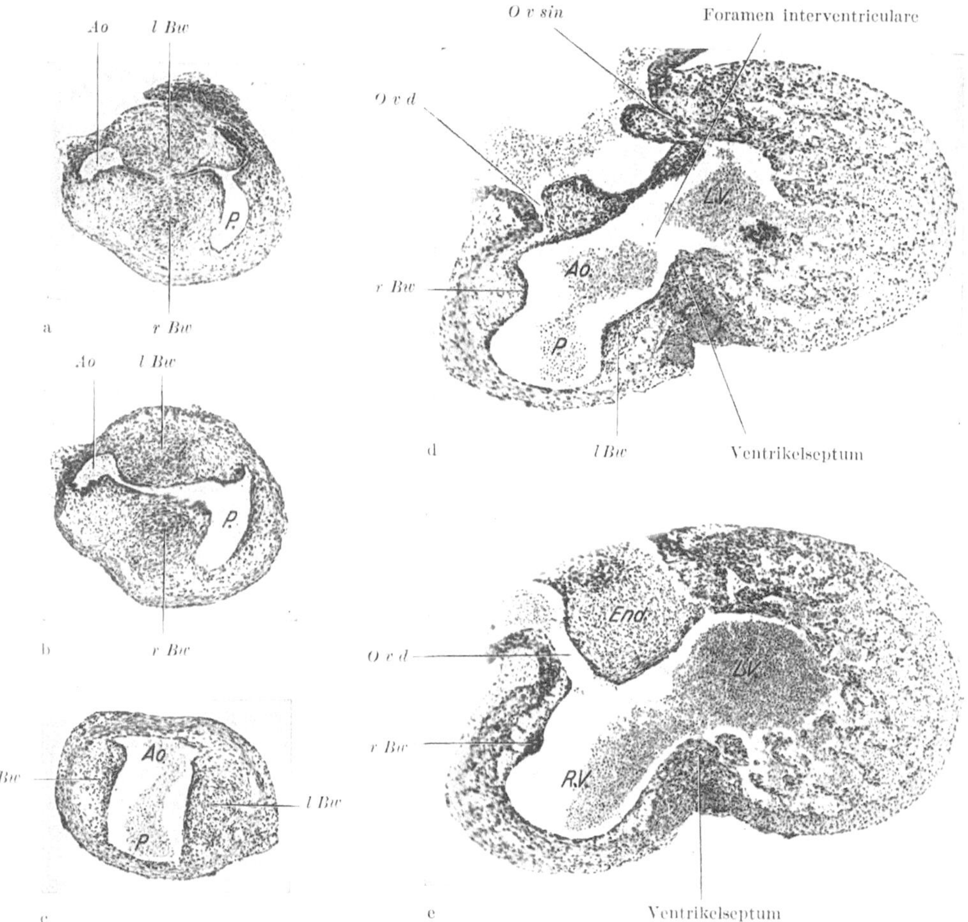

Abb. 177a—e. Fünf Querschnitte durch Bulbus und Ventrikel des Herzens eines Keimlings von 8,5 mm Länge. a Teilung des Bulbus in Aorta und Pulmonalis; b die beiden Bulbuswülste kurz vor der Berührung, dorsal und ventral gelegen; c die Bulbuswülste dicht über den Ventrikeln rechts und links gelegen; d Auslauf der Bulbuswülste auf der Ventrikelwand, e nur Ostium venosum dextrum getroffen, Endokardkissen am venösen Ostium, Septum ventriculorum. *Ao* Aorta; *l Bw* linker Bulbuswulst; *r Bw* rechter Bulbuswulst; *O v d*, *O v sin* Ostium venosum dextrum, sinistrum; *P* Pulmonalis. Vergr. 50 ×

der Mitte, auftrifft (Abb. 174—176). Dadurch gelangt es nicht in die gleiche Sagittalebene wie das Vorhofsseptum, sondern bleibt rechts von ihm. Das zwischen beiden Septen gelegene Querstück zwischen rechtem und linkem Ostium venosum (Abb. 176a), das aus der Verwachsung der Endokardkissen hervorgegangen ist (S. 165), wird später in die Ebene des Vorhofs- und Ventrikelseptums aufgerichtet und stellt die *Pars atrioventricularis septi membranacei* (zwischen rechtem Vorhof und linkem Ventrikel) dar (Abb. 175). Die *Pars interventricularis* geht aus dem zuletzt gebildeten, nicht mehr muskularisierten Teil des Ventrikelseptums und seiner Verwachsung mit den unteren Enden der vereinigten Bulbuswülste sowie den rechten Ecken der Endokardkissen hervor.

Die Entstehung des dritten Septums, Septum bulbi et trunci, ist mit dem Schicksal der *Bulbuswülste* (Abb. 178), der Anlage der Arterienklappen, eng verknüpft. Die Bulbuswülste (Abb. 177 a—e), aus dem Endokard durch Wucherung entstanden, verlaufen im Bulbus cordis spiralig gedreht; ihr Verlauf ist der Ausdruck eines Dralles, den die noch ungeteilte Herzanlage erfahren hat, und der sich am caudalen Ende des Herzschlauches in der Verschiebung der beiden Vorhofssepten aneinander und der Änderung der Stellung ihrer freien Ränder (s. oben) äußert, dessen genauere Erörterung sich aber einer kurzen Darstellung entzieht. Zuerst werden nur zwei starke, später auch noch zwei schwächere Wülste gebildet; die starken Wülste liegen so, daß der eine (sog. linke) am Ventrikelende des Bulbus links vorn, weiter kranial links hinten, dann rechts hinten liegt, der andere (rechte) an den entsprechenden Stellen rechts hinten, rechts vorn und links vorn. Der Verwachsung dieser Wülste miteinander und damit der Teilung des Bulbus in Aorta und Arteria pulmonalis (Abb. 176 und 178) geht eine Veränderung der Größenverhältnisse von Truncus und Bulbus voraus. Der Truncus wird länger und sein Septum stärker spiralig gedreht. Dadurch geraten die Anlagen der Aorten- und Pulmonalisklappe weiter spitzenwärts in das Niveau der Ventilebene (Abb. 171 a). Die Spiralisierung des Septum trunci und der verwachsenden

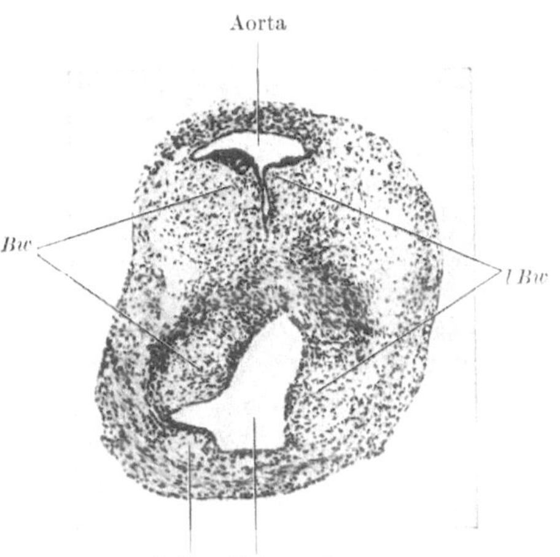

Abb. 178. Aorta und Pulmonalis, eben geteilt, bei einem Keimling von 10,3 mm Länge. Einwachsen der Muscularis zwischen beide Gefäße; ventral der kleine vordere Bulbuswulst für das vordere Semilunarvelum der Art. pulmonalis. Die Bulbuswülste als Anlagen der Semilunarklappen. Vergr. 60 ×

Bulbuswülste führt dazu, daß die Arteria pulmonalis am ventriculären Ende vor, höher oben links, noch weiter oben hinter der Aorta liegt. Die verschmolzenen Bulbuswülste werden von der Gefäßmuskulatur durchwachsen (Abb. 178) und die Gefäße dadurch völlig voneinander getrennt. Am Ventrikelende gehen nun aus den Bulbuswülsten unter Aushöhlung durch den Blutstrom die Taschen- oder Semilunarklappen derart hervor, daß aus den (später aufgetretenen) kleinen Wülsten an der Pulmonalis ein vorderes, an der Aorta ein hinteres Velum, und aus den großen Wülsten durch Unterteilung für jedes der beiden Gefäße ein rechtes und linkes Velum gebildet wird. Im Bereich des rechten und linken Klappensinus sprossen aus der Aorta die *rechte* und *linke Coronararterie* hervor.

Reizleitungssystem. Der Sinusknoten ist wahrscheinlich ein Überrest eines ursprünglich an der Sinus-Vorhof-Grenze gelegenen Sphincters, der bei Einbeziehung des Sinus in den Vorhof auf die Mündung der oberen Hohlvene reduziert wurde und daher im Sulcus terminalis, der ehemaligen Sinusgrenze, über dem rechten Herzohr, gefunden wird. Das Atrio-Ventrikularbündel ist der Überrest anfangs vielfacher Verbindungen von Vorhof- und Ventrikelmuskulatur. Größerer Durchmesser und Protoplasmareichtum der Fasern sowie oberflächliche Lage der Fibrillen sind embryonale Merkmale dieses Bündels. Die Fasern des Sinusknotens dagegen erscheinen durch ihre Feinheit und die Zartheit der Fibrillen eher als besonders fortgeschrittene Differenzierungen der Herzmuskulatur.

Das embryonale Herz zeigt besonders in bestimmten Frühstadien (Abb. 54, 118, 108) eine im Verhältnis zu anderen Organen und zum Gesamtkörper auffallende Größe, die durch den Vergleich mit der auch sehr großen Leber und dem kleinen Darmsystem eine gewisse Klärung erfährt. Die Größe des Herzens kann nicht wie bei der Leber aus einer zweiten Organfunktion (Blutbildung) erklärt werden. Im Gegensatz zum Darmsystem, dessen Aufgaben weitgehend vom maternen Organismus übernommen werden können, hat das embryonale Herz volle Organfunktion als Motor des fetalen Kreislaufes zu tragen. Die Größe dieses Motors wird durch die Gefäßperipherie bestimmt. An dieser ist zu wesentlichem, in Frühstadien zu weit überwiegendem Teil die Placenta beteiligt. Die enorme Größe der Herzanlage zwischen 5 und 20 mm fällt in die Zeit der Entwicklung des Placentarkreislaufes. In den ersten Lebenswochen nach der Geburt sinkt das relative Herzgewicht und paßt sich der um die Placenta verkleinerten Kreislaufperipherie an.

Der *Herzbeutel* (Abb. 122 und 109) entsteht aus der Außenwand des Perikardialraumes. Ursprünglich treten die Venen alle am caudalen Ende in das Herz ein, die Arterien am kranialen Ende aus (Abb. 170). Durch die vorn (S. 163) erwähnte Kranialverschiebung des Sinus- und Vorhofsteiles des Herzens wird die dorsale Wand in der Mitte förmlich zusammengeklappt und der dorsale Teil des Perikardialraumes in den *Sinus transversus pericardii* umgewandelt. Die Venen (Hohlvenen und Lungenvenen) einerseits, die Arterien (Aorta und Pulmonalis) andererseits treten gemeinsam in das Perikard ein bzw. aus ihm aus.

Herzmißbildungen

Nach der Synopsis der natürlich vorkommenden und experimentell erzeugbaren und dann auch verfolgbaren Herzmißbildungen können diese fast alle als Reaktionsformen des Organismus verstanden werden, als Reaktion auf zu verschiedener Entwicklungssphase und in verschiedener Intensität auftretenden Schädigungen oder Defekte von Anlage*material*. Hierbei stecken die noch verfügbaren lebendigen Bausteine und ihre dem Entwicklungszeitpunkt entsprechend verbliebenen Differenzierungsmöglichkeiten die Grenzen der Entwicklungspotenzen ab. So wird verständlich, daß auch bei den Mißbildungen die Tendenzen der normalen Entwicklung wiedererkannt werden können, obwohl die dann in Erscheinung tretenden Formen erheblich vom normalen Bild abweichen. Die Acardie (fehlende Herzanlage) oder Doppelbildungen gehen auf frühe Entwicklungsstadien unter 2 mm zurück. Entsprechend der zeitlichen Staffelung einer asymmetrischen Anordnung verschiedener Herzteile, müssen eine komplette Inversion (Situs inversus, siehe S. 59) relativ früh am Ende der 3. Woche zustande kommen, dagegen können partielle Inversionen auch noch später in Gang kommen. Störungen bei der Entstehung der frontalen Kammerschleife oder der Bulbusdrehung können zu Versetzungen zwischen Kammer und Vorhöfen bzw. Kammer und Ausflußbahn führen, die als Transpositionen beschrieben werden und häufig durch eine Lageanomalie eines oder mehrerer Ostien gekennzeichnet sind. Zu den häufigsten Abweichungen gehören die unvollständige Bildung des Vorhof- oder Kammerseptums, deren Entstehungszeitpunkt sich anhand der Normalentwicklung relativ leicht klären läßt. Dann folgen nach der Zahl der Fälle die Transpositionen der großen Arterien oder die dextroponierte Aorta mit sekundärer Pulmonalisstenose (Fallotsche Tetralogie). Die ebenfalls sehr häufige Aortenisthmusstenose, eine quere Einschnürung in Höhe der Verbindung des obliterierten oder nichtobliterierten Ductus Botalli mit der Aorta, wird mit der Entwicklung des letzteren in Zusammenhang gebracht. Insgesamt können die wichtigsten Herzmißbildungen auf Entwicklungsabweichungen im Bereich der 4.—9. Embryonalwoche zurückgeführt werden.

Gefäß- und Blutbildung

Die ersten Blutgefäße entstehen als *Blutinseln* auf der mesodermalen Wand des Dottersackes, bei dotterreichen Eiern und bei Säugern mit großem Dottersack in der Umgebung des Keimlings (Abb. 22) im Bereich der Area vasculosa, beim Menschen auf der ganzen Oberfläche des (kleinen) Dottersackes, auf dem sie zotten- oder buckelförmige Vorragungen bilden (Abb. 51). Sie bestehen aus herdförmigen Zellwucherungen im Bereich des visceralen Mesoderms; die Außenschicht der Zellhaufen wird zum Gefäßendothel, die Innenzellen zu Blutkörperchen. Die Blutinseln verbinden sich und wachsen gegen die Herzgegend des Keimlings als Dottervenen vor. Beim Menschen entstehen solche Blutinseln auch selbständig im Chorionmesoderm und Haftstiel (somit im extraembryonalen Mesoderm, s. S. 47); sie finden nach Zusammenschluß als Allantois- oder Umbilicalgefäße gleichfalls, vielleicht sogar früher als die Dottergefäße, Anschluß an den Keimling. Die Herkunft der Angioblasten, die sich zu den anfangs (wie das Herz) paarigen *dorsalen Aorten* zusammenschließen (Abb. 48), ist nicht geklärt. Ein Kreislauf kommt aber erst bei Ausbildung von etwa 10 Ursegmenten in Gang. Die nun weiterhin auftretenden Äste der aufgezählten Gefäße entstehen wohl stets durch Aussprossen von Capillaren aus den jeweils bereits angelegten Gefäßen; sie bilden überall frühzeitig Capillarnetze, aus denen sich die größeren Gefäße differenzieren. Ursprünglich ist das Gefäßsystem völlig symmetrisch; seine Hauptstämme (etwa soweit sie eigene Namen tragen) sind erblich gegeben; die kleineren Gefäße und auch die späteren Asymmetrien mögen vorwiegend hydromechanisch (durch die lokalen Strömungsverhältnisse) bedingt sein.

Blutbildung. Die ersten Blutbildungsherde auf dem Dottersack, dem Chorion und dem Haftstiel in Form von Blutinseln lassen zunächst undifferenzierte Blutzellen entstehen, die noch kein Hämoglobin enthalten. Hämoglobinhaltige Zellen treten in der Embryonalzeit in zwei voneinander unabhängigen Generationen auf. An oben genannten Orten entstehen *Megaloblasten* (kernhaltig) und wenige *Megalocyten* (kernlos, aber größer und hämoglobinreicher als Erythrocyten des Erwachsenen). Das Blut eines 12 mm-Embryo zeigt schon eine Dichte der Megaloblasten von 300000/mm³. Bei Embryonen bis zu 50 mm werden diese vollständig durch eine zweite Generation, die der Erythroblasten und Erythrocyten abgelöst. Der erwachsene Organismus kann unter pathologischen Bedingungen die Produktion von Megaloblasten und Megalocyten wieder aufnehmen[1].

Im zweiten Embryonalmonat tritt die Leber als blutbildendes Organ auf und behält diese Funktion bis etwa zum 7. Monat. Hier beginnt auch die erste Bildung von Granulocyten. Am Ende des 3. Monats überholen die kernlosen Erythrocyten die kernhaltigen Erythroblasten, doch sind letztere vereinzelt noch während der ganzen Fetalzeit zu finden. Bei 170 mm Embryonen zeigt das Blut schon 3,5 Millionen Erythrocyten pro Kubikmillimeter. Im 4. Monat zeigt die gleiche Blutmenge auch schon 2000—10000 Granulocyten. Lymphocyten erscheinen erst später und erreichen aber im 5. Monat die doppelte Zahl der Granulocyten. Noch beim Neugeborenen enthält der Kubikmillimeter Blut mehr als die doppelte Anzahl Leukocyten wie beim Erwachsenen. Von der Mitte der Fetalzeit angefangen fungiert auch die *Milz* als blutbildendes Organ. Nach der Geburt entstehen in ihr zwar reichlich weiße, aber keine roten Blutkörperchen mehr; solche werden jetzt im Gegenteil in der Milz zerstört. Als dauernde Blutbildungsstätte dient das *rote Knochenmark*, das vom 5. Embryonalmonat an allmählich die Blutbildung übernimmt. Die ersten Anlagen finden sich in den Diaphysen der langen Röhrenknochen. Nach einer Zeit der weiteren Ausdehnung im Knochensystem kommt es beim Erwachsenen zur Beschränkung auf die bekannten Prädilektionsstellen: Wirbelkörper, Sternum, Rippen und Schädelbasis sowie proximales Femurende.

---

[1] Betreffs der primitiven Erythroblasten und Erythrocyten sowie der Hypothesen über den monophyletischen, diphyletischen bzw. polyphyletischen Ursprung der Blutkörperchen sei auf die Lehrbücher der Histologie verwiesen.

Kleine Blutbildungsherde, die bald wieder verschwinden, finden sich in der ersten Hälfte der Fetalzeit im Körper weit verbreitet zwischen den Organen.

Die Stammzellen der roten und weißen Blutkörperchen lassen sich histologisch nicht unterscheiden, so daß angenommen wird, daß die Differenzierung durch die Umgebung bedingt wird. Doch sind manche Bildungsstätten wie die Lymphknoten beim Menschen (gleich der Milz nach der Geburt) nur zur Bildung von weißen Blutkörperchen befähigt.

Milz

Die *Milz* entsteht bei Embryonen von 7—11 mm, im dorsalen Magengekröse (Abb. 120f und 123b) aus einer Verdichtung von Mesenchymzellen, über welcher die Zellen des Coelomepithels höher werden; doch nehmen diese Zellen vermutlich nicht an der Bildung von spezifischem Milzgewebe teil. Die Gewebsverdickung hebt sich am Ende des zweiten Monats vom Magengekröse ab und hängt nur mehr am Hilus bandartig mit ihm zusammen (Abb. 124). Das Mesenchym differenziert sich in Reticulumzellen und Lymphocyten; in der Fetalzeit ist die Milz eine wichtige Bildungsstätte auch für Erythrocyten. — Gelegentlich kann Milzgewebe auch an anderen Stellen des Magengekröses oder des Peritoneums überhaupt gebildet werden *(Nebenmilzen)*. Die Milz des Neugeborenen zeigt eine Läppchengliederung, die als Gefäßstruktur aufzufassen ist. Das Trabekelwerk wird vom Hilus aus aufgebaut, kennzeichnet die Ränder der Läppchen und entsteht unter Einfluß der abführenden Venen, während ins Zentrum des Läppchens die entsprechende Arterie führt.

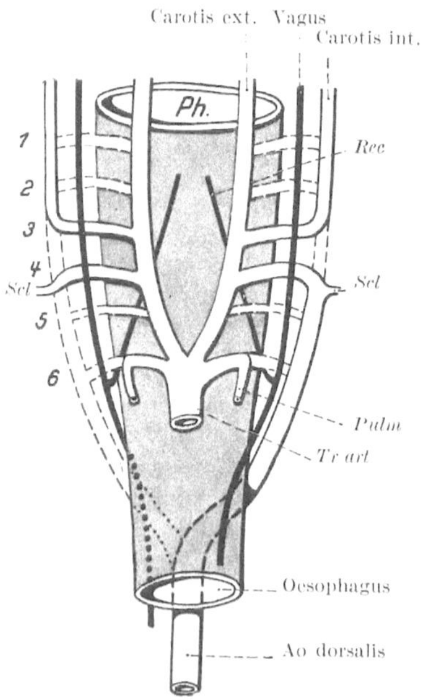

Die als Quelle der Antikörper betrachteten Plasmazellen entstehen erst nach der Geburt. Die Antikörper des älteren Feten und des Neugeborenen stammen von der Mutter.

Abb. 179. Schema der Aortenbogen und ihrer Umwandlung. Die obliterierenden Teile punktiert. Nervus recurrens vagi noch symmetrisch um den 6. Bogen verlaufend. *Pulm* Pulmonalis; *Rec* Nervus recurrens vagi; *Scl* Art. subclavia; *Tr art* Truncus arteriosus

Arterien

Der Truncus arteriosus des Herzens spaltet sich in einen rechten und linken Ast; diese umgreifen in der Höhe des ersten Bogens den Kiemendarm und gehen in die dorsalen Aorten über. Mit der Caudalverschiebung des Herzens verlängert sich das paarige ventrale Stück als Aorta ventralis und gibt nacheinander an die Darmwand nach Maßgabe der Bildung der Kiemenbogen Gefäßbogen ab, die als *Kiemenbogenarterien* oder *Aortenbogen* bezeichnet werden (Abb. 179). Sechs solcher Bogen werden jederzeit ausgebildet; der fünfte ist aber von vornherein rudimentär. Mit der Ausbildung des letzten Bogens setzt auch die Rückbildung der beiden ersten Bogen ein, so daß drei Bogen (der erste, zweite und fünfte) wieder völlig verschwinden.

Aus der Aorta ventralis gehen nun (Schema Abb. 180) die Pulmonalis, die unpaare Aorta ascendens, die Arteria (Truncus) brachiocephalica (anonyma), die beiden Carotides communes und externae hervor, aus der Aorta dorsalis kranial die Carotis interna, caudal die Aorta descendens; dazwischen obliteriert

die Aorta dorsalis und wird unterbrochen. Von den Gefäßbogen bleiben beiderseits der dritte als Wurzelstück der Carotis interna erhalten (er bedingt den sog.
kandelaberförmigen Abgang der Carotis interna von der C. communis), der vierte
ergibt links den Aortenbogen, rechts das Wurzelstück der A. subclavia. Der sechste
Bogen bildet mit seinem ventralen Anfangsstück beiderseits den Anfang der
beiden Pulmonalisäste; links bleibt auch der übrige Teil des Bogens als *Ductus
arteriosus Botalli* erhalten, um im embryonalen Kreislauf eine wichtige Rolle
zu spielen, während rechts das dorsale Stück obliteriert. Ausnahmsweise kann die
rechte Aorta dorsalis vom vierten Bogen abwärts erhalten bleiben, während der
rechte vierte Bogen obliteriert. Die rechte Subclavia entspringt dann als letzter
Ast des Aortenbogens und verläuft hinter dem Oesophagus (Dysphagia lusoria).

Bei Fischen und Amphibien bleibt eine größere Anzahl von Kiemenbogenarterien erhalten,
bei Reptilien der vierte Bogen beiderseits, bei Vögeln der rechte, bei Säugern der linke vierte
Bogen als Aortenbogen.

Die ventrale Fortsetzung der Aorta ventralis jenseits des dritten Aortenbogens, die *Carotis externa*, reicht anfangs nur bis zum ventralen Gebiet des
ersten und zweiten Kiemenbogens. Die dorsale Fortsetzung, die *Carotis interna*,
versorgt das Gehirn, die Augenblase und den Stirnfortsatz des Gesichtes und
hat einen starken Ast, der aus dem dorsalen Ende des zweiten Bogens hervorgeht
und durch das Loch des Stapes zieht, die *A. stapedia* (Abb. 181). Sie versorgt
mit drei Ästen *(Ramus supraorbitalis, maxillaris* und *mandibularis)* das Trigeminusgebiet; bei vielen Säugetieren bleibt sie zeitlebens erhalten. Beim Menschen
wird der erste Ast später an die *A. ophthalmica* abgegeben, während die beiden andern von einer Anastomose mit der A. carotis externa übernommen werden und die
A. maxillaris int. und *A. alveolaris inf.* darstellen. Die *A. meningea (duralis)media*,
anfangs der *A. supraorbitalis* der A. stapedia und damit der Carotis interna angeschlossen (Abb. 181, linke Bildseite), wird gleichfalls an die A. maxillaris und
damit an die Carotis externa übertragen (Abb. 181, rechte Bildseite), während die
Bildungen des Stirnfortsatzes über die Aa. ethmoideae mit den gesamten orbitalen
Gefäßen der A. ophthalmica und damit der Carotis interna zufallen. Diese biegt
an der Hirnbasis nach Abgabe der A. ophthalmica (Abb. 181) caudalwärts um
und verbindet sich als *A. vertebralis cerebralis* mit der segmentalen Begleitarterie des N. hypoglossus; durch mediane Verschmelzung der beiden Arterien
an der basalen Seite des Hirnstammes entsteht die *A. basilaris* (Abb. 122). Eine
Längsanastomose an der Wirbelsäule, welche die folgenden Segmentarterien
verbindet und zwischen Querfortsatz und Rippenanlage der Halswirbel gelegen
ist (Abb. 109), reicht bis zur Begleitarterie des siebenten Halsnerven, die zur
A. subclavia wird, und bildet nach Rückbildung der segmentalen Ursprünge
aller weiter kranial gelegenen Segmentarterien einschließlich der Hypoglossusarterie die *A. vertebralis cervicalis*, die durch die Querfortsatzlöcher der Halswirbel
(mit Ausnahme des siebenten) verläuft. Entsprechend dem Wachstum der Halswirbel bildet sie im Bereich des Atlas eine lateralwärts ausladende Schlinge,
welche die Bewegungen in den Kopfgelenken ohne Gefäßzerrung ermöglicht.

Die Aorta dorsalis ist anfangs paarig (Abb. 48), doch verschmelzen beide
Stämme (mit Ausnahme des Kiemenbogengebietes) miteinander sehr bald zu
einem medianen Längsstamm (Abb. 49, 123a). Dieser hat unpaare (ursprünglich
paarige) ventrale Dottersackzweige, paarige (laterale) viscerale und paarige
(dorsale) parietale Äste. Von den ersteren ist embryonal die bedeutendste die
Art. omphalo-mesenterica oder *vitellina*, die Dottersackarterie, deren Stamm zur
Art. mesenterica cranialis wird. Auch die *Art. allantoidea (umbilicalis)* ist anfangs
eine viscerale Arterie; sie wird durch Ausbildung einer Anastomose frühzeitig auf
einen parietalen Ast übertragen, der dadurch zur Art. iliaca communis und interna

wird, von der später die Chorda art. umbilicalis (Lig. umbilicale mediale) abgeht. Die paarigen visceralen Arterien sind ursprünglich durchweg Vor- bzw. Urnierenarterien; sie bleiben als Aa. phrenicae abdominales (die Seitenteile des Zwerchfells gehen aus dem kranialen Teil der Urnierenfalte hervor, S. 125), suprarenales, renales, spermaticae (ovaricae) erhalten, da die zugehörigen Organe im Anschluß an die Urniere entstanden sind. Die paarigen parietalen Arterien werden zu den Intercostal- und Lumbalarterien.

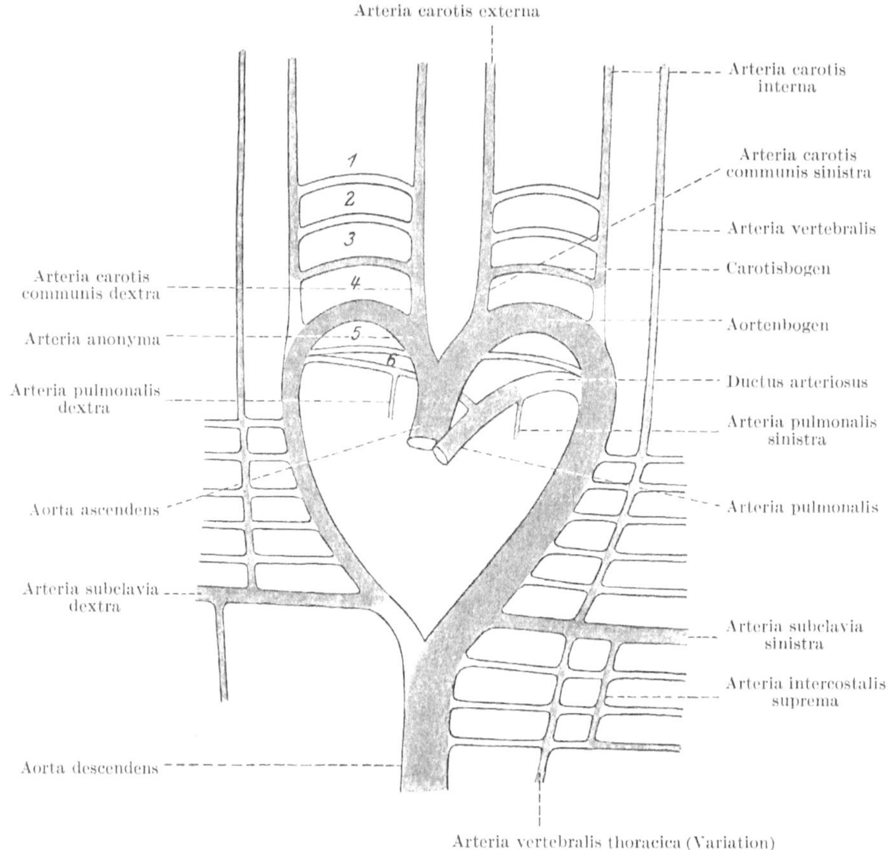

Abb. 180. Schematische Darstellung der Schicksale der Arterienbogen und der kranialen Segmentalarterien. Aus FISCHEL

Die Versorgung der *Extremitäten* geschieht durch segmentale parietale Arterien. In die Knospe der *oberen* Extremität wachsen mehrere Gefäße ein, von denen nur die siebente Cervicalarterie als *A. subclavia* erhalten bleibt. Aus dem Capillarnetz der Extremität modelliert sich ein zentral gelegener Stamm heraus, der zuerst ventral vom N. medianus, dann durch Ausweitung einer neuen Bahn dorsal von ihm als *A. brachialis* (Abb. 182a—e) verläuft und sich in ein zwischen den Anlagen der Vorderarmknochen gelegenes Gefäß, die *A. interossea anterior*, fortsetzt. Diese durchbohrt den Carpus und verzweigt sich auf dem Dorsum manus. Die Vorderarmgefäße bilden sich weiter auf Grund von Capillarnetzen aus, welche die Vorderarmnerven begleiten; eine regelmäßig auftretende *A. mediana*, die bis zu den Handgefäßen reicht, wird von einer *A. ulnaris* abgelöst

und zuletzt entsteht eine *A. brachialis superficialis*, welche im proximalen Teil
zugrunde geht, während der distale Teil als *A. radialis* bestehen bleibt und sich
durch zwei volare Gefäßbogen mit der Ulnaris verbindet. Die häufigen Gefäßvarietäten des Armes (eine oberflächliche Arterie vor dem Medianus am
Oberarm, eine A. mediana für die Hand) beruhen auf dem Erhaltenbleiben
embryonaler Gefäße. Die A. interossea anterior, die auch phylogenetisch der älteste
Gefäßstamm des Vorderarmes ist, behält aber nur sehr selten ihre überragende
Entwicklung.

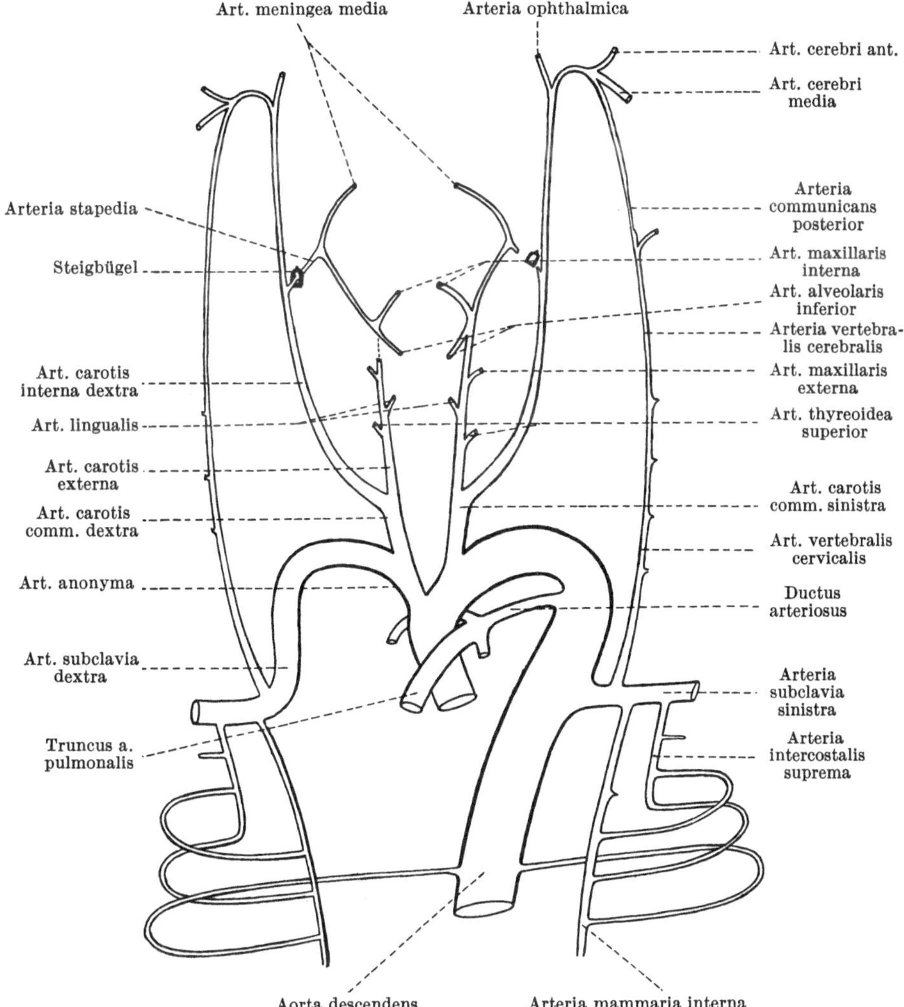

Abb. 181. Schematische Darstellung der Ausbildung der Kopf- und Halsarterien. Links der ursprüngliche, rechts
der spätere Zustand. (Nach BROMAN. Aus FISCHEL)

Auch in die *untere* Extremitätenknospe treten zuerst mehrere segmentale
Gefäße ein, welche wieder bis auf einen Ast, der hier von der A. umbilicalis (deren
Anfangsstück zur A. ilica communis wird) abgeht und den N. ischiadicus begleitet,
rückgebildet werden. Diese *A. ischiadica*, an der dorsalen Seite der Extremität gelegen (Abb. 182f—i), setzt sich wieder in eine A. interossea fort. Erst dann entsteht

die *A. femoralis*, weiter distal entspringend, wieder als Zweig der A. umbilicalis, von welcher das proximal anschließende Stück jetzt zur *A. iliaca externa* wird. Die A. femoralis übernimmt nun zuerst durch eine *A. saphena* (längs des N. saphenus) die Versorgung des Unterschenkels; dann wird in der Kniegegend eine

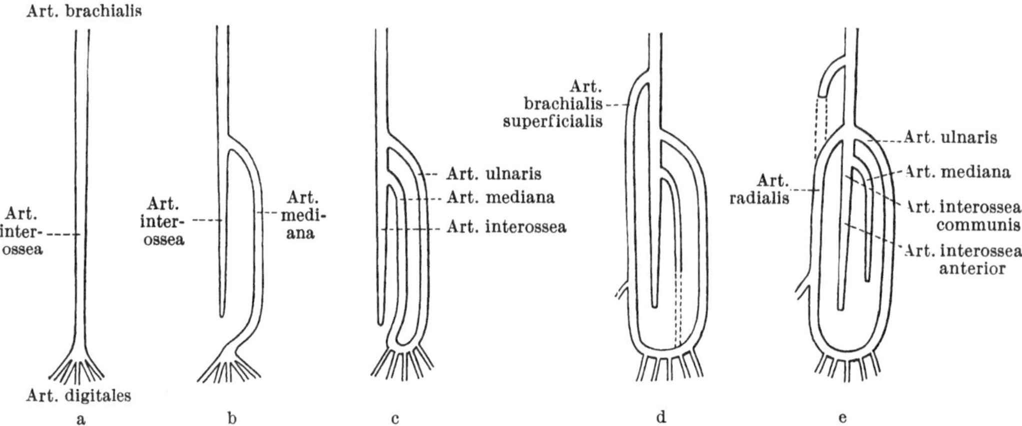

Abb. 182 a—e. Schematische Darstellung der Entwicklung der Arterien des Armes. (Aus FISCHEL)

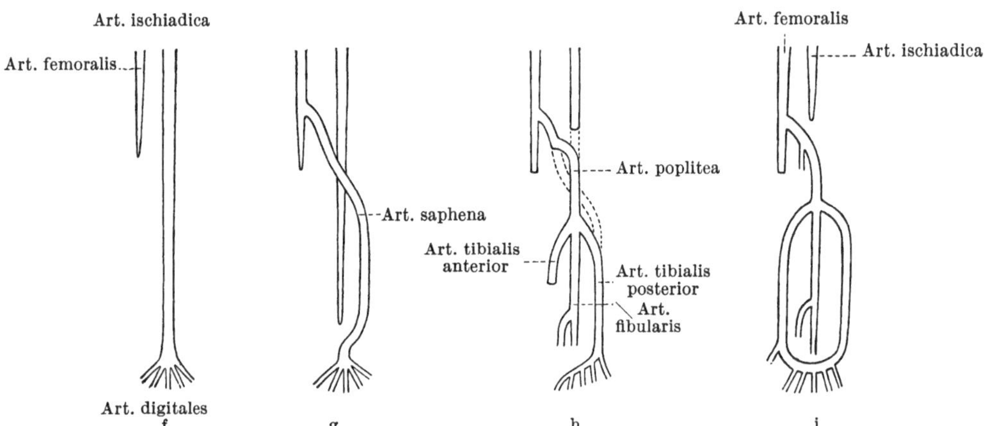

Abb. 182 f—i. Schematische Darstellung der Entwicklung der Arterien des Beines. (Aus FISCHEL)

Anastomose mit der dorsal gelegenen A. ischiadica, die *A. poplitea*, hergestellt, worauf das Versorgungsgebiet der A. ischiadica auf das der späteren A. glutea inferior einschrumpft. Im Unterschenkelgebiet bleibt die A. interossea wenigstens teilweise als *A. fibularis* erhalten, während die beiden *Aa. tibiales* mit dem *Arcus plantaris* wieder Neuerwerbungen sind. Der eigenartig spezialisierten Statik des menschlichen Beines entspricht, daß hier Gefäßvarietäten in Form des Erhaltenbleibens transitorischer Zustände (A. ischiadica, A. saphena) viel seltener sind als an der oberen Extremität.

Venen

Die ersten Venen sind die symmetrisch angelegten *Dottersackvenen (Vv. vitellinae* oder omphalo-mesentericae) und *Allantoisvenen (Vv. umbilicales*, die späteren Placentarvenen), von denen die ersteren im visceralen, die letzteren im parietalen

Mesoderm (Abb. 49) verlaufen. Sie treten jederseits mit einem kurzen, gemeinsamen Stück knapp vor der vorderen Darmpforte in den Sinus venosus ein (Abb. 183a u. b). Kurz darauf treten im Körper je eine kraniale und caudale Hauptvene auf *(Vena cardinalis cranialis et caudalis,* Abb. 184), die dorsal von den Nephrotomen liegen (Abb. 50). In der Nähe des Herzens vereinigen sich die Vv. cardinales craniales et caudales jederseits zu einem gemeinsamen Stamm, den *Vv. cardinales communes* oder *Ductus Cuvieri,* die gleichfalls in den Sinus venosus einmünden (Abb. 184a).

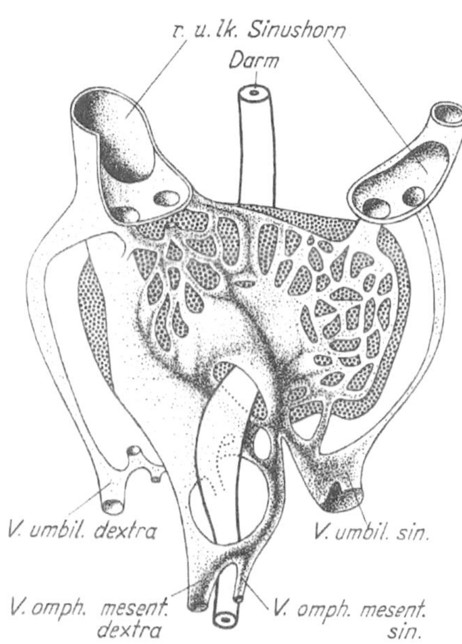

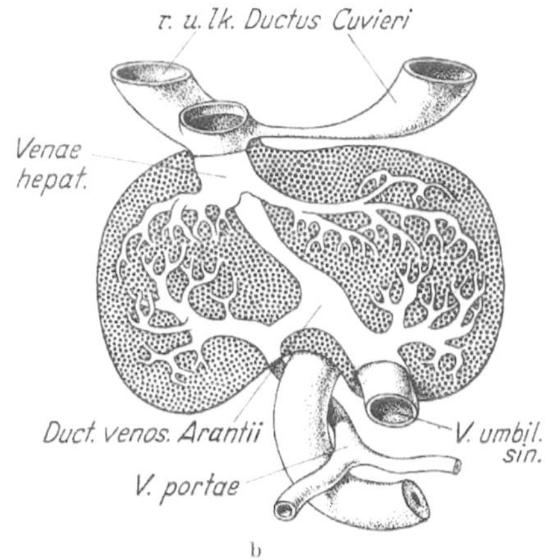

Abb. 183a u. b. Entwicklung der Venen im Leberbereich. Stadium a (4,9 mm) läßt die Aufspaltung der Venae omphalo-mesentericae in eine Vielfalt von Strombahnen innerhalb der Leberanlage erkennen. In drei kreisförmig um den Darm greifenden Verbindungswegen zwischen den beiden Dottersackvenen wird das Blut an die Leber herangeführt. Eine dunklere Tönung weist auf die Wege hin, die sich in folgenden Stadien als spiralförmige Bahn um das Duodenum erhalten werden. Die vorauf selbständigen Venae umbilicales finden Anschluß an dieses System. Die Vena umbilicalis sinistra erhält den stärkeren Zustrom und bahnt in schräger Richtung nach rechts den zukünftigen Ductus venosus Arantii (vgl. Abb. 183b). Die alte Verbindung der Venae umbilicales zu den Sinushörnern geht verloren. Abb. 183b zeigt ein Stadium von 9 mm. In wesentlichen Zügen sind hiermit die Stromverhältnisse bis zur Geburt festgelegt. Die Einschaltung eines Capillargebietes läßt den Rest der heranführenden Venae omphalo-mesentericae zur Vena portae werden. Die abführenden Wege zum Herzen werden auf die rechte Seite zu den Venae hepaticae konzentriert. Die Verbindung zum linken Sinushorn geht verloren. Mit zunehmender Entwicklung wird der Querschnitt des Ductus venosus zugunsten der Capillardurchströmung der Leber eingeschränkt. (Kürzungen s. in Abb. 184.) Abb. 183a nach INGALLS 1907, 183b nach MALL 1916

An der vorderen Darmpforte lösen sich die Dottervenen nach der Bildung der Leber in dem Septum transversum (Vorleber) — unter Verlust der direkten Sinusmündung — in ein System weiter Capillaren auf; aus der Leber führt nun ein eigener Stamm *(V. hepatica revehens communis,* die Grundlage der *V. cava inferior,* Abb. 184b—d) direkt in den Sinus venosus. In der Leber bilden sich Verbindungen der Nabelvenen mit den Dottervenen, und so entsteht das Venengeflecht der Leber. Die linke Vena umbilicalis schafft sich sehr bald eine breite Verbindung zur Vena hepatica revehens, den späteren *Ductus venosus Arantii* (Abb. 183), der eine Zeitlang fast das ganze Placentarblut zum Herzen bringt, um dann allmählich an Bedeutung etwas abzunehmen, so daß ein großer Teil des Placentarblutes durch die Leber fließen muß. Nach der Geburt obliterieren Nabelvene und Ductus venosus zum *Lig. teres hepatis* und *Lig. venosum.* Die Stämme beider Dottervenen bilden vor der Erreichung der Leber eigenartige Ringe um das Duodenum; hierauf obliteriert je eine Hälfte dieser Ringe, so daß eine (einfache) *Pfortader (V. portae)* entsteht.

Verwickelt sind die Umbildungsprozesse der Retroperitonealvenen und der
Rumpfvenen. Sie beginnen im Stadium von 5 mm und führen bei 35 mm Embryonen in etwa zu den Verhältnissen des erwachsenen Organismus. Die oben erwähnten Venae cardinales caudales (Abb. 184a) laufen im Stadium von 4 mm in
Höhe der Arteriae umbilicales aus und umgreifen diese ventral. Caudal schließen
sich an die Venae cardinales caudales, wohl hervorgerufen durch die Entwicklung
der hinteren Extremitäten, die Venae sacrocardinales an, die dorsal-lateral von
den Arteriae umbilicales liegen. Zwischen ihnen entstehen die *Caudalvenen
(Vv. caudales)*, welche frühzeitig untereinander und mit den Sakrokardinalvenen
kommunizieren. Im sog. *Primärstadium des Venensystems des Rumpfes* fließt das

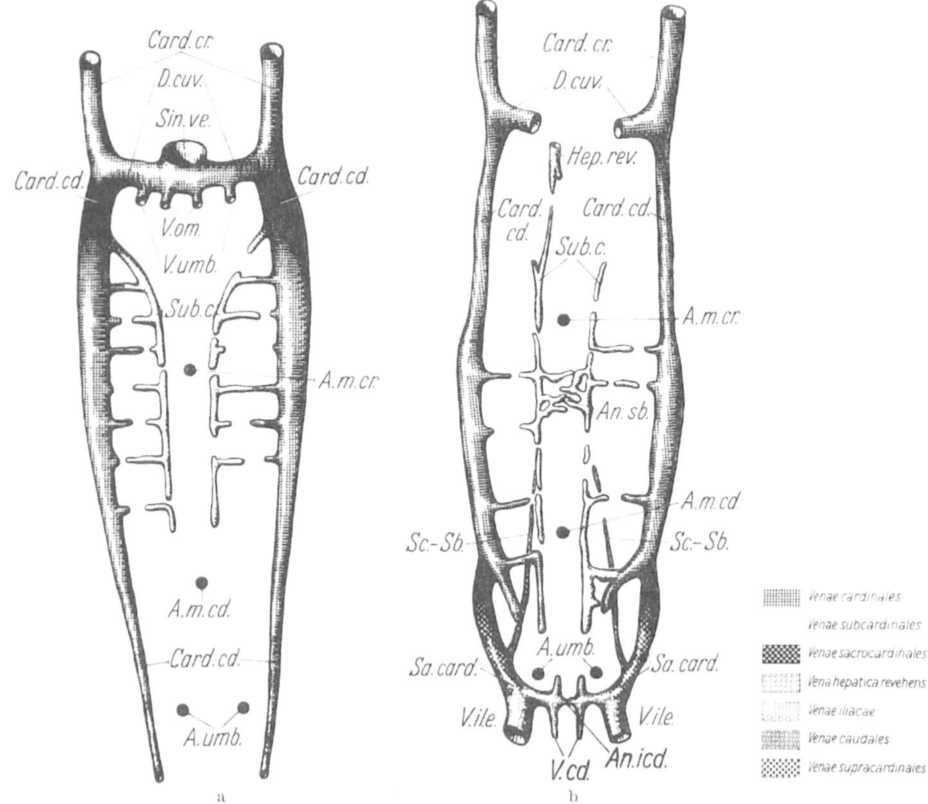

Abb. 184 a—e. Halbschematische Darstellung der Entwicklung der Venae cavae und ihrer Zuflüsse beim Menschen.
a Stadium von 4 mm SSL. System der Kardinalvenen mit Ductus Cuvieri. Gemeinsame Einmündung mit den
Dottersack- und Umbilicalvenen in den Sinus venosus. Beginn der Ausbildung der Venae subcardinales. b Stadium
von 11 mm SSL. Auftreten einer Vena hepatica revehens, einer Anastomosis intersubcardinalis, der Venae sacrocardinales und der Caudalvenen. Erste Verbindung zwischen Vena sacrocardinalis und Vena subcardinalis. c Stadium von 15 mm SSL. Beginnende Verödung der caudalen Kardinalvenen und Entwicklung der Venae supra-
cardinales. Erste Ausbildung einer Asymmetrie. d Stadium von 22 mm SSL. Übernahme fast aller Venen der
unteren Körperpartie durch die rechte Vena sacrocardinalis und Vena subcardinalis mit Abfluß zur Leber. Ableitung aus den linken Keimdrüsen, Nieren und Nebennieren über die Anastomosis intersubcardinalis. Neu-
geschaffene Verbindung zwischen Venae cardinales superiores. e Venenstämme des Erwachsenen, dargestellt in
der Chiffre ihrer Bauteile. (Nach McClure und Buttler 1925 sowie Grünwald 1938.) *A. m. cd.* Art. mesent.
caudalis; *A. m. cr.* Art. mesent cranialis; *An. card. cr.* Anastomosis der Venae cardinales craniales; *An. icd.*
Anastomosis intercaudalis; *An. sb.* Anastomosis intersubcardinalis; *An. sc.* Anastomosis intersacrocardinalis;
An. sp. Anastomosis intersupracardinalis; *A. umb.* Art. umbilicales; *Card. cd.* Vena cardinalis caudalis; *Card. cr.*
Vena cardinalis cranialis; *V. ed.* Caudalvenen; *D. cuv.* Ductus Cuvieri; *Hep. rev.* Vena hepatica revehens; *Sa.
card.* Vena sacrocardinalis; *Sc.-Sb.* Verbindung der Sakrokardinalvenen mit den Subkardinalvenen; *Sp.* Vena
supracardinalis; *Sub. c.* Vena subcardinalis; *Sin. ve.* Sinus venosus; *V. az.* Vena azygos; *V. c. cd.* Vena cava
caudalis; *V. c. cr.* Vena cava cranialis; *V. h.* Venae hepaticae; *V. h. az.* Vena hemiazygos; *V. il. e.* Vena iliaca
externa; *V. obl.* Vena obliqua atrii sinistri; *V. om.* Venae omphalomesentericae; *V. r.* Venae renales; *V. s.* Venae
suprarenales; *V. sa. m.* Vena sacralis media; *V. sp.* Venae spermaticae (ovaricae); *V. umb.* Venae umbilicales

Blut durch die Sakrokardinalvenen und Kardinalvenen ab. Inzwischen haben sich in der Urniere eine Art Pfortaderkreislauf und aus den revehenten Ästen dieses Systems die medial von den Urnieren gelegenen *Subkardinalvenen* entwickelt (Abb. 165 zwischen *N* und *U*, Abb. 184a u. b). Sie stehen frühzeitig — was bei ihrer engen Nachbarschaft nicht verwunderlich ist — miteinander durch ein Venennetz in Verbindung, aus welchem sich späterhin die *Anastomosis intersubcardinalis* entwickelt. Ferner tritt die rechte Subkardinalvene mit der V. hepatica revehens in Verbindung. Beide Subkardinalvenen sind mehrfach mit den Venae cardinales caudales verbunden und nehmen auch breite Kommunikation

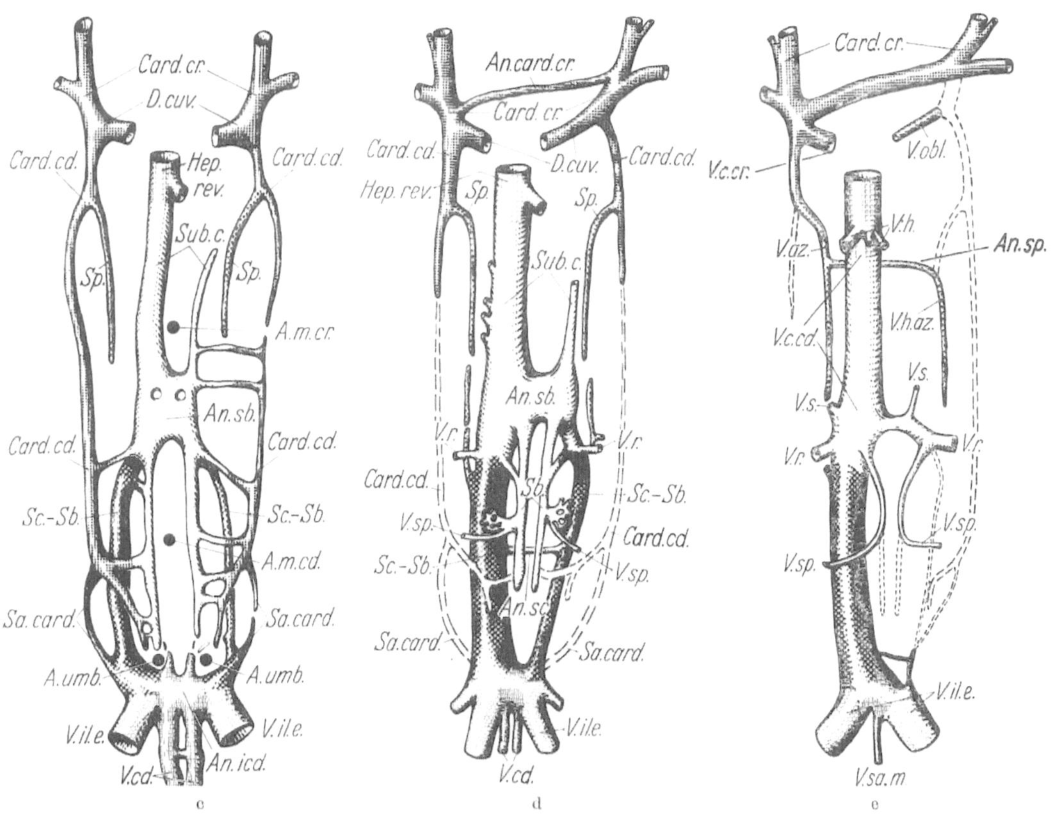

mit den Venae sacrocardinales durch ein dorsal-medial von der Nachniere entstehendes Gefäß auf (Abb. 184 b u. c).

Eine weitere dorsal von der Aorta sich entwickelnde Anastomosis intersacrocardinalis (Abb. 184 d) kann gelegentlich persistieren und zu einer dorsal von der Aorta nach rechts leitenden linken Nierenvene führen (Abb. 185). Nun veröden die Kardinalvenen allmählich, womit das *Sekundärstadium des Venensystems des Rumpfes* erreicht ist; das Blut fließt nunmehr von den Sakrokardinalvenen in die Subkardinalvenen und von hier in die V. hepatica revehens. Nunmehr bildet sich die Asymmetrie des Venensystems aus. Durch die Anastomosen, primär zwischen den Caudalvenen, sekundär über diese zwischen den Venae sacrocardinales fließt das Blut der linken Beinvenen und der Caudalvenen in die rechte Vena sacro cardinalis und subcardinalis. Die Anastomosis intersubcardinalis leitet das

12*

Blut aus Niere, Nebenniere und Keimdrüse der linken Seite zur rechten Vena subcardinalis ab, einem Baustein der späteren Vena cava caudalis.

Die kranialen Kardinalvenen nehmen die Kopf- und Armvenen auf; hier wird eine medial von den Hirnnerven verlaufende *V. capitis medialis* durch eine lateral von den Nerven gelegene *V. capitis lateralis* (s. auch Hirnhäute, S. 94) ersetzt. Stücke dieser Venen werden in die Sinus durae matris übernommen. Mit dem Tieferrücken des Herzens werden die kranialen Kardinalvenen zu den *inneren Jugularvenen* und den zuerst paarigen *oberen Hohlvenen* ausgesponnen. Durch eine retrosternale Queranastomose, *Anastomosis intercardinalis*, wird aber das Blut der linken Kardinalvene (obere Hohlvene) in die rechte abgeleitet. Dann obliteriert die linke obere Hohlvene und nur das letzte in das linke Sinushorn mündende Stück der linken oberen Hohlvene bleibt als *V. obliqua atrii sinistri* erhalten.

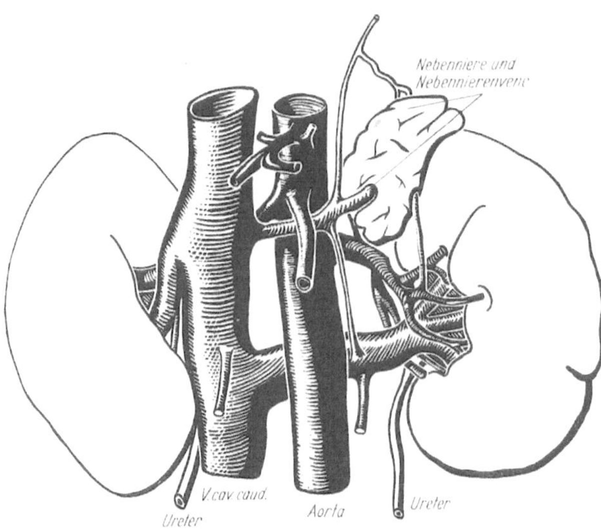

Abb. 185. Variation einer linken Nierenvene beim Erwachsenen (59 Jahre ♀), die dorsal von der Aorta die Vena cava caudalis erreicht. Sie kann als persistierende Anastomosis intersacrocardinalis entsprechend dem Schema der Abb. 184 d angesehen werden. Die normalerweise das Blut der linken Niere zur Anastomosis intersubcardinalis leitende Verbindung ist hier nur als dünner Strang erhalten und dient fast ausschließlich der Ableitung des Nebennierenblutes

Das Mündungsstück der rechten caudalen Kardinalvene mit der Suprakardinalvene wird zur *V. azygos*. Aus der Suprakardinalvene der linken Seite geht die *V. hemiazygos* hervor, welche sich durch die *Anastomosis intersupracardinalis* in die V. azygos entleert. Es sind somit im Venensystem vier Anastomosen gebildet worden, welche zur Rechtsasymmetrie des Venensystems führen. Die Anastomosis intercardinalis, welche zur V. anonyma sinistra (V. brachiocephalica sinistra) wird, die Anastomosis intersupracardinalis, die die Vena hemiazygos bildet, die Anastomosis intersubcardinalis, aus welcher die linke Nierenvene entsteht und endlich die Anastomosis intercaudalis, durch welche die V. iliaca communis sinistra ihr Blut in die V. cava caudalis entleert (Abb. 184).

Für die Venen der *Extremitäten* ist die Ausbildung einer Randvene an den Extremitätenknospen bezeichnend (Abb. 191 b); sie wird erst durch Ausbildung der Finger und Zehen an deren Spitze unterbrochen. Der kraniale Teil der Randvenen bleibt schwächer und schwindet bald zum größten Teil. An der oberen Extremität wird aus der ulnaren Randvene die *V. basilica*, dann (mit dem Vorwachsen der Extremitätenanlage) die *V. brachialis, axillaris* und *subclavia*, deren Mündung im Zusammenhang mit der Caudalwanderung des Herzens sich von der caudalen auf die kraniale Kardinalvene verschiebt. Die *V. cephalica* enthält Reste der radialen Randvene. An der unteren Extremität mündet die fibulare (caudale) Randvene zuerst in die V. umbilicalis, dann als *V. ischiadica* in die Sakrokardinalvene; ihr Anfangsstück bleibt in der *V. saphena parva* erhalten. Die *V. femoralis* ist wie die gleichnamige Arterie erst etwas später aufgetreten; sie verbindet sich durch eine tiefe Anastomose *(V. poplitea)* mit der V. ischiadica, deren proximaler Teil sich wieder rückbildet, und läßt die *V. saphena magna* als Seitenast aus sich hervorgehen. Während so Stücke der Randvenen in subcutanen Venen erhalten bleiben, sind die Begleitvenen der Arterien erst etwas spätere Bildungen.

Der fetale Blutkreislauf

Mit dem (primären) Dotterkreislauf, der im zweiten Monat wieder außer Betrieb gesetzt wird, verbindet sich beim Menschen sogleich der Allantois- oder Placentarkreislauf, der während der ganzen Fetalzeit funktioniert. Er unterscheidet sich vom postfetalen Kreislauf einerseits dadurch, daß die Organe, von einzelnen Abschnitten der Leber abgesehen, nirgends rein arterielles Blut[1] erhalten, andererseits dadurch, daß die Versorgung der oberen und unteren Körperhälfte eine verschiedene ist. Die Zulässigkeit der geringen Sauerstoffversorgung der Keimlingsorgane ergibt sich hauptsächlich aus der durch die Mutter gewährleisteten Aufrechterhaltung der Körpertemperatur, so daß nicht Eigenwärme durch Verbrennung gebildet werden muß, daneben auch aus dem fast völligen Wegfall eigener Organfunktionen, abgesehen von der Herztätigkeit. Mit der geringen Sauerstoffversorgung während der Entwicklung (der Sauerstoff wird hauptsächlich für das Wachstum des Körpers, Zellteilung und Gewebsdifferenzierung, gebraucht) hängt auch die Widerstandsfähigkeit des älteren Fetus und des Neugeborenen gegen Erstickung zusammen.

In der Placenta wird das fetale Blut durch Diffusion von Sauerstoff aus dem mütterlichen Blut arterialisiert. Es fließt durch die Nabelvene zur Leber, von hier

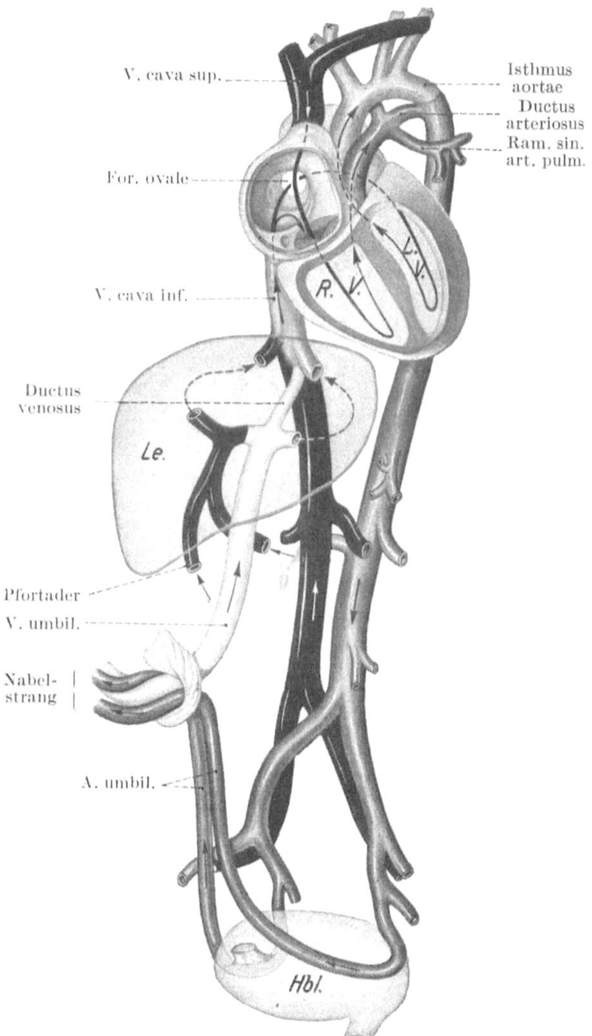

Abb. 186. Schema des embryonalen Kreislaufes, in Anlehnung an SPALTEHOLZ. Weiß: arterielles Blut, schwarz: rein venöses Blut, grau: verschiedene Mischungsgrade. *Hbl* Harnblase; *Le.* Leber; *RV, LV* rechter und linker Ventrikel

teils durch die Lebercapillaren, teils durch den Ductus venosus Arantii zur V. cava inferior; in der Leber mischt es sich mit dem venösen Pfortaderblut, am Eintritt in die Hohlvene mit dem venösen Blut der übrigen unteren Körperhälfte. So ist dieses beste Blut, das ins Herz gelangt, weit davon entfernt, arteriell zu sein. Es wird nun durch die Valvula venae cavae hauptsächlich zum Foramen

---

[1] Auch das Blut der Vena umbilicalis zeigt nur eine Sauerstoffsättigung zwischen 30 und 70%.

ovale und in den linken Vorhof geleitet; ein geringer Anteil mag in den rechten Ventrikel abgezweigt werden[1]. Im linken Vorhof wird nur wenig *venöses* Blut aus der kollabierten und funktionslosen Lunge beigemischt; der Strom geht weiter durch den linken Ventrikel zum Aortenbogen und zu Kopf und Hals. Von dort kehrt er durch die obere Hohlvene, nun völlig venös, in den rechten Vorhof zurück, bekommt den oben erwähnten kleinen (mehr arteriellen) Zufluß aus der V. cava inf., wird aber durch das Tuberculum intervenosum der Vorhofscheidewand ganz in den rechten Ventrikel abgelenkt und gelangt in die Art. pulmonalis. Er kann aber nur zum kleinen Teil in die kollabierte Lunge eintreten und fließt daher durch den Ductus arteriosus Botalli (den linken sechsten Aortenbogen) in die Aorta descendens, zur unteren Körperhälfte und der Hauptmenge nach durch die Aa. umbilicales zur Placenta. In dem Stück der Aorta zwischen dem Abgang der linken A. subclavia und der Einmündung des Ductus arteriosus (im sog. *Isthmus aortae*) besteht wahrscheinlich eine geringe Strömung caudalwärts; die nicht seltene Beobachtung der angeborenen Obliteration dieses Stückes zeigt, daß es für den fetalen Kreislauf nicht wichtig ist. Eine Voraussetzung für das Funktionieren des fetalen Kreislaufes ist die praktisch gleich starke Entwicklung der Wände der beiden Ventrikel. — Schematisch kann man sagen, daß der embryonale Kreislauf, statt aus einem Körper- und Lungenkreislauf, aus einem oberen, Kopf und Arm umfassenden, und einem unteren Kreis (untere Körperhälfte und Placenta umfassend) besteht.

Mit dem ersten Atemzug wird die Lunge mit ihren Gefäßen entfaltet, das ganze Blut der A pulmonalis strömt in die Lunge, der Ductus arteriosus wird stromlos. Hierbei kommt es zunächst zum funktionellen Verschluß des Ductus Botalli durch Kontraktion seiner Muskulatur. Der anatomische Verschluß erfolgt später. Mit vier Wochen ist der Ductus Botalli bei 52% der Kinder schon obliteriert. Aus der Lunge strömt so viel Blut in den linken Vorhof zurück, daß die bisher nach links vorgebuchtete Valvula foraminis ovalis an den Limbus angelegt und das Foramen ovale vorläufig verschlossen wird. Damit ist die Trennung des großen und kleinen Kreislaufes vollzogen. Der endgültige *Verschluß des Foramen ovale* erfolgt nicht schlagartig, sondern allmählich und ist dem *Verschluß des Ductus Botalli* nachgeordnet. Zwischen der Verbindung von Umbilicalvene und Vena portae einerseits und dem Ductus venosus ist ein Sphinkter nachgewiesen, der sich offenbar unmittelbar nach der Geburt schließt. Der Schlußmechanismus ist noch nicht geklärt, obwohl Nervenfasern und ein kleines Ganglion in der Nachbarschaft beobachtet wurden.

Lymphgefäße und Lymphknoten

Aus einem Lückenwerk im lockeren Bindegewebe, dessen Lücken von platten Zellen ausgekleidet werden (nach anderer Meinung durch Aussprossen aus den Venen), entstehen bei Keimlingen von etwa 25—30 mm Länge an bestimmten Stellen sechs größere *Lymphsäcke*, die sich mit den Venen in Verbindung setzen. Sie liegen paarig am zentralen Ende der Vv. jugulares, unpaar retroperitoneal vor der Aorta zwischen den Nebennieren, paarig an der Wurzel der unteren Extremität und unpaar hinter der Aorta als Anlage der *Cisterna chyli*. Die einzelnen Säcke verbinden sich durch Aussprossung von ursprünglich paarigen Längsstämmen, aus denen der *Ductus thoracicus* hervorgeht; dann gehen die Mündungen mit Ausnahme der kranialen an den Anguli venosi verloren. Die

---

[1] Blutuntersuchungen an tierischen Feten haben keinen wesentlichen Unterschied der Sauerstoffsättigung in den beiden Herzventrikeln ergeben. Beim Menschen kann aber nach dem anatomischen Bau des fetalen Herzens kein Zweifel darüber sein, daß das Blut der unteren Hohlvene hauptsächlich in den linken Vorhof gelangt.

Lymphsäcke werden außer der Cisterna chyli wieder in Geflechte von Lymphgefäßen aufgelöst, in deren Bereich aus dem Mesenchym die *primären* (centralen) *Lymphknotengruppen* entstehen. Die Lymphgefäße wachsen peripherwärts aus und bilden neben neuen Geflechten, wieder unter Beteiligung des Mesenchyms, die *sekundären* (peripheren) *Lymphknotengruppen*. Vom 5. Embryonalmonat an differenzieren sich centrale und periphere Lymphknoten derart, daß in den centralen Gruppen (im Retroperitonealraum) die Anreicherung von Lymphocyten, in den peripheren der Einbau von Blutgefäßen vorherrscht. Postfetal treten dann noch weitere histologische Unterscheidungsmerkmale hinzu.

E. Bewegungsapparat

Allgemeines. Die Entwicklung des aktiven und passiven Bewegungsapparates ist so verschränkt, daß die Ausbildung von Skelet, Gelenken und Bändern sicher unter dem Einfluß der sich kontrahierenden Muskeln steht. Eine funktionelle Anpassung des Bewegungsapparates setzt somit nicht erst mit der Geburt ein. Das Skelet ist ursprünglich ein Knorpelskelet *(Primordialskelet)* und bleibt im Bereich der äußeren Nase, des Kehlkopfes und der Rippenknorpel sowie an den Gelenkflächen der Knochen erhalten; im übrigen verknöchert es *(Ersatzknochen)*. Im Gebiet des Schädels und am Schlüsselbein kommt direkte Knochenbildung im Bindegewebe vor; soweit solche Knochen als flache Auflagerungen auf dem Knorpel entstehen, wie besonders am Schädel, heißen sie auch *Deck-* oder *Belegknochen*. In allen Fällen ist die erste Anlage eines Skeletstückes durch Vermehrung und dichte Aneinanderlagerung der mesodermalen Zellen, durch ein *Blastem*, gegeben (Abb. 191 b, Carpus, Metacarpus, Phalangen). Im Bereich des Primordialskelets tritt zwischen den Zellen eine wenig färbbare Intercellularsubstanz auf, es entsteht *Vorknorpel*, der sich durch Ausbildung deutlicher Knorpelkapseln um die Zellen in *hyalinen Knorpel* (Abb. 191 c, Mitte der Metacarpalia) umwandelt. Die Skeletstücke setzen sich gegeneinander ab durch blastematös bleibende Zwischenzonen, in denen erst nach Beginn der Verknöcherung Lücken auftreten, die dann zu den *Gelenkspalten* zusammenfließen. Die Skeletstücke und ihre Gelenkflächen erhalten damit ihre ungefähre Form, die eine vererbte ist, während die feinere Ausgestaltung derselben funktionell bedingt ist.

An den knorpeligen Skeletteilen erfolgt die Knochenbildung generell so, daß der vorhandene Knorpel den Ort der Knochenbildung vor einer mechanischen Beanspruchung abschirmt. Bei der perichondralen (periostalen) Verknöcherung, die vom Perichondrium (bzw. Periost) ausgeht und vor allem zu einem Dickenwachstum des Skeletstückes führt, wirkt zunächst der ganze, zentrale Knorpelstab als Stützgerüst. Die sodann gebildete Knochenmanschette macht das Zentralgerüst überflüssig und führt zu ihrem Abbau (Abb. 192). Bei enchondraler Verknöcherung, die vor allem an den Enden der Röhrenknochen auftritt (Abb. 192) und zum Längen- (bzw. Flächen-)wachstum beiträgt, wird der Knorpel im Inneren bis auf bestimmte Gerüststrukturen seiner Grundsubstanz aufgelöst, so daß diese als Träger der mechanischen Beanspruchung dienen und den Aufbau der zunächst empfindlichen Knochenbälkchen erlauben. Auch diese Knorpelreste gehen beim weiteren Umbau des Knochens verloren. Das Wachstum des Knorpels bei enchondraler Ossifikation kann unschwer über den Einbau radioaktiven Schwefels in die Knorpelgrundsubstanz kontrolliert werden (Abb. 187). Histologisch werden dabei Bindegewebszellen zu Knorpellösern (*Chondroklasten*) und Knochenbildnern (*Osteoblasten*), die Knochengrundsubstanz ausscheiden und schließlich ganz von derselben umhüllt und zu Knochenzellen *(Osteocyten)* werden. Die dem Knochen anliegenden Zellen können aber unter geänderten Bedingungen (namentlich bei

Wechsel der Beanspruchung) auch wieder zu Knochenlösern *(Osteoklasten)* werden, wie ja überhaupt der Knochen während des Wachstums in beständigem Umbau begriffen ist. — Die Verknöcherung beginnt gewöhnlich in der Mitte der Knochen, besonders an den langen Knochen. Bei diesen kommt an den Enden eine besondere nur endochondral beginnende Verknöcherung hinzu, die Bildung der

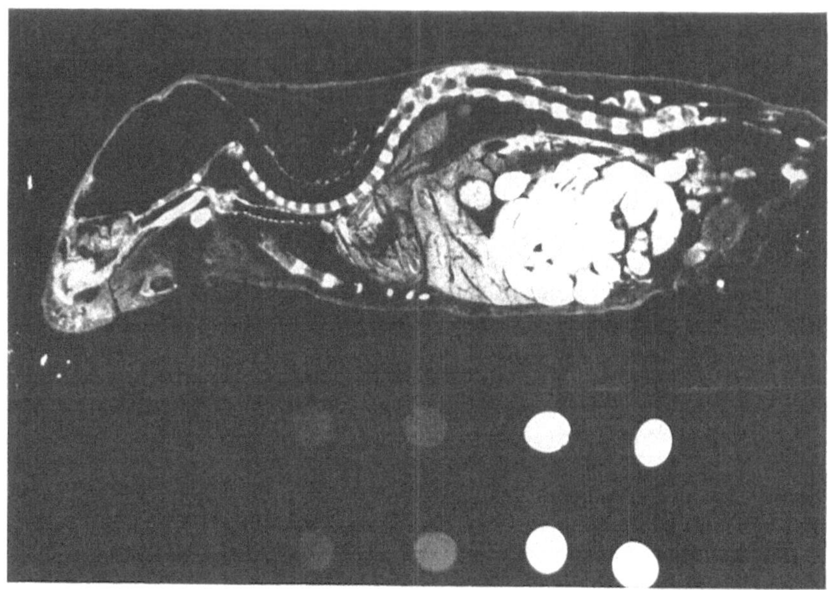

Abb. 187. Totalschnitt durch eine junge Maus nach Gabe von 10 μC $Na_2S^{35}O_4$. Tötung nach 6 h. Durch den Einbau des Schwefels in die Grundsubstanz werden die knorpeligen Organteile hell hervorgehoben, besonders der Ort enchondraler Ossifikation (Wirbelsäule, Sternum). Mitgeschnittene Proben von Polyglykol mit Zusatz von $Na_2S^{35}O_4$ in verschiedenen, wohldefinierten Konzentrationen erlauben eine unmittelbare Abschätzung der Aktivität der verschiedenen Organe. (Nach KUTZIM 1962)

Epiphysen (epiphyein = darauf wachsen), denen das Mittelstück als *Diaphyse* gegenübersteht. Über die Verwachsung dieser Teile wird bei Besprechung der Extremitäten kurz berichtet.

Bei den Deckknochen tritt die Verknöcherung unmittelbar im Blastem auf. Bei den flachen Knochen entstehen von einem Zentrum, evtl. mehreren Zentren aus radiäre Knochenbälkchen, die sich untereinander verbinden (Abb. 196). An den mehr massigen Knochen (Ober- und Unterkiefer, Jochbein) bilden die Bälkchen bald unregelmäßig erscheinende Netze und Gerüste. Die Knochen wachsen durch Ansatz neuer Bälkchen einander entgegen; die platten Schädelknochen lassen aber beim Kind noch längere Zeit häutige Stellen, die *Fontanellen (Fonticuli)* zwischen sich frei und bleiben später noch bis zum Ende des Wachstums durch die *Nähte (Suturen)*, in deren Bereich zusätzliches Wachstum erfolgt, geschieden. Mit der Beendigung einerseits des Zahn-, andererseits des Gehirnwachstums (das erst etwa im 40. Lebensjahre erreicht werden dürfte) obliterieren allmählich die Nähte, so daß der Greisenschädel ohne Mandibula aus einem einzigen Stück besteht.

Das Knorpelskelet wurde bisher allgemein auch phylogenetisch als das ursprüngliche Skelet der Wirbeltiere, als ein wahres Primordialskelet, angesehen, weil es bei niederen Fischen (Rundmäulern und Selachiern) allein vorkommt und erst bei höheren Fischen (den Knochenfischen, zu denen unsere Süßwasserarten gehören) und den Landtieren durch Knochen ersetzt wird. In der letzten Zeit ist es aber zweifelhaft geworden, ob der Knochen wirklich ein verhältnismäßig später Erwerb der Wirbeltiere ist oder ob er nicht vielleicht sogar phylogenetisch älter ist als der Knorpel.

Wirbelsäule

Die Grundlage der Wirbelsäule ist die *Chorda dorsalis* (S. 22); sie ist ungegliedert und reicht etwa von der Mitte der Schädelbasis (von der Hypophysentasche, S. 88) bis an die äußerste Schwanzspitze. Sie hat für die Streckung des Rumpfes und die normale Gliederung der Wirbelsäule bei den Säugetieren und beim Menschen trotz ihrer beschränkten Lebensdauer eine entscheidende Bedeutung, wie sich aus dem Studium von Fehlentwicklungen beim Menschen und erbbedingten Wirbelsäulenmißbildungen bei Mäusen ergab. Im Kopfabschnitt schwindet die Chorda ganz; über ihre Reste an der Wirbelsäule s. unten.

Aus den Ursegmenten gehen die *Sklerotome* hervor (S. 51 u. Abb. 49), welche die Chorda mit lockerem Bindegewebe umhüllen (Abb. 50). Während die Ursegmente anfangs durch Spalten (die *Intersegmentalspalten*, in denen die segmentalen Gefäße verlaufen) voneinander getrennt sind, treten in der Bindegewebshülle der Chorda Spalten auf, welche gerade in der Mitte zwischen den die Muskelsegmente trennenden Spalten liegen (Abb. 188); sie werden deshalb *Intrasegmentalspalten* genannt, teilen die Sklerotome in je eine kraniale und

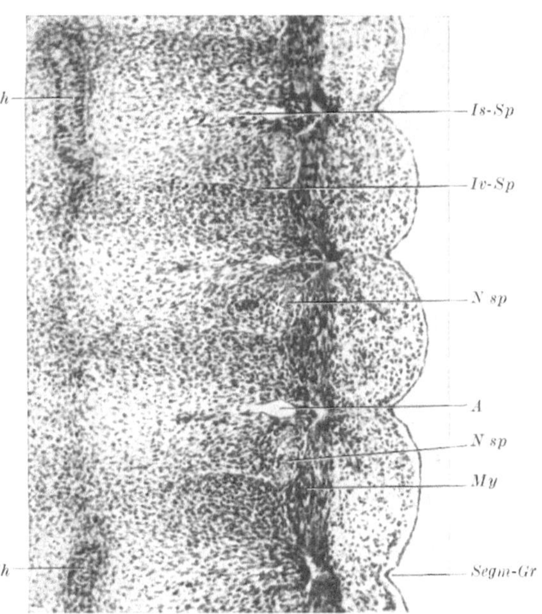

Abb. 188. Wirbelsäule eines Keimlings von 7,8 mm Länge, linke Hälfte im Schwanzbereich, im Frontalschnitt. „Umgliederung" der Wirbelsäule. *Ch* Chorda dorsalis; *A* segmentale Arterie; *Is-Sp* Intersegmentalspalte; *Iv-Sp* Intrasegmentalspalte (Intervertebralspalte); *My* Myotom; *Nsp* Nervus spinalis; *Segm-Gr* Segmentgrenze im Bereich der Haut (Dermatomgrenze). Vergr. 75 ×

caudale Hälfte und entsprechen, da immer die caudale Hälfte eines Sklerotoms mit der kranialen des folgenden zu einem Wirbel verwächst, den *Intervertebral-* oder Zwischenwirbelgrenzen der fertigen Wirbelsäule (Abb. 188).

Der Sinn dieses als *Umgliederung der Wirbelsäule* bezeichneten Prozesses liegt darin, daß die Muskelsegmente jetzt die Wirbelgrenzen überbrücken und damit die Wirbel gegeneinander bewegen können, während bei rein segmentaler Entstehung der Wirbel diese mit den Muskelsegmenten zusammenfallen würden. Der Vorgang läßt sich dadurch genauer verfolgen, daß die caudalen Hälften der Sklerotome, die zu den kranialen Teilen des folgenden Wirbels werden, aus dichter gefügten Zellen bestehen (dunkle Sklerotomhälften), während die kranialen Hälften der Sklerotome als „helle Sklerotomhälften" bezeichnet werden (Abb. 188). Etwa bei Embryonen von 20 mm Länge entstehen im Gebiet der Intrasegmentalspalten (= Intervertebralspalten) Auftreibungen der Chorda, die Chordasegmente, die sich in die späteren Nuclei pulposi der Zwischenwirbelscheiben umwandeln. Zur gleichen Zeit beginnt die Entwicklung von schalenartig um die Chordasegmente angelegten Kollagenfibrillen die endgültige Struktur der Zwischen-

wirbelscheiben aufzubauen. Da beim 20 mm-Embryo die Myoblasten der Muskelsegmente bereits Myofibrillen mit einem Querstreifungsphänomen zeigen, ist
offensichtlich die Entwicklung des aktiven und passiven Bewegungsapparates bei
der segmentalen Gliederung des Rumpfes wohl koordiniert.

Am Beginn des zweiten Monats, bei Keimlingen von 10—11 mm, beginnt die Verknorpelung der Wirbelkörper; ausgehend von paarigen Knorpelzentren im Bereich der „dunklen" Sklerotomhälften. Zu Beginn des dritten Monats, bei Embryonen von etwa 70 mm, sind Knochenkerne der Wirbelkörper zu sehen, die in der unteren Thorakal-Lumbalregion ihre größte Ausbildung zeigen und nach kranial und caudal kleiner werden (Abb. 189). Schon im Blastemstadium sind breit aus dem Wirbelkörper ausladende seitliche Vorsprünge entstanden (Abb. 139 und 190a), aus denen dorsalwärts die Neuralfortsätze, lateralwärts die Costalfortsätze abgehen. Die Neuralfortsätze (Anlagen der Wirbelbogen) vereinigen sich erst im vierten Monat, zuerst an der Hals-Rumpf-Grenze, zum Schluß des Wirbelkanals. Im Bereich des Hiatus sacralis unterbleibt diese Vereinigung. Die Verknöcherung der Neuralfortsätze schreitet von kranial nach caudal fort (Abb. 189). Ihre Knochenkerne vereinigen sich miteinander durch Verknöcherung des Dornfortsatzes im ersten Lebensjahr, mit dem Körper zwischen dem dritten und sechsten Lebensjahr. Ringförmige Epiphysen treten gegen Ende des Wachstums an der kranialen und caudalen Fläche des Körpers, einfache dagegen an den Enden der Dorn- und Querfortsätze auf. — An den Halswirbeln verschmelzen die Rippenrudimente schon im Blastemstadium mit den Wirbeln, die Processus costarii der Lendenwirbel haben vorübergehend ein selbständiges Knorpelzentrum. Im Kreuzbeinbereich hat das Rippenstück, die Massa lateralis, welches die seitliche Gelenkfläche trägt, segmentale selbständige Knochenkerne. Die Steißwirbel sind schon in der Anlage hinsichtlich ihrer Fortsätze rudimentär. Im Bereich der beiden ersten Wirbel wird der Körper des Atlas als Zahnfortsatz auf den zweiten Wirbel übertragen, während der vordere Atlasbogen aus einem besonderen Skeletstück, *der hypochordalen Spange*, hervorgeht; eine solche Spange ist auch an den benachbarten Wirbelabschnitten angelegt, bleibt aber rudimentär und geht in den Zwischenwirbelscheiben bzw. der Schädelbasis auf.

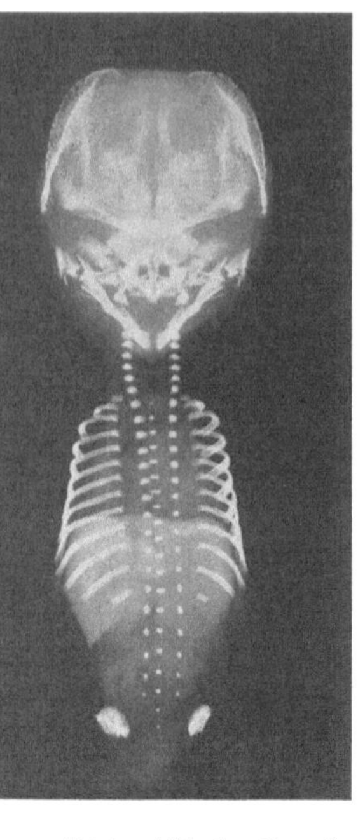

Abb. 189. Röntgenbild des Rumpfskeletes und des Schädels eines Embryo von 69 mm in Frontalansicht nach vorausgegangener Imprägnierung mit AgNO₃. Die oberen Extremitäten sind entfernt. Die Rippen lassen die Knochendiaphysen erkennen. Die Wirbelsäule zeigt eine deutlich kranial vorauseilende Differenzierung der Knochenkerne der Neuralbogen. Dagegen sind die Knochenzentren der Wirbelkörper in den unteren Thoraxsegmenten entwickelt und bleiben nach kranial und caudal in der Entwicklung zurück. Vom os sacrum zeigen sich bereits drei Knochenkerne der Wirbelkörperanlagen. Seitlich davon die ersten Anlagen der Beckenknochen. Etwa 1,1 fach vergrößert. [Aus O'RAHILLY und MEYER. Amer. J. Roentgenol. 76, fig. 3 (1956)]

Thorax

Die knorpeligen Rippenanlagen sind anfangs rein lateral gerichtet (Abb. 190a); sie werden dann ventralwärts abgeknickt (Abb. 190b), die kranialen fast rechtwinklig (Abb. 190c), die mehr caudalen weniger scharf (Abb. 139). Bei etwa 15 mm Länge des Keimlings beginnen sie sich am ventralen Ende aufzubiegen und mit der vorhergehenden Rippe zu verschmelzen (Abb. 190 c); so entstehen die paarigen, anfangs schräg kranialwärts zusammenneigenden *Sternalleisten*, die auch durch die Haut zu erkennen sind. Sie vereinigen sich in kranio-caudaler Richtung zum Sternum; am kranialen Ende schiebt sich zwischen die Leisten ein Bestandteil des Schultergürtels (Abb. 190d) ein, das *interclaviculäre Blastem* aus dem der

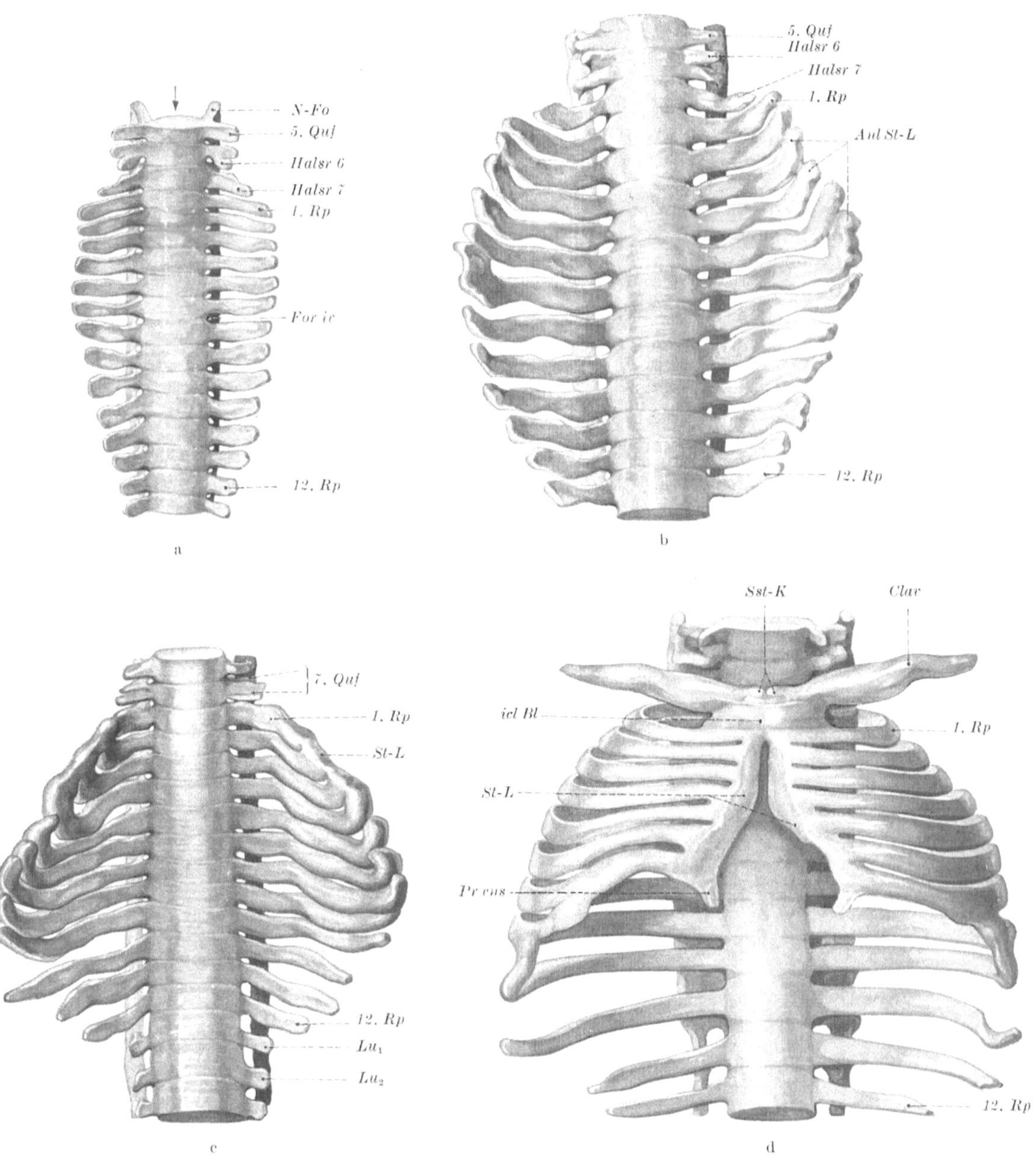

Abb. 190a—d. Modelle des Thorax bei Keimlingen von 9,2, 13,4, 15 und 22,2 mm Länge. Ansicht von vorn. Bei c Beginn der Sternalleistenbildung, bei d Verschmelzung der Leisten im Gang. Vergr. 10 ×. (Nach REITER 1942.) *icl Bl* interclaviculäres Blastem; *Anl St-L* Anlage der Sternalleisten; *Clav* Clavicula; *For iv* Foramen intervertebrale; *Halsr* Halsrippe; *Lu₁, ₂* Lumbalrippe 1, 2; *N-Fo* Neuralfortsatz (Wirbelbogen); *Pr ens* Processus ensiformis; *Quf* Querfortsatz; *Rp* Rippe; *Sst-K* Suprasternalkörper; *St-L* Sternalleisten

obere Rand und der Mittelteil des Manubriums sowie die Disci sternoclaviculares entstehen. Am oberen Rand dieses Blastems werden regelmäßig die paarigen *Suprasternalkörper* angelegt (Abb. 190 d), die auf den Schultergürtel primitiver Vierfüßer zurückzuführen sind, aber in der Regel verschwinden; ausnahmsweise können sie als Höcker oder selbständige *Ossa suprasternalia* am oberen Sternalrand erhalten bleiben. — Der Thorax ist bei Sternalschluß ausgesprochen bienenkorbförmig mit quer zur Wirbelsäule stehenden halbkreisförmigen Rippen (Abb. 190 d). Noch beim Kleinkind ist die Richtung der Rippen nur wenig von der Querstellung zur Wirbelsäule verschieden, so daß in diesem Alter die Rippenatmung nur eine geringe Rolle spielen kann, da Rippenhebung nur dann zur Vergrößerung des Thoraxraumes führt, wenn die Rippen von der Wirbelsäule schräg ventrocaudalwärts verlaufen. — Bei etwa 30 mm langen Keimlingen beginnt die Verknöcherung der Rippen, die aber bereits in der ersten Hälfte des vierten Monats vor dem ventralen Ende haltmacht oder doch nur ganz langsam weitergeht, so daß die ventralen Abschnitte der Rippen knorpelig bleiben und nur das Längenwachstum der Rippen an der Knochen-Knorpelgrenze erfolgt. Die Verknöcherung des Brustbeins beginnt postfetal, mit Knochenkernen, die vom dritten bis sechsten Monat angefangen nacheinander zwischen den Rippen (intersegmental) teils paarig, teils unpaar auftreten.

Gliedmaßen

Die äußeren Formen der Extremitäten sind in ihren Frühstadien auf S. 85 beschrieben und auf Abb. 54 a—f zu verfolgen. Die kraniale Extremität geht in allen Entwicklungsschritten der caudalen voraus. Im Flossenstadium (Abb. 54 a, 191 a) zieht sich an der freien Kante eine Ektodermverdickung entlang (Ektodermleiste) und eine darunter im Mesenchym liegende Randvene. Die Ektodermverdickung betrifft vor allem die Basalzellschicht und ist durch eine scharf umschriebene Anreicherung von saurer Phosphatase charakterisiert. Diese Epidermisleiste wird bei allen Amniotenembryonen gefunden. Sie hat nach experimentellen Untersuchungen beim Hühnchen induktive Einflüsse auf das unterliegende Mesenchymblastem. Ihr Fehlen oder ihre experimentelle Schädigung (O_2-Mangel) kann mit Extremitätenverlust einhergehen. Die Gliedmaßenknochen außer der Clavicula (diese s. unten) entstehen nach dem eingangs geschilderten Schema; zuerst tritt für Gürtel und freie Extremität ein einheitliches Blastem auf, das sich gliedert und in seinen Teilstücken verknorpelt (Abb. 191 b). Die knorpeligen Skeletteile nehmen bereits im wesentlichen die Form der späteren Knochen an; die Verknöcherung erfolgt teils peri-, teils enchondral mit vielfacher Epiphysenbildung. Die Blasteme werden bei etwa 8—9 mm langen Keimlingen angelegt und bei etwa 12—15 mm Länge in die einzelnen Teilstücke gegliedert, wobei die Knorpelbildung, wie die Abgrenzung der Stücke, proximal beginnend, distalwärts fortschreitet. Als Beispiel regelmäßig getrennt angelegter, später verschwindender Skeletstücke sei das *Os centrale carpi* angeführt (Abb. 191 c), das bei sämtlichen Landwirbeltieren auftritt, bei Säugetieren aber wie beim Menschen in der Regel mit dem Scaphoideum verschmilzt. — Die Verknöcherung beginnt an den großen Knochen ungefähr gleichzeitig in der siebten Woche; mit etwa drei Monaten (8—9 cm Körperlänge) sind alle langen Röhrenknochen im Bereich ihrer Diaphysen verknöchert, auch die Metacarpalia und Phalangen; in den Handwurzelknochen erscheinen die Knochenkerne erst in den ersten Lebensjahren, während im Bereich der Fußwurzel Calcaneus und Talus schon im sechsten bis siebten Fetalmonat, das Cuboid z. Z. der Geburt, die übrigen wieder im Verlauf der ersten Lebensjahre verknöchern. Die epiphysären Knochenkerne erscheinen in Abhängigkeit von der Größe und Be-

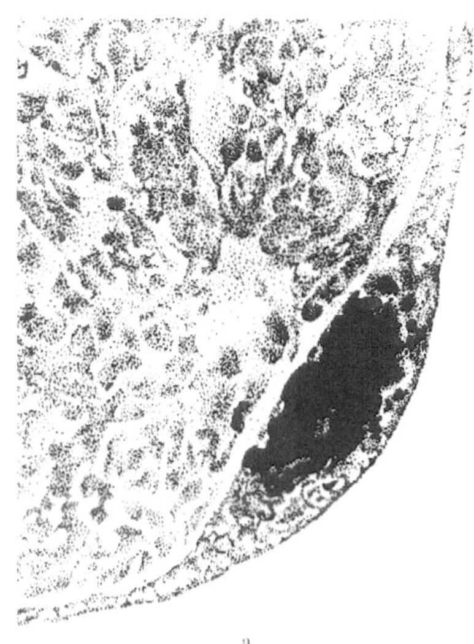

Abb. 191a. Querschnitt durch die vordere Extremitätenanlage einer Ratte vom 12. Entwicklungstag mit einer sehr scharf umschriebenen Anreicherung von saurer Phosphatase in der Basalzellschicht der Ektodermleiste. Der Befund ist ein schönes Beispiel für die Bedeutung der Histochemie bei der Lösung von Entwicklungsproblemen. Etwa 350 fach (nach MARIT und MILAIRE 1961)

Abb. 191b. Längsschnitt durch die rechte obere Extremität eines Keimlings von 12,7 mm Länge. *Hum, Rad, Carp, Metac, Phal* die Teile des Skelets; *Plex brach, N med, N rad* die Nerven; *Flex, Extens* die Beuger- und Streckergruppen der Muskulatur, im einzelnen noch undifferenziert. Vergr. 30 ×

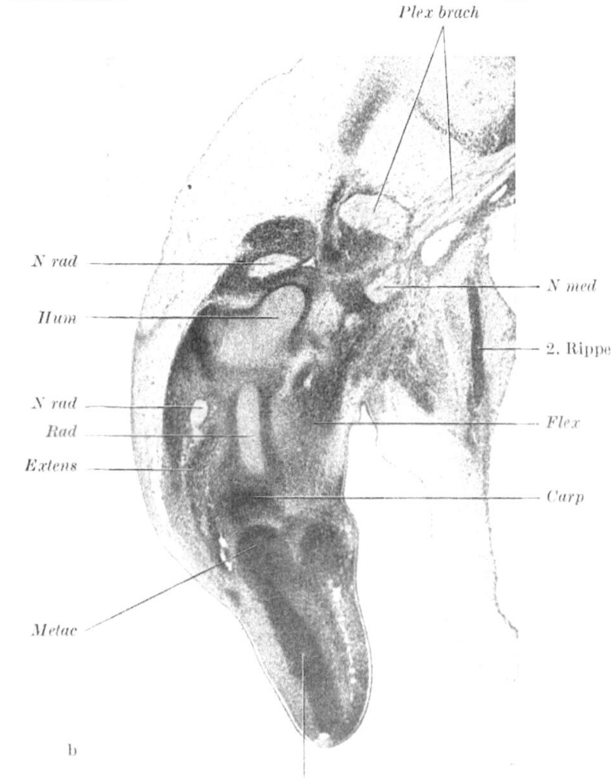

Abb. 191c. Hand eines Keimlings von 30,3 mm Länge. Der fünfte Finger wegen Wölbung der Hand nicht in den Schnitt gefallen. Os centrale carpi im Begriff, mit dem Naviculare zu verschmelzen. Vergr. 20 ×

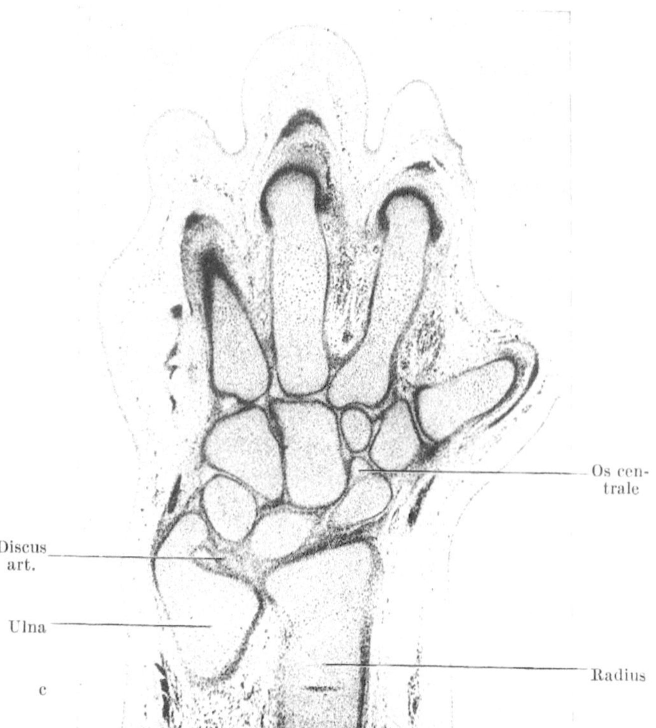

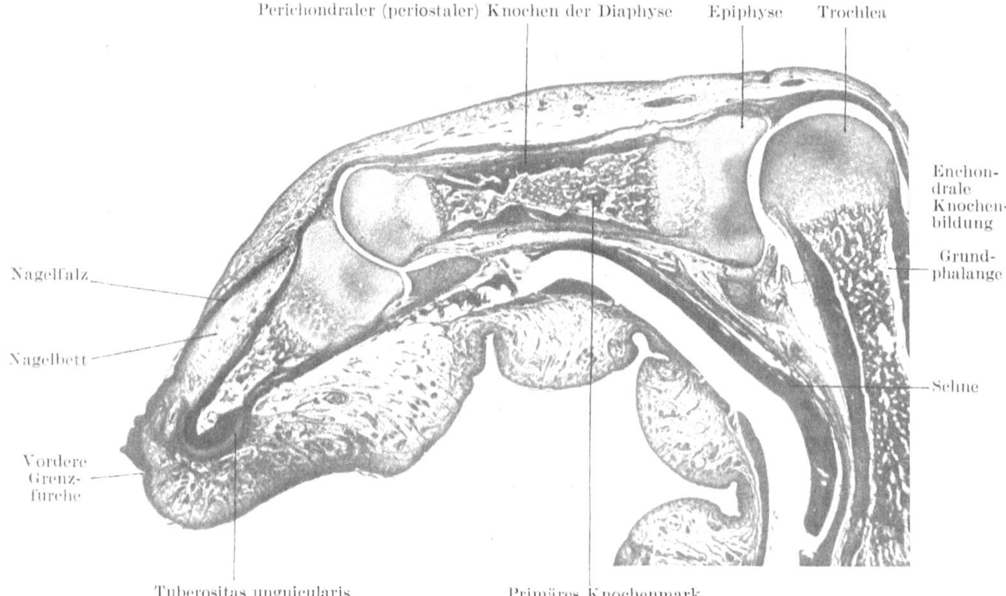

Abb. 192. Längsschnitt durch einen Finger eines 32 cm langen Fetus. Vergr. 12×. (Nach FISCHEL)

anspruchung der Knochen, im distalen Femurende vor der Geburt (so daß dieser Knochenkern ein Reifezeichen des neugeborenen Kindes ist), an den andern großen Epiphysen im ersten, an den kleinen schrittweise in den folgenden Lebensjahren, bis zum Beginn des zweiten Jahrzehnts. Sie verschmelzen mit den Diaphysen in bestimmter Reihenfolge; erst mit dem 20. Lebensjahr bei Frauen, mit dem 23. bei Männern ist dieser Prozeß, der an manchen Knochen schon mit dem 14. Jahr beginnt, aber von erblichen und Umweltfaktoren vielfach beeinflußt wird, beendet und das Knochenwachstum abgeschlossen. Das Längenwachstum der Knochen erfolgt hauptsächlich, wenn auch nicht ausschließlich[1], im Bereich der Knorpelscheiben, die zwischen Diaphyse und Epiphyse bis zum Abschluß des Wachstums als *Epiphysenfugenknorpel* bestehen bleiben. Die Reihenfolge der Epiphysenverschmelzungen ist eine regelmäßige und ermöglicht eine Altersbestimmung des Skelets, die nach Abschluß

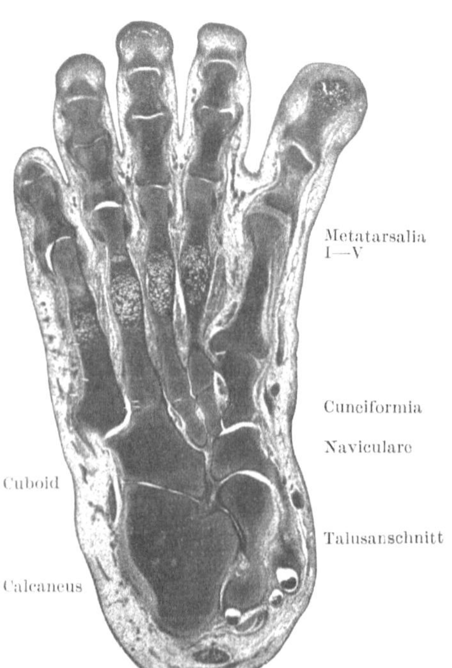

Abb. 193. Flachschnitt durch den Fuß eines Keimlings vom Ende des dritten Monats. Es beginnt gerade die Verknöcherung der Diaphyse in den Metatarsalknochen. Man beachte die vom adulten Zustand abweichende Stellung des ersten Strahles, die kurze Form des Metatarsale I und die auffallende Form des Gelenkes zwischen Cuneiforme mediale und Metatarsale I als Restzustand eines abduzierbaren ersten Strahles. Vergr.: 14fach

---

[1] Die Knochen wachsen der Länge nach in einem bisher nicht zu beurteilenden Ausmaße auch an den Knochenknorpelgrenzen der Gelenkenden (z. B. das Os coxae).

dieser Verschmelzungen durch Untersuchung der Schädelnähte (S. 184), wenn auch nur in sehr weiten Grenzen, fortgeführt werden kann.

Der erste Knochen überhaupt im Körper ist die *Clavicula*, die als Blastem an ihrem lateralen Ende mit dem der Scapula zusammenhängt und sich medialwärts über die Mitte hinweg mit der der Gegenseite durch das interclaviculärc Blastem verbindet.

Die Mittelstücke der Clavicula verknöchern als Deckknochen, d. h. ohne knorpelige Grundlage; an ihren beiden Enden erscheint blasiges chondroides Gewebe, dann Knorpel, der später durch Knochengewebe ersetzt wird.

Schädel

Die Grundlage des Schädels bildet das *Knorpelcranium* oder *Primordialcranium*, zu welchem die ohne Knorpel-Vorstufe gebildeten *Deck-* oder *Belegknochen* (S. 192) hinzutreten. Sie sind teils oberflächlich in der Haut, als *Hautknochen*, teils in der Schleimhaut der Mundhöhle, als *Zahnknochen*, entstanden.

Das Primordialcranium zerfällt ursprünglich (Abb. 194 und 195) in ein *neurales* und ein *viscerales*. Das erstere bildet die Gehirnkapsel und die Stütze und Umhüllung der drei großen Sinnesorgane des Kopfes, die Nasenkapsel, die Orbita und die Ohrkapsel. Das letztere besteht aus dem Kieferapparat und dem Kiemenkorb (den knorpeligen Kiemenbogen; sie tragen bei Kiemenatmern die Kiemenblättchen, in welchen die Arterialisierung des Blutes stattfindet). In mehrfachen Stufen wird nun diese Anordnung umgewandelt in die menschliche Gliederung des Schädels in Hirn- und Gesichtsschädel (Cranium *cerebrale* und *faciale*). Dabei kommt es zu der Parallelstellung der Augen und der Reduktion des Kieferapparates und der Nasenkapsel bis zur Einpassung in eine frontale Abschlußfläche des Schädels, das Gesicht, aus dem nur die eigenartige Bildung des menschlichen Gesichts, die äußere Nase, wieder hervortritt (vgl. S. 107).

Der *Neuralschädel* des jungen Keimlings wird durch das Verhalten der Chorda dorsalis bei der Schädelbildung in einen *prächordalen* und einen *chordalen Abschnitt* gegliedert, die Grenze ist durch die Hypophysentasche gegeben (Abb. 122 und S. 88) (*Canalis craniopharyngicus* s. auch S. 88). An dem prächordalen Abschnitt lassen sich zwei wichtige, hintereinander liegende Regionen unterscheiden, die *Regio ethmoidea* und *orbitalis* (Abb. 194), am chordalen Abschnitt die *Regio otica* und *occipitalis*. Gegenüber der Wirbeltheorie des Schädels (OKEN 1807, J. W. v. GOETHE 1824) ist hervorzuheben, daß der prächordale Abschnitt und der größte Teil des chordalen Abschnitts niemals segmentiert war, d. h. auch nicht aus Wirbelanlagen entstanden sein kann. Für eine kleine Region im Bereich der Hinterhauptskondylen und des Foramen N. hypoglossi ist dagegen die Ableitung von 5 Occipitalsegmenten nachgewiesen. Die entsprechenden Spinalnerven erscheinen modifiziert und vereinigt als N. hypoglossus.

Prächordal entstehen zwei längsverlaufende Blasteme, die *Trabeculae*, zu denen noch die *Nasenkapseln* kommen; im chordalen Gebiet treten die ungegliederten Parachordalia und lateral davon die Labyrinthkapseln auf. An diese angelehnt umfaßt die wannenförmige Occipitalregion das Foramen occipitale magnum. Reste der oben erwähnten 5 Occipitalsegmente werden der Occipitalregion zugeschlagen.

Die vier oben genannten Abschnitte des Schädels (Regio ethmoidea, orbitalis, otica und occipitalis) liegen auch nach Vereinigung der eben angeführten Teilanlagen des Chondrocranium noch hintereinander (Abb. 194); aber die geradezu sprunghafte Vergrößerung des Gehirns, die wir in der phylogenetischen Reihe beobachten, hat schon bis zu diesem Stadium zu wesentlichen Abänderungen des ursprünglichen Bauplanes geführt. Namentlich ist die in primitiven Zuständen geschlossene Hirnkapsel an der Dorsalseite gesprengt und defekt geworden; das Primordialcranium bildet nur mehr die *Schädelbasis*. Die dorsale Skeletlücke wird durch Deckknochen (Frontale, Parietale, Squamosum, Oberteil der Hinterhauptsschuppe, vgl. Abb. 196) geschlossen. Diese erfahren speziell beim Menschen

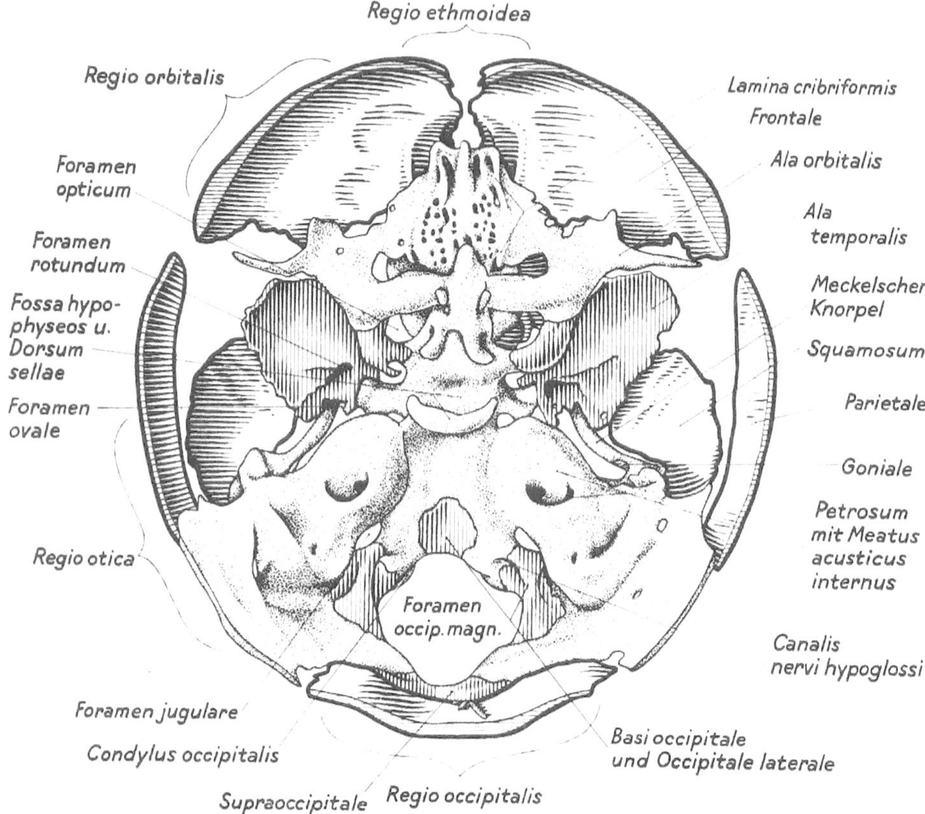

Abb. 194. Cranium eines menschlichen Embryo von 93 mm SSL. Ansicht von oben. Knorpel punktiert, Deckknochen horizontal schraffiert, Ersatzknochen senkrecht schraffiert. Vergr. etwa 2,2fach. Nach einem Modell von GEISELMANN aus Reinbach 1963

parallel zur enormen Hirnentfaltung eine starke Vergrößerung. In dem Wachstumswettlauf zwischen Gehirn und Schädelkapsel hat letztere immer einen gewissen Vorsprung, so daß eine Vergrößerung der Hirnkapsel nicht unmittelbar mechanisch als Folge der Hirnvergrößerung verstanden werden darf. Die zwischen den Deckknochen bis lange nach der Geburt offen bleibenden membranartigen Nähte bilden die vordere und hintere Fontanelle. Diese sind durch ihre charakteristische Form (hintere dreieckig, vordere viereckig) noch bei der Geburt wichtige Markierungspunkte für die Lage des kindlichen Kopfes in den Geburtswegen. Das ursprünglich lateral vom Gehirn gelegene Hörlabyrinth wurde basalwärts umgelegt. Die ursprünglich extrakraniell in den Kaumuskeln gelegene Ala magna (temporalis) des Keilbeins, die noch in dem dargestellten Stadium verhältnismäßig tief (vom Gehirn entfernt) liegt, wird in die Wand der Hirnkapsel einbezogen; das darüberliegende Gebiet, in dem das Ganglion semilunare trigemini und ein Teil der Augenmuskelnerven und der Carotis interna gelegen sind, und das man als *Cavum epipterycum* (von Pteryx, Flügel, gemeint ist die Ala magna) bezeichnet, wird dem Schädelraum zugeschlagen („*sekundärer Schädelboden*"). Ein ähnlicher Prozeß führt zu einer Neigung der Hinterhauptschuppe nach distal-basal. Die

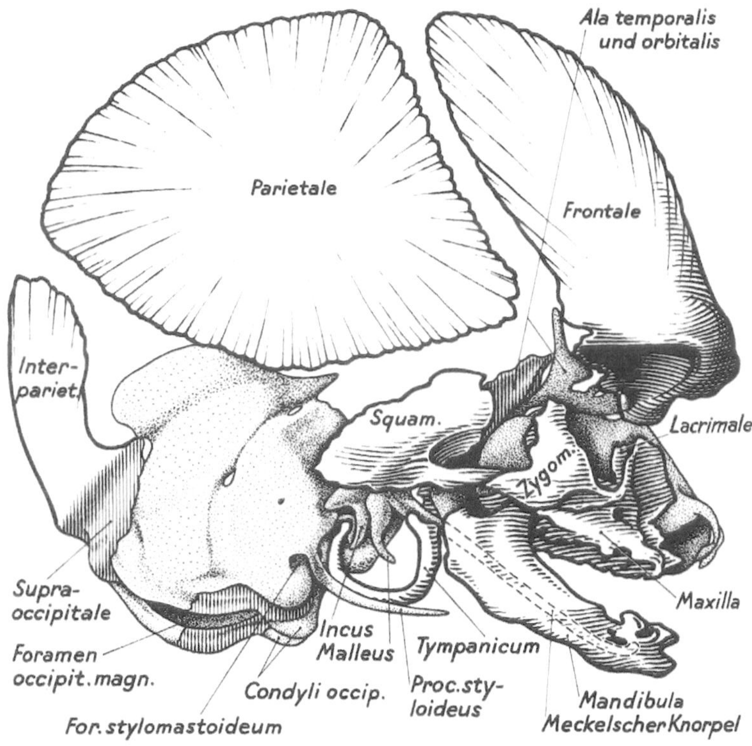

Abb. 195. Cranium eines menschlichen Embryo von 93 mm SSL. Ansicht von rechts, Knorpel punktiert, Ersatzknochen senkrecht schraffiert, Deckknochen horizontal schraffiert. Vergr. 2,2 : 1. Nach einem Plattenmodell von GEISELMANN aus Reinbach 1963

Vergrößerung des Riechlappens des Gehirns (der auf der Säugetierstufe menschlicher Vorfahren beträchtlich entwickelt war) hat dazu geführt, daß der Abschluß des Schädels gegen die Nasenhöhle rostralwärts verschoben wurde, so daß der N. ethmoidalis anterior samt der begleitenden Arterie, die beide ursprünglich aus der Orbita direkt in die Nasenhöhle gelangten, nunmehr zuerst in die Schädelhöhle und erst über die neu gebildete Lamina cribriformis hinweg in die Nasenhöhle eintritt. Schließlich wird auch die noch beim Fetus vor dem Gehirn liegende Nasenkapsel ebenso wie die Orbitalregion basalwärts umgelegt und vom Gehirn überwachsen.

Die hier aufgezählten Entwicklungsschritte lassen sich sehr gut zur Phylogenese in Beziehung bringen. Die Vergrößerung des Schädels, der bei primitiven Fischen schon vor dem Vagusaustritt abschließt, erfolgte caudalwärts mit einem ersten Schritt schon im Fischstadium; speziell die Einbeziehung der Occipitalsegmente mit dem N. hypoglossus geschah nach dem Amphibienstadium, die dorsale Eröffnung der Knorpelkapsel und die Beschränkung des Knorpelcranium auf die Schädelbasis schrittweise bei Fischen, Amphibien und Reptilien. Besonders ausgiebig war der Entwicklungsschritt vom Reptil zum Säugetier, denn er brachte die basale Lage der Ohrkapsel, die Einbeziehung des Cavum epiptercum und die Distalverlagerung der Lamina cribriformis. Er wirkte sich auch weitgehend am Unterkiefer aus (s. unten).

13   Grosser-Ortmann, Grundriß der Entwicklung des Menschen, 7. Aufl.

Spezifisch menschlich ist schließlich im Zusammenhang mit der Gesichtsbildung die relative Kieferreduktion sowie eine starke Entfaltung des Kieferwachstums nach hinten unten, die besonders zur Höhe und Steilheit der Gesichtsfläche beiträgt. Hinzu kommt die basale Verlagerung der Nasenkapsel und der Augenhöhlen, die dabei auch fast parallel eingestellt werden.

Die Verknöcherung des Chondrocranium beginnt in der achten Woche mit dem Auftreten von mehreren Knochenkernen in jedem der später als einheitlich

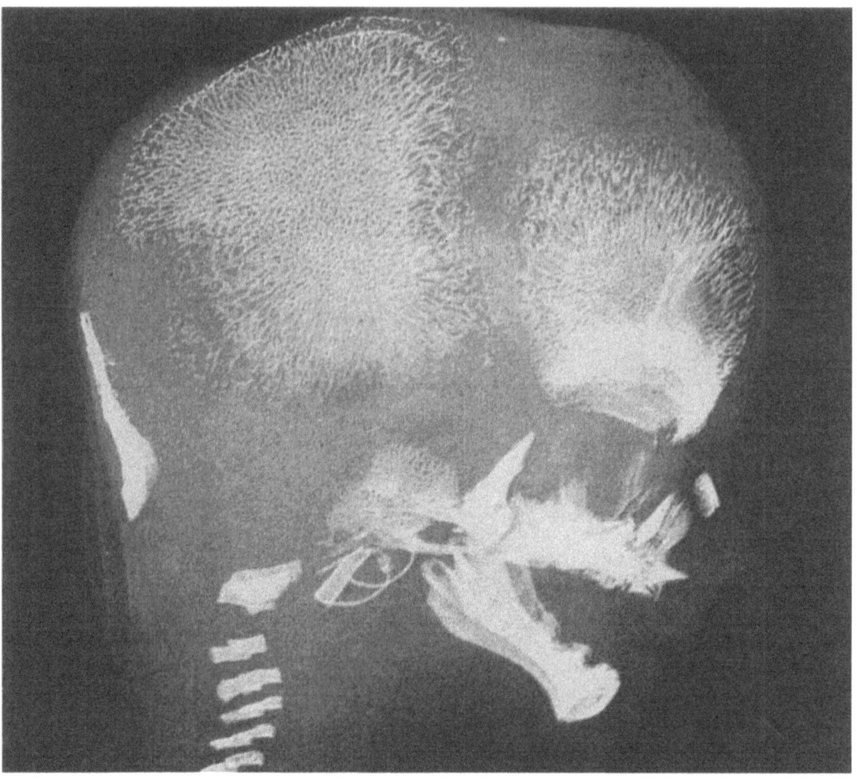

Abb. 196. Röntgenbild des Kopfes eines Embryo von 69 mm nach vorausgehender Imprägnation mit $AgNO_3$. Rechte und linke Kopfseite projizieren sich leicht verschoben übereinander (deutlich an den feinen Halbringen des Tympanicums). Man beachte die feinen Knochenbälkchen am os frontale, parietale und squamosum. In Fortsetzung der Wirbelsäule (Knochenkerne der Neuralbogen) erscheinen die beiden ossa exoccipitalia und ventral von diesen, sich mit dem Tympanicum überdeckend, das Basioccipitale. Etwa 4fach (aus O'RAHILLY und MEYER 1956, Amer. J. Roentgenol. **76**, fig. 10)

gezählten Knochen der Basis. Der Knorpel bleibt lange in den Synchondrosen und dauernd in der Fibrocartilago basialis sowie im Nasenskelet erhalten. Als Deckknochen entstehen (Abb. 195) außer den schon genannten Stücken der Schädelwölbung die Knochen der Nasenkapsel, Nasale und Lacrimale, sowie der Processus pterygoideus.

Das *viscerale Cranium* (Abb. 194 und 195) umfaßt den Kiefer- und Zungenbeinbogen und im weiteren Sinn auch die übrigen Kiemenbogen, die jeder ein Skeletstück, den *Kiemenbogenknorpel*, ausbilden. Im Bindegewebe des Oberkiefers entstehen als Belegknochen unter der Nasenkapsel: Maxilla, Zygomaticum, Palatinum und Vomer. Im Unterkiefer tritt eine lange schlanke Knorpelspange auf, der *Meckelsche[1] Knorpel*; an seinem dorsalen Ende gliedert sich ein Stück ab,

---

[1] J. FR. MECKEL 1781—1833.

das zum *Hammer* wird und sich mit der dorsal anschließenden Anlage des *Amboß* im „primären Kiefergelenk" verbindet. Der Hammer hängt demnach anfänglich mit dem Meckelschen Knorpel kontinuierlich zusammen (Abb. 195 und 198). Auf dem stabförmigen ventralen Teil des Meckelschen Knorpels tritt der Unterkiefer als zahntragender Deckknochen, das *Dentale*, auf (Abb. 110 und 111).

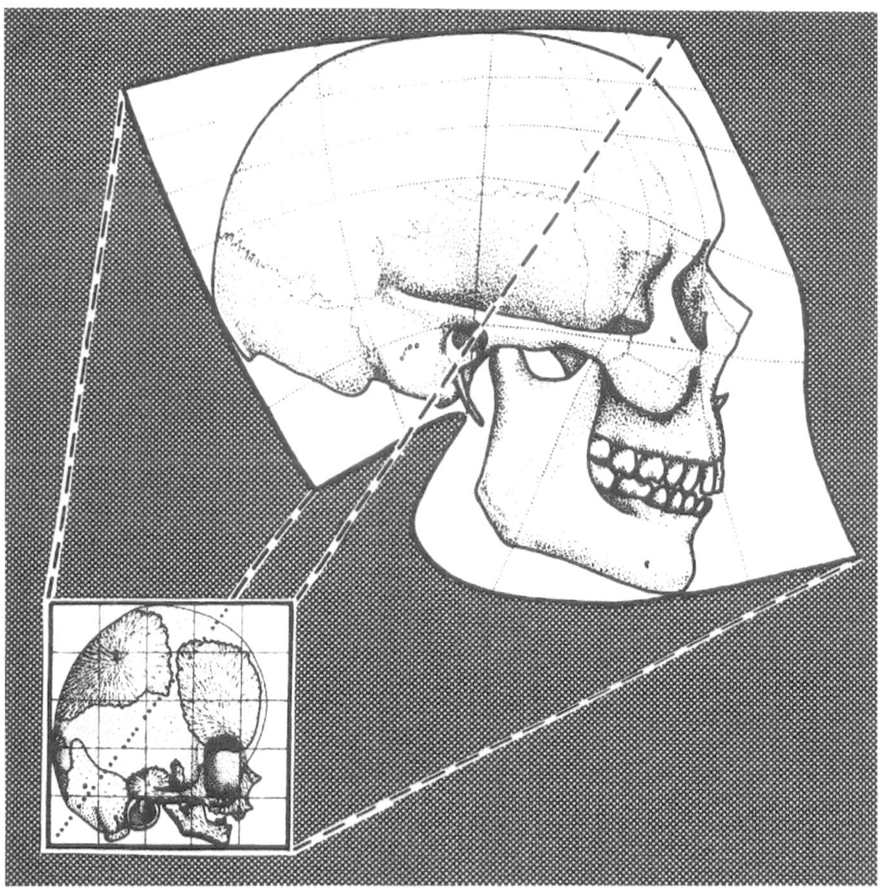

Abb. 197. Transformation des Schädels eines 85 mm Embryo (links unten) in den eines Erwachsenen (rechts oben) zur übersichtlichen Darstellung der ontogenetischen Umformung mit ihren Hauptrichtungen und ihren Ausmaßen. Ein willkürliches Koordinatennetz wird über das frühere Stadium gelegt und so verzerrt, daß entsprechende Knochenpunkte der alten Form bezüglich des Koordinatennetzes an gleicher Stelle liegen. Die Verformung des Koordinatennetzes orientiert auf einen Blick über relative Verkleinerungen oder Vergrößerungen einzelner Regionen. Man beachte die starke Erweiterung im Bereich der Schädelkonvexität und des Kieferapparates, während das Zurückbleiben des Wachstums im Bereich des äußeren Gehörgangs zu der eigentümlichen Einknickung der Grundlinie führt. Die Darstellung des Embryo etwa in Normalgröße, die des Erwachsenenschädels in $^1/_3$ Normal-Maßen (nach KUMMER 1953)

Dann schwindet der Meckelsche Knorpel. Auf dem Verbindungsstück zum Hammer erscheint ein kleiner Deckknochen, der spätere *Processus longus (anterior) mallei* (Abb. 198), der nach der Geburt wieder resorbiert wird. Ein halbringförmiger Deckknochen ventral von den Gehörknöchelchen ist das *Tympanicum*. Aus den Skeletanlagen des *Hyoidbogens* entsteht am dorsalen Ende der *Steigbügel* als zuerst ringförmiges Blastem um die bei vielen Säugern persistierende, auch beim Menschen vorübergehend gut ausgebildete *Arteria stapedia*. (Die Fenestra vesti-

13*

buli entsteht durch Atrophie der Labyrinthwand im Bereich der Stapesanlage.)
Der Rest des Hyoidbogens liefert als Reichertschen Knorpel den späteren *Processus styloideus*, das *Ligamentum stylohyoideum* und das *Cornu minus ossis hyoidis*,
während das *Cornu maius* aus dem dritten Bogen und das Mittelstück (*Corpus ossis hyoidis*) aus den verschmolzenen medianen Verbindungsstücken *(Copulae)*
dieser Bogen gebildet wird. Der vierte und fünfte Bogen bildet die *Cartilago thyreoidea*, deren häufige Durchbohrung durch ein *Foramen thyreoideum* auf

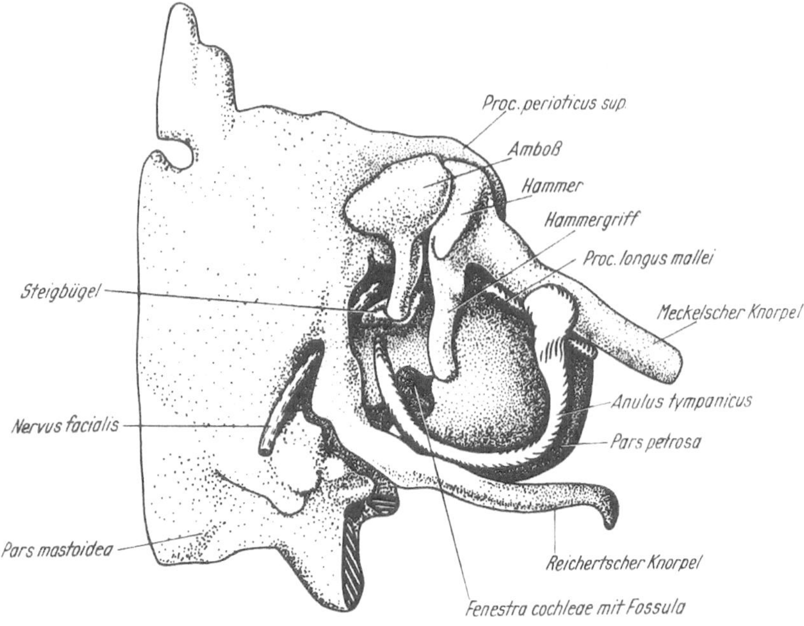

Abb. 198. Rechte Labyrinthgegend und zugehöriges Visceralskelet eines 8 cm langen Fetus, nach dem Modell von O. HERTWIG. 95. Vergr. etwa 15 ×

diese doppelte Anlage zurückgeht. Der Verbleib des sechsten Bogens (der bei Amnioten sonst nur durch einen Gefäßbogen vertreten ist) ist fraglich *(Epiglottis?)*; auf einen siebten Bogen dürften (nach dem Befund bei Amphibien) die übrigen Kehlkopfknorpel und vielleicht auch die Tracheal- und Bronchialknorpel zurückzuführen sein.

Bei primitiven Fischen (den Haien und Rochen) sind Ober- und Unterkiefer Knorpelstücke, die Zähne tragen, als *Palatoquadratum* und *Mandibulare* bezeichnet werden und durch das *primäre Kiefergelenk* miteinander verbunden sind. Dieses primäre Kiefergelenk wird bei Knochenfischen, Amphibien und Reptilien von entsprechenden Ersatzknochen, dem Quadratum und dem Articulare (als einem Ersatzknochen des Unterkiefers) gebildet und Quadrato-articular-Gelenk genannt. Bei Reptilien tritt auf dem Mandibulare eine Reihe von gut abgrenzbaren Belegknochen auf, deren größter das zahntragende *Dentale* ist. Bei den Säugetieren gewinnt nun dieses Dentale Anschluß an einen Deckknochen der Schädelkapsel, das Squamosum (Abb. 195), und es entsteht ein neues Kiefergelenk, das *sekundäre Kiefergelenk* oder *Squamoso-Dentalgelenk*, ein Gelenk zwischen Deckknochen, während das primäre Kiefergelenk, dorsalwärts verschoben, zum *Hammer-Amboß-Gelenk* wird. Das Quadratum ist zum Amboß geworden. Zwischenstufen, bei denen beide Kiefergelenke nebeneinander funktionieren, finden sich bei fossilen, in mancher Hinsicht säugerähnlichen Reptilien, den Cynodontiern oder Hundszähnigen, mit großen Eckzähnen. Aber nur die Säuger haben drei Gehörknöchelchen, die landlebenden Non-Mammalia nur eines, die *Columella*, die dem Stapes entspricht. — Andere Belegknochen des Reptilienunterkiefers haben das *Tympanicum* und den *Processus longus* des Hammers geliefert.

Skeletmuskulatur

Die Muskulatur entstammt den verschiedensten Quellen. Die Muskeln der Iris (Sphincter und Dilatator pupillae) und die Muskeln der Schweißdrüsen gehen aus dem Ektoderm hervor. Die Fähigkeit zur Bildung glatter Muskulatur ist im Bindegewebe fast überall gegeben, z. B. in der Umgebung der anfangs nur capillären Gefäße. Aus der Splanchnopleura stammt die Darmmuskulatur, aus dem Dermatom das Material der Arrectores pilorum. Auch die quergestreifte Muskulatur entbehrt einer einheitlichen Herkunft.

Für die *quergestreifte Muskulatur* des Rumpfes sind von Anfang an die Ursegmente bzw. die aus ihnen hervorgehenden Myotome (S. 51) bestimmt. Doch sind die Myotome in erster Reihe der Mutterboden der eigentlichen Wirbelsäulenmuskulatur (vgl. Abb. 188) und, durch das Aussprossen von mehr unregelmäßig angeordneten Fortsätzen, den *Muskelknospen* (Abb. 199), auch der ventralen Rumpfmuskulatur (der Bauchmuskeln); die übrige quergestreifte Muskulatur des Bewegungsapparates entsteht (ähnlich wie die Skeletstücke) aus Blastemen. Ihr Bildungsmaterial wird nicht unmittelbar auf die Ursegmente, sondern auf das der Somatopleura entstammende Mesenchym der Extremitätenleiste zurückgeführt. Ihre Beziehungen zum peripheren Nervensystem gleicht in ihrer segmentalen Aufgliederung völlig der der ventralen Rumpfwand. Die Extremitätenblasteme (Abb. 191 b) zerfallen zugleich mit Abgrenzung der Skeletblasteme schrittweise zuerst in Hauptgruppen wie Beuge- und Streckmuskulatur und dann in die einzelnen Muskelanlagen. Von dem Blastem der oberen Extremität schiebt sich die (zu den Extremitäten gehörige) oberflächliche Rumpfmuskulatur (Mm. pectorales, M. serratus ant., latissimus dorsi, levator scapulae und rhomboidei) auf den Rumpf vor. Auch bei den unmittelbar aus den Myotomen ableitbaren Bauchmuskeln ist ein Blastemstadium, in das sich die Muskelknospen auflösen, zwischengeschaltet. Die Bauchmuskeln differenzieren sich aber relativ frühzeitig wieder aus dem Blastem, so daß z. B. die Recti abdominis zur Zeit, da sie erkennbar werden, noch weit auseinander liegen (Abb. 54 e und 123 b, neben dem Nabelstrangansatz). Sie werden schrittweise, nach Maßgabe der Vereinigung der Sternalleisten (S. 187), aber später als diese — anfangs durch den relativ sehr großen Nabelstrang behindert — einander genähert bis zur Bildung der Linea alba.

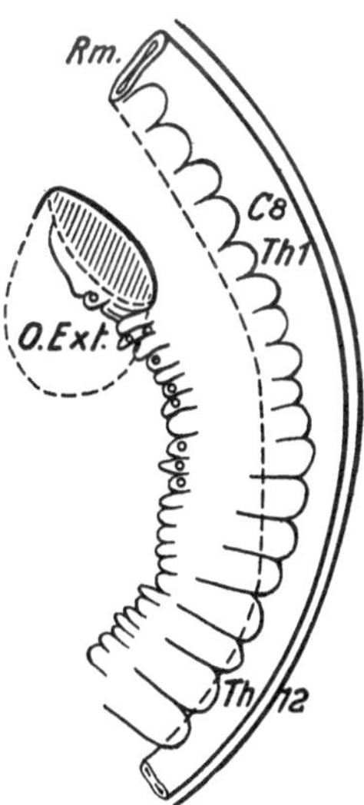

Abb. 199. Muskelknospen am ventralen Ende der Myotome im Bereich der Bauchwand zwischen den Extremitäten bei einem Keimling von 7,8 mm. *O Ext* Obere Extremität; C_8 8. Cervicalsegment; Th_{1-12} die Thorakalsegmente; *Rm* Rückenmark. Vergr. 75 ×. (Nach ZECHEL 1924)

In den Blastemen differenzieren sich Mesodermzellen zu *Myoblasten*, wachsen in die Länge und entwickeln Fibrillen, an denen sehr frühzeitig die Querstreifung auftritt. Beim Hühnchen ist die Querstreifung und die Kontraktionsfähigkeit im Halsgebiet etwa gleichzeitig schon nach 50—55 Bebrütungsstunden sichtbar zu machen, spontane Bewegungen am 4. Tag. Das bedeutet, daß wir auch beim Menschen — allerdings durch sein sekundäres Nesthockertum später, sicher von 100 mman — mit einer Beeinflussung des passiven Bewegungsapparates durch Muskelkontraktionen im Sinn einer funktionellen Anpassung rechnen müssen. Die *Nerven* verbinden sich sehr frühzeitig mit den zugehörigen Blastemen und werden durch Verlagerung derselben durcheinandergeschoben und in die Länge ausgezogen; so

entstehen die Geflechte der Nerven und die lang ausgesponnenen Nerven wie
namentlich der *N. phrenicus*, der Muskelmaterial versorgt, das aus dem 3.—5.
Cervicalsegment stammt und zugleich mit dem Descensus des Herzens zu
Zwerchfellbildung caudalwärts verschoben wurde. Die Zerlegung der Anlagen
in die einzelnen Muskelindividuen läßt sich in allen Teilen schrittweise verfolgen; so ist am Beckenausgang ein gemeinsamer *Sphincter cloacae* der Vorläufer der Einzelmuskeln.

Wie anderwärts, ist auch bei den *Kopfmuskeln* (Abb. 200) die Innervation
zeitlebens der Fingerzeig für die Abstammung. Sie gehen aus mehreren Anlagen

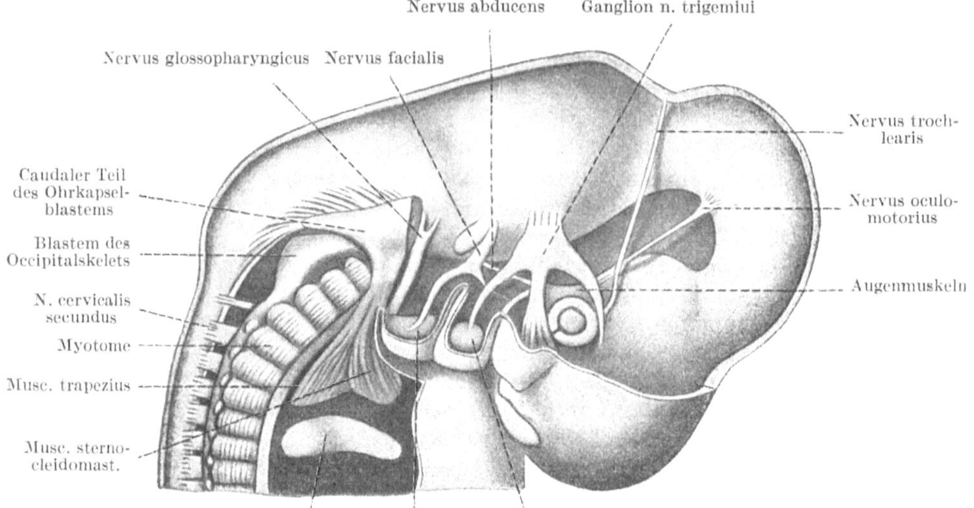

Abb. 200. Muskelanlagen an Kopf und Hals und kraniale Myotome bei einem 9 mm langen Keimling. Die gemeinsame Anlage für Musculus sternocleidomastoideus und M. trapezius nehmen nach dorsal-kranial Verbindung zum
hinteren, lateralen Teil des Ohrkapselblastems (späterer Processus mastoideus) auf. Nach vorne ist das Blastem
einschließlich der Labyrinthanlage in Höhe des N. glossopharyngicus entfernt. Dorsal und medial vom Blastem
sieht man die Nervenwurzeln der Vagus-Accessoriusgruppe, deren Accessoriusanteil die beiden Muskelanlagen
von innen her innerviert. Die Entwicklung der Zungenmuskulatur ist unberücksichtigt. Vergrößerung etwa 15 fach.
(Nach LEWIS)

hervor, die selbst wieder in Blastemform aus den verschiedenen Quellen des
Kopfmesoderms, dem unsegmentiert bleibenden Mesoderm des vorderen Primitiv-
streifenendes, der prächordalen Platte, der Kopfganglienleiste, den kranialen
Ursegmenten, sowie dem Mesoderm der Kiemenbogen stammen. Zu einer medial
vom Augenbecher liegenden Anlage treten die drei Augenmuskelnerven; die
Anlage sondert sich in die Augenmuskeln. Der erste Kiemenbogen liefert die
Trigeminusmuskulatur (Kaumuskeln, M. tensor veli palatini (?) und tensor
tympani, M. mylohoideus, vorderen Digastricusbauch), der zweite Bogen die
Facialismuskeln (die Gesichtsmuskulatur, die vom Hals in das Gesicht
vorwächst) sowie das Platysma, den M. stapedius, stylohoideus, und hinteren Bauch des digastricus; der dritte Bogen ergibt die Pharynxmuskeln
und die des weichen Gaumens, der vierte Bogen und die folgenden neben
dem caudalen Anteil der Pharynxconstrictoren auch die Kehlkopfmuskeln;
von diesen wird der einzige äußere Muskel, der M. cricotyreoideus,
aus dem vierten, die inneren vom Nerven des sechsten Bogens (N. recurrens)
versorgt. Eine Muskelmasse, die zuerst in der Hinterhauptsgegend liegt und
von dem den Kiemenbogennerven angehörigen N. accessorius versorgt wird,
wandert an den Schultergürtel caudalwärts und bildet den M. trapezius und

sternocleidomastoideus. Aus den Occipitalmyotomen stammt die vom N. hypoglossus innervierte Muskulatur der Zunge. Gerade im Kopfgebiet hat sich die von verschiedenen Bildungsstätten stammende Muskulatur in eigenartiger Weise ineinandergeschoben, so daß z. B. von den drei vom Processus styloideus (aus dem zweiten Kiemenbogen) abgehenden Muskeln, wie sich aus der Innervation (VII, IX, XII) ergibt, einer vom zweiten, einer vom dritten Kiemenbogen und einer von den (somatischen) Occipitalmyotomen stammt (M. stylohyoideus, stylopharyngeus und styloglossus). Auch in dieser Zusammenfassung verschiedenartiger Ursprungsgebiete prägt sich die Besonderheit der Kopfbildung der Wirbeltiere aus.

Braunes Fettgewebe

Für das Neugeborene ist die Ausdehnung des „braunen" Fettgewebes charakteristisch, das hier in relativ großer Masse als Ort der schemischen Wärmeproduktion auftritt. Diese ist für die gute Wärmeregulation des Neugeborenen von Bedeutung. Im Hungerzustand wird das weiße Fettgewebe stark reduziert, das braune dagegen bleibt erhalten.

F. Der Geburtszustand und seine Folgerungen

Der bei der Geburt erreichte Entwicklungsstand ist für das kommende Leben von sehr großer Bedeutung und bedarf einer zusammenfassenden Betrachtung von verschiedenen Seiten.

Es ist vom Geburtszeitpunkt auszugehen, der bei 41% mit einem mittleren Geburtsgewicht von 3100—3300 g in 39. und 40. Woche nach dem letzten Menstruationstermin liegt. Um 95% aller Geburten zu erfassen, braucht man schon die Zeit von der 35. bis zur 44. Woche also 70 Tage. Die Geburtsgewichte differieren dann schon zwischen 2700 und 3450 g. Nicht nur die „normale" Geburtszeit und das Gewicht zeigen eine erhebliche Schwankungsbreite, sondern auch der sog. Reifezustand. Die Tatsache, daß immer noch nach weiteren „Reifezeichen" für das normale Neugeborene gesucht wird, zeigt, daß dem Reifegrad eine gewisse individuelle Differenzspanne zuerkannt werden muß. Die einzelnen Reifezeichen z. B. das Nagelzeichen, das Auftreten bestimmter Knochenkerne, das Erreichen der verschiedenen Körpermaße haben nur als Summe einen gewissen Aussagewert, die einzelnen Zeichen dagegen eine Abweichungsspanne. Hinzu kommt, daß das Erreichen dieser Reife nicht unter allen Umständen Vorbedingung des Überlebens sein muß. Der Kliniker kennt den Begriff des „Frühgeborenen", ein Begriff, der leider nur nach dem *Gewicht* (unter 2500 g) definiert wird, was einer Schwangerschaftsdauer von etwa 34 Wochen entspricht. Das Mindestalter intrauterinen Alters ist mit zunehmender ärztlicher Kunst erheblich gesunken. Ein Frühgeborenes zwischen 700 und 1000 g, der Statistik nach zwischen 25. und 28. Woche hat heute eine Überlebenschance von etwa 10%. In klinischer Sicht sind einerseits für das circumnatale Leben eine ganze Reihe von Differenzierungsvorgängen bekannt geworden, die allein vom Gestaltungsalter abhängen und durch den früheren Kontakt mit der extrauterinen Umwelt (auch wenn sie ärztlich modifiziert wird) nicht beeinflußbar sind. Andererseits gibt es eine Anzahl von Vorgängen, die vom Kontakt mit der neuen Umwelt nach der Geburt abhängen und damit einen zweiten Entwicklungskalender des post-uterinen Lebens erzwingen. In einzelnen sei an das Beispiel der Myelinisierung und damit der Lernfähigkeit des Gehirns als eines vom Gestationsalter abhängigen Prozesses erinnert, andererseits an die Zunahme der Hirncapillarisierung als eines durch die neue Umgebung erzwungenen adaptiven Vorganges (Seite 93) hingewiesen. Auch die Antikörperbildung würde zur letzteren Gruppe gehören. Die Klinik des Frühgeborenen hat viel neue Erfahrung zusammengetragen, die postnatale Entwicklung als eine Übereinanderprojektion von Entwicklungsschritten, die einerseits unabhängig vom Geburtszeitpunkt das Entwicklungsprogramm des Embryonalalters erfüllen, andererseits unabhängig vom Embryonalalter Anpassungserscheinungen an die postnatale Umgebung mit allen Konsequenzen darstellen. Diese Ergebnisse sollten im Auge behalten werden, wenn man den Geburtszustand von der phylogenetischen Seite her betrachtet.

Zu dem Zustand, in dem Tier und Mensch in das endgültige Lebensmilieu treten, hat die vergleichende Anatomie zwei Begriffspaare geprägt, die diesen zu charakterisieren in der Lage sind. Oviparität und Viviparität zeigt an, ob ein Individuum seine erste Entwicklung mehr oder weniger lange im Organismus der Mutter durchmacht oder in einem Ei verbringt. Beide Entwicklungsformen kommen in Anpassung an die Umgebungsbedingungen in fast allen Wirbeltierklassen vor, nur bei Vögeln ist die Oviparität die einzige Entwicklungsform. Ebenso von Vögeln abgeleitet, hat sich ein weiteres Begriffspaar als außerordentlich fruchtbar erwiesen, nämlich das des Nesthockers und des Nestflüchters. Die Abstraktion der Zustände, in denen ein junges Individuum mit einem Minimum an Differenzierung und einem Maximum an Abhängigkeit von den Eltern ins Leben tritt oder umgekehrt, ist auch auf den Säuger anwendbar, wenn kein „Nest" vorhanden ist. Der Wert dieser Begriffe liegt in der Darstellung von Zusammenhängen zwischen Entwicklungen verschiedenster Organe, ja sogar der Embryonalanhänge. Jeder kennt als Beispiel eines Nestflüchters, das nach wenigen Stunden nach dem Schlüpfen sich frei bewegende Hühnerküken, dem nicht nur ein vollfunktionierender Bewegungsapparat, sondern auch voll arbeitsfähige Sinnesorgane, weitgehend selbständige Regulationsmechanismen und damit ein weitgehend massenmäßig und strukturell ausdifferenziertes Nervensystem zur Verfügung steht. Wie bestimmend diese Apparate für die weitere Entwicklung sind, sieht man beispielsweise daran, daß das frisch ausgeschlüpfte Küken mit dem ersten optischen Eindruck die unveränderliche „Prägung" mitnimmt, welchen lebenden Organismus es von nun an als Muttertier anerkennen wird. Für die Mutter-Kind-Bindung bleibt diese erste Funktion des Auges unabänderlich bindend, auch wenn der vermeintliche Mutterorganismus ein Säuger oder der Mensch ist.

Jeder hat in einem Singvogelnest auch den Nesthockertyp beobachten können. Das frühgeschlüpfte Jungtier hat hier noch deutlich embryonale Formen, einen (von der vegetativen Sperreaktion abgesehen) funktionsunfähigen Bewegungsapparat und Sinnesorgane, die noch für längere Zeit hinter epithelialen Verschlüssen auf ihre Ausdifferenzierung und Funktionsfähigkeit warten müssen. Der völligen Abhängigkeit der nackten Jungtiere von den Eltern steht die relativ frühe und vielleicht sehr spezielle Einwirkung der Umwelt außerhalb des Eies sowie eine besonders lange Reifezeit für ein hoch evoluiertes Gehirn gegenüber.

Das Füllen oder Kälbchen sowie das neugeborene Meerschwein oder das Pavianjunge wären unter Säugern Paradebeispiele der Nestflüchter. Mäuse- oder Hamsterneugeborene vertreten die Nesthocker. Der Erkenntniswert dieser Begriffspaare verliert nicht an Bedeutung durch die Tatsache, daß es Übergangsformen gibt, wie die Tauben unter den Vögeln oder Katze und Hund unter den Säugern, selbst nicht einmal durch die Erfahrung, daß das menschliche Neugeborene sich einer solchen Klassifizierung bis zu einem gewissen Grade entzieht.

Beim Säuger lassen sich folgende Einzelerscheinungen in einen funktionellen Zusammenhang unter den beiden Begriffen einordnen. Der Nesthocker zeigt hohe Zahlen von Wurfgeschwistern geringer Körpergröße, einen Uterus duplex, eine Placenta hämochorialis und eine kurze Tragzeit. Die Hirn- und Sinnesorgane stehen auf geringer Differenzierungsstufe und haben noch einen weiten Entwicklungsweg im postnatalen Leben vor sich.

Die Nestflüchter finden sich meist bei großen Formen mit Uterus bicornis oder simplex, Placentaformen von der hämochorialen bis zur gedehnten epitheliochorialen Placenta. Eine geringe Zahl an Jungtieren im Einzelwurf ist gekoppelt mit langer Tragzeit. Gehirn und Sinnesorgane erfahren pränatal nach Massenentfaltung und Struktur einen solchen Differenzierungsgrad, daß sie unmittelbar nach der Geburt voll funktionsfähig sind und damit das Jungtier, von der Milchversorgung und dem Schutz durch das Muttertier abgesehen, wesentlich selbständiger machen. An den Sinnesorganen läßt sich der phylogenetisch sekundäre Charakter des Nestflüchtertums bei den Säugern sehr schön nachweisen. Der Verschluß der Sinnesorgane tritt auch bei ihnen vorübergehend während der intrauterinen Zeit, übrigens auch beim Menschen um den 50. Embryonaltag herum, auf, verschwindet dann aber noch vor der Geburt. Beim Vogel ist umgekehrt der Nestflüchterzustand die ursprünglichere Form.

Die höheren Primaten stehen dem Nestflüchter sehr nahe. Geringe Wurfzahl, lange Tragzeiten, Selbständigkeit des Neugeborenen aufgrund weitgehend ausgereifter Sinnesorgane, eines funktionstüchtigen Bewegungsapparates und reaktionsbereiten Gehirnes sind eindeutige Kennzeichen, auch wenn eine hämochoriale Placenta vorliegt. Der Mensch, angedeutet auch die Menschenaffen, zeigen einerseits Beibehaltung von Nestflüchterzeichen, wie die frühzeitige Reifung der Sinnesorgane, wenn sie auch noch nicht unmittelbar nach der Geburt voll einsatzfähig sind. Andererseits sind für den Menschen eine Reihe von Kennzeichen bekannt, die ihn wieder mehr als Nesthocker ausweisen, aber eben auf einem Umweg, also als „sekundären Nesthocker". Nicht nur der wesentlich hilflosere Zustand des Neugeborenen und seine lange Abhängigkeit von den Eltern weisen in diese Richtung, sondern auch der späte Erwerb der charakteristischen Extremitäten-Rumpf-Relationen, später Zahndurchbruch und insbesondere eine über 10 Jahre sich hinziehende Hirnreifung. Die Hirnmasse nimmt vom Neugeborenen bis zum Erwachsenen noch um den Faktor 4,1 zu im Gegensatz zu Affen, bei denen sich einschließlich der Anthropoiden die Hirnzunahme zwischen 1,6 und 2,4 bewegt. Gerade das postnatale Hirnwachstum stellt eine gute Unterscheidungsmöglichkeit dar, als ein Vermehrungsfaktor unter 5 die entsprechenden Formen mehr unter die Nestflüchter ein Faktor über 5 in die der Nesthocker einreihen läßt. Die übrigen Primaten sind eindeutig in die Lage der Nestflüchter einzureihen. Nur der Mensch hat den Grenzwert von 5 schon nahezu erreicht. Der Befund, daß das Kleinkind eine Reihe von Entwicklungsschritten erst mit etwa einem Lebensjahr erreicht, die das Primatenneugeborene schon bei der Geburt zeigt, verführt zu dem Gedanken, daß die intrauterine Lebensspanne eigentlich beim Menschen wesentlich länger dauern müßte, daß das Neugeborene eine Art „physiologischer Frühgeburt" darstelle. Hiergegen sprechen eindeutig klinische Erfahrungen, nach denen gerade die Zeichen des „Frühgeborenen" in der mangelnden Adaptationsfähigkeit an die extrauterine Umgebung und die für eine solche Umgebung mangelnde Eigendifferenzierung bestehen, die dem reifen Neugeborenen zu eigen sind. So scheint der Begriff des „sekundären Nesthockers" die Verhältnisse des menschlichen Neugeborenen widerspruchsloser zu erfassen, als die Vorstellung der „physiologischen Frühgeburt".

Sachverzeichnis